林业遥感与地理信息系统实验教程

主　编　吴　英
编　者　杨　梅　张丽琼　伍　静　邓荣艳

华中科技大学出版社
中国·武汉

图书在版编目(CIP)数据

林业遥感与地理信息系统实验教程/吴英主编. —武汉:华中科技大学出版社,2017.1(2024.7重印)
ISBN 978-7-5680-2365-8

Ⅰ.①林… Ⅱ.①吴… Ⅲ.①森林遥感-高等学校-教材 ②地理信息系统-实验-高等学校-教材
Ⅳ.①S771.8 ②P208-33

中国版本图书馆 CIP 数据核字(2016)第 278248 号

林业遥感与地理信息系统实验教程 吴 英 主编
Linye Yaogan Yu Dili Xinxi Xitong Shiyan Jiaocheng

责任编辑:简晓思
封面设计:原色设计
责任校对:刘 竣
责任监印:张贵君
出版发行:华中科技大学出版社(中国·武汉) 电话:(027)81321913
武汉市东湖新技术开发区华工科技园 邮编:430223
录 排:华中科技大学惠友文印中心
印 刷:广东虎彩云印刷有限公司
开 本:787mm×1092mm 1/16
印 张:18
字 数:472 千字
版 次:2024 年 7 月第 1 版第11次印刷
定 价:55.00 元

内 容 提 要

本教程分三篇，共 15 章。第 1～5 章为第一篇，内容为图像处理软件 ENVI 的应用，介绍了 ENVI 的基本操作，ENVI 的图像预处理、图像增强、图像分类和遥感图像动态监测；第 6～14 章是第二篇，内容为地理信息系统 ArcGIS 的应用，介绍了 ArcGIS 的基本操作，栅格图的配准，小班空间数据和属性数据的编辑，小班矢量数据的处理和空间分析，林业地图符号制作和林业专题图制作，投影变换，数据格式交换，三维显示与分析；第 15 章是第三篇，为综合应用，介绍了遥感和地理信息系统技术在森林资源规划设计调查的应用。

前　言

遥感(remote sensing,RS)是一门集地学、生物学、航空航天、电磁波传输和图像处理等多学科交叉融合的新兴学科。遥感技术具有周期性观测和大面积覆盖获取地面信息的特点,可以提供实时、动态、综合性强的遥感数据。地理信息系统(GIS)是以地理空间数据库为基础,在计算机软硬件支持下,对空间相关数据进行采集、管理、操作、分析、模拟和显示、制图,并采用地理模型分析方法,适时提供多种空间和动态的地理信息,为地理研究和地理决策服务而建立起来的计算机技术系统。ENVI 和 ArcGIS 是目前应用最广泛的遥感图像处理软件和地理信息处理软件之一。

遥感和地理信息系统技术现在已经广泛应用于林业的森林资源规划设计调查、森林资源信息管理、森林火灾监测、森林病虫灾害监测、林业经营与规划、林地及森林资源动态监测等各个方面。目前有关遥感和地理信息系统的教材很多,ArcGIS 和 ENVI 的实验教程也不少,但大多数是针对测绘、遥感、地理信息系统、地理学、土地管理学等相关学科的,针对林业及林业相关专业的教材和实验教程很少。

林业遥感和地理信息系统技术的教学通常包括理论教学和实验教学,理论教学的教材可以使用其他学科的教材,但实验教学就应该针对林学专业的特点,按林业行业的需求组织教学内容。通过实验教学,学生可以初步掌握遥感和地理信息系统软件的基本操作,能够应用遥感影像数据处理软件和地理信息系统软件解决林业上的实际应用问题。基于这样的目的,我们结合 20 多年来的教学、科研及主持林业工程项目的实际经验,组织具有丰富教学经验的教师和在林业部门工作的工程技术人员,编写了《林业遥感与地理信息系统实验教程》一书。

本教程分三篇,共 15 章。第 1～5 章为第一篇,内容为图像处理软件 ENVI 的应用,介绍了 ENVI 的基本操作,ENVI 的图像预处理、图像增强、图像分类和遥感图像动态监测;第 6～14 章是第二篇,内容为地理信息系统 ArcGIS 的应用,介绍了 ArcGIS 的基本操作,栅格图的配准,小班空间数据和属性数据的编辑,小班矢量数据的处理和空间分析,林业地图符号制作和林业专题图制作,投影变换,数据格式交换,三维显示与分析;第 15 章是第三篇,为综合应用,介绍了遥感和地理信息系统技术在森林资源规划设计调查的应用。为便于读者参照书中内容进行学习,提供书中所有实验数据,请关注封底出版社微信公众号,回复关键字"林业遥感"后下载。

本教程由广西大学吴英、杨梅、邓荣艳,广西南宁树木园张丽琼,广西生态职业技术学院伍静编写,全书由吴英主持编写、统稿和校对,研究生毛双双对实验数据进行了反复检查和文字整理、排版工作,研究生李倩、蔡刚、张晓丽参加了本教程的文字校对工作,在此表示感谢。

本教程受以下项目资助:国家卓越农林人才教育培养计划、广西优势特色专业(林学)、2014 年新世纪广西高等教育教学改革工程项目(2014JGZ100)、广西高等教育本科教学改革工程项目"林学专业森林经营应用技术虚拟仿真实验设计与教学实践(2016JGZ107)"。

本教程可作为林业院校林学、生态学等专业，遥感与地理信息系统的实验教学用书，同时也可作为从事林业资源管理、林业规划设计、农业规划、生态规划的工程技术人员的参考用书。

由于编者水平有限，书中难免出现错漏，恳请读者批评指正。

编　者

2016 年 9 月

目　　录

第一篇　图像处理软件 ENVI 的应用

第二篇 地理信息系统软件 ArcGIS 的应用

第三篇　综合应用

第一篇　图像处理软件 ENVI 的应用

ENVI 是一个完整的遥感图像处理平台，其软件处理技术覆盖了图像数据的输入/输出、图像定标、图像增强、纠正、正射校正、镶嵌、数据融合以及各种变换、信息提取、图像分类、基于知识的决策树分类、与 GIS 的整合、DEM 及地形信息提取、雷达数据处理、三维立体显示分析，提供了专业可靠的波谱分析工具和高光谱分析工具。

第 1 章　ENVI 的窗口组成及基本操作

1.1　启动 ENVI 5.3

1）*方法一*

单击 Windows 任务栏＜开始＞|＜所有程序＞|＜ENVI 5.3＞|＜64-bit＞或＜32-bit＞|＜ENVI 5.3＞(64-bit)或(32-bit)。具体根据计算机操作系统类型选择 64bit 或 32bit，如图 1-1 所示，该方法启动的是 ENVI 新界面。

2）*方法二*

双击桌面上 ENVI 5.3 快捷图标，该方法启动的是 ENVI 新界面。

3）*方法三*

单击 Windows 任务栏＜开始＞|＜所有程序＞|＜ENVI 5.3＞|＜Tools＞|ENVI Classic 5.3(64-bit)或(32-bit)。此方法启动的是 ENVI 经典操作界面。需要使用 IDL 界面窗口时，可参照以上步骤，单击＜ENVI Classic 5.3＋IDL 8.5(64-bit)或(32-bit)＞，如图 1-2 所示。需要注意，ENVI Classic 就是一个完整的 ENVI 4.8 或更早期的版本，部分新界面中的新功能在经典界面中不可用。

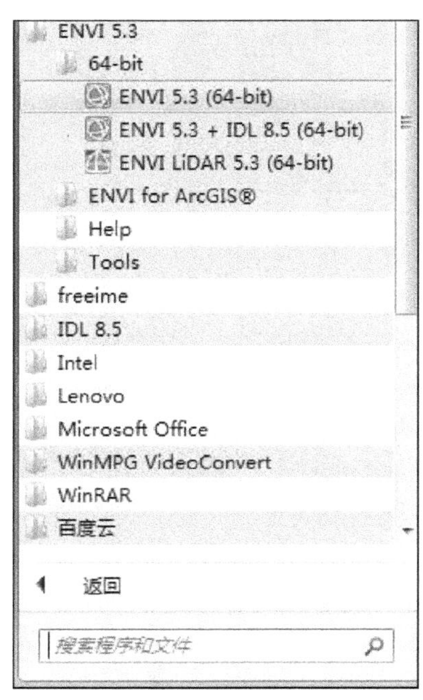

图 1-1　ENVI 新界面启动步骤

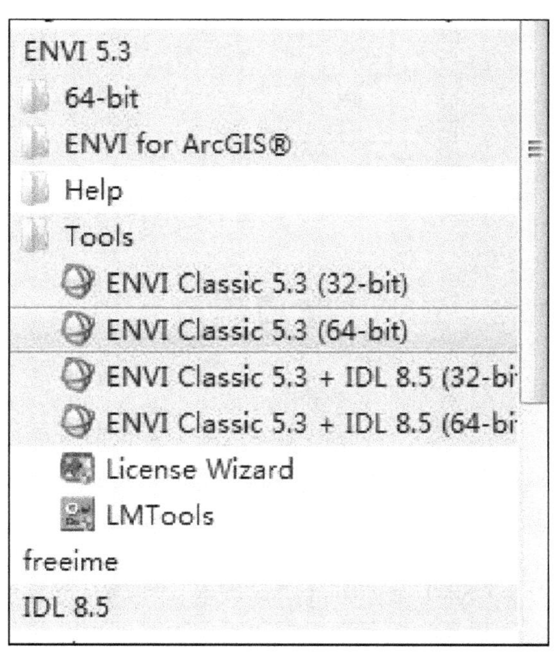

图 1-2　ENVI 经典界面启动步骤

1.2 ENVI 数据格式

ENVI 支持多种遥感影像识别，包括多光谱、高光谱、雷达、全色、热红外、激光雷达、数字高程模型等，栅格数据、矢量数据输入类型达 100 多种，输出格式有 30 多种。在 ENVI 5.3 中，打开＜File＞|＜Open＞，在＜All Files＞选项卡中可以看到 ENVI 支持读取的数据类型。打开＜File＞|＜Open As＞，可以看到 ENVI 支持的数据源传感器类型，如图 1-3 所示。

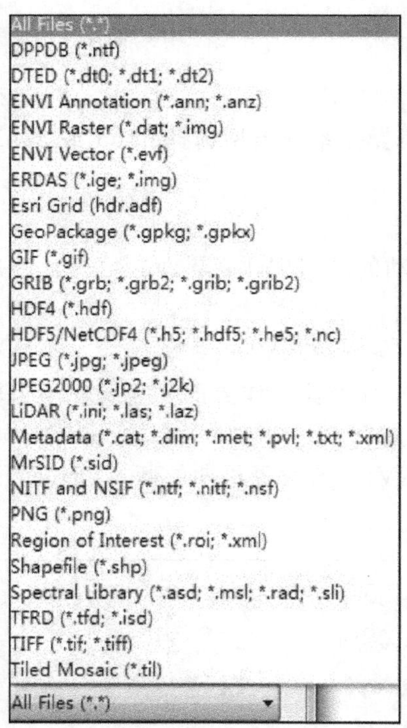

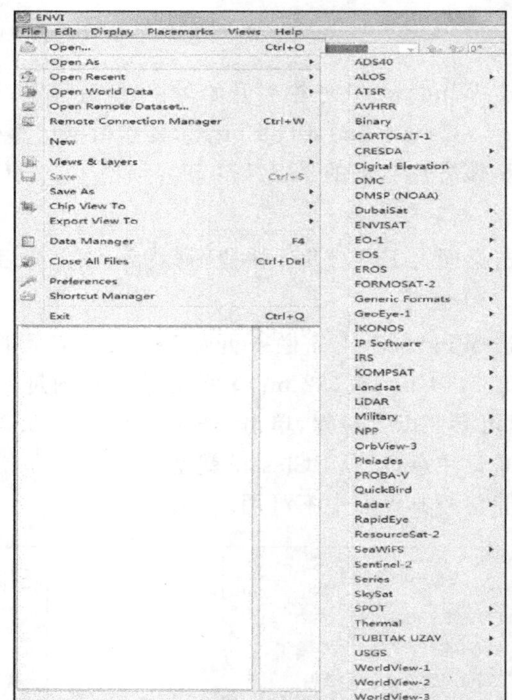

图 1-3 ENVI 支持读取的数据类型及传感器类型

1.3 ENVI 窗口组成

1) ENVI 经典界面

ENVI 经典界面主要包括一条横向菜单栏。当打开影像图片时，ENVI 经典模式会自动打开显示窗口和可用波段列表。经典模式显示窗口包括主影像显示窗口(Image)、滚动显示窗口(Scroll)和缩放窗口(Zoom)，如图 1-4 所示。

2) ENVI 新界面

ENVI 新界面包括菜单栏、工具栏、图层管理、工具箱、状态栏、图像显示区，如图 1-5 所示。

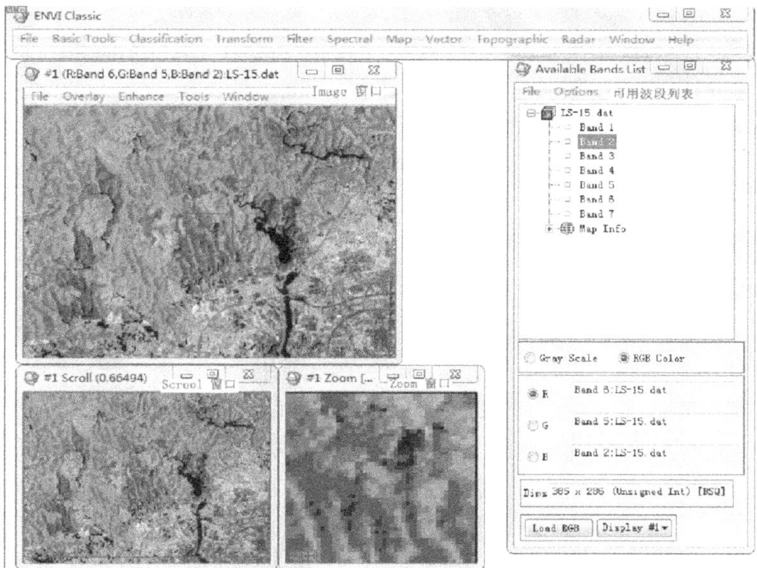

图 1-4　ENVI 经典界面

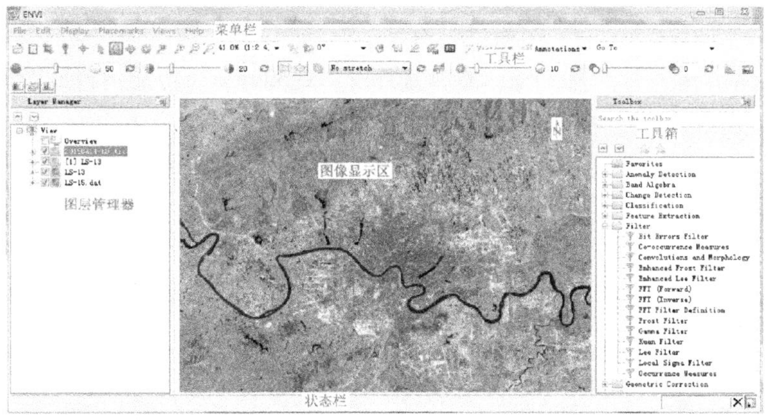

图 1-5　ENVI 新界面

1.4　主菜单功能

新界面主菜单有六个功能键，如图 1-6 所示。

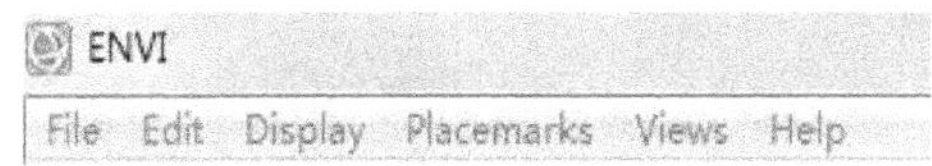

图 1-6　新界面主菜单

❑<File>功能：文件的打开、保存，系统参数设置，相关文件和项目的管理。通过<File>菜单，可把不同类型的图像文件打开，进行文件转换和处理。

❑<Edit>功能：对之前的操作进行撤销、恢复。

❑<Display>功能：对图像进行基本统计分析，如传统拉伸、散点图、波谱库、光标处值等。

❑<Placemarks>功能：地理标签编辑管理。

❑<Views>功能：显示窗口选择和创建。

❑<Help>功能：查看帮助文件。

1.5 工具箱功能

工具箱是 ENVI 5.0 以来新增的界面组成，它集合了 ENVI 经典模式下部分图像处理功能，以多级目录形式呈现，如图 1-7 所示，方便用户调用。

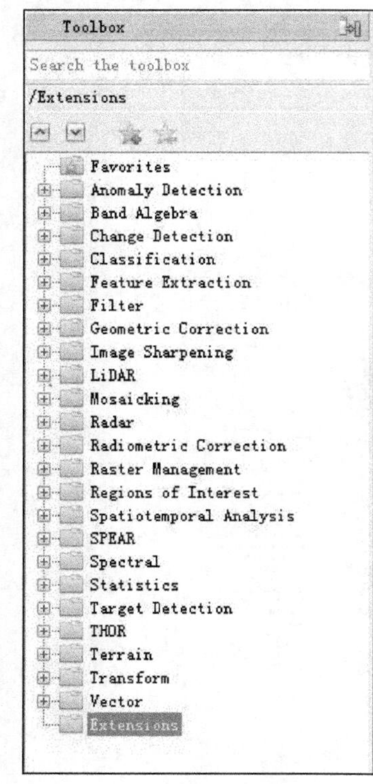

图 1-7 工具箱

❑<Anomaly Detection>功能：数据异常检测，允许用户从大区域寻找特定异常地物，减少手动搜寻数据时间。

❑<Band Algebra>功能：波段运算，使用波段进行多种代数运算。

❑<Change Detection>功能：变化检测，统计分析图像间差异。

❑<Classification>功能：图像分类，运用多种算法对图像进行分类。

❑<Feature Extraction>功能：特征提取，启动面对对象分类工具。

❑<Filter>功能：滤波器，启动滤波工具。

❑<Geometric Correction>功能：几何校正，启动图像校正工具。

❑<Image Sharpening>功能：图像融合，将不同分辨率图像融合。

❑<LiDAR>功能：激光雷达，启动激光雷达处理分析工具。

❑<Mosaicking>功能：镶嵌，将多幅图像合并成一幅图像。

❑<Radar>功能：无线电雷达，无线电雷达数据分析和处理。

❑<Radiometric Correction>功能：辐射校正，将 DN 值转化为辐射亮度值。

❑<Raster Management>功能：栅格数据管理，包括栅格数据掩膜、叠加、拉伸、投影变换等。

❑<Regions of Interest>功能：兴趣区，利用兴趣区对图像进行处理分析。

❑<Spatiotemporal Analysis>功能：时空分析，创建栅格数列并进行图像时空分析。

❑<SPEAR>功能：光谱处理与分析工具(Spectral Processing Exploitation and Analysis Resource)，将遥感图像处理过程集成为流程化操作，方便非专业用户使用。

❑<Spectral>功能：光谱分析，包括植被指数计算、光谱切片、三维视图、光谱运算等光谱分析工具。

❑＜Statistics＞功能：统计，基于 DN 值对图像进行数理统计特征、空间分布特征和空间结构特征等参量统计。

❑＜Target Detection＞功能：目标探测，利用高光谱图像进行地物识别。

❑＜THOR＞功能：流程化高光谱处理工具（Tactical Hyperspectral Operational Resource），快速分析处理高光谱数据。

❑＜Terrain＞功能：地形工具，实现地形分析和可视化。

❑＜Transform＞功能：图像变换，实现图像增强，包括主成分分析、独立主成分分析、色彩空间变换、色彩拉伸等。

❑＜Vector＞功能：矢量，矢量数据生成和转化。

1.6　工具栏操作

1.6.1　常用工具栏功能

在工具栏上可以进行一些常用的操作，如打开数据、打开数据管理器、保存显示图像、显示光标值、打开十字丝并定位像元、放大、缩小等功能。当把鼠标移动到工具栏图标时可提示相应的功能。如图 1-8 所示，当把鼠标移动到时就显示 Region of Interest(ROI) Tool（ROI 工具）。

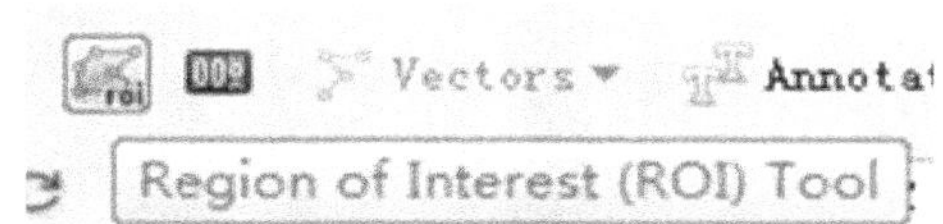

图 1-8　工具栏提示

1.6.2　光标值查询功能

单击＜Display＞|＜Cursor Value＞或单击工具栏上的图标，打开＜Cursor Value＞窗口，上面显示光标所在像元的信息，如图 1-9 所示。其中，Geo 是地理坐标，Map 是平面坐标，MGRS 是军事坐标，Proj 是投影坐标系，lc8-15 是图层名称，File 是像元坐标，Date 是像元值。

1.6.3　十字丝查询功能

单击工具栏上的图标，图像显示窗口显示十字丝，同时打开＜Cursor Value＞窗口，除了显示光标所在像元的信息，还显示十字丝所定位像元的信息，如图 1-10 所示。其中，Crosshair 是十字丝所定位像元的坐标信息。

1.6.4　像元定位功能

在工具栏 Go To 中输入像元坐标，回车，该像元信息显示在图像中心位置，如图 1-11 所示。

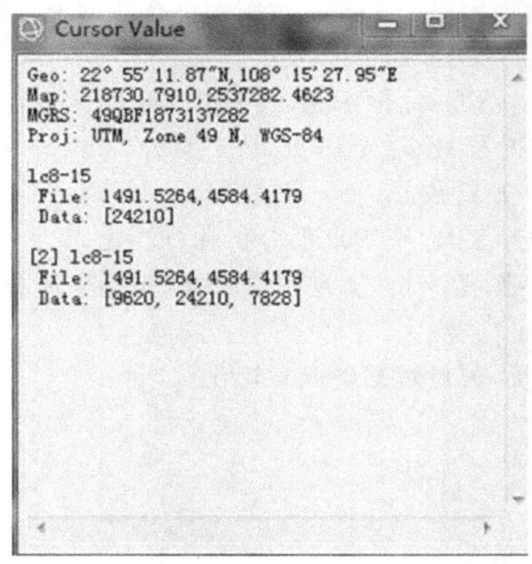

图 1-9 光标值查询功能

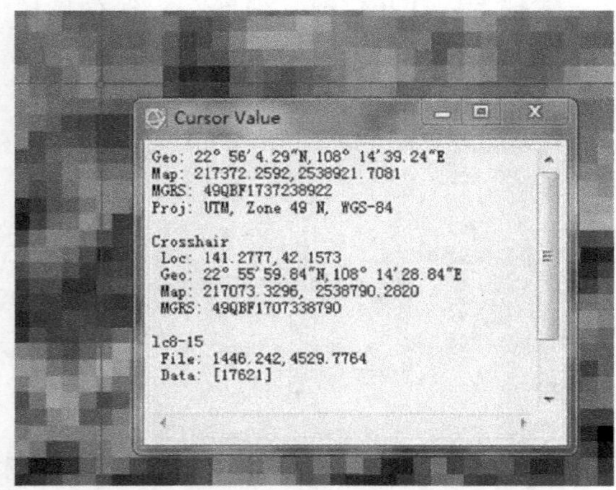

图 1-10 十字丝查询功能

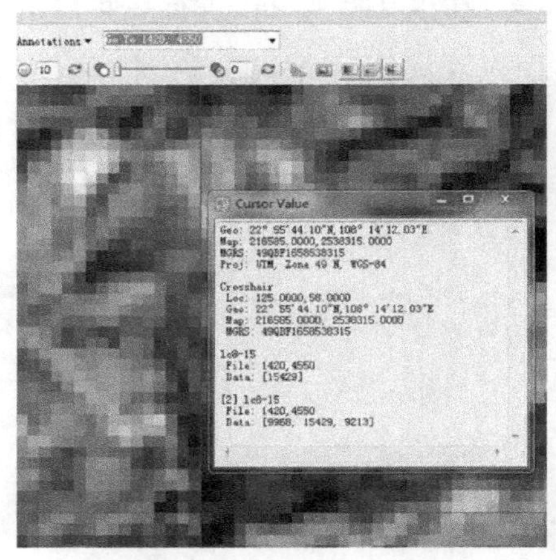

图 1-11 像元定位功能

1.6.5 图像对比显示功能和量测功能

1）小窗口

单击工具栏上的 或单击<Display>|<Portal>，图像显示区打开一个小窗口，小窗口显示位于下层的图层，如图 1-12 所示。单击 图标，小窗口位置不变，可以平移浏览。单击 后点击小窗口，可以移动小窗口，当鼠标移到小窗口边缘时可调整小窗口的大小。

2）视窗切换

单击工具栏上的 或单击<Display>|<View Blend>，图像显示区在两个图层之间进行缓慢过渡。

3）视窗闪烁

单击工具栏上的 或单击<Display>|<View Flicker>，图像显示区在两个图层之间闪烁。

4）视窗卷帘

单击工具栏上的或单击<Display>|<View Swipe>，图像显示区打开一个卷帘，并自动移动。

5）量测功能

单击工具栏上的，打开<Cursor Value>窗口，可以量测图像上各点之间的距离和方向，如图 1-13 所示。

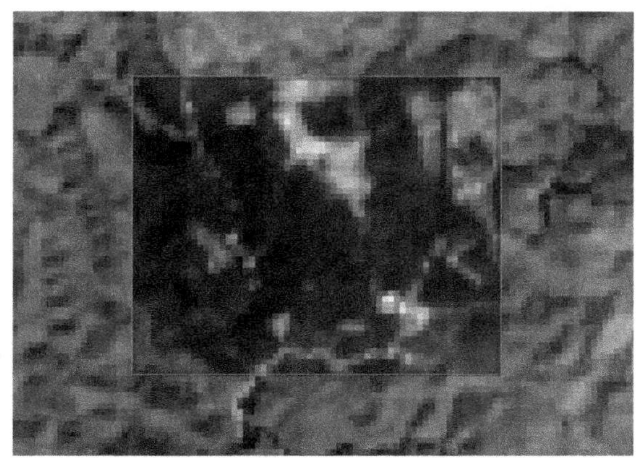

图 1-12　显示小窗口

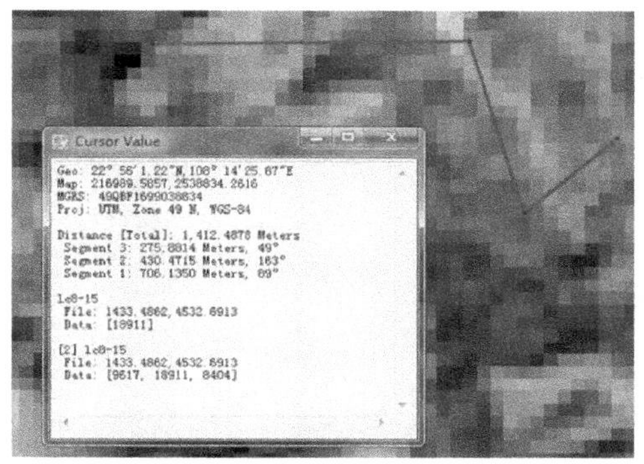

图 1-13　量测功能

1.7　数据输入与输出

1.7.1　数据输入

1）方法一

在 ENVI 5.3 中，单击<File>|<Open>，选择需要打开的影像。

2）方法二

对于传感器及其文件格式已明确的影像，单击<File>|<Open As>，选择传感器类型及文件格式，可快速打开图像并读取图像附带的文件信息。例如，打开<Landset 8>（可从网站上免费下载）影像，单击<File>|<Open As>|<Landsat>|<Geo TIFF with Metadata>，选择影像附带文件格式为“_mtl. txt”的文件，即可打开 Landsat 8 影像图。注意，此方式只能在 ENVI 5.3 新界面模式下打开 Landsat 8，如图 1-14 所示。在经典模式下打开 Landsat 8，需使用方法一。

1.7.2　数据输出

(1) 图像编辑完成后，单击<File>|<Save>，保存编辑后图像；若需要图像另存为其他格式，单击<File>|<Save As>，如图 1-15 所示，选择“另存为”的格式，保存。输出格式包括 TIFF、ASCII、ARCVIEW RASTER 等。

(2) 单击<File>|<Chip View To>，可将当前窗口中显示的图片保存为 NITF、ENVI、TIFF、JPEG、JPEG2000 等图像格式或导入 PPT 中，如图 1-16 所示。

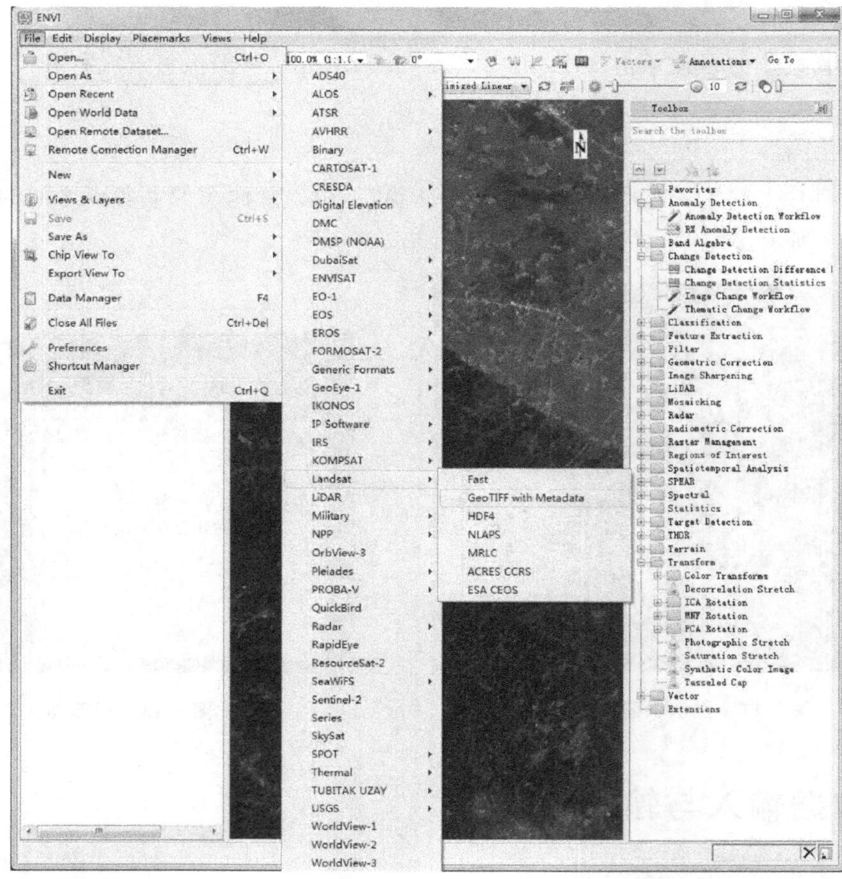

图 1-14　ENVI 新界面模式下的数据输入

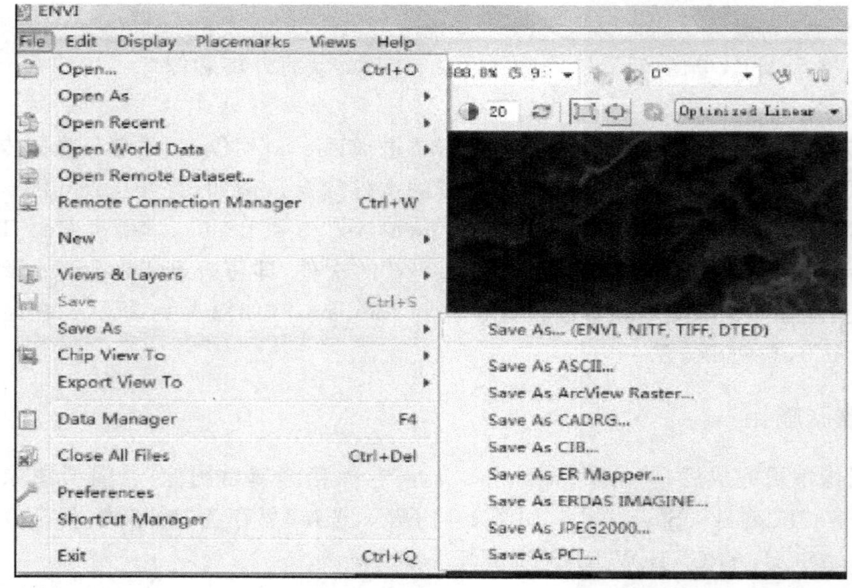

图 1-15　数据输出(一)

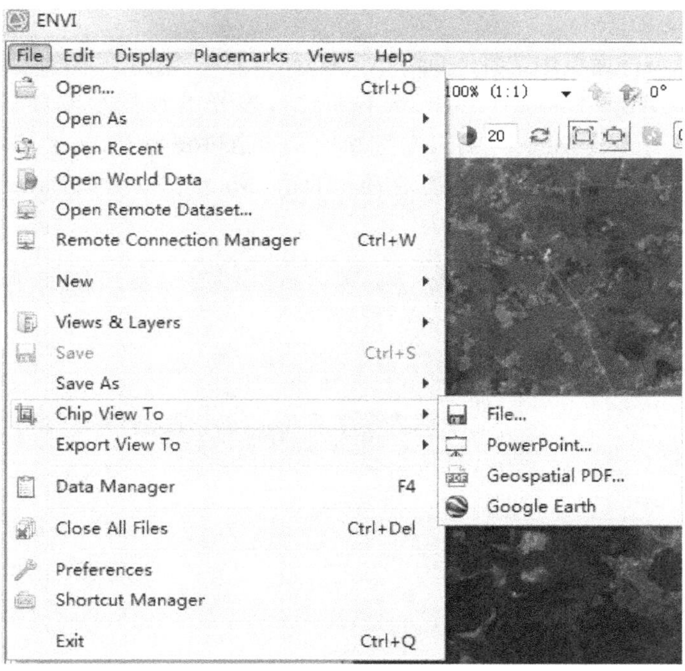

图 1-16　数据输出(二)

1.8　系统设置

单击<File>|<Preferences>,打开<Preferences>窗口,可以设置 ENVI 系统参数。

1) 默认文件目录

在<Preferences>面板中选择<Directories>选项,如图 1-17 所示。可以设置 ENVI 默认打开的文件夹<Input Directory>,默认输出文件目录<Output Directory>、临时文件目录<Temporary Directory>等。

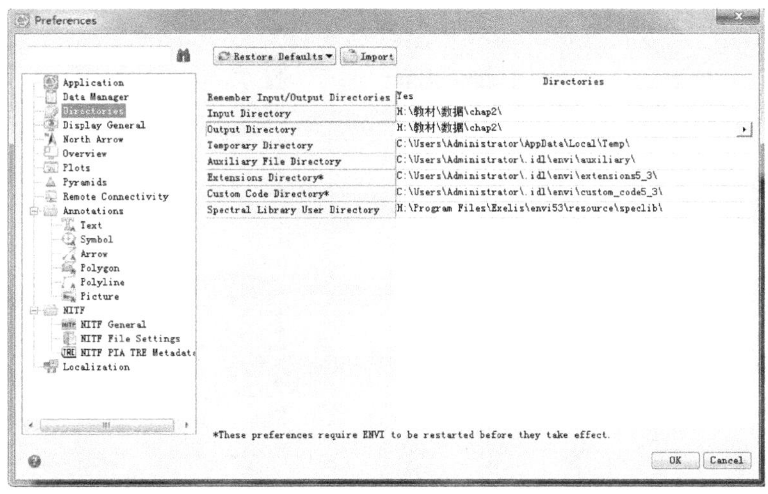

图 1-17　默认文件目录设置窗口

2）数据管理设置

在＜Preferences＞面板中选择＜Data Manager＞选项，如图 1-18 所示，可以设置是否自动显示打开文件＜Auto Display Files on Open＞，多光谱数据显示模式＜Auto Display Method for Multispectral Files＞、打开新图像时是否清空视窗＜Clear View when Loading New Image＞、ENVI 启动时是否自动启动＜Data Manager＞\＜Launch Data Manager when ENVI Launcher＞等选项。

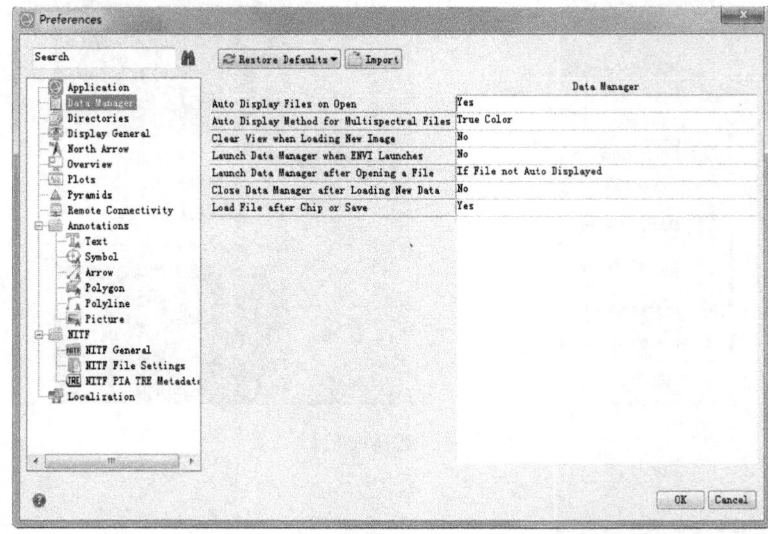

图 1-18　数据管理设置窗口

3）显示设置

在＜Preferences＞面板中选择＜Display General＞选项，如图 1-19 所示，可以设置图像的拉伸方式＜Default Stretch for 8-bit Imagery，Default Stretch for 16-bit Uint Imagery，Default Stretch for All Other Imagery＞，默认缩放因子＜Zoom Factor＞、默认选择颜色

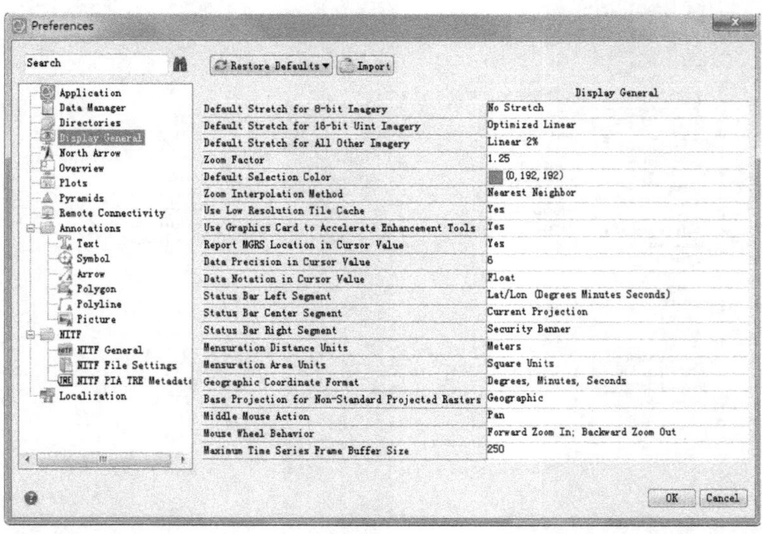

图 1-19　显示设置窗口

<Default Selection Color>、缩放插值方法<Zoom Interpolation Method>等属性。

4）指北针设置

在<Preferences>面板中选择<North Arrow>选项，如图 1-20 所示，可以设置是否显示指北针<Show North Arrow>，指北针的样式<Symbol>、大小<Size>、字体<Font>等。

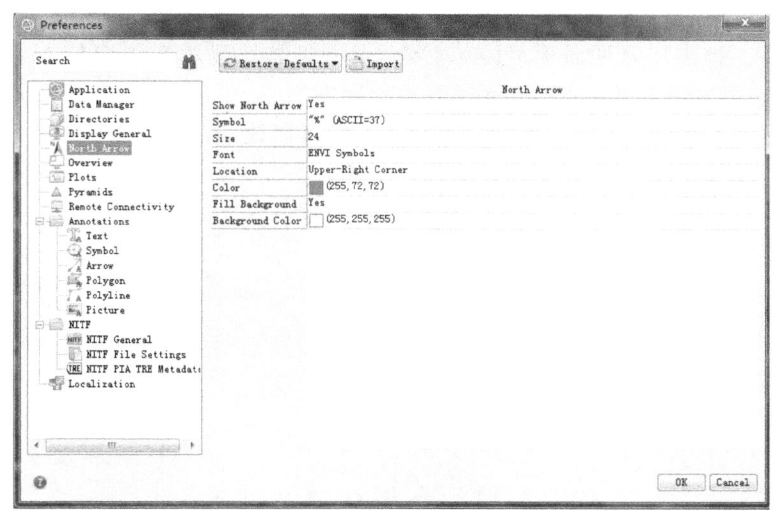

图 1-20　指北针设置窗口

5）其他设置

注释设置<Annotation>，包括文本、符号、箭头、线条、多边形、图片、影像格式设置(NITF)等。

1.9　数据管理和图层管理

1.9.1　数据管理

在新界面打开练习文件 lc8-15 和矢量文件 ROI. xml（路径/data/chap01/lc8-15、ROI. xml），单击<File>|<Data Manager>或单击工具栏上的 图标，可以打开<Data Manager>（数据管理）面板，<Data Manager>面板上有 7 个工具栏，最上面部分显示当前打开的所有文件和内存项的文件名。

1）打开和关闭文件

单击工具栏上的打开图标，可以打开新文件。选择面板上某一文件，单击鼠标右键或单击工具栏上的图标可以关闭文件。

2）查看信息

在面板上选择某一个文件，单击<File Information>按钮，可以查看该文件的存储路径(File)、行列和波段数(Dims)、数据类型(Date Type)、文件大小(Size)、文件类型(File Type)、传感器类型(Sensor Type)、投影信息(Projection)、基准面(Datum)、像元大小(Pixel)等信息，如图 1-21 所示。

3）图层加载

单击＜Band Selection＞按钮，可以进行波段组合。单击＜Load Date＞或＜Load Grayscale＞按钮，可以将新的波段组合或灰度图像加载到新的图层，如图 1-21 所示的 RGB 组合为 4、1、2。

1.9.2 图层管理

启动 ENVI 后，图层管理面板＜Layer Manager＞默认显示在视窗的左侧，显示了加载到图层中的图层名和波段等，是用于管理显示图层的工具，可以显示、关闭图层，调整图层的上下顺序、移除图层等，在图层名或波段上单击右键可以改变图像的 RGB 组合、新建训练区等操作，如图 1-22 所示。

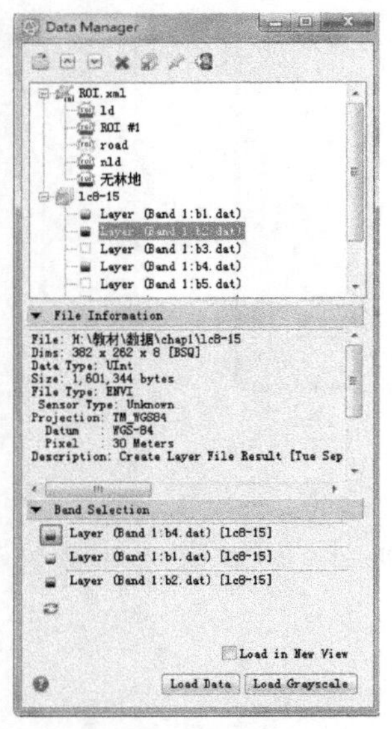

图 1-21 数据管理面板

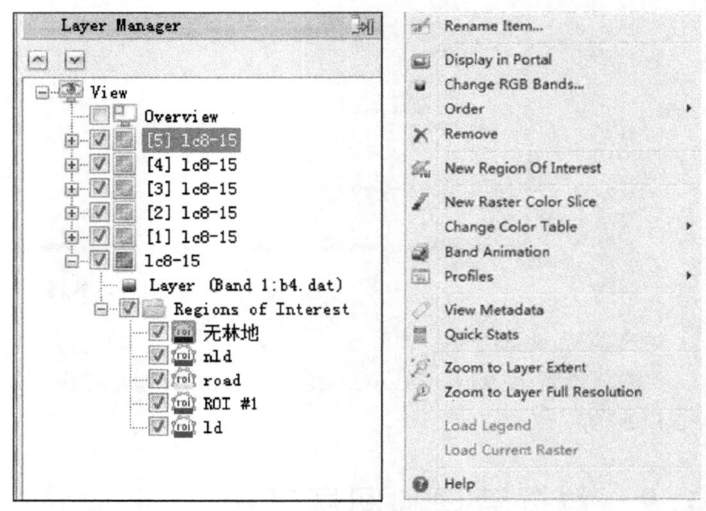

图 1-22 图层管理面板

1.10 波段合成与提取

1.10.1 波段合成

波段合成可把多个单一波段文件合成一个多波段文件。在新界面窗口打开需要合成多波段的文件，如"data\chap01\b1. dat……b5. dat"，在＜Toolbox＞搜索＜Layer Stacking＞，如图 1-23 所示，双击＜Layer Stacking＞工具。或在 ENVI 5.3 Classic 模式下打开"data\chap01\b1. dat …… b5. dat"，单击＜Basic Tools＞|＜Layer Stacking＞，打开＜Layer Stacking Parameters＞窗口，单击＜Import File＞选择合成波段，单击＜Reorder Files＞调整波段顺序，根据具体需要设置波段合成后存储的位置、坐标、像元大小、组合方式等参数，如图 1-24 所示。

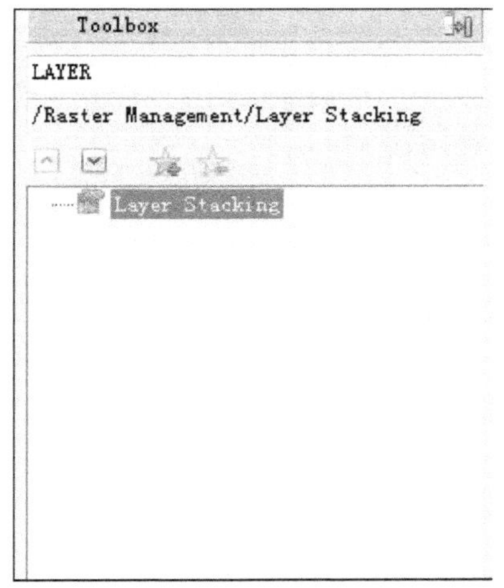

图 1-23　在 Toolbox 中搜索工具

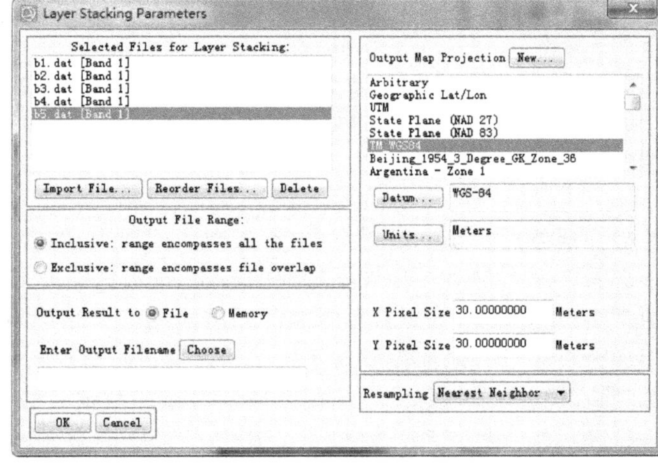

图 1-24　<Layer Stacking Parameters>窗口

1.10.2　波段提取

波段提取是波段组合的逆操作，即从多波段中提取一个或多个波段的过程，可利用<Save As>实现。在新界面窗口打开多波段文件(路径:data\chap01\lc8-15)，单击<File>|<Save As>|<Save As…(ENVI、NITF、TIFF、DTED)>，如图 1-25 所示，打开文件选择窗口。选择多波段文件，单击<Spectral Subset>，选择需要提取的一个或多个波段，如图 1-26所示，点击<OK>，完成波段提取。

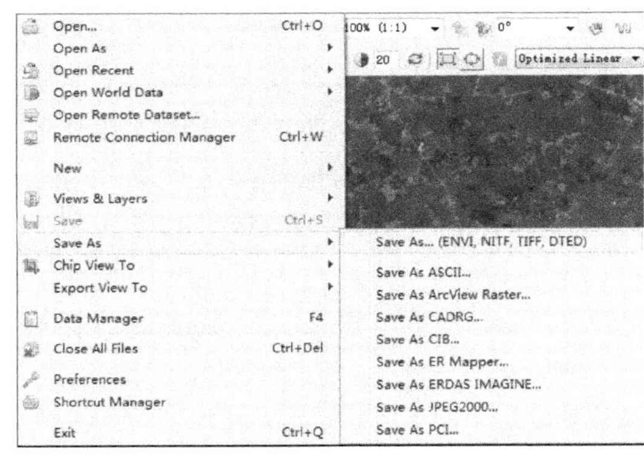

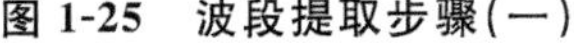

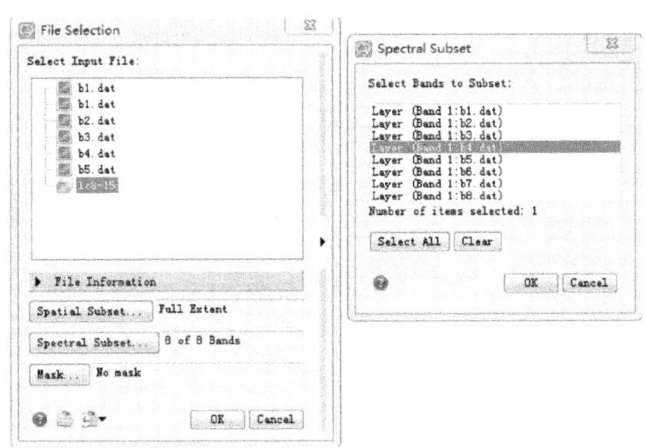

图 1-25　波段提取步骤(一)

图 1-26　波段提取步骤(二)

第 2 章　图像预处理

在遥感图像获取过程中，由于受到太阳辐射、大气传输、卫星的姿态、地球的运动、地表形态及传感器的结构和光学特性的影响，很难精确地记录复杂地表的信息，因而获取的数据通常会产生误差，从而引起图像的辐射畸变和几何畸变，降低了遥感数据的质量。因此，在图像分析和处理之前需要对遥感原始影像进行辐射校正、几何校正等预处理，包括系统校正和随机校正两个内容。系统校正通常由遥感数据接收和分发中心完成，用户需要根据需求进行随机辐射校正和几何校正。其中几何校正是遥感图像应用中必须要进行的预处理工作。有的工作还要进行影像融合、影像镶嵌、影像裁剪及投影变换等处理。

2.1　自定义坐标系

2.1.1　基本概念

常用地图坐标系有两种，即地理坐标系和投影坐标系。

1）地理坐标系

地理坐标系是以经纬度为单位的地球坐标系统，地理坐标系中有 2 个重要参数，即地球椭球体（spheroid）和大地基准面（datum），它们是定义地理坐标系的两大要素。由于地球表面的不规则性，它不能用数学公式来表达，也就无法实施运算，所以必须找一个形状和大小都很接近地球的椭球体来代替地球，这个椭球体被称为地球椭球体。地球椭球体大小由地球椭球体的三要素即长半径 a，短半径 b 和扁率 f 来决定，我国常用的地球椭球体名称和参数如表 2-1 所示。大地基准面是一个经过与地球定位定向之后的椭球面，指目前参考椭球与 WGS84 参考椭球间的相对位置关系（3 个平移、3 个旋转、1 个缩放），可以用其中 3 个、4 个或者 7 个参数来描述它们之间的关系，经过变换后，形成逼近地球某一区域表面的椭球面。一个椭球体可对应多个大地基准面。

表 2-1　常用椭球体参数

椭球体名称	长半轴/m	短半轴/m	扁率
WGS84	6 378 137.0	6 356 752.3	1∶298.257
Krasovsky	6 378 245.0	6 356 863.0	1∶298.3
IAG-75	6 378 140.0	6 356 755.3	1∶298.257
CGCS2000	6 378 137.0	6 356 752.3	1∶298.257

2）投影坐标系

投影坐标系是利用一定的数学法则把地球表面上的经纬线网投影到平面上，属于平面坐标系，使用 X、Y 值来描述地球上某个点所处的位置。数学法则指的是投影类型，目前我国普遍采用的是高斯-克吕格投影（圆柱等角投影），该投影按经差 6°或 3°分为 6°分带或 3°分带，我国规定 1∶50 000、1∶100 000、1∶250 000、1∶500 000 比例尺地形图采用 6°分带，1∶10 000和 1∶25 000 比例尺地形图采用经差 3°分带。投影坐标系由椭球体、大地基准面、中央经线和投影方法定义。

3）我国常用的坐标系统

目前我国常用的坐标系统有 WGS84 坐标系、1954 北京坐标系、1980 西安坐标系、CGCS2000 坐标系。

WGS84 坐标系：一种国际上采用的地心坐标系，坐标原点为地球质心，其地心空间直角坐标系的 Z 轴指向国际时间局（BIH）1984.0 定义的协议地极（CTP）方向，X 轴指向 BIH1984.0 的协议子午面和 CTP 赤道的交点，Y 轴与 Z 轴、X 轴垂直构成右手坐标系，称为 1984 年世界大地坐标系。这是一个国际协议地球参考系统（ITRS），是目前国际上统一采用的大地坐标系。

Bejing_1954 坐标系：1949 年以后，我国建立了一个参心大地坐标系，采用了苏联克拉索夫斯基椭球参数，并与苏联 1942 年坐标系进行联测，通过计算建立了我国大地坐标系，定名为“Bejing_1954 坐标系”，它是苏联 1942 年坐标系的延伸。它的原点不在北京而是在苏联的普尔科沃（现为俄罗斯普尔科沃）。为与 ARCGIS 兼容，ENVI 使用名称为 D_ Beijing_ 1954。

Xian_1980 坐标系：我国 1978 年在西安设立大地坐标原点，由此推算出的投影坐标系即为 Xian_1980 坐标系。为与 ARCGIS 兼容，ENVI 使用名称为 D_Xian_1980。

CGCS2000 坐标系：2000 国家大地坐标系（China Geodetic Coordinate System 2000），原点位于地球质量中心，是我国最新的国家大地坐标系。为与 ARCGIS 兼容，ENVI 使用名称为 D_China_2000。

Beijing_1954、Xian_1980 和 CGCS2000 坐标系的主要参数如表 2-2 所示。

表 2-2　Beijing_1954、Xian_1980 和 CGCS2000 坐标系的主要参数

坐标名称	投影类型	椭球体	基准面
Beijing_54	Gauss Kruger	Krasovsky	D_Beijing_1954
Xian_80	Gauss Kruger	IAG75	D_Xian_1980
CGCS2000	Gauss Kruger	CGCS2000	D_China_2000

4）坐标参数

对于地理坐标，只需要确定椭球体和大地基准面两个参数。对于投影坐标，投影类型为 Gauss Kruger（Transverse Mercator），除了确定椭球体和大地基准面外，还需要确定中央经线。

中央经线的经度由已知投影带带号计算，6°带的中央经线的经度为 6°×带号，3°带的中央经线的经度为 3°×带号。

大地基准面的确定关键是 7 个参数（或者其中几个参数），Beijing_1954 坐标系基准面可以用 3 个平移参数来确定，即“－12，－113，－41，0，0，0，0”。Xian_1980 坐标系的 7 个参数比较特殊，各个区域不一样。一般有两个途径获得：一是直接从测绘部门获取；二是根据 3 个以上具有 Xian_1980 坐标系与其他坐标系的同名点坐标值，利用软件来推算。

2.1.2　自定义坐标系

在 ENVI 5.3 软件安装存放路径中，ENVI 5.3\classic\map_proj 文件夹下，ellipse.txt、

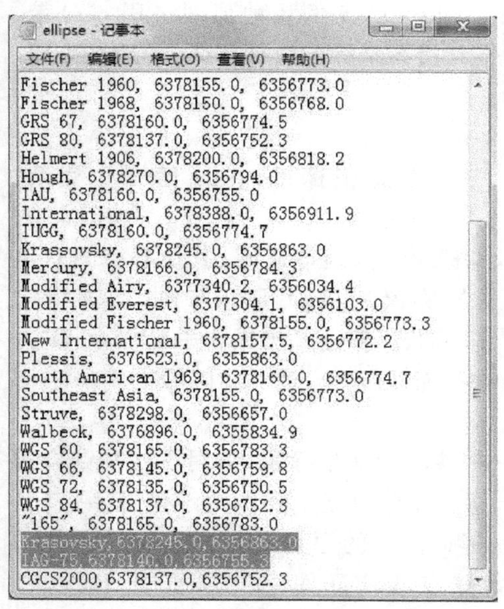

图 2-1 自定义椭球体

datum.txt、map_proj.txt 分别记录了椭球体参数、基准面参数、坐标系参数，3 个参数构成了图像文件坐标信息。自定义坐标系实质是设置 3 个参数的操作。

1）自定义椭球体

打开 ellipse.txt 文件，按照＜椭球体名称＞、＜长半轴＞、＜短半轴＞语法格式，在文件内容中添加自定义椭球体，保存并关闭。

例如，输入“Krasovsky,6 378 245.0,6 356 863.0;IAG-75,6 378 140.0,6 356 755.3”，如图 2-1 所示。

2）自定义基准面

双击打开 datum.txt，按照＜基准面名称、椭球体名称、平移＞三参数语法格式，在文件内容末添加自定义基准面，保存并关闭，重启 ENVI 5.3。

例如，输入“D_Beijing_1954,Krasovsky,−12,−113,−41;D_Xian_1980,IAG−75,0,0,0”，如图 2-2 所示。

提示：

编辑时，标点符号要求为英文半角输入状态。

3）自定义坐标系

在 ENVI 5.3 中，凡出现投影坐标设置的模块中，都可以新建坐标系，即点击＜New＞按钮即可。下面以添加一个“Beijing_1954_3_Degree_GK_Zone_36”和“Xian_1980_3_Degree_GK_Zone_36”为例，详述自定义坐标系操作。

（1）方法一。

①双击打开＜ENVI Classic5.3(64-bit)＞|＜Map＞|＜Customize Map Projection＞，打开＜Customized Map Projection Definition＞窗口，如图 2-3 所示。

❑＜Projection Name＞：命名投影坐标，Beijing_1954_3_Degree_GK_Zone_36。

❑＜Projection Type＞：投影类型选择，选择 transverse Mercator，等同 Gauss-KrÜger。

❑＜Projection Datum＞：基准面选择，选择此前自定义的 Beijing_54 基准面。

❑＜False easting＞：设置东偏移距离 500 000，若需要添加代号，则在 500 000 前加上 36。

❑＜False northing＞：0。

❑＜Latitude＞：中央纬线，0。

❑＜Longitude＞：中央经线，108。

❑＜Scale factor＞：中央经线长度比，1.000 000。

②单击＜Projection＞|＜Add New Projection＞，把投影添加至 ENVI 所用投影列表。

③单击＜File＞|＜Save Projections＞，保存自定义坐标系至 map_proj.txt，打开 map_proj.txt 文件时可见 Beijing_1954_3_Degree_GK_Zone_36 信息已经添加到文件中，如图 2-4

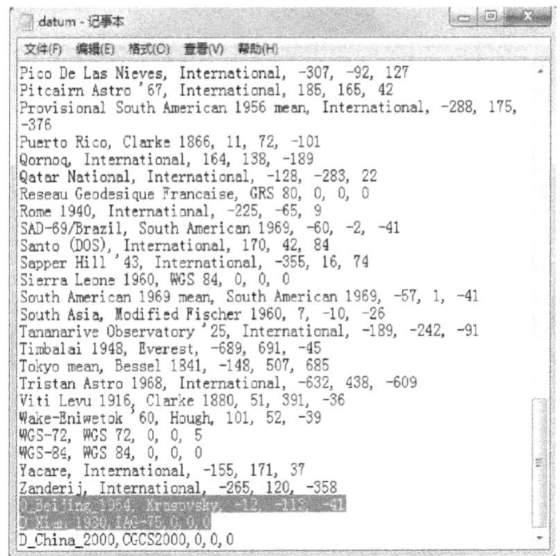

图 2-2　自定义基准面

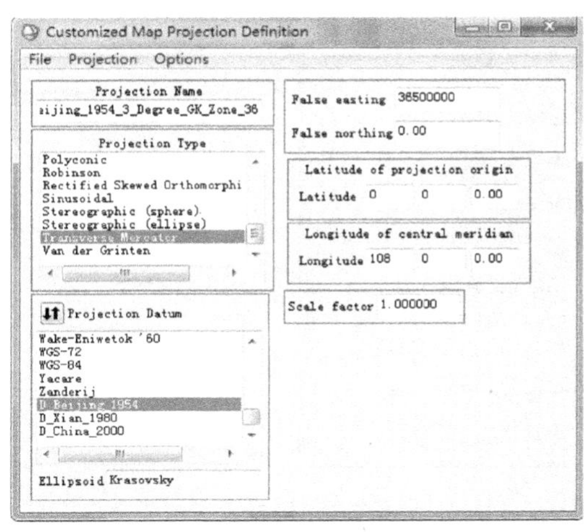

图 2-3　定义地图 Beijing_1954 投影

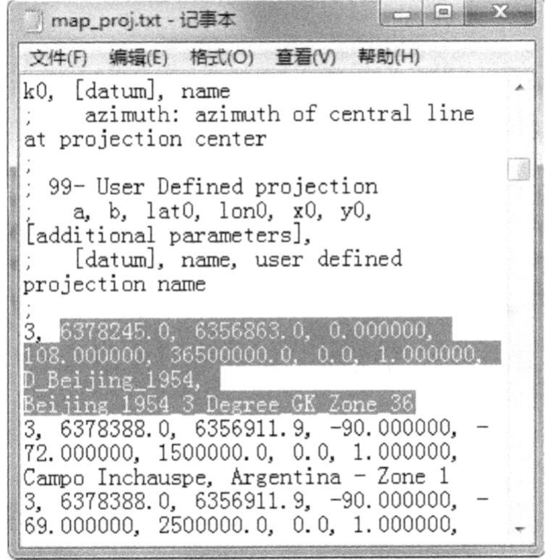

图 2-4　自定义坐标后 map_proj. txt 信息窗口

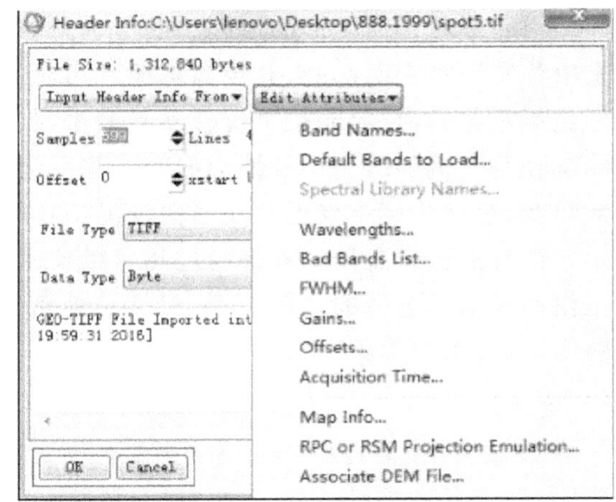

图 2-5　<Header Info>窗口

所示。

（2）方法二。

①在 ENVI 5.3 Classic 界面下，打开某一图像文件（路径为 data\chap01\lc8-15），单击<File>|<Edit ENVI Header>，打开<Edit ENVI Header>对话窗口，单击<OK>，进入<Header Info>对话窗口，如图 2-5 所示。

②在<Header Info>对话窗口中，单击<Edit Attributes>|<Map Info...>，打开<Edit Map Information>窗口。

③在<Edit Map Information>窗口，单击<Change Proj...>键，打开<Projection Select>窗口，如图 2-6 所示。

④在<Projection Select>窗口中，单击<New>，打开<Customized Map Projection

Definition＞对话框，如图 2-7 所示，完成坐标参数设置方式同方法一。

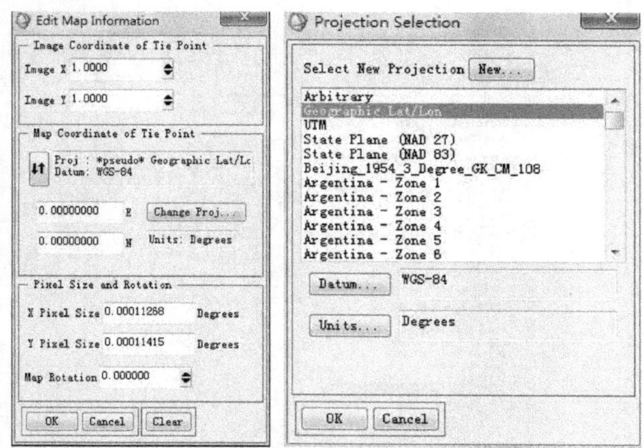

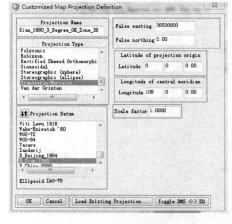

图 2-6 图像信息编辑窗口

图 2-7 定义地图 Xian_1980 投影

2.2 图像几何校正

引起影像几何变形的原因一般分为两大类：系统性和非系统性。系统性几何变形一般是由传感器本身引起的，有规律可循和可预测，可以用传感器模型来校正；非系统性几何变形是不规律的，它可能是由传感器平台本身的高度、姿态等不稳定引起的，也可能是由地球曲率和空气折射的变化及地形的变化等引起的。几何校正是校正成像过程中造成的各种几何畸变，包括几何粗校正和几何精校正。几何粗校正是针对引起畸变的原因而进行的校正，用户得到的遥感数据一般是经过几何粗校正的；几何精校正是利用地面控制点，基于几何校正模型对图像进行的几何校正，包括了地理编码和地理参照的过程。如果地面控制点取自图像，也属于图像配准。

提示：

①正射纠正。在高空间分辨率的影像中，当误差由比例尺变化、传感器的姿态/方位、传感器的系统误差引起，同时区域的地形起伏较大，单纯利用控制点和几何模型消除不了误差或者误差会很大，这个时候就需要结合传感器的姿态参数、地面控制点以及高精度的 DEM 数据进行几何校正，这种方式就是正射纠正。正射纠正是对图像空间和几何畸变进行纠正，从而生成多中心投影平面正射图像的处理过程，它除了能纠正一般系统因素产生的几何畸变外，还可以消除地形引起的几何畸变。它采用少量的地面控制点与相机或卫星模型相结合起来，确立相机(传感器)、图像和地面三个平台的简单关系，建立正确的校正公式，产生精确的正射图像。

②图像配准。同一区域里用一幅图像(基准图像)对另一幅图像进行校准，以使两幅图像中的同名像素配准。基准图像可以带坐标系，也可以不带坐标系。当基准图像带有准确的地理坐标系，又属于几何精校正范畴。

遥感图像的精校正是指消除图像中的几何变形，产生一幅符合某种地图投影或图形表达要求的新图像。它包括两个环节：一是像素坐标的变换，即将图像坐标转变为地图或地面坐标；二是对坐标变换后的像素亮度值进行重采样。

图像几何校正方法有 Image to Image、Image to Map、Image Registration Workflow 流

程化工具等方法。本教程介绍 Image to Image 几何校正(包括 Image to Image 自动图像配准)、Image to Map 及 Image Registration Workflow 流程化工具校正。

2.2.1　Image to Image 几何校正和自动图像配准

1) 图像加载及启动校正

(1) 在 ENVI 5.3 Classic 模式下，单击<File> | <Open Image File>，分别打开"spot5.tif"和"18-1"(路径为 data\chap02\图像校正\spot5.fif、18-1)，其中"spot5.tif"是基准图像，"18-1"是待校正图像，Display＃1 显示"18-1"，Display＃2 显示"spot5.tif"，如图 2-8 所示。

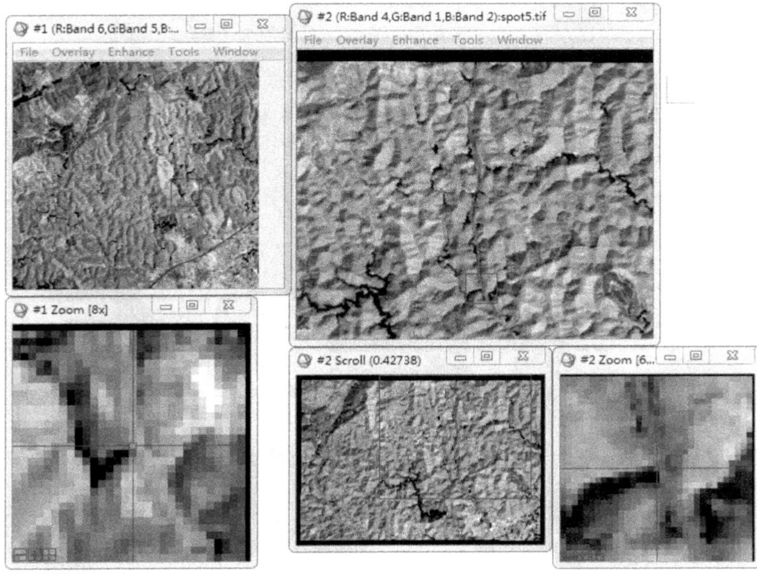

图 2-8　图像显示

(2) 在主菜单单击<Map> | <Registration> | <Select GCPs> | <Image to Image>，在弹出的<Image to Image Registion>对话框中，<Base Image>选择 Display＃2，<Warp Image>选择 Display＃1，单击<OK>。打开<Ground Control Points Selection>窗口，如图 2-9 所示。

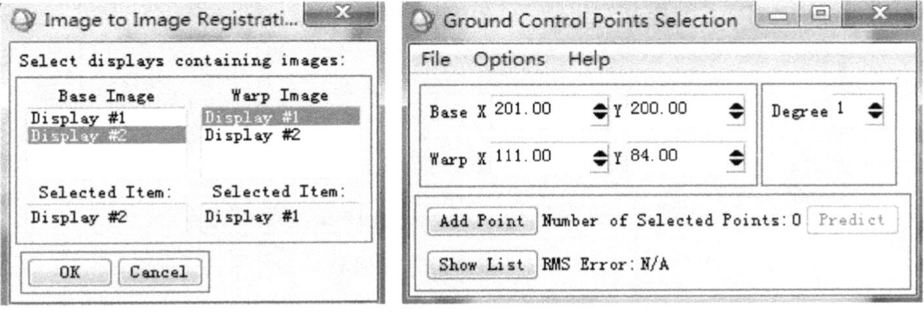

图 2-9　图像几何校正步骤

2）控制点采集

控制点采集除手动控制点采集，还可以启用自动采集工具进行采集。

（1）方法一：手动采集控制点。

①在两个窗口中寻找同一明显地物，如十字路口、交叉路口等，然后分别在<Zoom>窗口点放大，分别把十字光标点在相同位置（同名像点），在<Ground Control Points Selection>窗口中单击<Add Point>，由此完成一个控制点选取，如图 2-10 所示，图像显示区显示编号①。

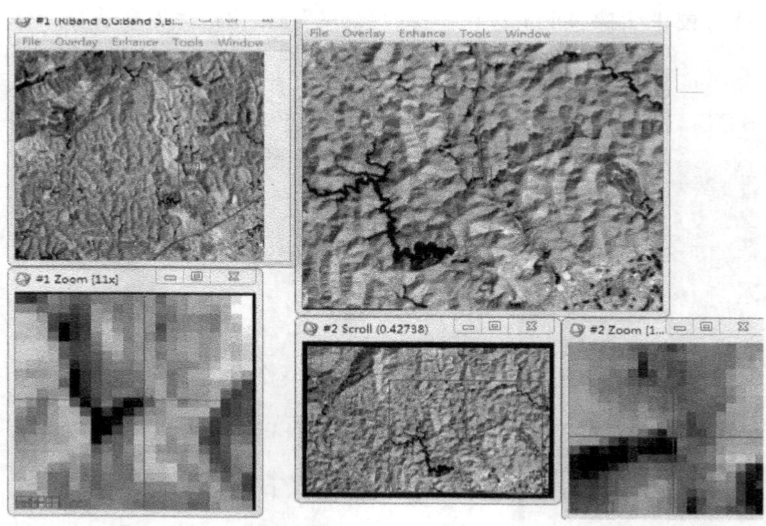

图 2-10 图像几何校正控制点的选择过程

②以相同方式添加其他控制点，当添加的控制点达 5 个以上时，单击<Ground Control Points Selection>窗口中<Show list>，在<Image to Image GCP list>窗口中，显示控制点信息，如图 2-11 所示。同时在窗口中自动计算校正误差"RMS"并显示。手动选取控制点时，注意在影像四周和中心均匀选取控制点，以提高校正精度。

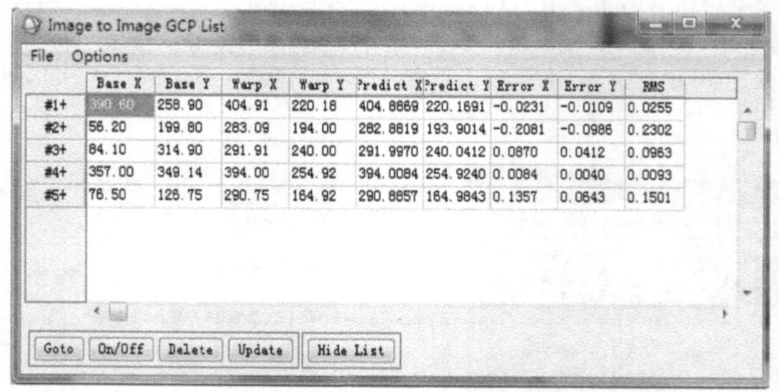

	Base X	Base Y	Warp X	Warp Y	Predict X	Predict Y	Error X	Error Y	RMS
#1+	390.60	258.90	404.91	220.18	404.8869	220.1691	-0.0231	-0.0109	0.0255
#2+	56.20	199.80	283.09	194.00	282.8819	193.9014	-0.2081	-0.0986	0.2302
#3+	84.10	314.90	291.91	240.00	291.9970	240.0412	0.0870	0.0412	0.0963
#4+	357.00	349.14	394.00	254.92	394.0084	254.9240	0.0084	0.0040	0.0093
#5+	76.50	126.75	290.75	164.92	290.8857	164.9843	0.1357	0.0643	0.1501

图 2-11 控制点信息列表

（2）方法二：启用自动采集工具。

自动采集工具有如下两种方式。

方式 1：单击<Ground Control Points Selection>窗口菜单栏<Option>｜<Auto

Predict>，打开自动预测功能，按手动采集控制点方法采集控制点，当采集的控制点达到 3 个时，这时在基准图像 Display＃2 中任意点击一点，在 Display＃1 中待校正影像会对应预测，在待校正影像<Zoom>窗口中对预测地稍微调整，可以精确采集同名像点，单击<Add Point>，确定控制点。

方式 2：单击<Ground Control Points Selection>窗口菜单栏<Option>｜<Automatically Generate Tie Points>，分别选择“spot5. tif”和“18-1”的一个波段匹配，均单击<OK>。在弹出的<Automatic Tie Points Parameters>窗口中，按照需要设置控制点数量<Number of Tie Points>，其他参数默认，单击<OK>，如图 2-12 所示。

采用上述方法完成控制点选取后，回到<Ground Control Points Selection>窗口，单击<Show List>打开<Image to Image GCP List>窗口，在<Image to Image GCP List>窗口中，单击<Option>｜<Order Points by Error>，选中误差大的点，单击<Delete>键删除，或选中误差大的控制点重新在两幅影像<Zoom>窗口中进行定位，单击<Update>键更新，不断调整至所有控制点误差小于 1，如图 2-13 所示。在<Ground Control Points Selection>窗口中，单击<File>｜<Save GCPs to ASCII>，保存控制点。

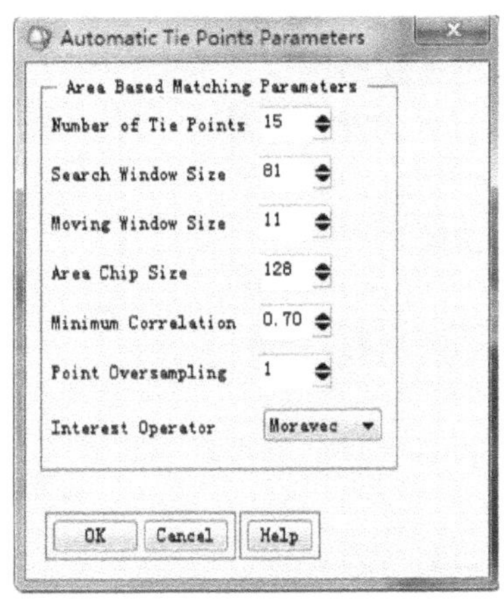

图 2-12　<Automatic Tie Points Parameters>窗口

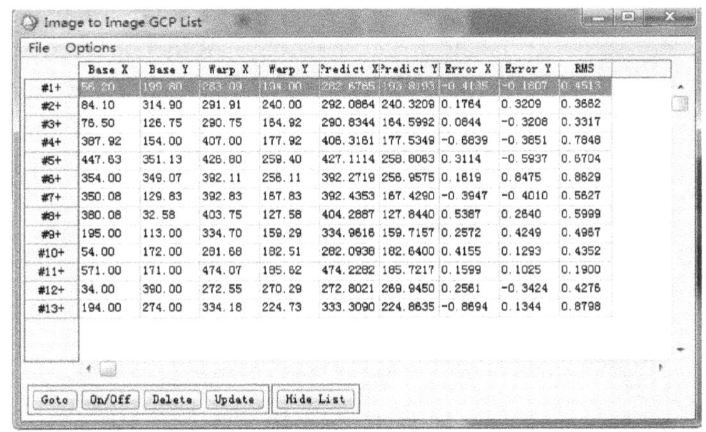

	Base X	Base Y	Warp X	Warp Y	Predict X	Predict Y	Error X	Error Y	RMS
#1+	56.20	199.80	283.09	194.00	282.6785	193.8193	-0.4135	-0.1607	0.4513
#2+	84.10	314.90	291.91	240.00	292.0864	240.3209	0.1764	0.3209	0.3662
#3+	76.50	126.75	290.75	164.92	290.8344	164.5992	0.0844	-0.3208	0.3317
#4+	387.92	154.00	407.00	177.92	406.3161	177.5349	-0.6839	-0.3651	0.7848
#5+	447.63	351.13	426.80	258.40	427.1114	258.8063	0.3114	-0.5937	0.6704
#6+	354.00	349.07	392.11	256.11	392.2719	256.9575	0.1619	0.8475	0.8629
#7+	350.08	129.83	392.83	167.83	392.4353	167.4290	-0.3947	-0.4010	0.5627
#8+	380.08	32.58	403.75	127.58	404.2887	127.8440	0.5387	0.2640	0.5999
#9+	195.00	113.00	334.70	159.29	334.9616	159.7157	0.2572	0.4249	0.4967
#10+	54.00	172.00	281.68	182.51	282.0938	182.6400	0.4155	0.1293	0.4352
#11+	571.00	171.00	474.07	185.62	474.2282	185.7217	0.1599	0.1025	0.1900
#12+	34.00	390.00	272.55	270.29	272.8021	269.9450	0.2561	-0.3424	0.4276
#13+	194.00	274.00	334.18	224.73	333.3090	224.8635	-0.8694	0.1344	0.8798

图 2-13　调整后的控制点信息列表

3）校正并输出校正图

（1）方法一：<Warp File>。

在<Ground Control Points Selection>窗口中，单击<Option>｜<Warp File>，选择校正文件“18-1”，单击<OK>按钮，打开<Registration Parameters>窗口，设定参数，如图 2-14 所示。

参数设置如下。

❑<Method>（校正方法）：Polynomial（多项式模型），Degree（多项式次数）为 1。

❑<Resampling>（重采样）：Nearest Neighbor（最邻近法）。

❑<Background>（背景）：0。

❑<Output Image Extent>：根据需要设定，一般默认。

❑<Enter Output Filename>：选择输出路径和文件名。

图 2-15 为基准图“spot5. tif”、待校正图“18-1”和校正后图“18-1 校正”的信息，应用

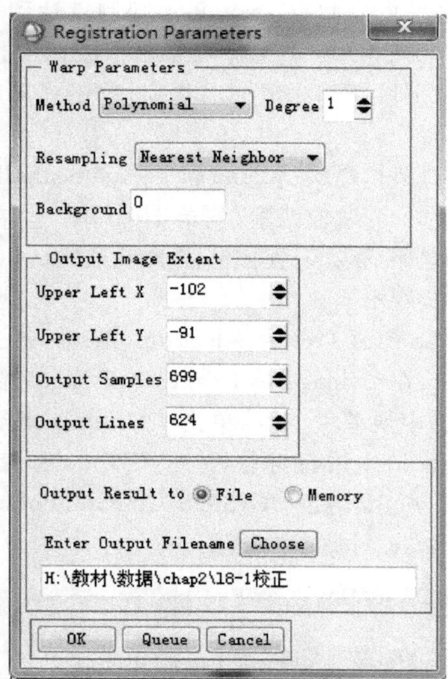

图 2-14 Warp File 校正参数设置窗口

<Warp File>校正后影像的像元大小、坐标信息、图像尺寸与基准图的相同。

(2) 方法二:Warp File (as image to map)。

在<Ground Control Points Selection>窗口中,单击<Option> | <Warp File(as image to map)>,选择校正文件"18-1",单击<OK>按钮,打开<Registration Parameters>窗口,设定参数,如图 2-16 所示。

❑<Change Proj...>:定义需要的坐标系为 Beijing_1954_3_Degree_GK_Zone_36。

❑<X Pixel Size \Y Pixel Size>:设置校正后影像像元大小,本次设定为 10 米。

❑<Output X Size\Y Size>:根据实际情况设定,一般默认。

❑<Method>(校正方法):Polynomial(多项式模型),Degree(多项式次数)为 1。

❑<Resampling>(重采样):Nearest Neighbor(最邻近法)。

❑<Background>(背景):0。

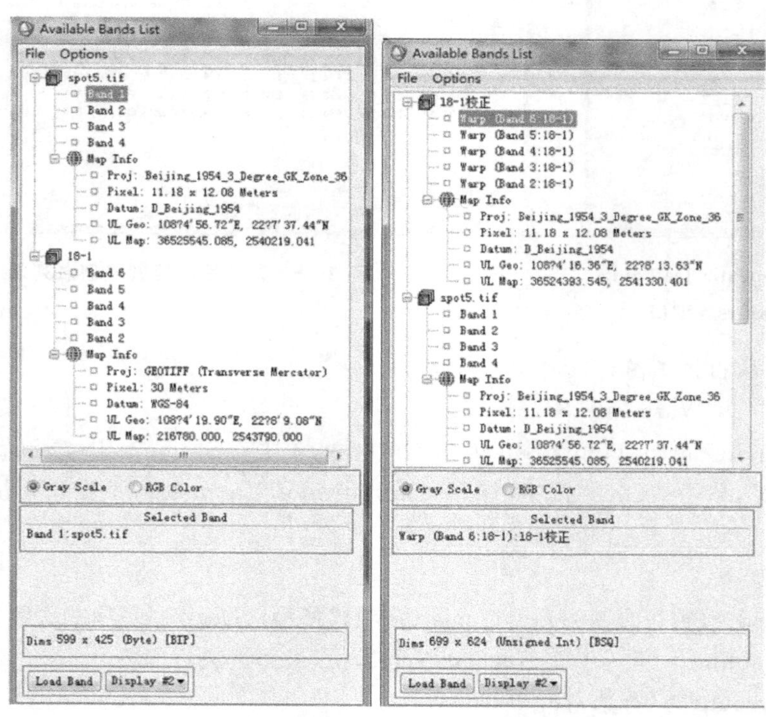

图 2-15 Warp File 校正前后信息比较

❑<Enter Output Filename>:选择输出路径和文件名,图 2-17 所示为本次练习设置的

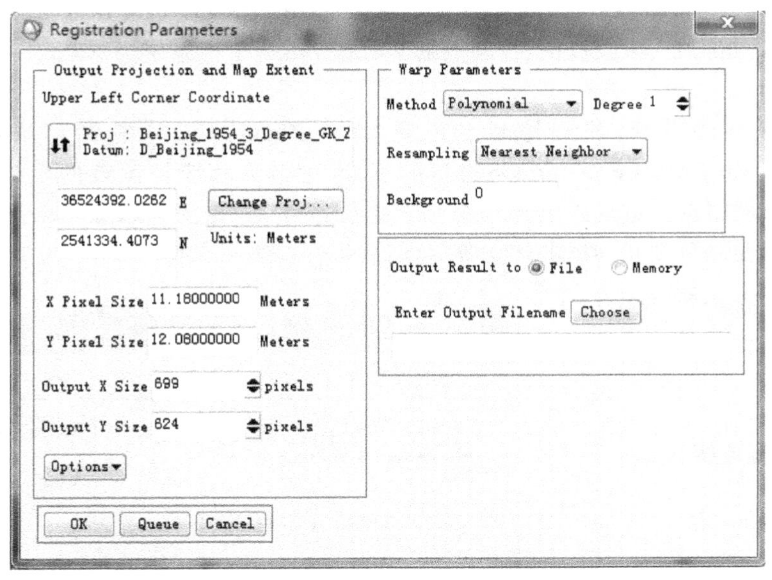

图 2-16　Warp File(as image to map)校正参数设置窗口

参数，图 2-18 为 Warp File(as image to map)校正后图的信息。应用 Warp File(as image to map)校正后影像的像元大小、坐标信息、图像尺寸与基准图的可以不相同。

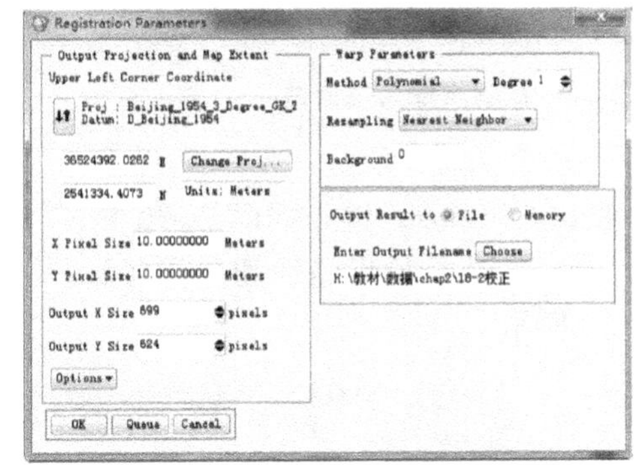

图 2-17　Warp File(as image to map)校正设置参数后窗口

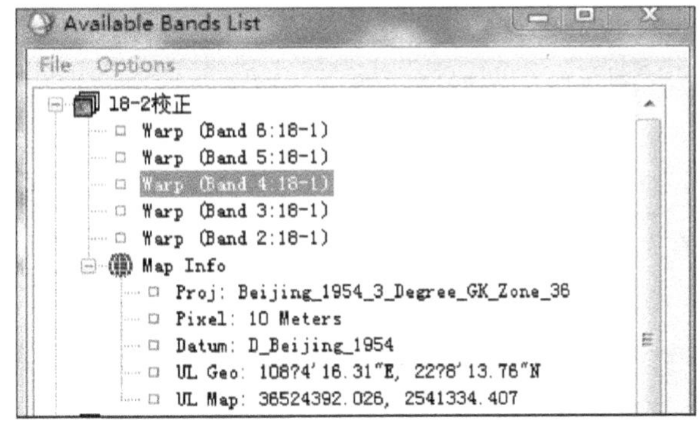

图 2-18　Warp File(as image to map)校正后信息

2.2.2　Image to Map 几何校正

1) 图像加载及启动校正

(1) 在 ENVI 5.3 Classic 模式下，单击<File>|<Open Image File>，打开“18-1”(路径\data\chap02\图像校正\18-1)，并在窗口中 R\G\B 用 7\6\2 显示。

(2) 选择<Map>|<Registration>|<Select GCPs:Image to map>，打开<Image to Map Registration>窗口，选择 Xian_1980_3_Degree_GK_Zone_36，如图 2-19 所示，单击<OK>。

2) 控制点采集

地面控制点的采集有多种方式，包括键盘输入、栅格文件采集、矢量文件采集等。这里以键盘输入采集为例，控制点分布见“data\chap02\图像校正\控制点分布图.jpg”，控制点的坐标值见“data\chap02\图像校正\控制点的坐标值.xls”，坐标系统为 Xian_1980_3_Degree_GK_Zone_36。

在 Display 移动方框，找到控制点位置，在<Zoom>窗口中放大并准确定位，在<Ground Control Points Selection>窗口的 E、N 中输入相应控制点的坐标，单击<Add Point>键添加控制点。重复以上操作添加其他控制点，当在图中添加 4 个点以上时，查看 RMS 值是否满足精度要求，如图 2-20 所示，然后保存控制点文件。

Image to Map Registration
Select Registration Projection
New...
Arbitrary
Geographic Lat/Lon
UTM
State Plane (NAD 27)
State Plane (NAD 83)
Xian_1980_3_Degree_GK_Zone_36
Beijing_1954_3_Degree_GK_Zone_36
Argentina - Zone 1
Argentina - Zone 2
Argentina - Zone 3
Datum...
D_Beijing_1954
Units...
Meters
X Pixel Size 30.00000000 Meters
Y Pixel Size 30.00000000 Meters
OK
Cancel

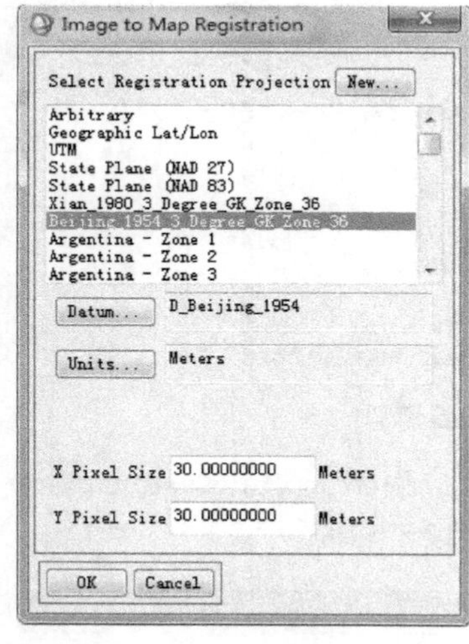

图 2-19　坐标投影转换

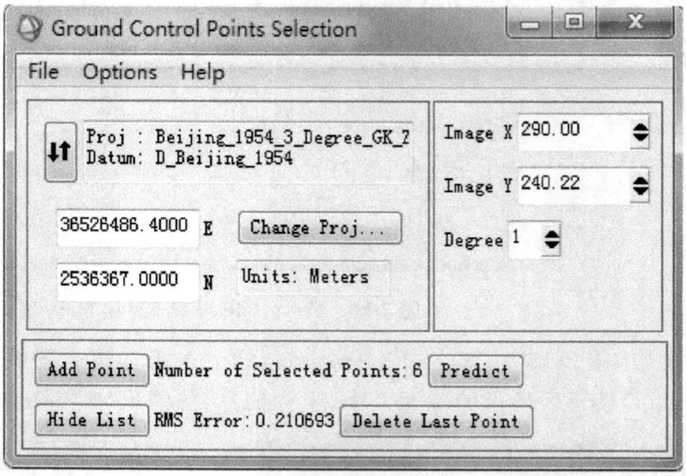

Ground Control Points Selection
File Options Help
Proj : Beijing_1954_3_Degree_GK_Z
Datum: D_Beijing_1954
Image X 290.00
Image Y 240.22
36526486.4000 E
Change Proj...
Degree 1
2536367.0000 N
Units: Meters
Add Point
Number of Selected Points: 6
Predict
Hide List
RMS Error: 0.210693
Delete Last Point

图 2-20　控制点输入法窗口

3）校正并输出校正图

单击<Ground Control Points Selection>窗口中的<Options>键，选择“Warp File”，在<Registration Parameters>中输入如图 2-21 所示的信息，选择输出路径和文件名后，单击<OK>，完成图像校正。校正后的图像信息如图 2-22 所示。

Registration Parameters
Output Projection and Map Extent
Upper Left Corner Coordinate
Proj : Beijing_1954_3_Degree_GK_Z
Datum: D_Beijing_1954
36524493.9464 E
Change Proj...
2541294.5662 N
Units: Meters
X Pixel Size 30.00000000 Meters
Y Pixel Size 30.00000000 Meters
Output X Size 260 pixels
Output Y Size 247 pixels
Options
OK
Queue
Cancel
Warp Parameters
Method Polynomial
Degree 1
Resampling Nearest Neighbor
Background 0
Output Result to File Memory
Enter Output Filename
Choose
H:\教材\数据\chap2\18-3校正

图 2-21　参数设置窗口

Available Bands List
File Options
18-3校正
Warp (Band 6:18-1)
Warp (Band 5:18-1)
Warp (Band 4:18-1)
Warp (Band 3:18-1)
Warp (Band 2:18-1)
Map Info
18-1
Band 6
Band 5
Band 4
Band 3
Band 2
Map Info
Gray Scale
RGB Color
Load RGB
Display #2

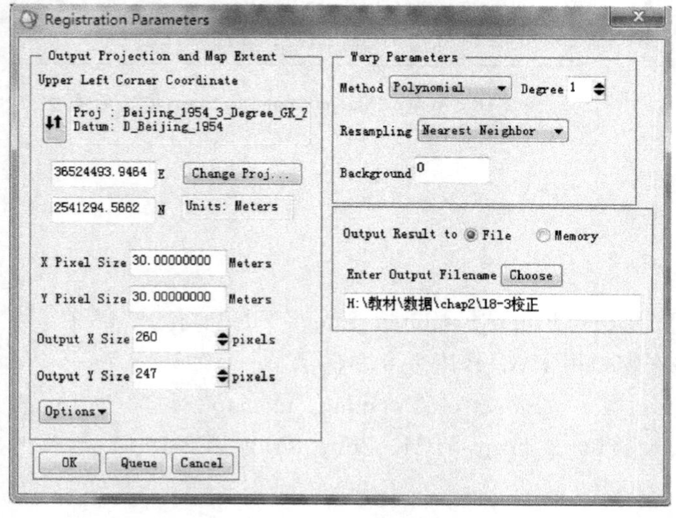

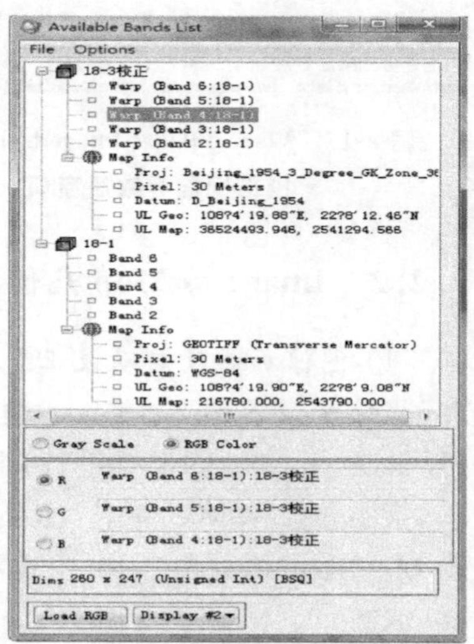

图 2-22　图像校正前后信息比较

2.2.3　Image Registration Workflow 流程化工具

ENVI 5.3 新界面下，自动配准流程化（Image Registration Workflow）工具，以流程化处理数据的方式为用户提供了图像自动配准功能。它是自动、准确、快速的影像配准工作流，将繁杂的参数设置步骤集成到统一的面板中，在少量或者无需人工干预的情况下，能快速而准确地实现影像间的自动配准。本次介绍以“spot5. tif”影像为基准，采用“Image Registration Workflow”校正“18-2. tif”影像操作过程。

1）选择基准图和待校正图

在 ENVI 5.3 新界面中打开“spot5. fif”和“18-2. tif”（路径\data\chap02\spot5. tif、18-2. tif），在＜Toolbox＞搜索栏中输入＜Image Registration Workflow＞搜索该工具，或在＜Toolbox＞中选择＜Geometric Correction＞|＜Registration＞|＜Image Registration Workflow＞，双击＜Image Registration Workflow＞，打开＜Image Registration＞对话框，如图 2-23 所示，＜Base Image File＞选择基准影像“spot5. tif”，＜Warp Image File＞选择待配准影像“18-2. tif”，单击＜Next＞。

图 2-23　基准图和待校正图选择窗口

2）自动和手动生成控制点

在＜Tie Points Generation＞面板中可以设置＜Main＞＜Seed Tie Points＞＜Advanced＞的参数项。默认参数设置能满足大部分的图像配准需求，本练习大部分选择默认参数设置。

各参数说明如下。

（1）Main 选项（见图 2-24）。

❑匹配算法（Matching Method）。

❑＜Cross Correlation＞：一般用于相同形态的图像，如都是光学图像。

❑＜Mutual Information＞：一般用于不同形态的图像，如光学-雷达图像、热红外-可见光等。

❑最小 Tie 点匹配度阈值(Minimum Matching Score):ENVI 的自动找点功能找到的匹配点低于这个阈值,则会自动删除不参与校正,阈值范围 0～1。

❑＜几何模型＞(Geometric Model)提供两种过滤匹配点的几何模型。

◇＜Fitting Global Transform＞:适合绝大部分的图像。

◇＜Frame Central Projection＞:适合框幅式中心投影的航空影像数据。

❑＜变换模型＞(Transform)包括一次多项式(First-Order-Polynomial)和放射变化(RST)。

❑＜Maximum Allowable Error Per Tie Point＞:每个匹配点最大容许误差数值越大,精度越低。

(2) ＜Seed Tie Points＞选项(见图 2-25):在这个面板中可以手动添加控制点,也可以加载已有的控制点。

❑＜Switch To Warp/Switch to Base＞:基准影像与待配准影像视图切换按钮。

❑＜Show Table＞:控制点列表。

❑＜Start Editing＞:添加和编辑控制点。

❑＜Seed Tie Points＞:控制点个数。

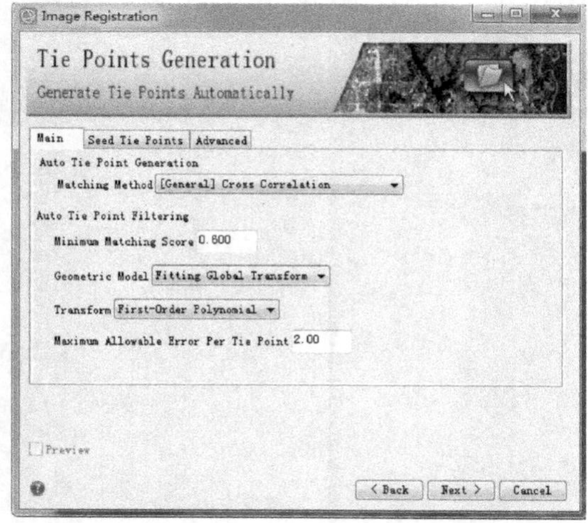

图 2-24 Main 选项设置窗口

图 2-25 Seed Tie Points 选项设置窗口

单击＜Start Editing＞,选中＜Add＞,在基准图像中,在选定的选控制点上左击后右键选择＜Accept as Individual Point＞,此时界面自动切换到待校正的图像,在相应的同名点上左击后右键选择＜Accept as Individual Point＞,这样就完成了第一个控制点的选择。用同样方法选择其他控制点,如图 2-26 所示,选择了 6 个控制点(最少要 3 个控制点)。单击＜Show Table＞,打开＜Tie Points Attribute Table＞,如图 2-27 所示,可以对控制点进行浏览和删除。

(3) ＜Advanced＞选项(见图 2-28):在这个面板中,可以设置匹配波段、拟生成的 Tie 点数量、匹配和搜索窗口大小、匹配方法等。

❑＜Matching Band in Base Image＞:基准影像配准波段。

❑＜Matching Band in Warp Image＞:待配准影像配准波段。

❑＜Requested Number of Tie Points＞:拟生成的匹配点数,不能小于 9。

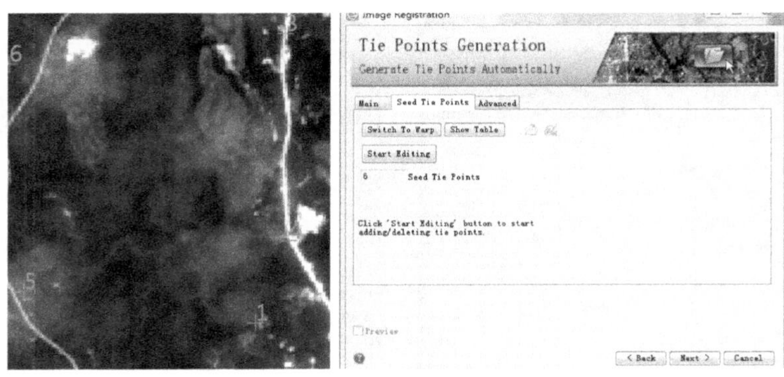

图 2-26　控制点采集情况窗口

Tie Points Attribute Table

POINT_ID	IMAGE1X	IMAGE1Y	IMAGE2X	IMAGE2Y
1	352.98	348.00	131.04	141.00
2	55.32	195.25	22.77	77.25
3	379.01	37.08	143.04	14.92
4	390.98	259.75	144.77	105.33
5	90.59	319.33	33.70	127.33
6	69.18	74.92	27.30	28.25

4

Close

图 2-27　控制点列表

❑<Search Window Size>:搜索窗口大小,需要大于匹配窗口大小,搜索窗口越大,找到的点越精确,需要的时间越长。

❑<Matching Window Size>:匹配窗口大小,会根据输入图像的分辨率自动调整一个默认值。

❑<Interest Operator>:匹配算法设置,Forstner 方法精度最高、速度最慢。

上述参数设置完成后,单击<Next>,进入<Review and Warp>界面。

3) 检查控制点及预览结果

(1) 在<Review and Warp>对话框中选中<Tie Point>,如图 2-29 所示,单击<Show Table>按钮,检查控制点列表,如图 2-30 所示,列表的最右列是误差值,可以对误差较大的控制点进行删除。

(2) 在<Warping>的选项中设置参数,按图 2-31 设置。

❑<Method>(校正方法):Polynomial(多项式模型)。

❑<Resampling>(重采样):Bilinear(双线性内插法)。

❑<Background>(背景):0。

❑<Output Pixel Size from>(输出像元大小来源):按需求选择下述三种。

◇<Base Image>:与基准影像像元一致。

图 2-28　Advanced 选项设置窗口

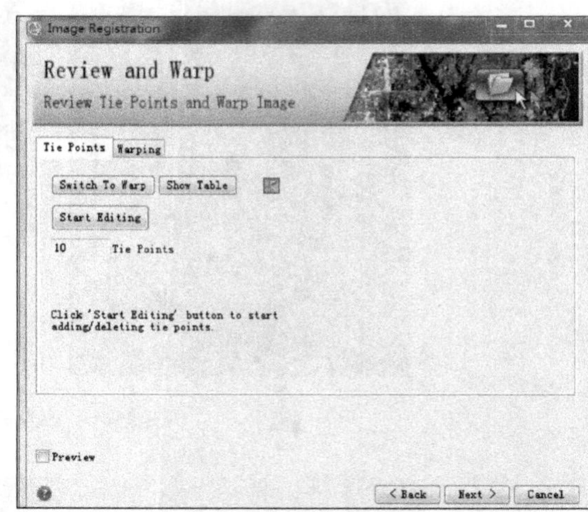

图 2-29　Tie Point 选项窗口

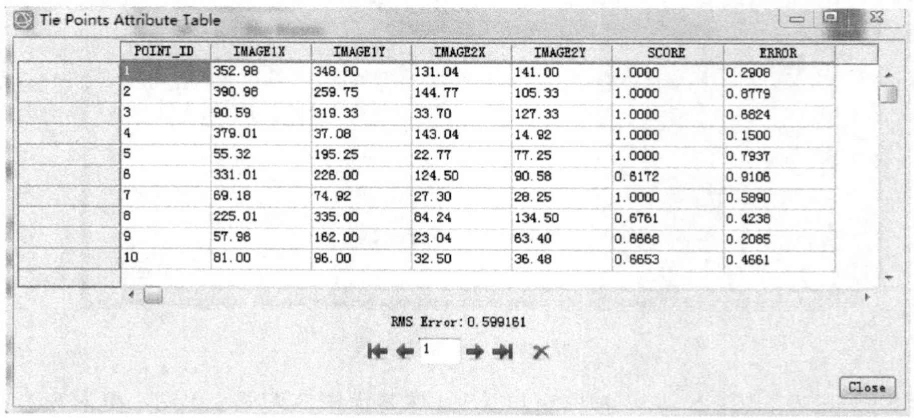

Tie Points Attribute Table

POINT_ID	IMAGE1X	IMAGE1Y	IMAGE2X	IMAGE2Y	SCORE	ERROR
1	352.98	348.00	131.04	141.00	1.0000	0.2908
2	390.98	259.75	144.77	105.33	1.0000	0.8779
3	90.59	319.33	33.70	127.33	1.0000	0.6824
4	379.01	37.08	143.04	14.92	1.0000	0.1500
5	55.32	195.25	22.77	77.25	1.0000	0.7937
6	331.01	226.00	124.50	90.58	0.6172	0.9106
7	69.18	74.92	27.30	28.25	1.0000	0.5890
8	225.01	335.00	84.24	134.50	0.6761	0.4236
9	57.98	162.00	23.04	63.40	0.6668	0.2085
10	81.00	96.00	32.50	36.48	0.6653	0.4661

RMS Error: 0.599161

Close

图 2-30　Tie Point 选项窗口

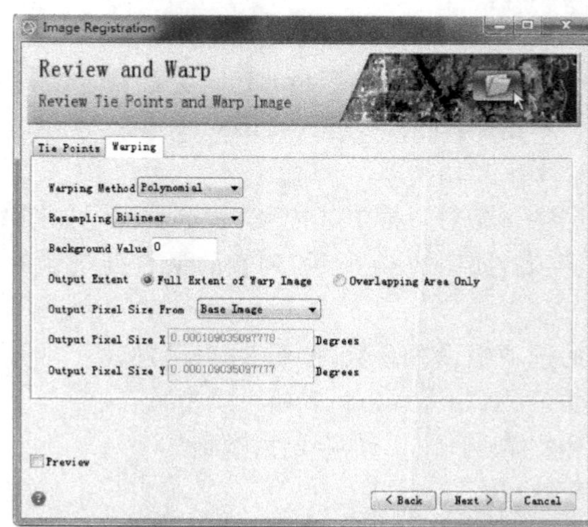

图 2-31　Warping 选项设置窗口

◇＜Warp Image＞：与待配准影像像元一致。

◇＜Customized Value＞：自定义影像像元大小。

(3) 检查控制点完成并进行了相应参数设置后，勾选＜Preview＞，预览配准效果。

4) 输出结果

选择输出校正后图像和控制点的路径和文件名，输出结果。

2.2.4　校正后影像效果对比

1) 方法一

在两个窗口中分别显示基准影像和校正后影像，在任一窗口影像上右键点击＜Link Displays＞，设置基准窗口，单击＜OK＞，进行视图链接，如图 2-32 所示。打开并移动十字丝，在基准面窗口中对比查看校正后影像与基准影像的重叠情况。

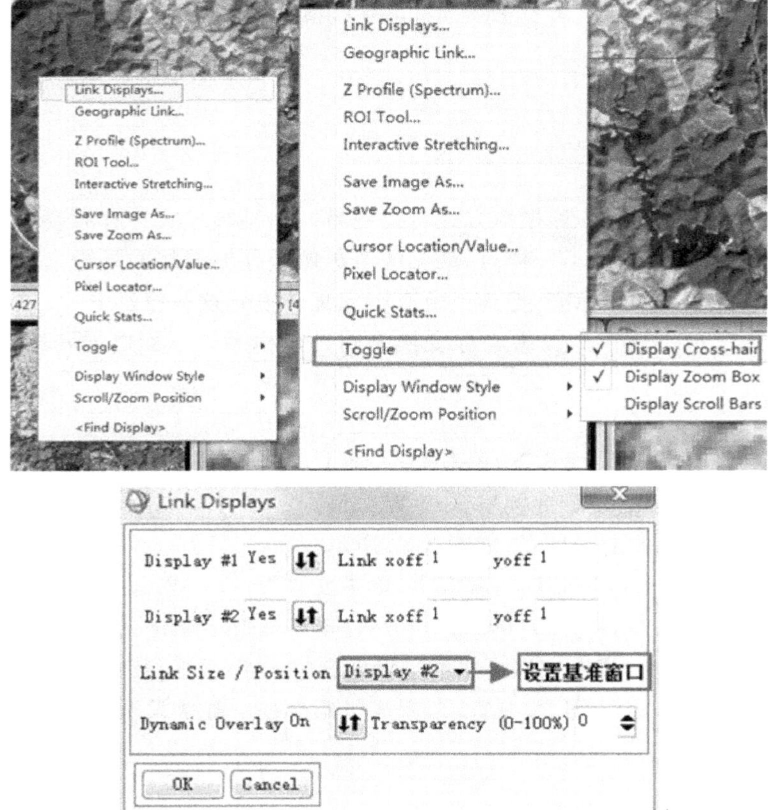

图 2-32　影像效果对比步骤

2) 方法二

在显示窗口中右键弹出的快捷菜单中单击＜Geographic Link＞地理链接，单击箭头标志把需要链接的窗口调为“On”，如图 2-33 所示，单击＜OK＞。打开十字丝并在窗口中移动，对比查看影像校正后的效果。

3) 方法三

在 ENVI 5.3 新界面下直接加载校正后影像及基准影像，利用工具栏中 四个

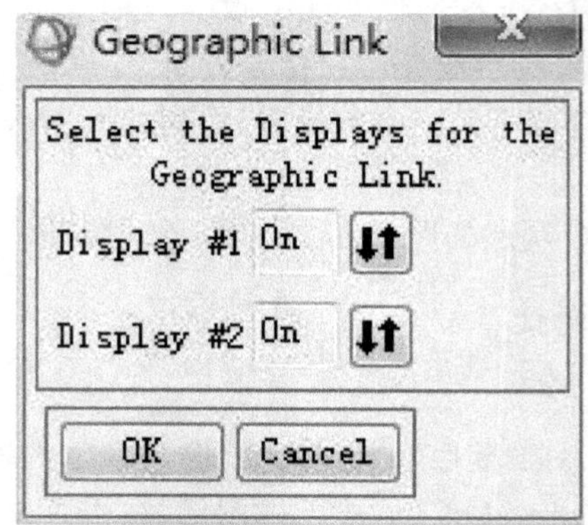

图 2-33 <Geographic Link>

工具，即小窗对比（portalcis）、视图切换（view blend）、视图闪烁（view flicker）、视图卷帘（view swipe），对比校正效果。

2.3 投影变换

投影变换就是把图像从一种投影方式转换到另一种投影方式。有时要将多图影像拼接在一起，当每幅影像的投影都不一样时，就无法对影像做叠加的相关处理，也无法拼接，就要以其中一幅图像的投影作为标准，把其他所有图像都转换到这一投影下。

投影变换用于把不同影像投影坐标变换为同一坐标系。下面以 spot5 图像为例，介绍投影变换操作。

1）方法一

（1）在 ENVI 5.3 Classic 模式下，单击<File> | <Open Image File>，选择“spot5-W. tif”文件（路径为 data\chap02\投影变换\spot5-W. tif）。在<Available Bands List>窗口中可查看“spot5-W. tif”文件的地理信息，如图 2-34 所示。

（2）在<Available Bands List>窗口中，单击文件“spot5-W. tif”文件名，然后点击鼠标右键，选择<Edit Header>，打开<Header Info>。单击<Edit Attributes> | <Map Info> | <Change Proj. . . >，在列表框中选择之前已经定义好的 Beijing_1954_3_Degree_GK_Zone_36 坐标系，单击<OK>，如图 2-35 所示，完成投影变换。在波段列表框中发现，投影系变为 Beijing_1954 坐标系。

2）方法二

（1）ENVI 5.3 Classic 中，单击<Map> | <Covert Map Projection>，打开<Covert Map Projection Input Image>窗口，选择“spot5-W. tif”文件，单击<OK>；打开<Covert Map Projection Parameters>窗口，如图 2-36 所示。

（2）在<Covert Map Projection Parameters>窗口中，单击<Change Proj. . . >键，选择此前定义好的 Beijing_1954_3_Degree_GK_Zone_36，单击<OK>。

（3）转换参数默认设置，设置坐标系转换后文件保存的位置，单击<OK>。在可用波段列表中查看坐标转换后文件地理信息，如图 2-37 所示，投影坐标系已转为 Beijing_1954。

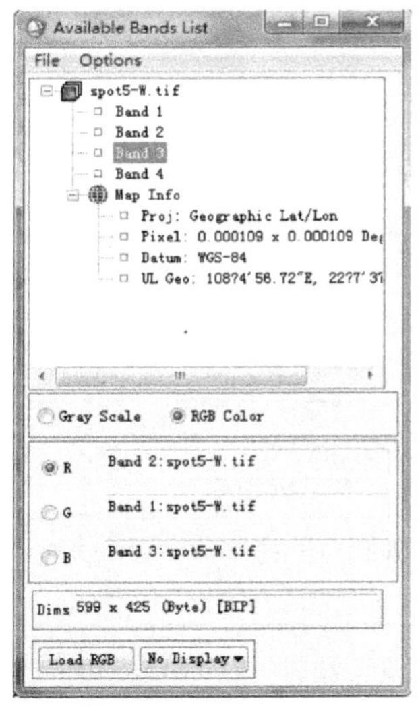

图 2-34　文件信息

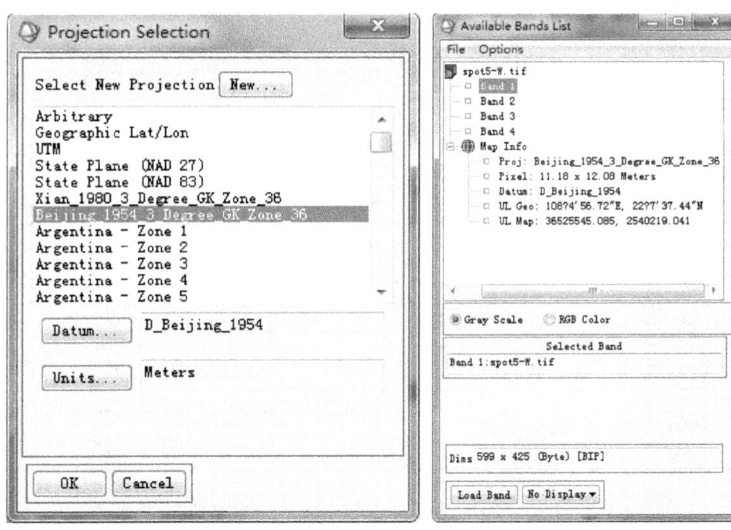

图 2-35　图像的投影转换

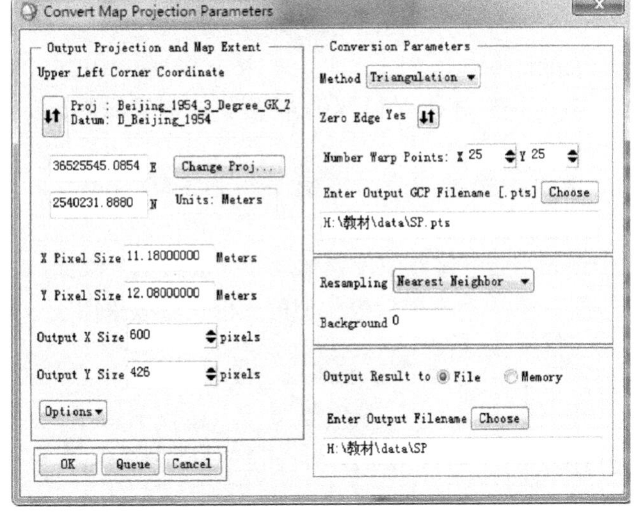

图 2-36　图像的投影转换

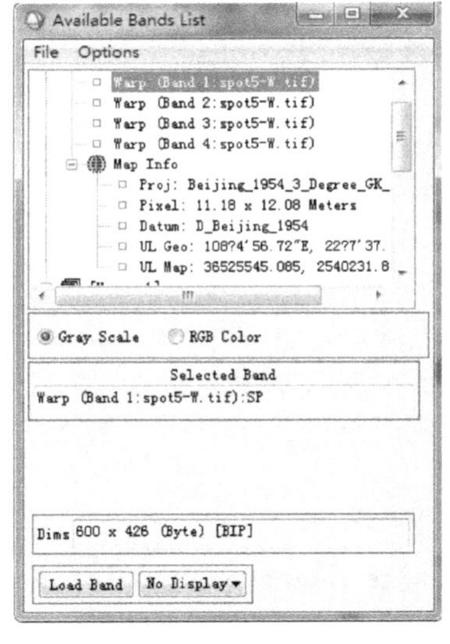

图 2-37　投影变换前后的坐标信息

2.4　图像融合

图像融合是把低分辨率的多光谱图像或高光谱图像与高分辨率的图像重采样生成一幅高分辨率多光谱图像的过程。图像融合的目的是使多光谱特点和高分辨率特点集于一图。图像融合要求融合前两幅影像必须经过精确配准。此外，融合方法的正确选择也是影响融合效果的重要因素。图像融合方法与特点如表 2-3 所示。

表 2-3 图像融合方法与特点

融合方法	特点
CN spectral Sharpening	适用于大地貌,可用于高光谱与多光谱融合
Color Normalized (Brovey) Sharpening	限制光谱数量,光谱信息保存好,要求输入文件具有相同地理信息或相同尺寸
Gram-Schmidt Pan Sharpening	能同时保持图像纹理和光谱信息
HSV Sharpening	限制光谱数量,光谱信息损失大。空间保持较好,要求输入文件具有相同地理信息或相同尺寸,RGB 波段输入数据类型必须为字节型(byte)
PC Spectral Sharpening	色调变化大,光谱信息和纹理信息均保持好
NNDiffus Pan Sharpening	ENVI5.2 以后新增算法,色彩、光谱、纹理信息均保留很好
SPEAR Pan Sharpening	把高分辨率全色数据与低分辨率多光谱数据融合的流程化模块,结果不能进行波段分析,用于表面辅助分析

所有融合方法的调用和参数设置基本相同,即 ENVI 5.3 新模式,在<Toolbox>搜索框搜索<sharpening>,或在<Toolbox>工具箱双击<Image sharpening>,显示 7 种融合方法,如图 2-38 所示。下面举例说明<Color Normalized (Brovey) Sharpening>的融合方法。

(1) 在 ENVI 5.3 新界面中打开"spo5_mul"和"spo5_pan"(路径\data\chap02\图像融合\spo5_mul、spo5_pan)。

(2) 在<Toolbox>工具箱,双击<Image sharpening> | <Color Normalized (Brovey) Sharpening>,在<Select Input RGB Input Bands>对话框中选择多光谱三个波段(spo5_mul,1.2.3 波段),单击<OK>。

(3) 在<High Resolution Input File>窗口中选择高分辨率影像一个波段(spot_pan-band1),单击<OK>。

(4) 在<Color Normalized Sharpening Parameters>窗口中设置重采样方法和保存位置,如图 2-39 所示,单击<OK>,完成图像融合。图 2-40 为融合前后经拉伸的图像比较效果图。

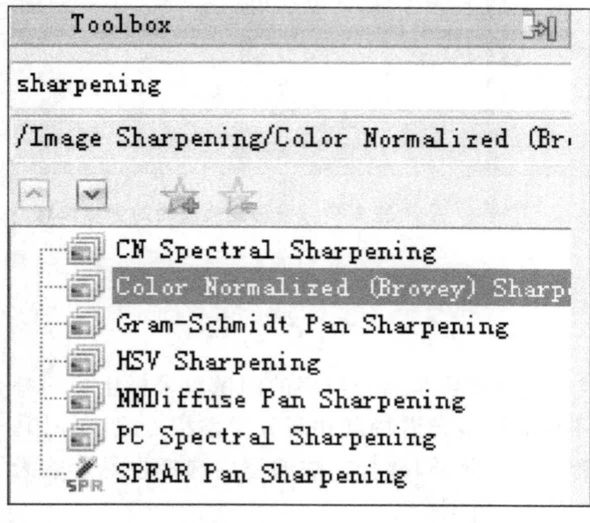

图 2-38 Toolbox 搜索框

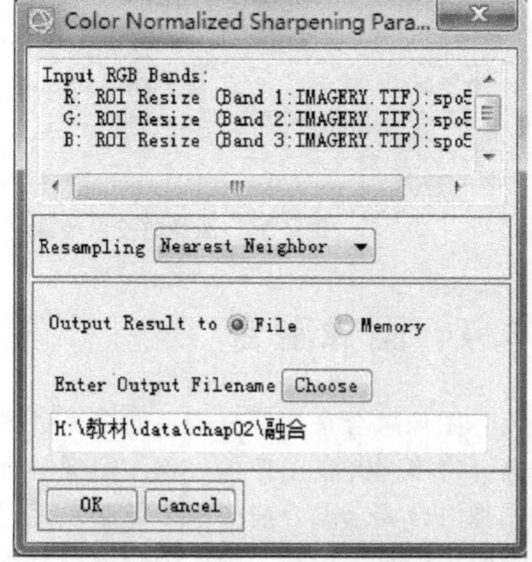

图 2-39 <Color Normalized Sharpening Parameters>窗口

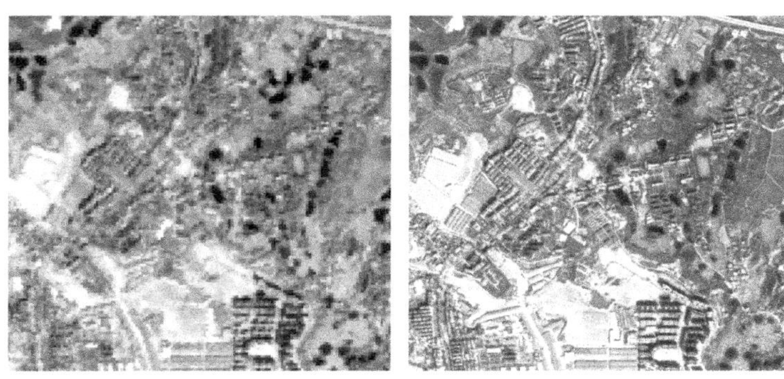

图 2-40　融合前后的图像

2.5　图像镶嵌

图像镶嵌是把多景有重叠区的影像拼接为一张无缝影像图的过程。可以简单理解为图像镶嵌是求多景影像并集的图像运算。本教程使用无缝镶嵌工具<Seamless Mosaic>进行图像镶嵌。

(1) 在 ENVI 5.3 新界面中打开实验图像"spot5_1"和"spot5_2"。

(2) 在<Toolbox>工具箱，双击<Mosaicking>|<Seamless Mosaic>，或在<Toolbox>搜索栏搜索<Seamless Mosaic>，双击<Seamless Mosaic>。

(3) 在<Seamless Mosaic>模块窗口中点击 ➕ ，在 File Selection 窗口中加载"spot5_1"和"spot5_2"，如图 2-41 所示。

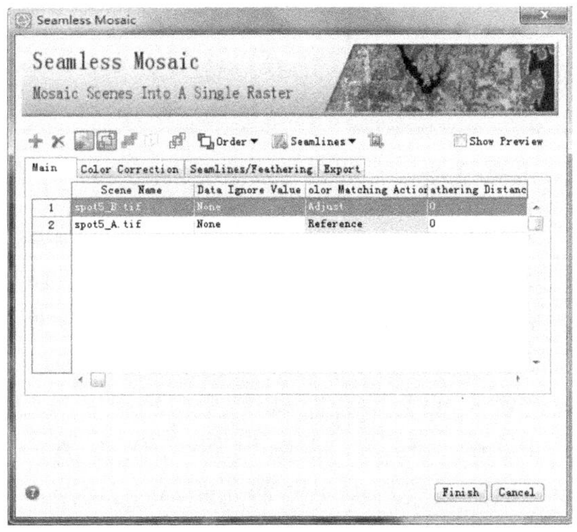

图 2-41　Data Ignore Value 设置

(4) 将重叠区背景值设为"0"，达到透明效果。在<Main>选项卡下的<Data Ignore Value>中直接单击输入"0"，或单击选中<Data Ignore Value>整列右键选择<Change Selected Parameters>，批量编辑输入"0"。

(5) 在＜Main＞选项卡下，选择一个图像作为基准图，并在其对应的＜Color Matching Action＞单元格上单击鼠标右键，点击＜Reference＞。另一图像设定为＜Adjust＞，为待校正图像，如图 2-42 所示。单击＜Color Correction＞，勾选＜Histogram Matching＞，选＜Entire Scene＞(统计整幅图像直方图进行匹配)，如图 2-43 所示。

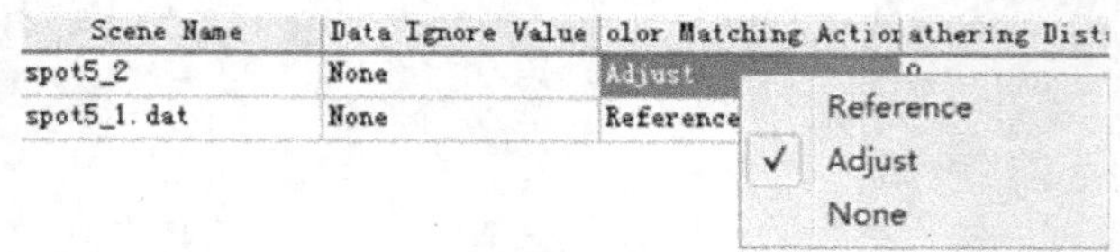

图 2-42　Color Matching Action 设置

(6) 单击 Seamlines▾，在其下拉菜单中单击＜Auto Generate Seamlines＞，自动绘制接边线。如果对自动绘制的接边线不满意，单击＜Seamlines＞|＜Start Editing Seamlines＞，手动编辑接边线，如图 2-44 所示。

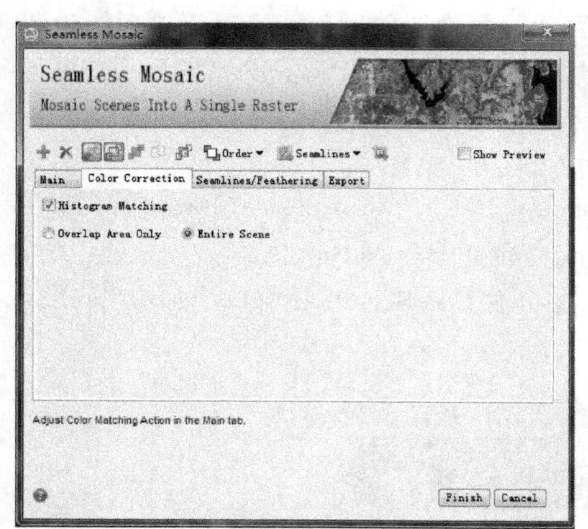

图 2-43　＜Color Correction＞选项

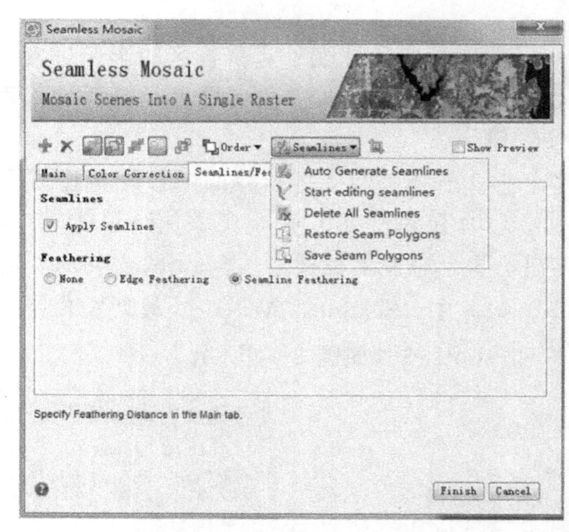

图 2-44　＜Seamlines＞选项设置

绘制中，每单击鼠标一次，确定一个折点。使用键盘＜backspace＞键可删除最后编辑的折点，也可以单击鼠标右键选择＜Clear Polygon＞，直接取消绘制的多边形。编辑过程是沿着明显不易被接边线分割的地物边线(如：路、山脚线)绘制闭合多边形。切换至＜Seamlines/Feathering＞选项卡下，取消勾选＜Apply Seamlines＞，可以取消使用接边线。

(7) 切换至＜Main＞选项卡，设置羽化距离，选中＜Feather Distance(Pixels)＞列，右键点击＜Change Selected Parameters＞，批量设置羽化距离，或根据需要分别单击＜Feathering Distance＞单元格，设置影像不同羽化距离，羽化距离单位为像元。如图 2-45 所示，设置的羽化距离为 10 个像元。

切换至＜Seamlines/Feathering＞选项卡，根据需要设置羽化类型或不使用羽化处理。本次练习为接边线羽化，如图 2-46 所示。

(8) 单击＜Export＞，设置图像镶嵌结果输出位置、文件类型、背景值、重采样方法和波段数，本次参数设置如图 2-47 所示，单击＜Finish＞完成图像镶嵌。

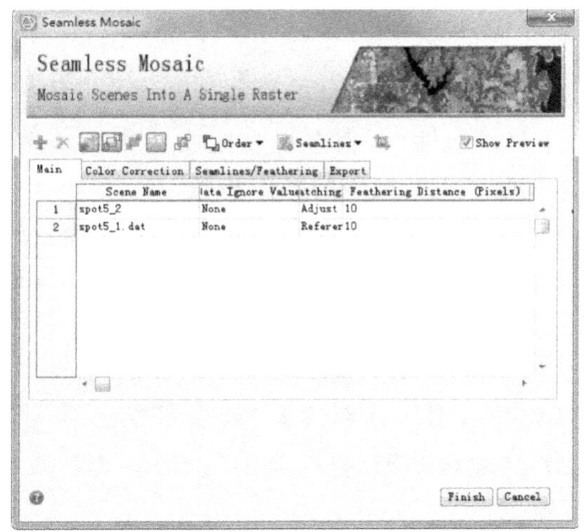

图 2-45　图像羽化距离设置

图 2-46　图像羽化类型设置

图 2-47　＜Export＞参数设置

2.6　图像裁剪

删掉研究区范围外影像的方法称为图像裁剪。通过裁剪图像，能帮助用户达到专注研究区图像分析、排除干扰、减少冗余数据、提高图像处理速度的目的，是图像预处理中必不可少的环节。

2.6.1 规则裁剪

规则裁剪指用矩形范围裁剪影像，矩形范围通常可以通过行列号、对角线坐标点、外部矢量文件、兴趣区、图片文件的途径获取。在 ENVI 5.3 软件中，很多工具附带有规则裁剪功能，即出现＜Spatial Subset＞按键。下面介绍这种附带规则裁剪的操作步骤。

(1) 在新界面打开 Landsat8 数据“L8-13.dat”(路径为 data\chap02\图像裁剪\L8-13.dat)。

(2) ＜File＞ | ＜Save As＞ | ＜Save As (ENVI, nitf, tiff, dted)＞，打开＜File Selection＞窗口。

(3) 在＜File Selection＞窗口中单击＜Spatial Subset＞，打开裁剪功能区。在功能区上侧，显示 6 种确定裁剪范围的选项 ，依次分别代表“整幅图像范围、当前视图范围、外部栅格图像范围、外部矢量图像范围、兴趣区范围、坐标范围”。功能区下侧，可以通过手动输入起始、终止的行列号以确定裁剪范围。

(4) 本次操作选择＜当前视图范围＞方法确定裁剪区域，即单击＜Use View Extent＞，然后用鼠标调整视图红线框范围，如图 2-48 所示，单击＜OK＞。

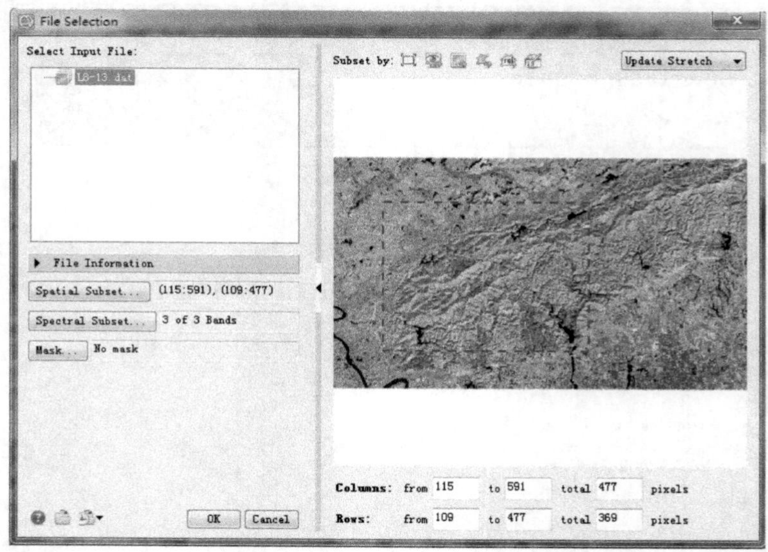

图 2-48 图像规则裁剪

(5) 在＜Save File as Parameters＞窗口中设置裁剪文件存储位置，单击＜OK＞完成规则裁剪。

2.6.2 不规则裁剪

不规则裁剪指用不规则图形范围裁剪影像。不规则图形可通过手动绘制多边形兴趣区/矢量图像或直接输入外部矢量图/兴趣区的方式获取。

1) 手动绘制兴趣区

(1) 在新界面打开 Landsat8 数据“L8-13.dat”(路径为 data\chap02\图像裁剪\L8-13.dat)。

(2) 单击＜File＞ | ＜New＞ | ＜Vector Layer＞，在＜Create New Vector Layer＞窗口

中，设置新矢量文件名称、矢量类型，单击<OK>。矢量记录类型包括点（Point）、多点（Multipoint）、线（Polyline）、面（Polygon）。一般设置为面（Polygon），如图 2-49 所示。

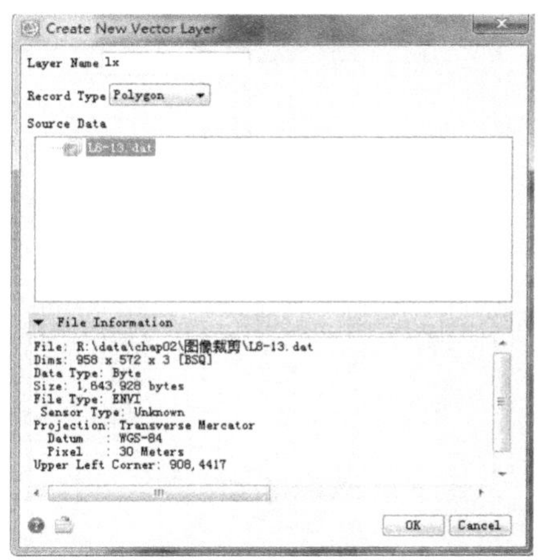

图 2-49　<Create New Vector Layer>窗口

（3）单击工具栏中 Create Vector 键，单击<Create Vector>，在影像显示区绘制多边形矢量，绘制时，鼠标右键选择<Clear>，可以取消绘制；使用键盘<Backspace>键可以删除最后一个编辑折点；绘制结束时，双击鼠标左键或单击右键选择<Apply>，完成闭合多边形编辑；需要退出编辑状态时，单击工具栏 键，如图 2-50 所示。

（4）<File>|<Save As>|<Save As (ENVI, nitf, tiff, dted)>，在<File Selection>窗口中选中矢量文件，单击<OK>。选择保存位置，单击<OK>，保存的矢量文件为 shp 格式文件。

（5）在<Toolbox>工具箱中，双击<Regions of Interest>|<Subset Data from ROIs>，在<Select Input File to Subset Via ROI>窗口中选中裁剪文件“L8-13. dat”，单击<OK>。

（6）在<Spatial Subset via ROI Parameters>窗口中选中 lx. shp，在<Mask pixel output of ROI>中单击“Yes”，将<Mask Background Value>设为“0”，设置裁剪文件保存位置，如图 2-51 所示，完成兴趣区裁剪。

图 2-50　多边形的绘制

图 2-51　<Spatial Subset via ROI Parameters>窗口设置

2）外部矢量文件裁剪

（1）在新界面中打开 Landsat8 数据“L8-13. dat”（路径为 data\chap02\图像裁剪\L8-13. dat）。

（2）在<File>|<Open>中，打开矢量文件“范围. shp”矢量文件，如图 2-52 所示。

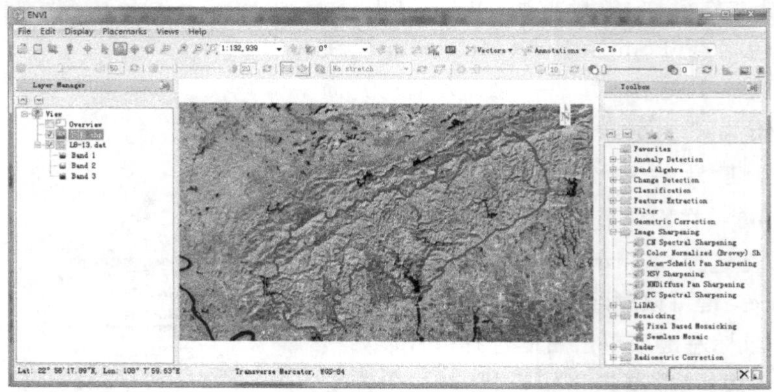

图 2-52 外部矢量文件叠加显示

(3) 在＜Toolbox＞工具箱中，双击＜Regions of Interest＞|＜Subset Data from ROIs＞，在＜Select Input File to Subset Via ROI＞窗口中选中裁剪文件“L8-13. dat”，单击＜OK＞。

(4) 在＜Spatial Subset via ROI Parameters＞窗口中选中“范围. shp”，在＜Mask Pixel Output of ROI＞中单击“Yes”，将＜Mask Background Value＞设为“0”，设置裁剪文件保存位置，如图 2-53 所示，完成外部矢量裁剪。图 2-54 为裁剪图。

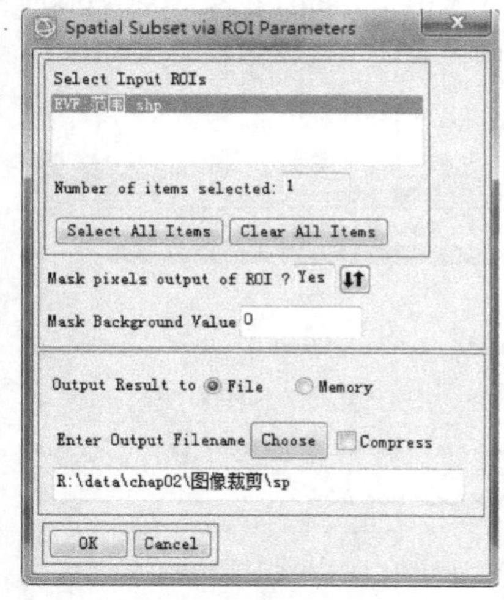

图 2-53 ＜Spatial Subset via ROI Parameters＞窗口设置

图 2-54 裁剪图

第3章　图像增强

图像在获取过程中，由于受到大气的散射、反射、折射等影响，获得的图像会出现带有噪点或目视效果不好、所需要的信息不够突出等情况，这时就需要对图像进行增强处理，改善图像的质量，提高目视效果，突出所需要的信息。图像增强的主要目的就是改变图像的灰度等级和灰度范围、提高图像的对比度、消除噪声、平滑图像、合成彩色等。

3.1　交互式数据拉伸

在ENVI 5.3 Classic模式下，打开一个多光谱图像(路径为data\chap03\LS-15.dat)并显示，在主影像窗口，选择<Enhance>|<Interactive Stretching>，打开交互式对比度拉伸对话框，如图3-1所示。在对话框左侧显示一个输入直方图，右侧显示一个输出直方图，两条纵虚线表明了当前拉伸所用到的最小值和最大值。对于彩色影像来说，直方图的颜色与所选的波段颜色一致。交互式直方图窗口的底部会列出拉伸类型和直方图来源。要浏览绿波段和蓝波段的直方图，点击窗口中的<G>、<B>切换按钮，要把任何拉伸或直方图的变换自动应用到图像，点击<Apply>。

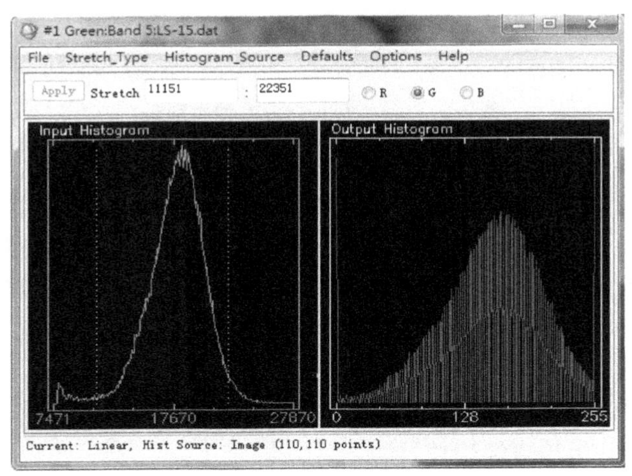

图3-1　交互式对比度拉伸对话框

3.1.1　设置拉伸参数方法

在交互式对比度拉伸对话框中，使用<Options>菜单和鼠标交互功能可以为拉伸设置参数，同时浏览交互式直方图窗口中的信息。要重新显示原来的拉伸，选择<Options>|<Reset Stretch>。

1) 更改拉伸最小值和最大值

更改拉伸最小值和最大值时，要在任意一条垂直虚线上点击鼠标左键，然后拖放到一个新的位置，或者直接在对话框顶部的＜Stretch＞文本框中输入所需值。输入数据后，输出直方图会自动更新，并应用到新的拉伸显示数据的分布。

2）锁定拉伸条(Locking Stretch Bars)

要锁定最小值和最大值拉伸条(纵虚线)间的距离，选择＜Options＞|＜Locking Stretch Bars＞。拉伸条间的距离将被锁定，可以同时移动两个拉伸条。要解除锁定，取消选中＜Locking Stretch Bars＞。

3.1.2 拉伸方法

在交互式对比度拉伸对话框的＜Stretch_Type＞菜单中，包含所有可供选择的交互式拉伸类型，如图 3-2 所示。

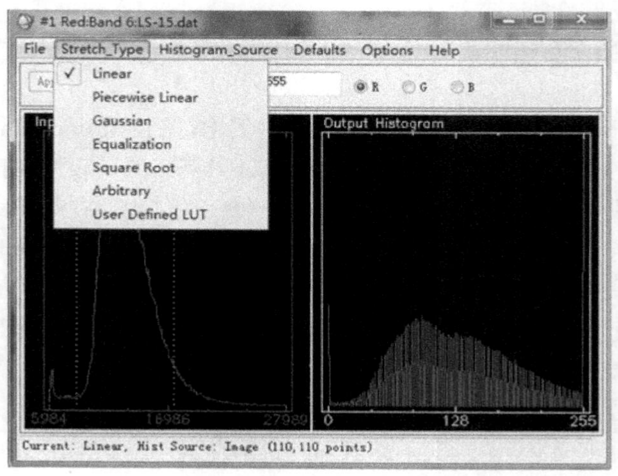

图 3-2 ＜Stretch_Type＞种类列表

1）线性对比度拉伸

线性对比度拉伸是系统默认的交互式拉伸，在交互式对比度拉伸对话框中，选择＜Stretch_Type＞|＜Linear＞。要设定最小和最大输入值，使用鼠标左键，移动输入直方图中的纵虚线到所需要的位置，或者在＜Stretch＞文本框中输入所需要的 DN 值。点击＜Apply＞，将拉伸应用于显示的数据。

2）分段线性对比度拉伸(Piecewise Linear)

分段线性对比度拉伸可以通过使用鼠标在输入直方图中放置几个点进行交互地限定，对于各个点之间的部分采用线性拉伸。

选择＜Stretch_Type＞|＜Piecewise Linear＞，在输入直方图中绘制有一条白色直线，在输入直方图的任何位置点击鼠标中键，为转换函数增加一个节点，绘制的线段将把端点和绘制的节点标记连接起来，如图 3-3 所示。

要移动一个点的位置，在标记上点击鼠标左键，然后把它拖放到一个新位置。要删除点，在标记上点击鼠标右键。选择＜Options＞|＜Edit Piecewise Linear＞，可以手动地键入输入和输出值，如图 3-4 所示。结果将被绘制在输出直方图中，该直方图显示应用新的拉伸后数据的分布情况。点击＜Apply＞，将拉伸应用于显示的数据。

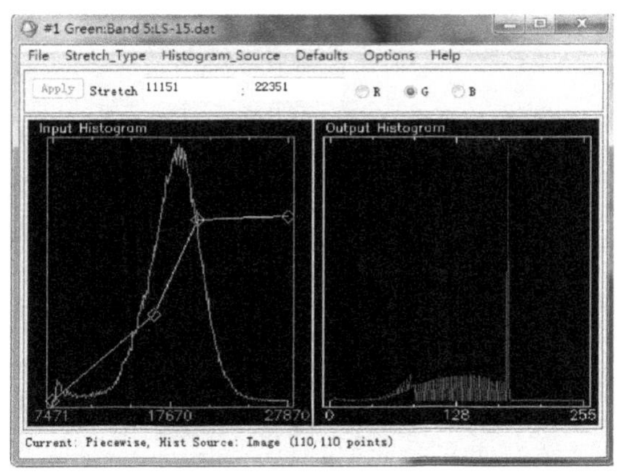

图 3-3　分段线性对比度拉伸对话框

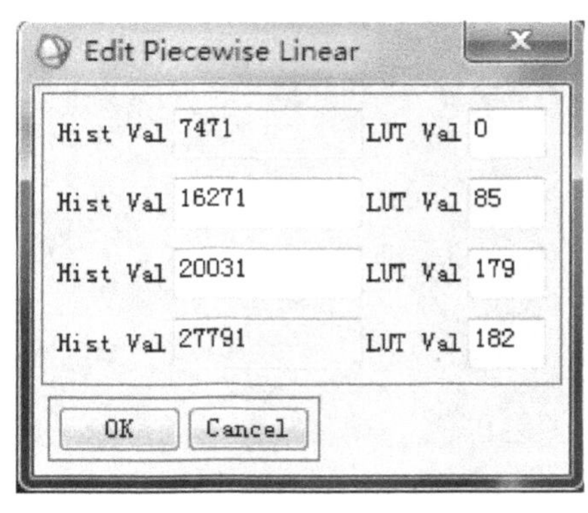

图 3-4　<Edit piecewise linear>窗口

3）高斯对比度拉伸(Gaussian)

选择<Stretch_Type>|<Gaussian>，在<Stretch>文本框中输入拉伸的最小值和最大值，输出直方图用一条红色的曲线显示选择的 Gaussian 变换函数，被拉伸数据的分布呈白色，并叠加显示在红色 Gaussian 函数上，如图 3-5 所示。

选择<Options>|<Set Gaussian Stdv>，手动输入所需要的标准差。点击<Apply>，把拉伸应用于显示的数据。

4）直方图均衡化对比度拉伸

选择<Stretch_Type>|<Equalization>，输入直方图显示未被修改的数据分布，输出直方图用一条红色曲线显示均衡化函数，被拉伸数据的分布呈白色叠加显示，如图 3-6 所示。点击<Apply>，将拉伸应用于显示的数据。

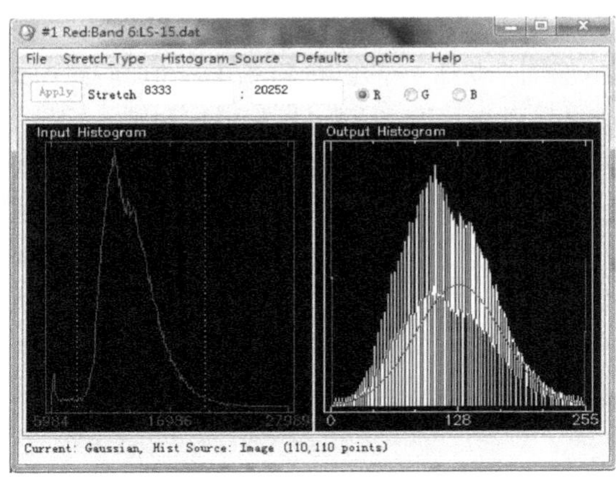

图 3-5　高斯拉伸对话框

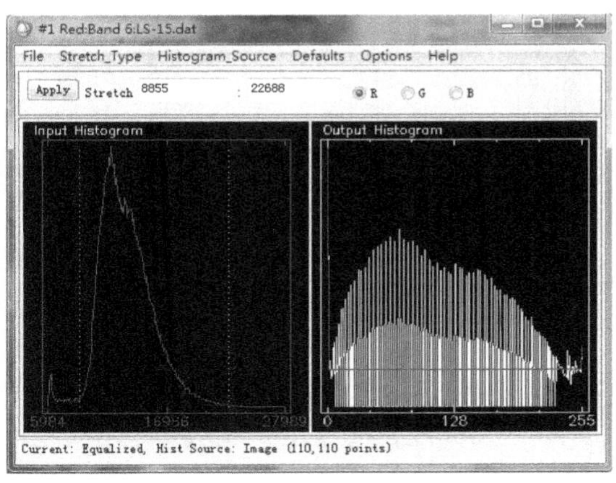

图 3-6　直方图均衡化对比度拉伸对话框

5）平方根对比度拉伸(Square Root)

计算输入直方图的平方根，然后应用线性拉伸。选择<Stretch_Type>|<Square Root>，输入直方图显示未被修改的数据分布，输出直方图用一条红色曲线显示平方根函数，被拉伸数据的分布呈白色叠加显示，如图 3-7 所示。点击<Apply>，将拉伸应用于显示的数据。

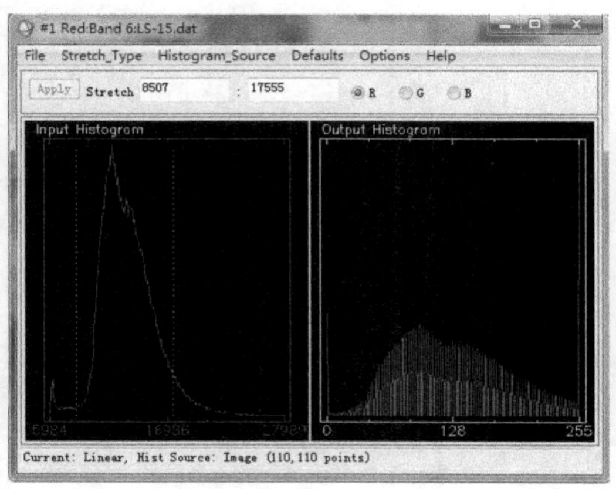

图 3-7 平方根对比度拉伸对话框

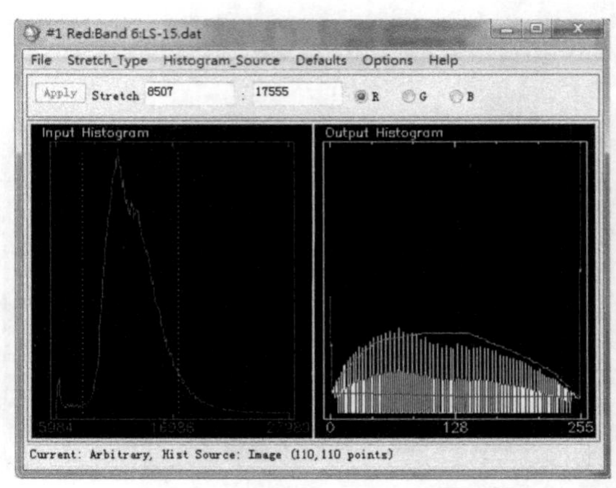

图 3-8 自定义对比度对话框

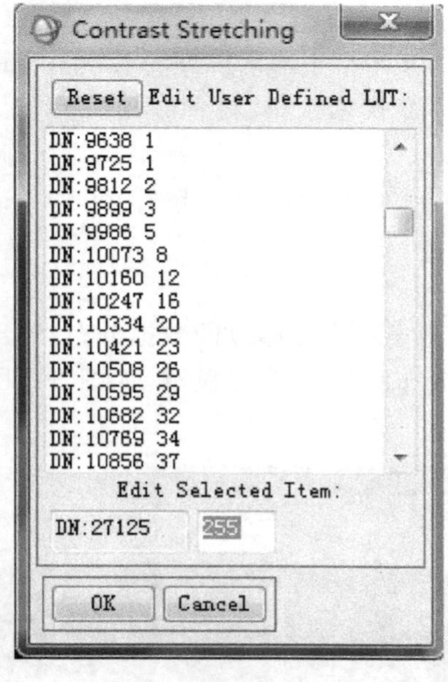

图 3-9 <Edit User Defined LUT>对话框

6）自定义对比度拉伸

Arbitrary 允许在输出直方图的顶部绘制任何形状的直方图，或与另一个图像的直方图相匹配。

选择<Stretch_Type>|<Arbitrary>，输入直方图未被修改的数据分布，通过点击或按住并拖放鼠标左键，可以在<Output Histogram>窗口绘制输出直方图，自定义的直方图将用绿色来显示，如图 3-8 所示。点击<Apply>，将拉伸应用于显示的数据。

7）自定义查找表拉伸

选择<Stretch_Type>|<User Defined LUT>，选择<Options>|<Edit User Defined LUT>，出现编辑对话框，如图 3-9 所示。包含输入 DN 值和对应的拉伸输出值的列表显示在<Edit User Defined LUT>标签下，这些值反映了当前的拉伸情况，在值上点击进行编辑，在<Edit Selected Item>文本框中输入所需值，然后按回车键。点击<Apply>，将拉伸应用于显示的数据。

3.2 光谱增强处理

光谱增强处理是对多光谱数据波段进行数学变换的图像增强方法。常用的处理包括波段计算（波段比值计算、NDVI 计算、波段运算）、主成分分析、独立主成分分析等。

3.2.1 波段计算

1）波段比值计算

波段比值计算是用一个波段除以另一个波段，结果为一幅新图像的操作。通过波段比值计算，能很好地达到减少地形影响、增强波段间波谱差异的目的。

（1）在新界面中打开 Landsat8 数据“LS-15. dat”（路径为 data\chap03\LS-15. dat）。

(2) 在＜Toolbox＞工具箱中，双击＜Band Algebra＞ | ＜Band Ratios＞，打开＜Band Ratio Input Bands＞窗口。

(3) 在＜Band Ratio Input Bands＞窗口中，在＜Select from the Available Bands＞中，分别单击作为波段比值分子和分母的波段。单击＜Enter Pair＞，确定波段比值设定并添加到＜Selected Ratio Pairs＞中。可以添加多个波段比值设定，如图 3-10 所示。所有在＜Selected Ratio Pairs＞列表栏中显示的波段比，结果将作为一个多波段文件输出。单击＜Clear＞键，可清除波段比分子和分母的设定。完成波段比参数设置后，单击＜OK＞。

(4) 在＜Band Ratios Parameters＞窗口中，选择输出数据类型，字节型(Byte)或浮点型(Floating)，选择文件保存位置，如图 3-11 所示，单击＜OK＞，生成一幅新的图像。图 3-12 为原始图像与新生成图像的对比图，从图 3-12 可见，新图像比原始图像更容易区分植被与非植被区域。

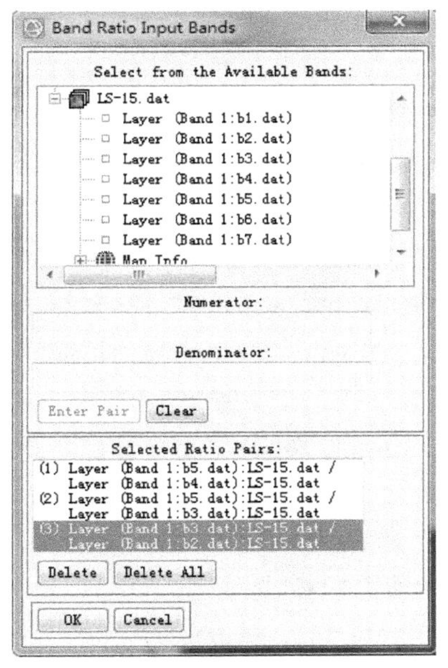

图 3-10　＜Band Radio Input Bands＞窗口设置

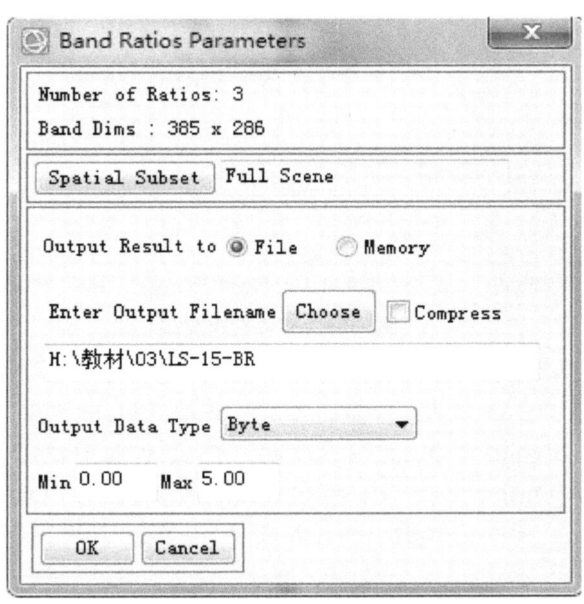

图 3-11　＜Band Ratios Parameters＞窗口设置

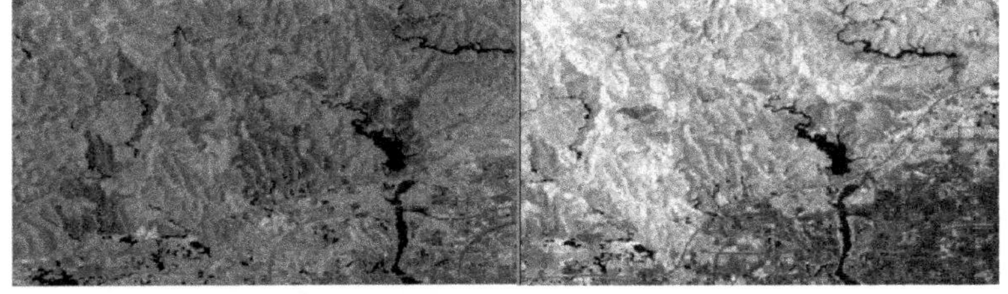

图 3-12　原始图像与新生成图像的对比图

2) NDVI 计算

NDVI(Normalized Difference Vegetation Index)归一化植被指数，又称标准化植被指数，它是植物生长状态以及植被空间分布密度的最佳指示因子，与植被分布密度呈线性相关。NDVI 是近红外波段与红光波段反射率比值一种变换形式，NDVI＝(NIR-Red)/(NIR＋Red)，对于 Landsat8 图像，NDVI＝(B5-B4)/(B5＋B4)，在 ENVI 中可以通过＜NDVI＞工具，生成一个只有 NDVI 值的图像。NDVI 值越大，表示含有的绿色植被越多。

(1) 在新界面打开 Landsat8 数据“LS-15. dat”(路径为 data\chap03\LS-15. dat)。

(2) 在＜Toolbox＞工具箱，双击＜Spectral＞|＜Vegetation＞|＜NDVI＞，打开＜NDVI Calculation Input File＞窗口，如图 3-13 所示。选择“LS-15”，单击＜OK＞，打开＜NDVI Calculation Parameters＞窗口，如图 3-14 所示。

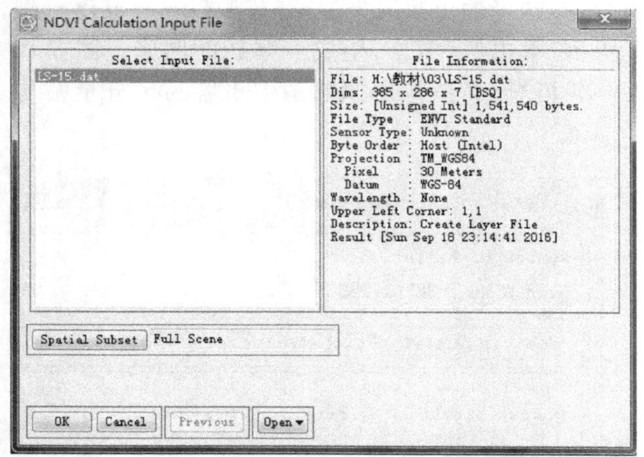

图 3-13　文件选择窗口

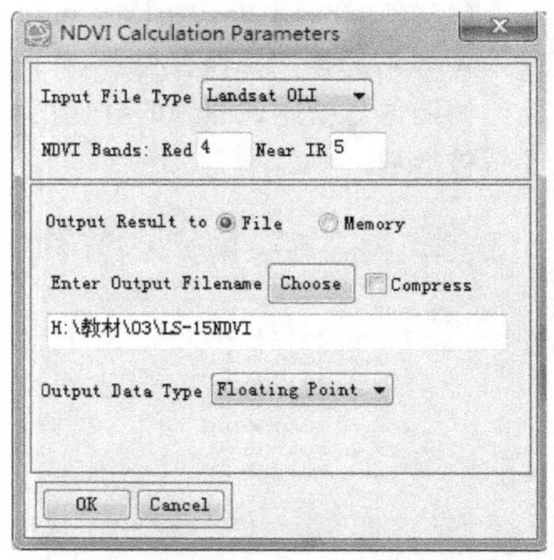

图 3-14　＜NDVI Calculation Parameters＞窗口

(3) 打开＜NDVI Calculation Parameters＞窗口，在＜Input File Type＞中自动加载＜Landsat OLI＞；在＜Red＞的文本框中显示 4，在＜Near IR＞的文本框中显示 5；在＜Output Data Type＞下拉菜单中，选择＜Floating Point＞。

(4) 选择输出路径和文件名，单击＜OK＞，生成一幅新的图像，如图 3-15 所示。

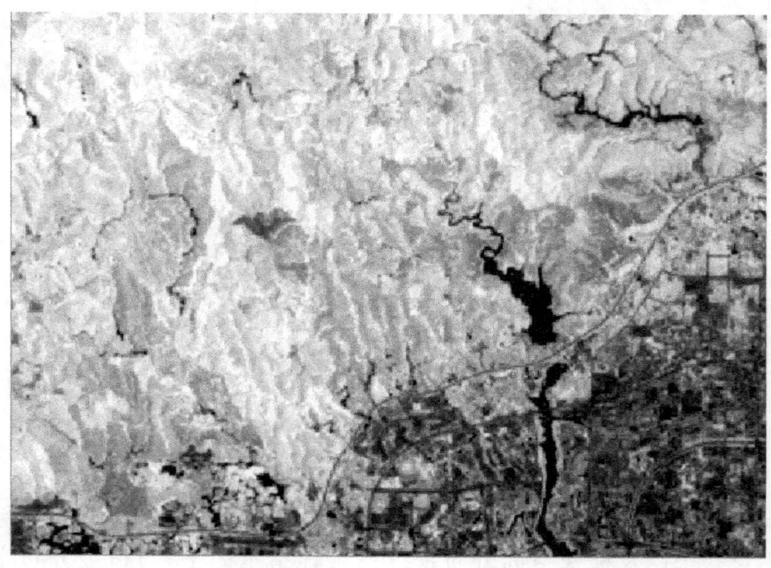

图 3-15　NDVI 图像

3）波段运算

<Band Math>是一个灵活的图像处理工具，利用此工具用户可以自己定义处理算法。波段运算就是对每个像素点对应的像素值进行数学运算，可以实现不同波段之间的加减乘除等运算。如 Landsat8 图像，NDVI=(B5-B4)/(B5+B4)，可以通过<Band Math>计算获取。

（1）在新界面打开 Landsat8 数据“LS-15. dat”（路径为 data\chap03\LS-15. dat）。

（2）在<Toolbox>工具箱双击<Band Algebra> | <Band Math>，打开<Band Math>窗口。

（3）在<Band Math>窗口的<Enter an Expression>文本框中输入公式：

(float(b5)-float(b4))/(float(b5)+float(b4))，单击<Add To List>，公式被加载进<Previous Band Math Expressions>文本窗口中，如图 3-16 所示。

提示：

在<Enter an Expression>的文本框中输入表达式时，使用变量代替波段名或文件名，变量名必须以字符“b”或“B”开头，后面跟着 5 个以内的数字字符。在变量前用浮点型字节，来防止计算时出现字节溢出错误。

（4）在<Previous Band Math Expressions>文本栏中单击选中需要执行的公式，单击<OK>。弹出<Variables to Bands Pairings>窗口，如图 3-17 所示。

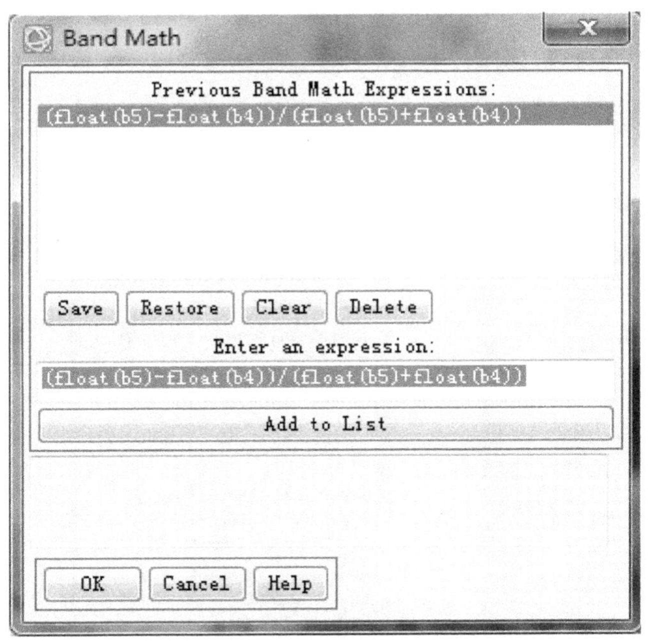

图 3-16　公式的设置设置窗口

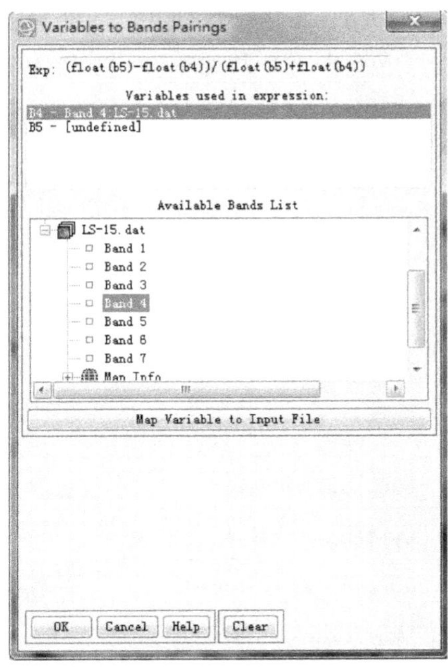

图 3-17　变量匹配窗口

（5）变量赋值：在<Variables to Bands Pairings>对话框中，可以把波段列表中的波段赋给“Enter an Expression”文本框中包含的变量。例如：在<Variables Used in expression>列表框中选择变量 B4，在<Available Bands List>中选择 Band4 波段，数据集随即显示在变量名(B4)之后，可用同样方法匹配其他变量。

（6）设置波段运算结果保存位置，单击<OK>，结果文件自动加载并显示在图像显示区。

提示：

波段运算一般满足四个条件：①必须使用 IDL 语言书写波段运算表达式；②输入的波段必须具有相同的维数；③表达式中的所有变量都必须用 Bn(bn)命名；④结果波段必须与输入波段的维数相同。

3.2.2 主成分分析

ENVI 主成分分析(PCA)是通过使用主成分(principal components)选项生成互不相关的输出波段，达到隔离噪声和减少数据集维数的方法。主成分(PC)波段是原始波谱波段的线性合成，它们之间是互不相关的，可以计算输出主成分波段(与输入的波谱波段数相同)。第一主成分包含最大的数据方差百分比，第二主成分包含第二大的方差百分比，以此类推，最后的主成分波段由于包含很小的方差，因此显示为噪声。由于数据的不相关，主成分波段可以生成更多种颜色的彩色合成图像。ENVI 能完成正向和逆向的主成分(PC)变换。当使用正向 PC 变换时，ENVI 允许计算新的统计值，或根据已经存在的统计值进行变换。输出值可以存为字节型、浮点型、整型、长整型或双精度型。本教程介绍主成分正向变换。

(1) 在新界面打开 Landsat8 数据“LS-15. dat”(路径为 data\chap03\LS-15. dat)。

(2) 在＜Toolbox＞工具箱双击＜Transform＞|＜ PCA Rotation＞|＜Forward PCA Rotation New Statistic And Rotate＞，打开＜Principal Components Input File＞窗口，如图 3-18 所示，选择“LS-15. dat”，单击＜OK＞，打开＜Forward PC Parameters＞窗口。

(3) 打开＜Forward PC Parameters＞窗口，如图 3-19 所示。

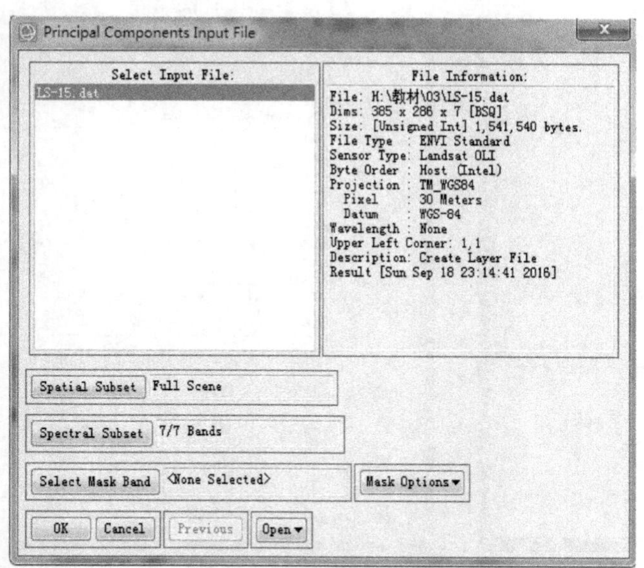

图 3-18 ＜Principal Components Input File＞窗口设置

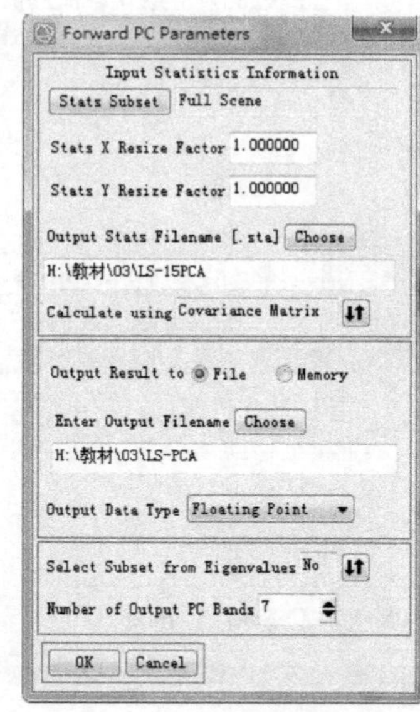

图 3-19 ＜Forward PC Parameters＞窗口设置

❑＜Stats Subset＞：点击该按钮可以基于一个空间子集或感兴趣区计算统计信息。

❑＜Stats X/Y Resize Factor＞：文本框中输入小于 1 的调整系数，用于计算统计值时的数据二次采样。选择默认值为 1。

❑＜Output Stats Filename[. sta]＞：输入统计文件保存位置。

❑＜Calculate Using＞：使用箭头切换按钮，选择是根据“Covariance Matrix”（协方差矩阵）还是根据“Correlation Matrix”（相关系数矩阵）计算主成分波段。通常，计算主成分时，选择使用协方差矩阵；当波段之间数据范围差异较大时，选择相关系数矩阵，并且需要标准化。

❑＜Enter Output Filename＞：输入主成分分析结果文件保存位置。

❑＜Output Data Type＞：选择输出文件的数据类型，选择＜Floating Point＞。

❑单击＜Select Subset from Eigenvalues＞标签右侧双箭头按钮，选择“No”，则系统会计算特征值并显示供选择输出波段数。若选择“Yes”，将计算统计信息，并出现＜Select Output PC Bands＞窗口，列出每个波段和其相应的特征值，同时也列出每个主成分波段中包含的数据方差的累积百分比。

❑＜Number of Output PC Bands＞：键入一个数字或点击箭头按钮，确定要输出的波段数。特征值大的主成分波段包含最大的数据方差。较小的特征值包含较少的数据信息和较多的噪声。为了节省磁盘空间，最好仅输出具有较大特征值的波段，选择默认值为 7。

(4) 单击＜OK＞。ENVI 处理完毕后，将出现＜PC Eigenvalues＞绘图窗口，如图 3-20 所示。主成分波段将被导入可用波段列表中。如图 3-21 所示为主成分波段图像的显示效果。

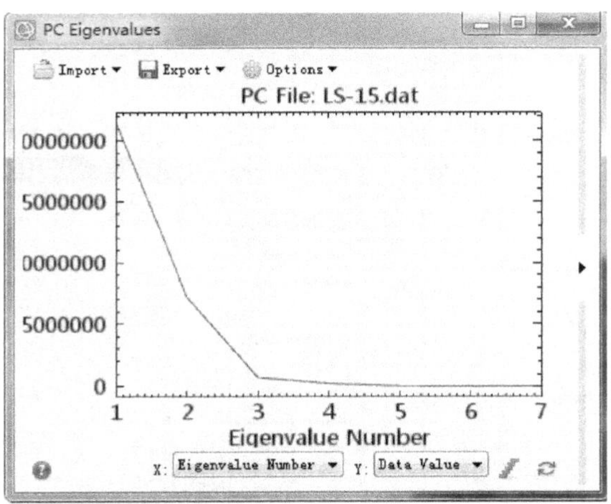

图 3-20　主成分分析特征值窗口

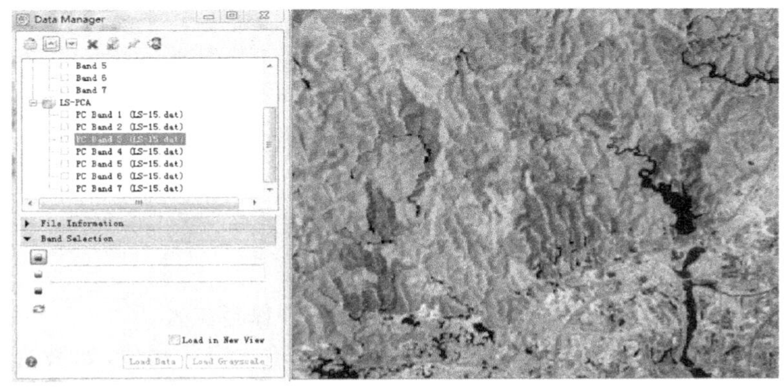

图 3-21　主成分波段图像显示效果

(5) 双击<Toolbox> | <Statistics/View Statistics File>工具，打开主成分分析中得到的统计文件，可以详细浏览各波段统计值、协方差矩阵、相关系数矩阵和特征向量，如图3-22所示。

3.2.3 独立主成分分析

为使图像数据达到去相关、降维、降噪的目的，以便更好地执行分类、端元提取、数据融合等后续操作，在此前对图像进行独立主成分分析是非常必要的操作。它的步骤同主成分分析类似。

(1) 在新界面打开 Landsat8 数据“LS-15. dat”(路径为 data\chap03\LS-15. dat)。

(2) 在<Toolbox>工具箱双击<Transform> | <ICA Rotation> | <Forward ICA Rotation New Statistic and Rotate>工具，打开<Independent Components Input File>窗口，选择“LS-15. dat”，单击<OK>，打开<Forward IC Parameters>窗口。

(3) 打开<Forward IC Parameters>对话框，如图 3-23 所示。

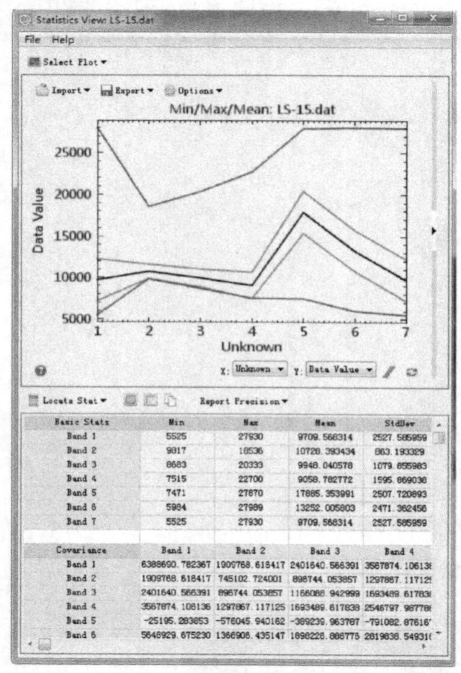

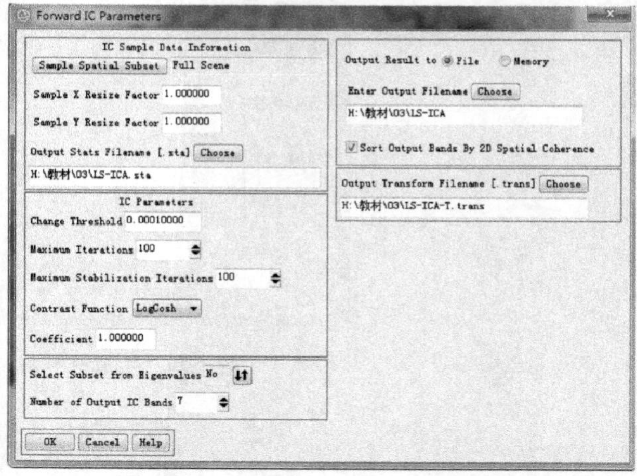

图 3-22 主成分分析得到的各波段统计值

图 3-23 独立主成分分析对话框

❑<Sample Spatial Subset>：点击该按钮可以基于一个空间子集或感兴趣区计算统计信息。

❑<Sample X/Y Resize Factor>：在文本框中输入小于 1 的调整系数，用于计算统计值时的数据二次采样。选择默认值为 1。

❑<Output Stats Filename[. sta]>：输入统计文件保存位置。

❑<Change Threshold>(变化阈值)：在文本框中输入变化阈值，如果独立成分变化范围小于阈值，就退出迭代。值的范围为 10^{-8}～10^{-2}，默认为 10^{-4}，这个值越小，得到的结果越好，不过计算量会增加。

❑<Maximum Iterations>(最大迭代次数):最小为 100,值越大得到的结果越好,计算量也会增加。

❑<Maximization Stabilization Iterations>(最大稳定性迭代次数):最小值为 0,值越大得到的结果越好。

❑<Contrast Function>(对比度函数):提供 LogCosh、Kurtosis 和 Gaussian 三个函数,默认的为 LogCosh。

❑单击<Select Subset from Eigenvalues>标签右侧双箭头按钮,选择"No",则系统会计算特征值并显示供选择输出波段数。若选择"Yes",将计算统计信息,并出现<Select Output PC Bands>窗口,列出每个波段和其相应的特征值,同时也列出每个主成分波段中包含的数据方差的累积百分比。

❑<Number of Output IC Bands>:输入一个数字或点击箭头按钮,确定要输出的波段数。选择默认值为 7。

❑<Enter Output Filename>文本框中:输入独立主成分分析结果文件保存位置。

❑<Sort Output Bands By 2D Spatial Coherence>复选框,选中可以让噪声波段不出现在 IC1 中。

❑<Output Transform Filename>:输入路径和文件名(.trans)。

(4) 对<Forward IC Parameters>窗口参数设置好后,单击<OK>,对图像执行独立主成分分析操作。结果图像自动加载进图像显示区,如图 3-24 所示。

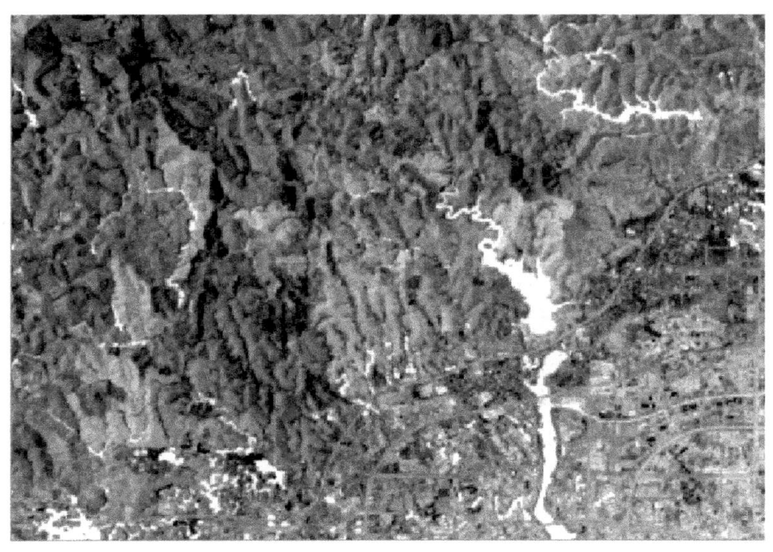

图 3-24　独立主成分分析结果

3.3　波段组合图像增强

根据不同波段特点,把不同波段设置在 RGB 彩色合成三通道中,可以显示不同彩色效果,增强不同地物。在进行 RGB 波段组合前,首先要了解使用的数据源波段范围和特点,才能按不同的应用目的选择合适的波段进行 RGB 合成。如最新 Landsat 系列卫星 Landsat8,

装载着 OLI 陆地成像仪和 TIRS 热红外传感器。其中，OLI 包括 9 个波段，TIRS 包含 2 个单独的热红外波段。详细参数如表 3-1 所示，RGB 组合方案如表 3-2 所示。

表 3-1 Landsat8 数据波段参数

波　段	波长范围/μm	空间分辨率/m
Band 1-海岸波段	0.433～0.453	30
Band 2-蓝波段	0.450～0.515	30
Band 3-绿波段	0.525～0.600	30
Band 4-红波段	0.630～0.680	30
Band 5-近红外波段	0.845～0.885	30
Band 6-短波红外 1	1.560～1.660	30
Band 7-短波红外 2	2.100～2.300	30
Band 8-全色波段	0.500～0.680	15
Band 9-卷云波段	1.360～1.390	30
Band 10-TIRS 热红外 1	10.60～11.19	100
Band 11-TIRS 热红外 2	11.50～12.51	100

表 3-2 Landsat8 波段合成说明

R/G/B	类型	特　点
432	真彩色	接近地物真实色彩，图像平淡，色调灰暗
543	标准假彩色	地物色彩鲜明，有利于植被(红色)分类、水体识别
765	非标准假彩色	对大气层穿透能力较强
652	非标准假彩色	植被类型丰富，便于植被分类
564	非标准假彩色	红外波段与红色波段合成，水体边界清晰，利于海岸识别；植被有较好显示，但不便于区分具体植被类别
654	非标准假彩色	654 便于植被分析

1) 在经典界面 RGB 合成显示

(1) 在经典界面打开 Landsat8 数据“LS-15.dat”(路径为 data\chap03\LS-15.dat)，单击<Windows>|<Available Bands List>，打开<Available Bands List>窗口，如图 3-25 所示，单击选中<RGB Color>。

(2) 依次单击“LS-15.dat”需要设定为 RGB 的三个波段，单击<Load RGB>，即可在视图窗口中显示合成的 RGB 彩色图像，如图 3-26 所示，R/G/B 为 6/5/2，植被类型丰富，可用于植被信息和水体的提取。

2) 在新界面 RGB 合成显示

(1) 在新界面打开 Landsat8 数据“LS-15.dat”(路径为 data\chap03\LS-15.dat)，在<Data Manager>面板，展开<Band Selection>，如图 3-27 所示。

(2) 依次单击“LS-15.dat”需要设定为 RGB 的三个波段，单击<Load Data>，即可在视图窗口中显示合成的 RGB 彩色图像，如图 3-28 所示，R/G/B 为 5/4/3，植被显示为红色，水体容易区分。

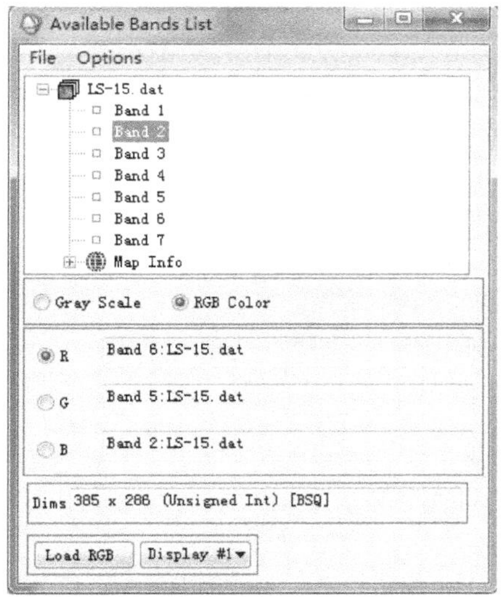

图 3-25　经典界面 RGB 设置

图 3-26　经典界面 RGB 彩色合成显示(6/5/2)

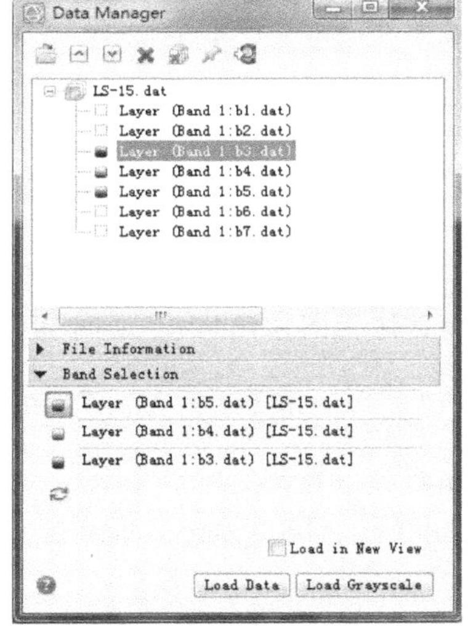

图 3-27　新界面 RGB 设置

图 3-28　界面 RGB 彩色合成显示(5/4/3)

3.4　空间域增强处理

空间域增强原理是直接改变影像单个像元及相邻像元灰度值，图像经过空间域增强处理后，图中目标空间地物将得以突显，空间域增强处理带有很强的目的性。例如，是考虑增强道路还是增强水域等，目的不同，空间域增强处理的效果也不同。

3.4.1　卷积滤波

利用卷积核消除特定空间频率的图像增强方法。ENVI 中提供了多种卷积核，包括高通滤波(high pass)、低通滤波(low pass)、高斯高通滤波(Gaussian high pass)、中值滤波

(median)等，此外还可以自定义卷积核。

(1) 在新界面打开 Landsat8 数据“LS-15. dat”(路径为 data\chap03\LS-15. dat)。

(2) 在＜Toolbox＞工具箱中双击＜Filter＞|＜Convolutions and Morphology＞，打开＜Convolutions and Morphology Tool＞窗口。

(3) 在＜Convolutions and Morphology Tool＞窗口中，单击＜Convolutions＞，选择卷积类型并设置参数，如图 3-29 所示。

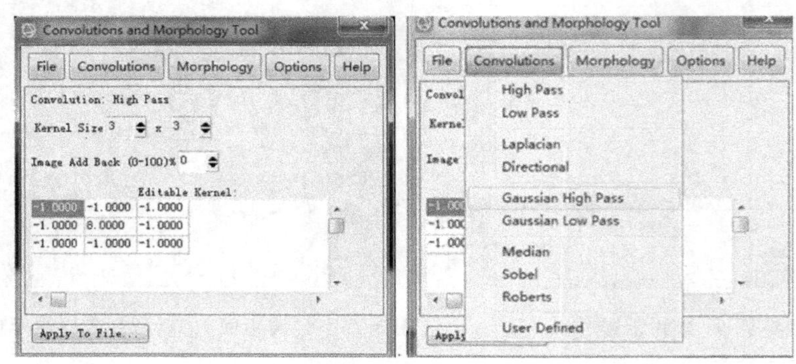

图 3-29 卷积滤波设置

参数设置如下。

❑＜Kernel Size＞：设置卷积核大小，以奇数来表示，如 3×3、5×5 等，不是所有卷积核均可以设置大小。默认卷积核为正方形，设置长方形单击＜Options＞，去掉勾选＜Square Kernel＞。

❑＜Image Add Back＞：输入一个加回值(add back)。将原始图像中的一部分“加回”到卷积滤波结果图像上，有助于保持图像的空间连续性，该方法经常用于图像锐化。“加回”值是原始图像在结果输出图像中所占的百分比。例如，设置为 80%，则表示在滤波结果上加入 80%的原始图像，才能生成最终结果图。

❑＜Editable Kernel＞：显示卷积值。可以双击选中单元格进行编辑。

(4) 单击＜Apply To File＞，在弹出的＜Convolution Input File＞窗口选中文件对象，单击＜OK＞。

(5) 在＜Convolution Parameters＞窗口中，设置文件保存位置，单击＜OK＞。

提示：

在使用卷积滤波增强时，为了能得到较好的增强效果，建议读者以目标对象为研究点，根据需要尝试多种卷积核选取及参数设置，最终选出最优卷积核进行图像空间域增强处理。

3.4.2 纹理分析

纹理是指图像色调作为等级函数在空间上的变化，纹理分析的最大特点是研究图像的亮度空间变化，而不仅仅限定于亮度值。ENVI 支持基于概率统计或二阶概率统计的纹理滤波。

1) 方法一：使用＜Occurrence Measures＞工具

使用＜Occurrence Measures＞工具可以应用于 5 个不同的基于概率统计的纹理滤波。概率统计滤波可以利用的是数据范围(data range)、平均值(mean)、方差(variance)、信息熵

(entropy)和偏斜(skewness)，概率统计把处理窗口中每一个灰阶出现的次数用于纹理计算。

(1) 在新界面打开 Landsat8 数据“LS-15. dat”(路径为 data\chap03\LS-15. dat)。

(2) 在<Toolbox>工具箱，双击<Filter> | <Occurrence Measures>，在<Texture Input File>对话框中选择“LS-15. dat”文件，单击<OK>，打开<Occurrence Texture Parameters>窗口，如图 3-30 所示。

❑<Textures to Compute>复选框：勾选需要计算的纹理滤波。

❑在<Rows>和<Cols>文本框中输入处理窗口大小，可选择默认。

(3) 选择纹理图像保存位置，单击<OK>。

2) *方法二：使用<Co-occurrence Measures>工具*

使用<Co-occurrence Measures>工具可以应用于 8 个基于二阶矩阵的纹理滤波，这些滤波包括均值(mean)、方差(variance)、协同性(homogeneity)、对比度(contrast)、相异性(dissimilarity)、信息熵(entropy)、二阶矩(second moment)和相关性(correlation)。二阶概率统计用一个灰色调空间相关性矩阵来计算纹理值。

(1) 在新界面打开 Landsat8 数据“LS-15. dat”(路径为 data\chap03\LS-15. dat)。

(2) 在<Toolbox>工具箱中双击<Filter> | <Co-occurrence Measures>，在<Texture Input File>对话框中选择“LS-15. dat”文件，单击<OK>，打开<Occurrence Texture Parameters>窗口。

❑<Textures to Compute>：勾选需要计算的纹理滤波，可以默认全选。

❑<Rows>和<Cols>文本框：输入处理窗口大小，可选默认。

❑设置 X、Y 转换值：一般均默认为 1，用于计算二阶概率矩阵。

❑<Greyscale Quantization Levels>(灰度量化级别)：下拉框中分别含有 None、64、32 或者 16，可选默认设置，如图 3-31 所示。

(3) 选择纹理图像输出保存位置，单击<OK>。

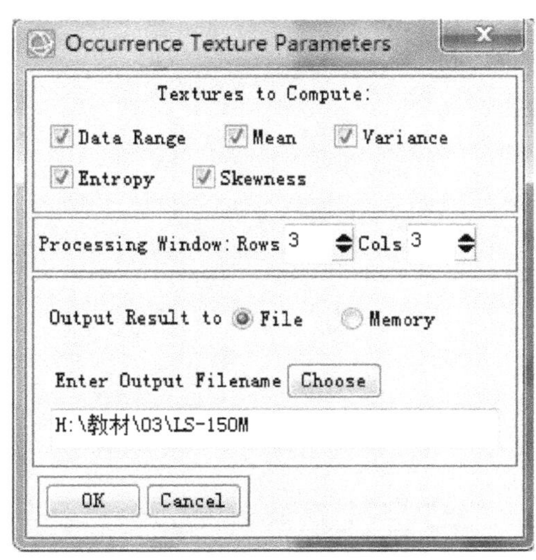

图 3-30　<Occurrence Texture Parameters>窗口设置

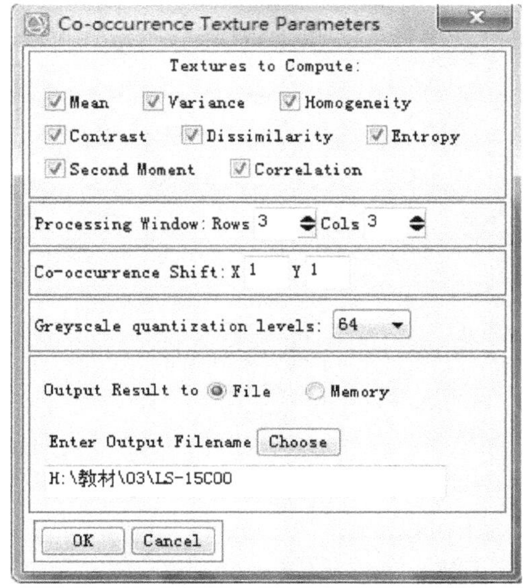

图 3-31　<Co-occurrence Texture Parameters>窗口设置

第 4 章　图 像 分 类

遥感图像分类是基于遥感图像中地物光谱特征、时空特征等对目标地物进行识别的过程。图像分类根据是否需要先验知识，可分为监督分类和非监督分类。

4.1　建立掩膜

掩膜即为用特定的图像对需要处理的图像进行遮挡，来控制图像处理区域，这个特定图像就是掩膜图像。遥感图像处理中掩膜主要是起屏蔽、提取感兴趣区和特定区域图像的制作等作用。例如，在对林区图像进行处理时，可以通过掩膜图像处理屏蔽非林区。在 ENVI 很多的处理工具中都有掩膜选项，如图像融合、图像分类等处理。本章练习主要是对图像区的林区进行地类分类，因此在进行图像处理之前，首先要根据林区的范围图(shp 格式)建立图像区林区的掩膜图像，然后再进行图像分类。

建立掩膜的步骤如下。

4.1.1　shp 文件转 ENVI Vector(＊.evf)文件

(1) 打开 ENVI 5.3 经典界面，选择主菜单＜File＞｜＜Open Vector File＞，打开＜Select Vector Filenames＞对话框。

(2) 在＜Select Vector Filenames＞对话框中，在＜文件名(N)＞右边选择＜Shapefile (＊.shp)＞类型，选中"范围.shp"文件(途径为 data\chap04\监督分类\范围.shp)，如图 4-1 所示。单击＜打开＞，打开＜Import Vector Parameters＞窗口。

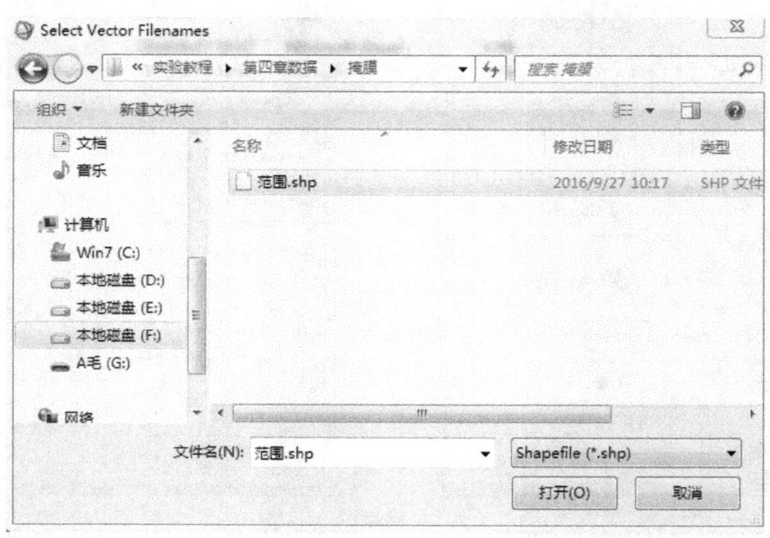

图 4-1　＜Select Vector Filenames＞对话框

(3) 在＜Import Vector Parameters＞对话框，在＜Enter Ouput Filename[. evf]＞中选择 evf 文件的输出路径，其他默认，如图 4-2 所示，单击＜OK＞，自动打开＜Available Vetors List＞窗口，关闭该窗口。

4.1.2　创建掩膜文件

(1) 打开 ENVI 经典界面，选择主菜单＜File＞|＜Open Image File＞，选择“quansub. dat”(路径为 data\chap04\监督分类\quansub. dat)，打开＜Available Bands List＞窗口，选择＜RGB Color＞，打开 RGB:5、4、3 图像，并在 Display ＃1 中显示。

(2) 单击主菜单＜Basic Tool＞|＜Masking＞|＜Build Mask＞，打开＜Mask Defi. . . ＞窗口，选中“Display ＃1”，如图 4-3 所示，单击＜OK＞，打开＜Mask Definition＞对话窗口。

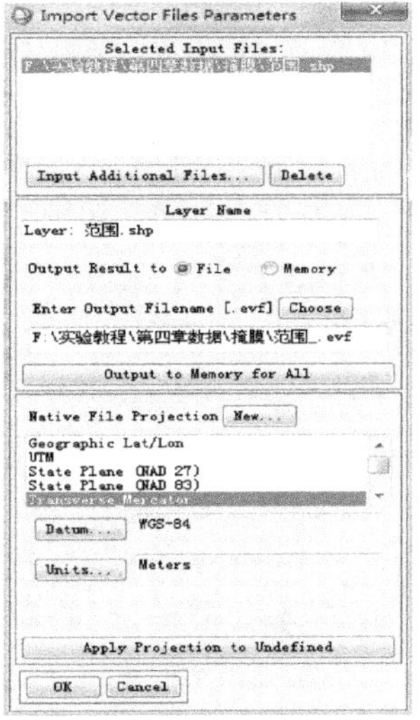

图 4-2　＜Import Vector Parameters＞窗口

图 4-3　＜Mask Defi. . . ＞窗口

(3) 在＜Mask Definition＞对话框中单击＜options＞|＜import EVFs. . . ＞，打开＜Mask Definition Input EVFs＞对话框，选中“Layer:范围. shp”，如图 4-4 所示，单击＜OK＞，回到＜Mask Definition＞对话窗口。在＜Enter Ouput Filename＞中选择输出路径，如图4-5 所示，单击＜Apply＞，完成掩膜文件的生成。

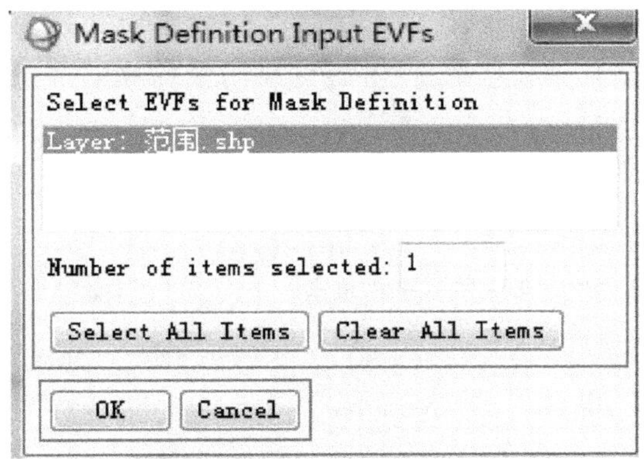

图 4-4　＜Mask Definition Input EVFs＞对话框

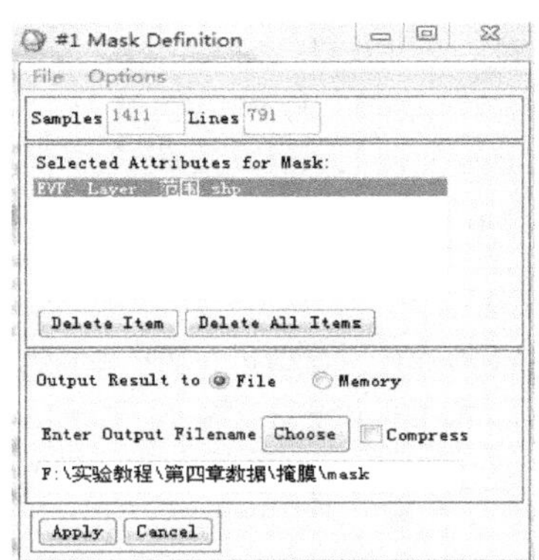

图 4-5　＜Mask Definition＞对话框设置

4.2 监督分类

在图像分类之前通过野外调查，并结合经验知识，在遥感图像上通过目视判读，将图像分为若干种类别，对每一种类别选取一定数量的训练样本，计算每种训练样区的信息，以建立的训练区信息为模板，通过分类器算法对图像基于模板进行像元聚类，从而把图像中的各个像元划归到已定类别中，这种图像分类方法被称为监督分类。监督分类是一种常用的精度较高的统计判决分类。监督分类步骤包括建立训练区、选择监督分类方法执行分类、对分类精度进行评价。

4.2.1 建立训练区

(1) 在 ENVI 新界面中打开 Landsat7 图像“quansub. dat”(data\chap04\监督分类\quansub. dat)，RGB 选择波段 5、4、3 显示。

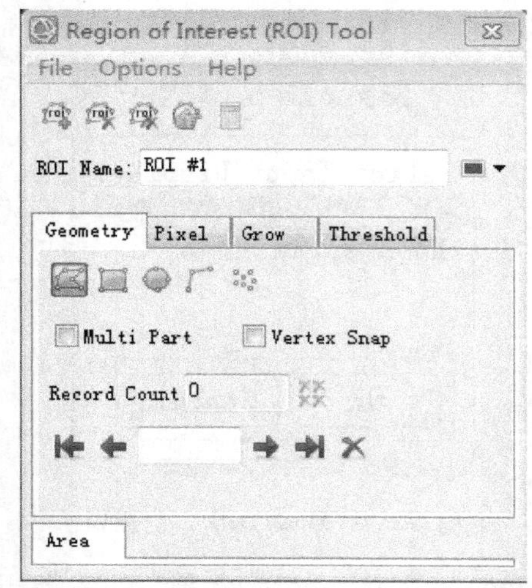

图 4-6 ＜Region Of Interest Tool＞窗口

(2) 根据图像的实际地类类型、结合经验知识，目视解译图像，确定建立有林林地、水域、未成林地和无林林地等 4 类样本类型。

(3) 在图层管理器＜Layer Manager＞中，在图像“quansub. dat”右键，选择＜New Region of Interest＞，打开＜Region of Interest (ROI) Tool＞对话窗口，如图 4-6 所示。

(4) 在＜Region of Interest (ROI) Tool＞窗口中，以建立“有林林地”样本为例子，说明样本建立的具体步骤。

❑在＜ROI Name＞文本框中输入样本名称：有林林地，回车确认。在文本输入框右边的色块下拉列表中选择颜色，如绿色。

❑在＜Geometry＞选项卡中，选择多边形按钮(polygon)，在图像上的有林林地区域，单击左键开始绘制兴趣区，形成闭合多边形后，双击鼠标左键完成训练区绘制。或者右键选择相应操作，包括“Complete and Accept Polygon”(完成和接受多边形，同左键双击完成多边形操作功能效果相同)、“Complete Polygon”(完成多边形训练区绘制，点击后可以用鼠标移动多边形)、“Clear Polygon”(清除已绘制的训练区多边形)。

❑重复以上操作，绘制足够数量的有林林地训练区，并使训练区尽可能均匀分布。

提示：

①如果在线状物上选兴趣区可以用线形，如果在点状地物上选训练区可以用点。

②如果某块训练区选错了，可以点击箭头符号移到选错的训练区，然后删除。

(5) 单击＜Region of Interest (ROI) Tool＞窗口中 New ROI 按钮，新建训练样本类型，如未成林地等，重复(4)中的操作，完成所有训练样本的建立。图 4-7 为本练习已经建立完成的训练样本，共 4 个，其中有林林地训练区共选择了 15 块，现在视图位于第 2 块。

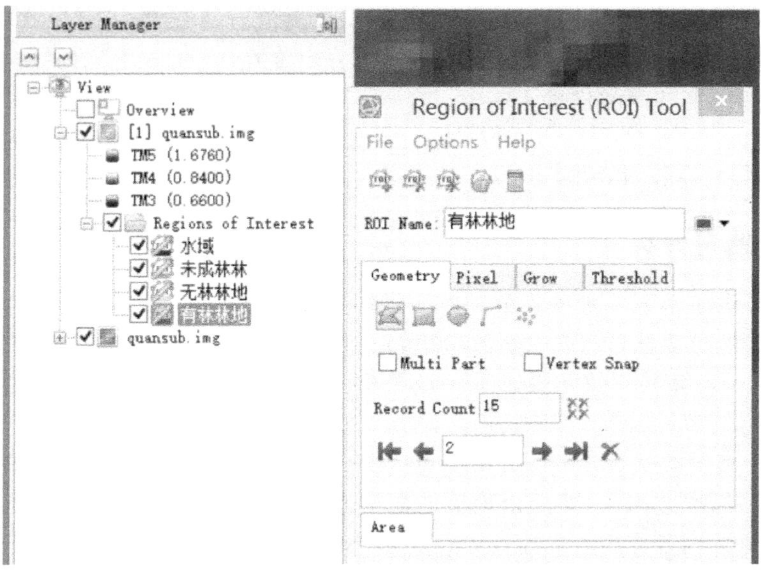

图 4-7　训练样本的建立

(6) 评价已建立的训练样本差异度。建立的训练样本差异度越大，则分类效果会越好；反之，训练样本差异小，则说明训练样本杂糅在一起，分类效果不好，需要重新建立训练样本或把样本合成一类。

❑在＜Region of Interest (ROI) Tool＞窗口，单击＜Option＞选择＜Compute ROI Separability...＞，弹出＜Choose ROIs＞对话框，单击＜Select All Items＞按钮，选中所有样本类型，用于计算分离度，单击＜OK＞，分离度结果弹出窗口显示，如图 4-8 所示。

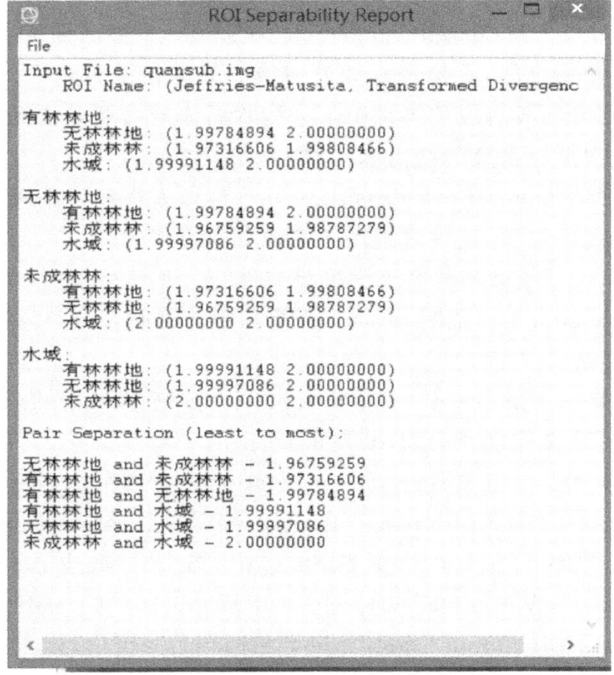
ROI Separability Report
File
Input File: quansub.img
ROI Name: (Jeffries-Matusita, Transformed Divergenc

有林林地:
无林林地: (1.99784894 2.00000000)
未成林林: (1.97316606 1.99808466)
水域: (1.99991148 2.00000000)

无林林地:
有林林地: (1.99784894 2.00000000)
未成林林: (1.96759259 1.98787279)
水域: (1.99997086 2.00000000)

未成林林:
有林林地: (1.97316606 1.99808466)
无林林地: (1.96759259 1.98787279)
水域: (2.00000000 2.00000000)

水域:
有林林地: (1.99991148 2.00000000)
无林林地: (1.99997086 2.00000000)
未成林林: (2.00000000 2.00000000)

Pair Separation (least to most):

无林林地 and 未成林林 - 1.96759259
有林林地 and 未成林林 - 1.97316606
有林林地 and 无林林地 - 1.99784894
有林林地 and 水域 - 1.99991148
无林林地 and 水域 - 1.99997086
未成林林 and 水域 - 2.00000000

图 4-8　训练样本可分离性报表

❑在<ROI Separability Report>对话框中，分离度计算结果区间为 0～2。大于 1.9 时，说明样本间分离度好，样本训练区建立合格；分离度在 1～1.8 之间时，要重新选择样本训练区；小于 1 时，合并两类样本为一类。

(7) 在<Region of Interest (ROI) Tool>窗口中，<File> | <Export> | <Export to Classic...>或<Export to Shapefile...>或<Export to CSV...>，保存训练样本。

4.2.2 执行监督分类

ENVI 中提供了下列 6 种监督分类方法供用户选择。

(1) 最大似然分类法(maximum likelihood classification)：假设每一个波段的每一类统计都呈正态分布，计算某一像元属于某一训练样本的似然度，似然度最大的，像元则被归并到这一类。

(2) 最小距离分类法(minimum distance classification)：利用训练样本数据计算出每一类的均值向量和标准差向量，然后以均值向量作为该类在特征空间中的中心位置，计算输入图像中的每个像元到各类中心的距离，根据“最小距离”规则，归并至距离其最近的类别中以实现图像分类。

(3) 马氏距离分类法(Mahalanobis distance classification)：一种最大似然分类法的改进分类法，利用马氏距离函数计算像元到各训练样本的马氏距离，距离小的，则归并为该类。

(4) 支持向量机分类方法(support vector machine classification)：支持向量机分类(SVM)是一种建立在统计学习理论(statistical learning theory 或 SLT)基础上的机器学习方法。SVM 可以自动寻找那些对分类有较大区分能力的支持向量，由此构造出分类器，可以将类与类之间的间隔最大化，因而有较好的推广性和较高的分类准确率。

(5) 平行六面体分类方法(parallelepiped classification)：根据训练样本的亮度值形成一个 n 维的平行六面体数据空间，其他像元的光谱值如果落在平行六面体任何一个训练样本所对应的区域，就被划分在其对应的类别中。平行六面体的尺度是由标准差阈值所确定的，而该标准差阈值则是根据所选类的均值求出的。

(6) 神经网络分类法(neural net classification)：模拟人类神经系统接收、处理、存储、传递和输出信息的数据处理过程，这种过程用于图像分类过程中。

下面以“quansub.dat”图像和林区范围掩膜文件“范围 mask”为练习数据(路径为 data\chap04\监督分类\quansub.dat、范围 mask)，介绍其中 5 种监督分类方法的操作步骤。

1) 最大似然分类法

(1) 在 ENVI 新界面中加载并显示“quansub.dat”和“范围 mask”(data\chap04\监督分类)文件。如果训练区的文件已经关闭，则要重新打开。

(2) 在<Toolbox>工具箱中双击<Classification> | <Supervised Classification> | <Maximum Likelihood Classification>工具，进入<Classification Input File>窗口，选中“quansub.dat”，点击<Select Mask Input Band>，在<Select Mask Input Band>中选择“范围 mask”的“Mask Band”，单击<OK>，如图 4-9 所示。返回<Classification Input File>窗口，单击<OK>，进入<Maximum Likelihood Parameters>窗口，如图 4-10 所示。

(3) 在<Maximum Likelihood Parameters>窗口中，单击<Select All Items>按钮，选中所有训练样本。

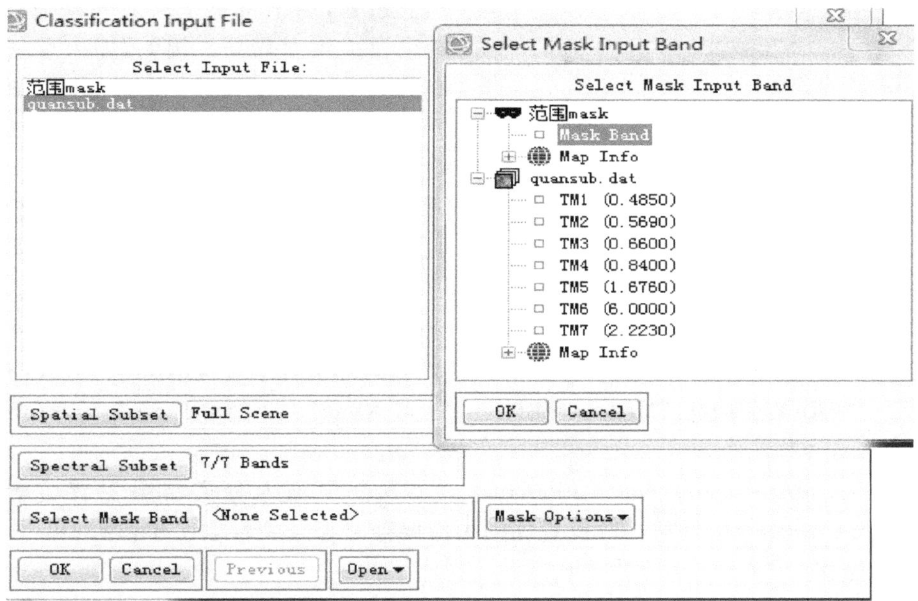

图 4-9　选择分类文件

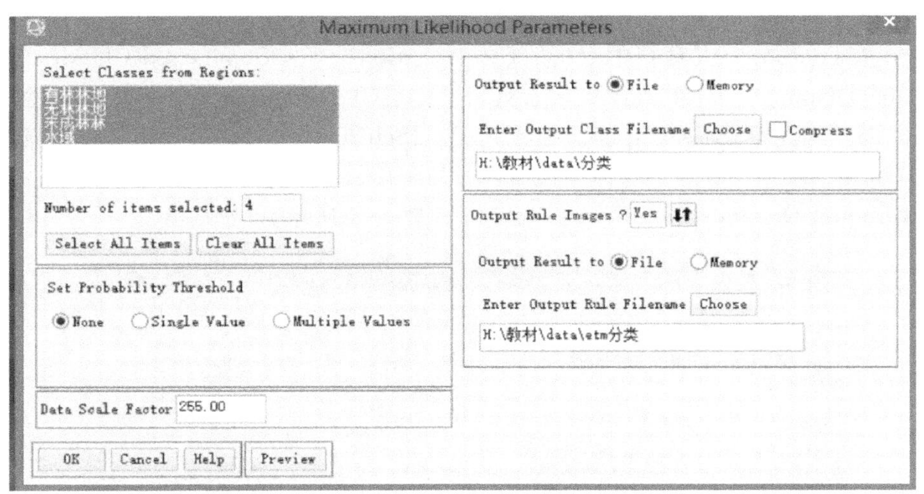

图 4-10　＜Maximum Likelihood Parameters＞窗口

(4) 在＜Set Probability Threshold＞文本框中设置似然度阈值，有以下三种方式。

❑＜None＞：不设置阈值。

❑＜Single Value＞：为所有的类别设置一个阈值，在“Probability Threshold”文本框中，输入一个 0～1 之间的值，似然度小于该阈值不被分入该类(如果不满足所有类别的阈值设置，它们就会被归为未分类(unclassified))。

❑＜Multiple Values＞：分别为每个类别设置一个阈值，选中“Multiple Values”，弹出＜Assign Probability Threshold＞对话框，如图 4-11 所示，选中某一类别，输入一个 0～1 之间的值，似然度小于该阈值不被分入该类。

(5) 在＜Data Scale Factor＞文本框中输入一个数据比例系数。这个比例系数是一个

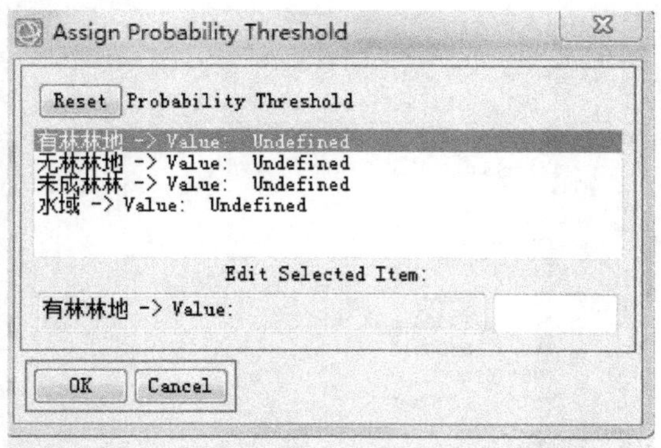

图 4-11　＜Assign Probability Threshold＞窗口

比值系数，用于将整型反射率或辐射率数据转化为浮点型数据。例如，如果反射率数据在范围 0～10 000 之间，则设定的比例系数就为 10 000。对于没有定标的整型数据，也就是原始 DN 值，将比例系数设为 2n－1，n 为数据的比特数。例如，对于 8-bit 数据，设定的比例系数为 255；对于 10-bit 数据，设定的比例系数为 1 023；对于 11-bit 数据，设定的比例系数为 2 047。

本练习＜Set Probability Threshold＞选择＜None＞，＜Data Scale Factor＞设为 255。

(6) 在＜Enter Output Class Filename＞文本框中输入分类结果保存位置。设置＜Output Rule Images＞为“Yes”，设置规则图像保存路径及文件名。单击＜OK＞，执行最大似然分类操作。

2) 最小距离分类法

(1) 在 ENVI 新界面中加载并显示“quansub. dat”和“范围 mask”(data\chap04\监督分类)文件。如果训练区的文件已经关闭，要重新打开。

(2) 在＜Toolbox＞工具箱中双击＜Classification＞|＜Supervised Classification＞|＜Minimum Distance Classification＞工具，进入＜Classification Input File＞窗口，选中“quansub. dat”，点击＜Select Mask Band＞，在＜Select Mask Input Band＞中，选择“范围 mask”的“Mask Band”，单击＜OK＞。返回＜Classification Input File＞窗口，单击＜OK＞，进入＜Minimum Distance Parameters＞窗口，如图 4-12 所示。

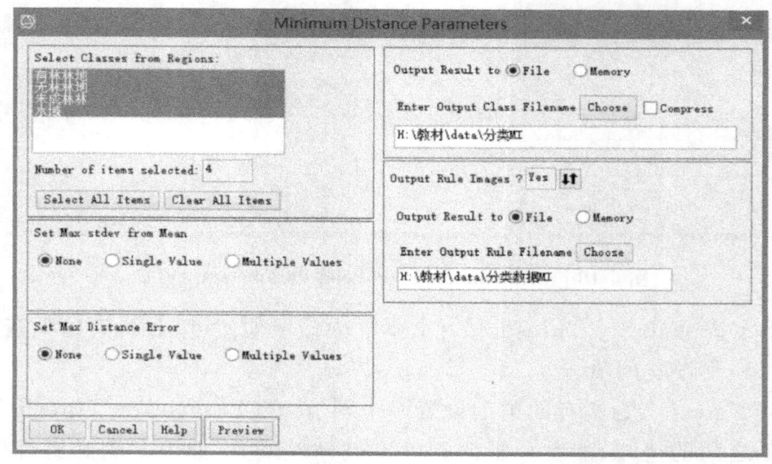

图 4-12　＜Minimum Distance Parameters＞窗口设置

(3) 在＜Minimum Distance Parameters＞窗口中，单击＜Select All Items＞按钮，选中所有训练样本。

(4) 在＜Set Max stdev from Mean＞文本框中设置标准差阈值，有以下三种类型。

❑<None>：不设置标准差阈值。

❑<Single Value>：为所有类别设置一个标准差阈值。

❑<Multiple Values>：分别为每一个类别设置一个标准差阈值。

本练习选择<None>。

(5) 在<Set Max Distance Error>设置最大距离误差，以 DN 值方式输入一个值，距离大于该值的像元不被分入该类（如果不满足所有类别的最大距离误差，它们就会被归为未分类(unclassified)）。

(6) 在<Enter Output Class Filename>文本框中输入分类结果保存位置。设置<Output Rule Images>为“Yes”，输入规则图像保存路径及文件名，单击<OK>，执行最小距离分类操作。

3) 马氏距离分类法

(1) 在 ENVI 新界面中加载并显示“quansub. dat”和“范围 mask”(data\chap04\监督分类)文件。如果训练区的文件已经关闭，要重新打开。

(2) 在<Toolbox>工具箱中双击<Classification>|<Supervised Classification>|<Mahalanobis Distance Classification>工具，进入<Classification Input File>窗口，选中“quansub. dat”，点击<Select Mask Band>，在<Select Mask Input Band>中，选择“范围 mask”的“Mask Band”，单击<OK>。返回<Classification Input File>窗口，单击<OK>，进入<Mahalanobis Distance Parameters>窗口，如图 4-13 所示。

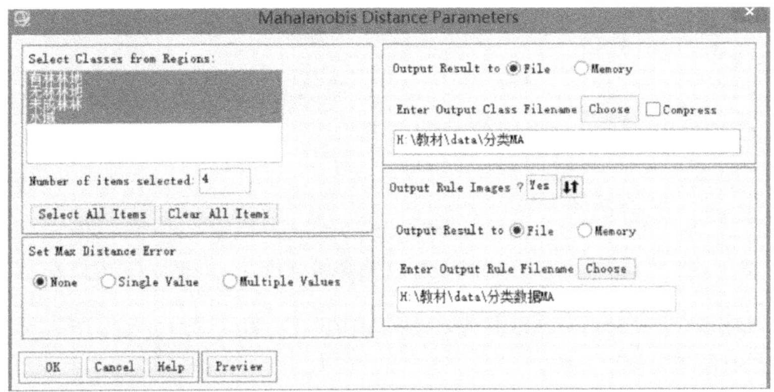

图 4-13　<Mahalanobis Distance Parameters>窗口设置

(3) 在<Mahalanobis Distance Parameters>窗口中，单击<Select All Items>按钮，选中所有训练样本。

(4) 在<Set Max Distance Error>中设置最大距离误差，以 DN 值方式输入一个值，距离大于该值的像元不被分入该类（如果不满足所有类别的最大距离误差，它们就会被归为未分类(unclassified)）。<Set Max Distance Error>也有三种类型，本练习选择<None>。

(5) 在<Enter Output Class Filename>文本框中输入分类结果保存位置。设置<Output Rule Images>为“Yes”，输入规则图像保存路径及文件名，单击<OK>，执行马氏距离分类法操作。

4) 支持向量机分类法

(1) 在 ENVI 新界面中加载并显示“quansub. dat”和“范围 mask”(data\chap04\监督分

类)文件。如果训练区的文件已经关闭,要重新打开。

(2) 在＜Toolbox＞搜索栏中搜索＜Support Vector Machine Classification＞工具,双击工具,进入＜Classification Input File＞窗口,选中“quansub. dat”,点击＜Select Mask Band＞,在＜Select Mask Input Band＞中,选择“范围 mask”的“Mask Band”,单击＜OK＞。返回＜Classification Input File＞窗口,单击＜OK＞,进入＜Support Vector Machine Classification Parameters＞窗口,如图 4-14 所示。

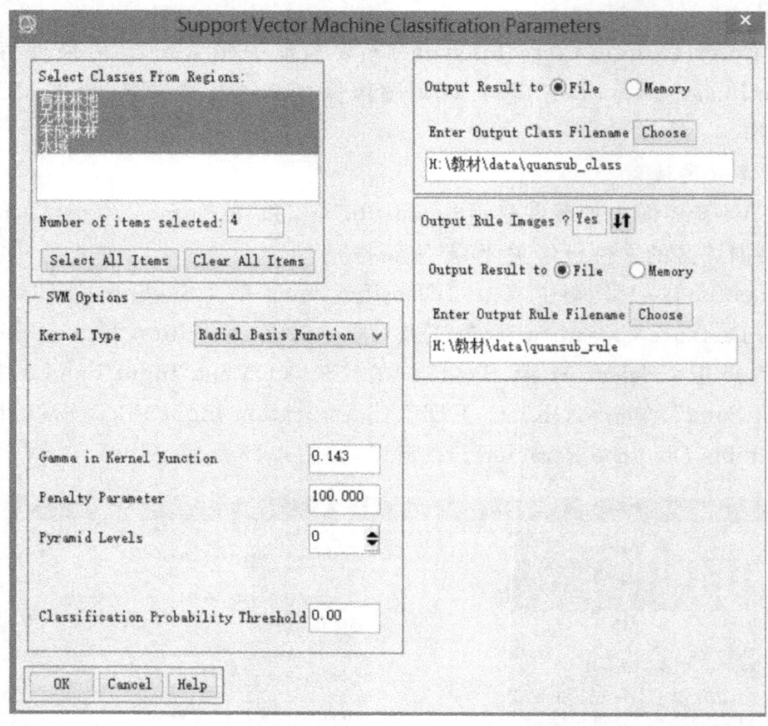

图 4-14 ＜Support Vector Machine Classification Parameters＞窗口设置

(3) 在＜Support Vector Machine Classification Parameters＞窗口中,单击＜Select All Items＞按钮,选中所有训练样本。

(4) ＜SVM Options＞设置。

❑＜Kernel Type＞下拉列表里选项有“Linear”“Polynomial”“Radial Basis Function”和“Sigmoid”。

◇如果选择“Polynomial”,要设置一个核心多项式(degree of kernel polynomial)的次数(最小值是 1,最大值是 6)。

◇如果选择“Polynomial or Sigmoid”,使用向量机规则需要为＜Kernel＞指定＜Bias in Kernel Function＞的值,默认值是 1。

◇如果选择是“Polynomial、Radial Basis Function、Sigmoid”,需要设置＜Gamma in Kernel Function＞参数。这个值是一个大于 0 的浮点型数据,默认值是输入图像波段数的倒数。

❑＜Penalty Parameter＞:这个值是一个大于 0 的浮点型数据,默认值是 100。

❑＜Pyramid Levels＞:设置分级处理等级,用于 SVM 训练和分类处理过程。

❑＜Pyramid Reclassification Threshold(0～1)＞：当“Pyramid Levels”值大于 0 的时候，需要设置这个重分类阈值。

❑＜Classification Probability Threshold＞：为分类设置概率域值，如果一个像素计算得到所有的规则概率小于该值，该像素将不被分类，范围是 0～1，默认是 0。

本练习中的＜Kernel Type＞下拉列表选择＜Radial Basis Function＞，其他按默认值。

(5) 在＜Enter Output Class Filename＞文本框中输入分类结果保存位置。设置＜Output Rule Images＞为“Yes”，输入规则图像保存路径及文件名，单击＜OK＞，执行支持向量机分类法操作。

5) 平行六面体分类法

(1) 在 ENVI 新界面中加载并显示“quansub. dat”和“范围 mask”(data\chap04\监督分类)文件。如果训练区的文件已经关闭，要重新打开。

(2) 在＜Toolbox＞工具箱中双击＜Classification＞|＜Supervised Classification＞|＜Parallelepiped Classification＞工具，进入＜Classification Input File＞窗口，选中“quansub. dat”，点击＜Select Mask Band＞，在＜Select Mask Input Band＞中，选择“范围 mask”的“Mask Band”，单击＜OK＞。返回＜Classification Input File＞窗口，单击＜OK＞。进入＜Parallelepiped Parameters＞窗口，如图 4-15 所示。

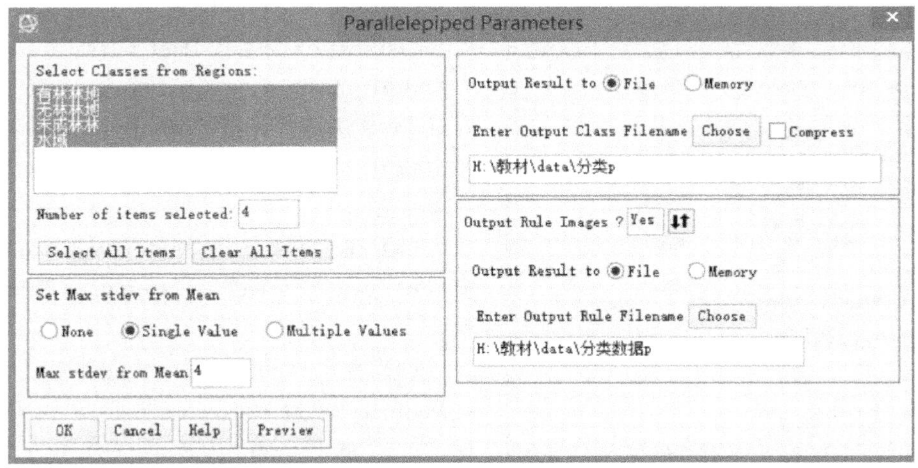

图 4-15　＜Parallelepiped Parameters＞窗口设置

(3) 在＜Parallelepiped Parameters＞窗口中，单击＜Select All Items＞按钮，选中所有训练样本。

(4) 在＜Set Max stdev from Mean＞文本框中设置阈值，有以下三种方式。

❑＜None＞：不设置阈值。

❑＜Single Value＞：为所有类别设置一个阈值。

❑＜Multiple Values＞：分别为每一个类别设置一个阈值。

本练习选择＜None＞。

(5) 在＜Enter Output Class Filename＞文本框中输入分类结果保存位置。设置＜Output Rule Images＞为“Yes”，输入规则图像保存路径及文件名。如图 4-8 所示，单击＜OK＞，执行平行六面体分类操作。

4.3 分类后处理

ENVI 分类操作结果常常含有一些细碎的小斑块，这些小斑块的存在会影响结果的美观，同时影响后续的分析，因此分类后还需要进行处理，才能达到分类结果的应用目的。分类后处理一般包括处理小斑块、设置分类颜色、分类统计、栅格转矢量。

4.3.1 处理小斑块

处理小斑块就是对分类后产生一些小斑块重新归类或删除。

1）使用 Majority/Minority 分析

Majority 分析就是定义一个变换核尺寸，用变换核中占主要地位的像元类别代替中心像元类别。Minority 分析是用变换核中占次要地位的像元类别代替中心像元类别。

（1）在 ENVI 新界面中打开“分类”（路径为 data\chap04\监督分类\分类）。

（2）在＜Toolbox＞工具箱中双击＜Classification＞|＜Post Classification＞|＜Majority/Minority Analysis＞工具，在弹出对话框中选择“分类”，单击＜OK＞。打开＜Majority/Minority Parameters＞窗口，如图 4-16 所示。

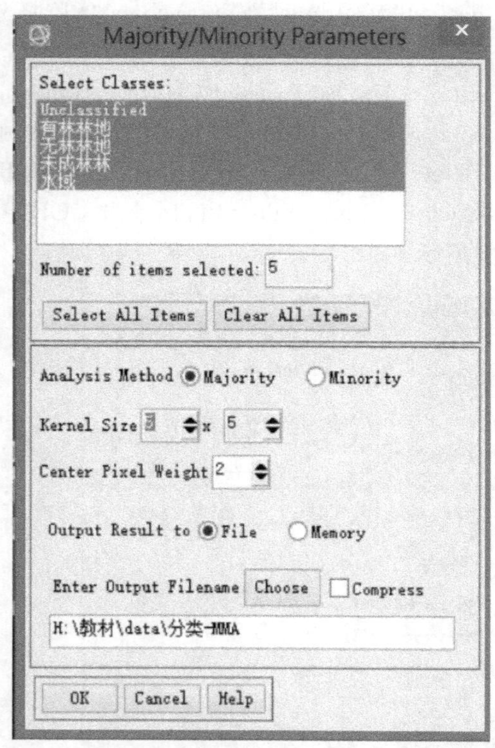

图 4-16 ＜Majority/Minority Parameters＞窗口

（3）在＜Majority/Minority Parameters＞窗口中，点击＜Select All Items＞，选择所有类别。

（4）在＜Analysis Method＞窗口中选择＜Majority＞，在＜Kernel Size＞中选择变换核：5×5（是一个奇数，不一定是正方形，值越大，分类图像越平滑）。在＜Center Pixel Weight＞中选择中心像元权重，输入 2（用于设定中心像元类别被计算的次数）。

（5）点击＜Choose＞按钮设置输出路径，单击＜OK＞执行操作。

（6）图 4-17 为 Majority 处理前后的结果，可以发现原始分类结果中的碎斑归到了背景类别中，画面更加平滑。

2）聚类处理

聚类处理是将临近的类似分类区域聚类并合并，将被选的分类用一个扩大操作合并到一块，然后用参数对话框中指定了大小的变换核对分类图像进行侵蚀操作。

（1）在 ENVI 新界面中打开“分类”（路径为 data\chap04\监督分类\分类）。

（2）在＜Toolbox＞工具箱中双击＜Classification＞|＜Post Classification＞|＜Clump Classes＞工具，在弹出的对话框中选择“分类”，单击＜OK＞，打开＜Classification

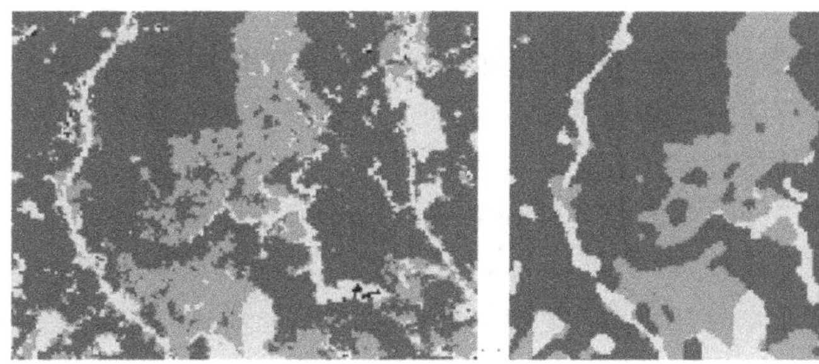

图 4-17　Majority 处理前后的效果比较

Clumping>窗口，如图 4-18 所示。

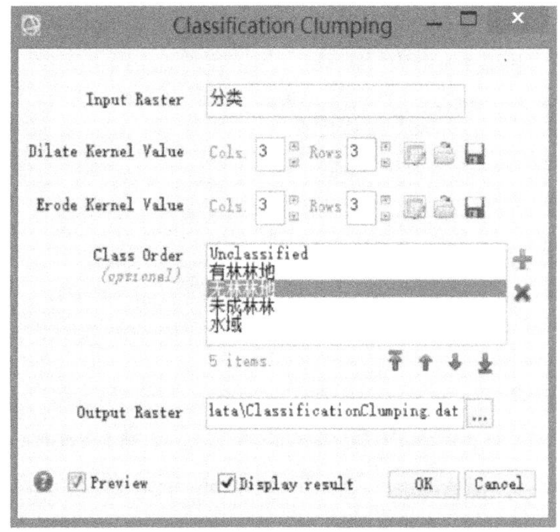

图 4-18　Classification Clumping>窗口

(3) 在<Classification Clumping>窗口中，在<Dilate Kernel Value>中输入扩展的值 3×3，在<Erode Kernel Value>中输入侵蚀的值 3×3。

(4) 在<Output Raster>选项框中设置处理结果保存位置，单击<OK>。

(5) 图 4-19 为 Clumping 处理前后的效果比较结果。

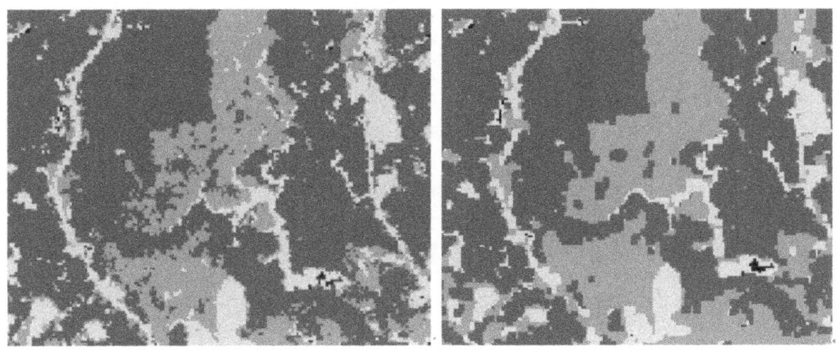

图 4-19　聚类处理前后的效果比较

3）过滤处理

过滤处理解决分类图像中出现的孤岛问题。类别筛选方法通过分析周围的 4 个或 8 个像元，判定一个像元是否与周围的像元同组。如果一类中被分析的像元数少于输入的阈值，这些像元就会被从该类中删除。

（1）在 ENVI 新界面中打开“分类”（路径为 data\chap04\监督分类\分类）。

（2）在＜Toolbox＞工具箱，双击＜Classification＞|＜Post Classification＞|＜Sieve Classes＞工具，在弹出的对话框中选择“分类”，单击＜OK＞，打开＜Classification Sieving＞窗口，如图 4-20 所示。

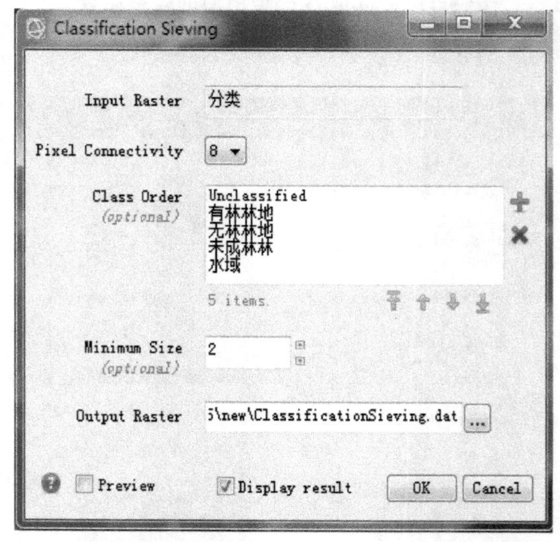

图 4-20　＜Classification Sieving＞窗口

（3）在＜Classification Sieving＞窗口中，＜Pixel Connectivity ＞选择聚类的大小 8 或 4。在＜Minimum Size ＞中输入过滤阈值 2，一组像元中小于该数值的像元将从相应类别中删除。

（4）在＜Output Raster＞选项框中设置处理结果保存位置，单击＜OK＞。

（5）图 4-21 为 Clumping 处理前后的结果，结果发现原始分类结果的碎斑被删除了。

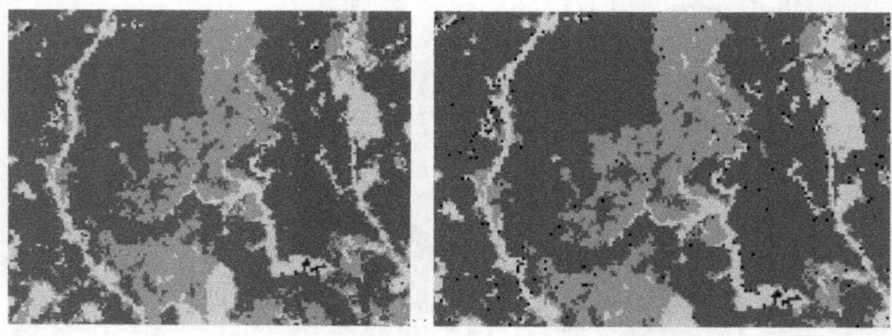

图 4-21　过滤处理前后的效果比较

4.3.2　分类统计

分类统计（class statistics）的统计内容包括类别中的像元数、最小值、最大值、平均值以及类中每个波段的标准差等，可绘制相应统计图。

（1）在 ENVI 新界面中，打开分类结果和原始影像即“分类”和“quansub. dat”（data\chap04\监督分类\分类）。

（2）在＜Toolbox＞工具箱中双击＜Classification＞|＜Post Classification＞|＜Class Statistics＞工具，在弹出的＜Classification Input File＞窗口中选择“分类”，单击＜OK＞。

（3）在＜Statistics Input File＞窗口中，选择原始影像“quansub. dat”，单击＜OK＞。

（4）在弹出的＜Class Selection＞窗口中，点击＜Select All Items＞，统计所有分类的信息，单击＜OK＞，打开＜Compute Statistics Parameters＞窗口，如图 4-22 所示。

（5）在＜Compute Statistics Parameters＞窗口中可以设置统计信息，如 Basic Stats（基本统计）、Histograms（直方图统计）、Covariance（协方差统计），根据具体需要勾选，如图 4-23 所示。

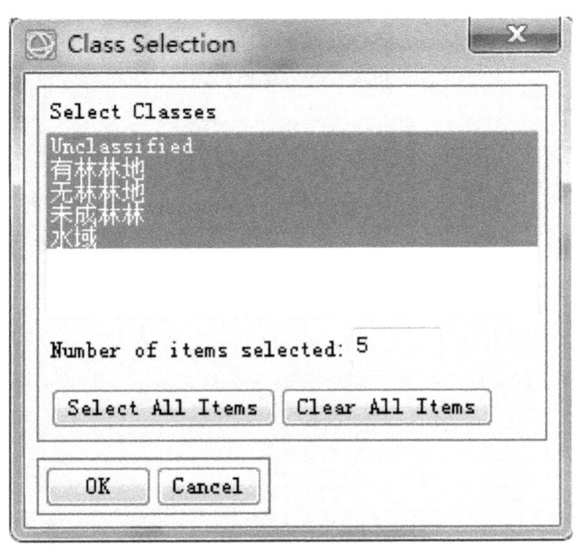

图 4-22　＜Class Selection＞窗口

图 4-23　＜Compute Statistics Parameters＞窗口设置

（6）输出结果的方式有：屏幕显示（Output to the Screen）、生成一个统计文件（.sta）、生成一个文本文件，其中生成的统计文件可以通过＜Toolbox＞|＜Statistics＞|＜View Statistics File＞工具打开。根据具体需要勾选。

（7）单击＜OK＞，完成分类统计。

4.3.3　分类栅格转矢量

为了使分类结果可在 ARCGIS 软件和其他软件中得到更广泛的应用，使用 ENVI 的 Classification to Vector 工具，将分类结果转换为矢量文件。

（1）在 ENVI 新界面中，打开分类结果“分类-M”（路径为 data\chap04\监督分类\分类-M）。

（2）在＜Toolbox＞工具箱中双击＜Classification＞|＜Post Classification＞|

<Classification to Vector>工具，在<Raster to Vector Input Band>窗口中，单击“分类-M”，如图 4-24 所示，单击<OK>。

(3) 在<Raster To Vector Parameters>窗口中，单击<Select All Items>按键，设置输出路径，如图 4-25 所示，单击<OK>。

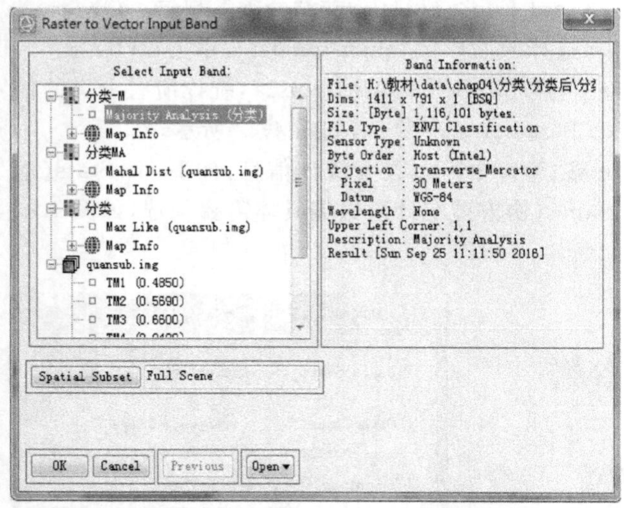

图 4-24 <Raster to Vector Input Band>窗口

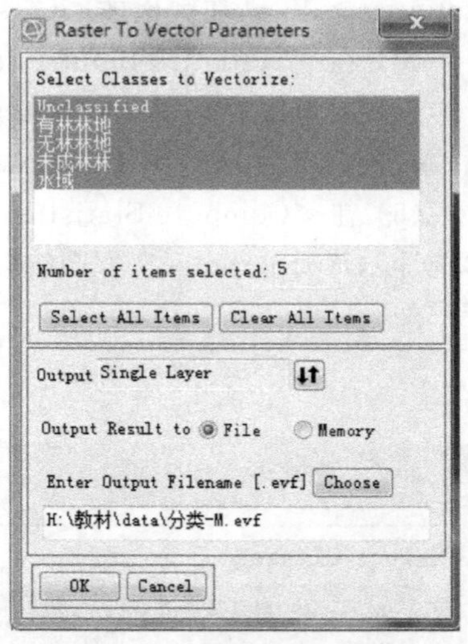

图 4-25 <Raster to Vector Parameters>窗口设置

提示：

Output 可选 Single Layer 和 One Layer per Class 两种情况。如果选择 Single Layer，则所有的类别均输出到一个 evf 矢量文件中；如果选择 One Layer per Class，则每一个类别输出到一个单独的 evf 矢量文件中。

4.4 精度评价

分类精度评价主要有混淆矩阵、ROC 曲线两种方式。其中混淆矩阵是以数据的形式表示分类的精度，而 ROC 曲线是用线条来表示精度。这里介绍混淆矩阵精度评价法。

首先对被分类的原图像再次进行一次 ROI 的选择，这次的感兴趣区的选择尽量只选择纯净像元，这样使得分类的精度较高，或者在跟原图像同一区域范围的高精度图像上进行感兴趣区的选取。

(1) 在 ENVI 新界面中，打开“分类-M”(路径为 data\chap04\监督分类\分类-M)。

(2) 打开验证样本，单击主菜单<File>|<Open>，选择“检 ROI. roi”(路径为 data\chap04\监督分类\检 ROI. roi)，在弹出的<File Selection>对话框中选择“分类-M”，单击<OK>。

(3) 在<Toolbox>工具箱中双击<Classification>|<Post Classification>|<Confusion Matrix Using Ground Truth ROIs>工具，在弹出的<Classification Input File>窗口中选择“分类-M”，单击<OK>。

(4) 在<Match Classes Parameters>窗口中，软件自动匹配真实地物感兴趣区(Ground

Truth ROI)与分类结果类型(Classification Image),如不正确,可以手动匹配。单击<Matched Classes>中的匹配,可以删除匹配关系。分别在<Select Ground Truth ROI>和<Select Classification Image>的窗口中单击匹配的 ROI 和类型,单击<Add Combination>按键,匹配关系添加到<Matched Classes>显示栏中,如图 4-26 所示。

(5) 当全部类型与 ROI 匹配完成后,单击<OK>,在<Confusion Matrix Parameters>窗口中默认设置,单击<OK>,就可以得到精度报表,如图 4-27 所示,总体分类精度为 81.319 8,Kappa 系数为 0.726 8。

Match Classes Parameters

Select Ground Truth ROI | Select Classification Image: Unclassified, Masked Pixels

Ground Truth ROI

Classification Class

Add Combination

Matched Classes

有林林地 <-> 有林林地

无林林地 <-> 无林林地

未成林林 <-> 未成林林

水域 <-> 水域

OK Cancel

图 4-26 <Match Classesparameters>窗口

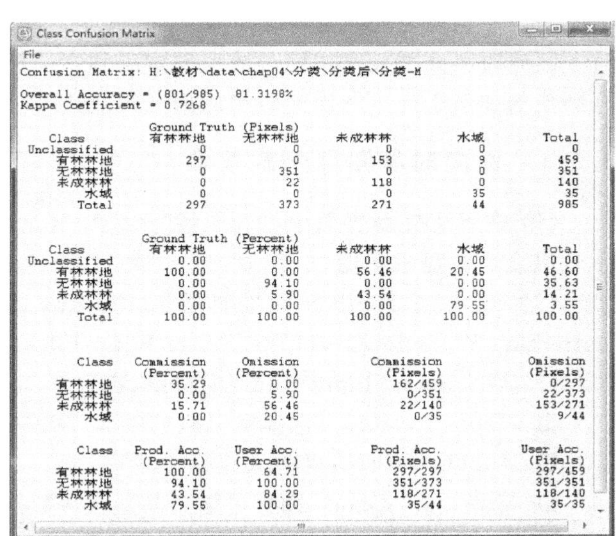

Class Confusion Matrix

File

Confusion Matrix: H:\教材\data\chap04\分类\分类后\分类-M

Overall Accuracy = (801/985) 81.3198%

Kappa Coefficient = 0.7268

Class	Ground Truth (Pixels) 有林林地	无林林地	未成林林	水域	Total
Unclassified	0	0	0	0	0
有林林地	297	0	153	9	459
无林林地	0	351	0	0	351
未成林林	0	22	118	0	140
水域	0	0	0	35	35
Total	297	373	271	44	985

Class	Ground Truth (Percent) 有林林地	无林林地	未成林林	水域	Total
Unclassified	0.00	0.00	0.00	0.00	0.00
有林林地	100.00	0.00	56.46	20.45	46.60
无林林地	0.00	94.10	0.00	0.00	35.63
未成林林	0.00	5.90	43.54	0.00	14.21
水域	0.00	0.00	0.00	79.55	3.55
Total	100.00	100.00	100.00	100.00	100.00

Class	Commission (Percent)	Omission (Percent)	Commission (Pixels)	Omission (Pixels)
有林林地	35.29	0.00	162/459	0/297
无林林地	0.00	5.90	0/351	22/373
未成林林	15.71	56.46	22/140	153/271
水域	0.00	20.45	0/35	9/44

Class	Prod. Acc. (Percent)	User Acc. (Percent)	Prod. Acc. (Pixels)	User Acc. (Pixels)
有林林地	100.00	64.71	297/297	297/459
无林林地	94.10	100.00	351/373	351/351
未成林林	43.54	84.29	118/271	118/140
水域	79.55	100.00	35/44	35/35

图 4-27 精度报表

混淆矩阵中指标说明如表 4-1 所示。

表 4-1 混淆矩阵中指标说明

参数类型	公式、含义
总体分类精度(Overall Accuracy)	被正确分类的像元总数与总像元数比值
Kappa 系数	$$K=\frac{N\sum_{i=1}^{m}p_{ij}-\sum_{i=1}^{m}(p_{pi}\times p_{li})}{N^2-\sum_{i=1}^{m}(p_{pi}\times p_{li})}$$ N 为总类数;p_{ij} 为正确分类数目;p_{pi} 和 p_{li} 分别为某一类所在列和行总数
错分误差	被分为用户定义类内而实际属于其他类的像元数与该类真实参考像元数比值
漏分误差	实际对应某真实类而没有被确定到该类别内的像元与该类参考像元值总数比值
制图精度(Producer's Accuracy)	实际分类算法将整个图像正确分为某类的像元数与该类实际参考像元数的比值
用户精度(User's Accuracy)	正确分如某类像元总数与实际分类算法将整个图像像元分为某类的像元总数比

4.5 面向对象的图像特征提取

高分辨率卫星影像具有空间分辨率高，结构形状、纹理、细节信息丰富等优点，但光谱信息不是很丰富。基于像元的处理方法忽略了纹理与形状等空间特征，从而影响分类结果的准确性。面向对象的分类方法将影像分割为一系列彼此相邻的同质区域称为图像对象，然后将这些对象识别成不同类别的地物。影像分割的依据不仅有光谱信息、对象大小，还包含了纹理与形状等空间特征等。

面向对象分类技术主要分成发现对象和特征提取两部分。本教程仅介绍面向对象图像分割技术和基于样本的面向对象的信息提取。

4.5.1 面向对象图像分割技术

(1) 在ENVI新界面中打开图像"S09MP"(路径为data\chap04\面向对象\S09MP)，R、G、B以2、1、3显示影像。

(2) 双击<Toolbox>工具箱<Feature Extraction>|<Segment Only Feature Extraction Workflow>，打开<Select Input Files>窗口，如图4-28所示。

(3) 在<Select Input File>窗口中，有以下四个选项。

❑<Input Raster>：选择要分割的图像"S09MP"。

❑<Input Mask>：可输入掩膜文件。

❑<Ancillary Data>面板可输入其他多源数据文件。

❑<Custom Bands>：有两个自定义波段，这些辅助波段可以提高图像分割的精度。

在<Custom Bands>选项中勾选<Normalized Difference>和<Color Space>，单击<Next>，进入<Segment and Merge>窗口，如图4-29所示。

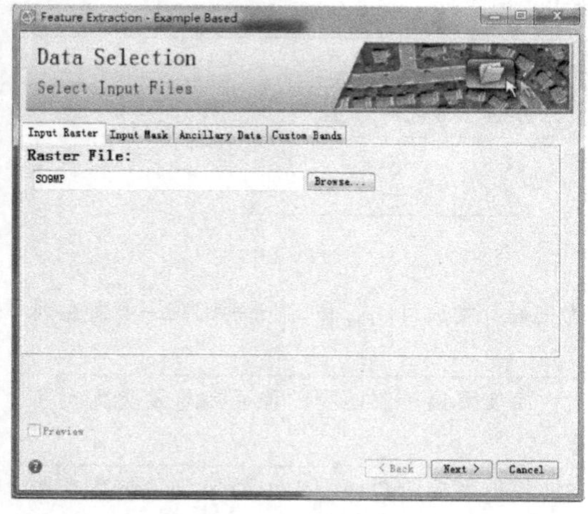

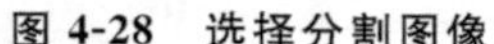
图 4-28 选择分割图像

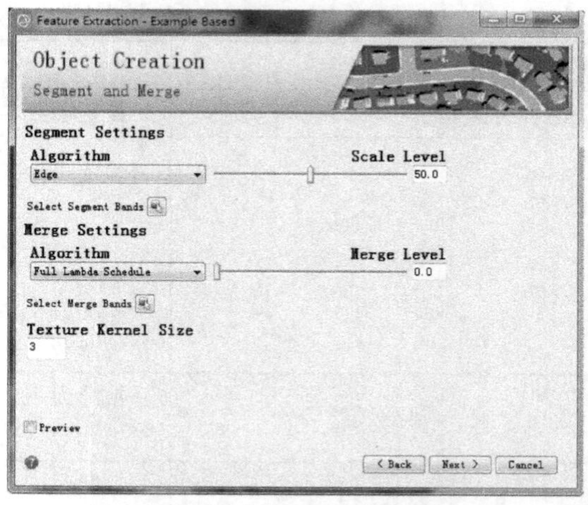

图 4-29 <Feature Extraction-Example Based>窗口设置

(4) 在<Segment and Merge>窗口中，设置图像Segment(分割)和Merge(合并)的算法。

❑<Segment settings>(分割设置)

◇<Edge>:基于边缘检测,需要结合合并算法可以达到最佳效果。

◇<Intensity>:基于亮度,这种算法非常适合于微小梯度变化(如 DEM)、电磁场图像等,不需要合并算法即可达到较好的效果。

❑<Merge settings>(合并设置)

◇<Full Lambda Schedule>:合并存在于大块、纹理性较强的区域。

◇<Fast Lambda>:合并具有类似的颜色和边界大小的相邻区域。

可以滑动右侧滑块,分别设置分割阈值(Scale Level)和合并阈值(Merge Level),也可以手动输入阈值后,按回车确认。阈值范围为 0~100。选择大的影像分割阈值,图像将会分割出较少的图斑;选择小的影像分割阈值,图像将会分割出较多的图斑。分割效果的好坏在一定程度上决定了分类效果的精确度,通过勾选 preview 预览分割效果,要通过反复多次试验,选择一个理想的分割阈值,分割出符合实际的边缘特征。影像分割时,一个特征有可能被分成很多部分,要通过合并来解决这些问题,合并阈值也要通过反复多次试验,选择一个理想的合并阈值,达到最好的效果。

❑<Texture Kernal Size>(纹理内核的大小):默认是 3,最大是 19。

设置 Scale Level=45,Merge Level=90,其他默认,勾选<Preview>可预览结果,如图 4-30 所示。

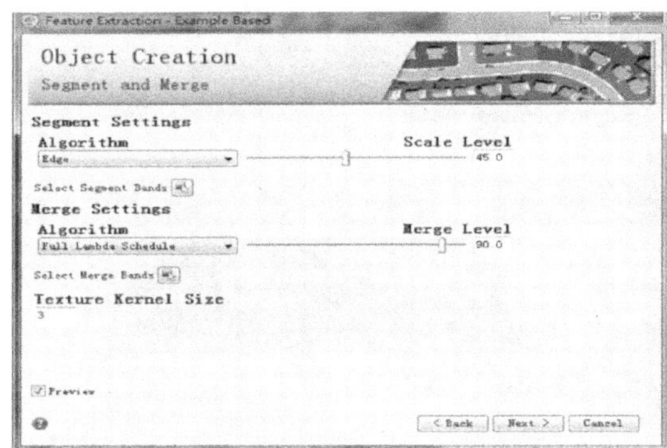

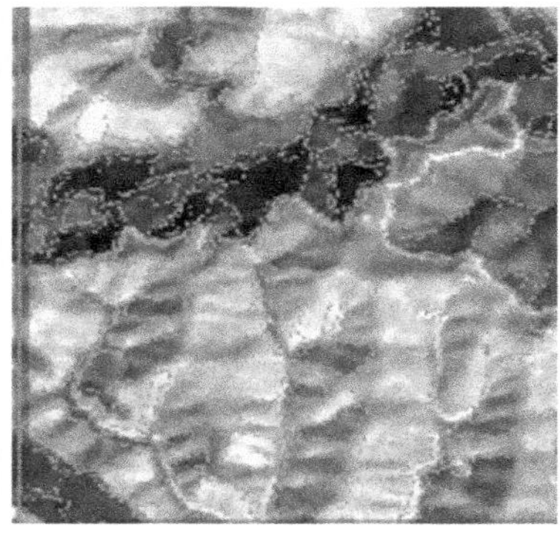

图 4-30　分割、合并设置和效果预览

单击<Next>,进入<Save Results>窗口,此时生成一个 Region Means 影像自动加载到图层列表中,并在窗口中显示,它是分割后的结果,每一块被填充上该块影像的平均光谱值,如图 4-31 所示。

(5) 在<Save Results>窗口中,可以选择多种结果输出:矢量结果及属性、分类图像及分割后的图像等,设置结果文件保存位置,如图 4-32 所示,单击<Finish>,图像完成分割,结果如图 4-33 所示。

4.5.2　基于样本的面向对象的信息提取

基于样本的面向对象的图像分类属于监督分类,是利用样本数据去识别未知对象,包括定义样本、选择分类方法和输出结果。本练习使用某林区的 SPOT5 数据,介绍基于样本的面向对象的信息提取的过程,根据图像区的实际地类类型,分为有林林地、水域、未成林地、无林林地和交通用地 5 类样本类型。

图 4-31　Region Means 影像

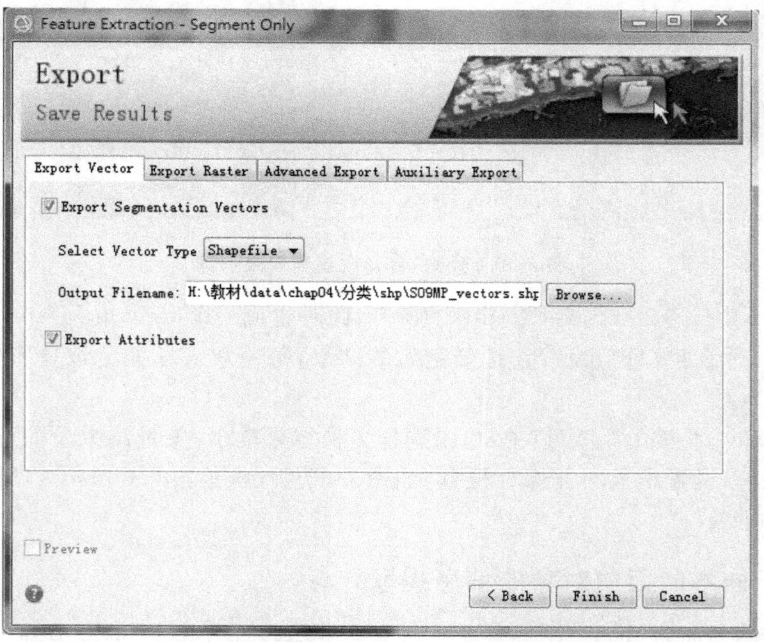

图 4-32　<Feature Extraction-Segment Only>窗口设置

(1) 在 ENVI 新界面中打开图像“S09MP”(路径为 data\chap04\面向对象\S09MP),R、G、B 以 2、1、3 显示影像。

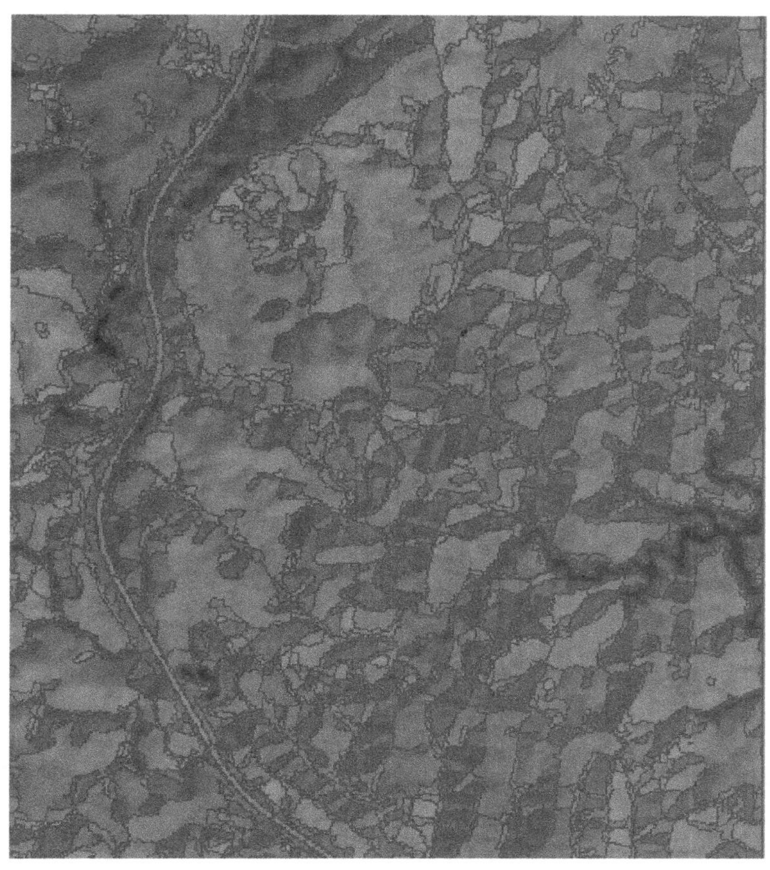

图 4-33　分割结果图

(2) 双击<Toolbox>工具箱<Feature Extraction>|<Example Based Feature Extraction Workflow>。打开<Select Input File>窗口。

(3) 与 4.5.1 的(3)、(4)操作相同，在完成图像分割后，单击<Next>，弹出<Choose Examples>窗口。

(4) 在<Choose Examples>窗口中，如图 4-34 所示，可以选择样本、设置样本属性、选择分类方法。

❑选择样本。

①在右侧的<Class Properties>中，在类别名称(Class Name)中输入"有林林地"；在类别颜色(Class Color)，点击色块，在弹出的色块表中选择颜色，如绿色(0,255,0)。

②在分割图上，目视判别"有林林地"类别，在图像上单击该类别，就选中了该类别的样本，用同样方法选择一定数量的样本。如果错选样本，可以在这个样本上点击左键删除。

③一个类别的样本选择完成之后，新增类别 ➕，用同样的方法修改类别的名称、颜色，选择样本。在选择样本的过程中，可以随时预览结果。

④建立完所有的类别后，点击保存 💾，把样本保存为 shp 文件。

本练习有林林地、水域、未成林地、无林林地和交通用地 5 类样本类型，如图 4-35 所示。

❑设置样本属性。

在<Attributes Selection>选项中，可以根据提取的实际地物特性选择一定的属性。本

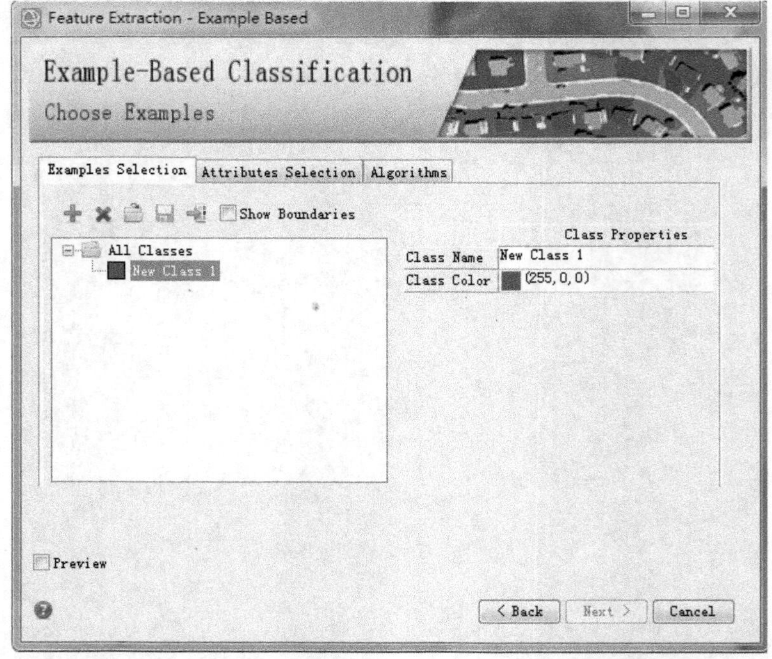

图 4-34 <Choose Examples>窗口

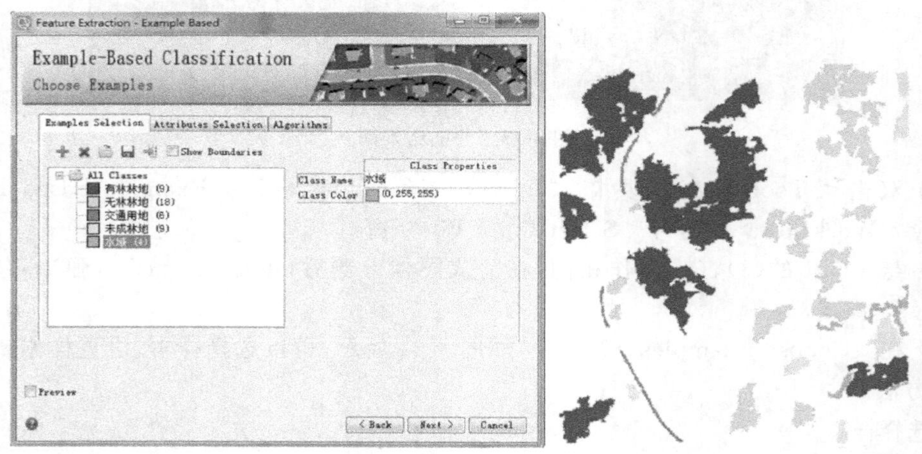

图 4-35 样本选择结果图

练习按照默认设置。

❑选择分类方法。

在<Algorithms>选项，提供了三种分类方法：K 邻近法(K Nearest Neighbor)、支持向量机(Support Vector Machine，SVM)和主成分分析法(Principal Components Analysis，PCA)，本练习选择 K 邻近法，Neighbors 设置为 1，不选<Allow Unclassified>选项，如图 4-36所示，单击<Next>。

(5) 在<Save Results>窗口中，可以选择多种结果输出，设置结果文件保存位置，单击<Finish>，如图 4-37 所示，完成信息提取。

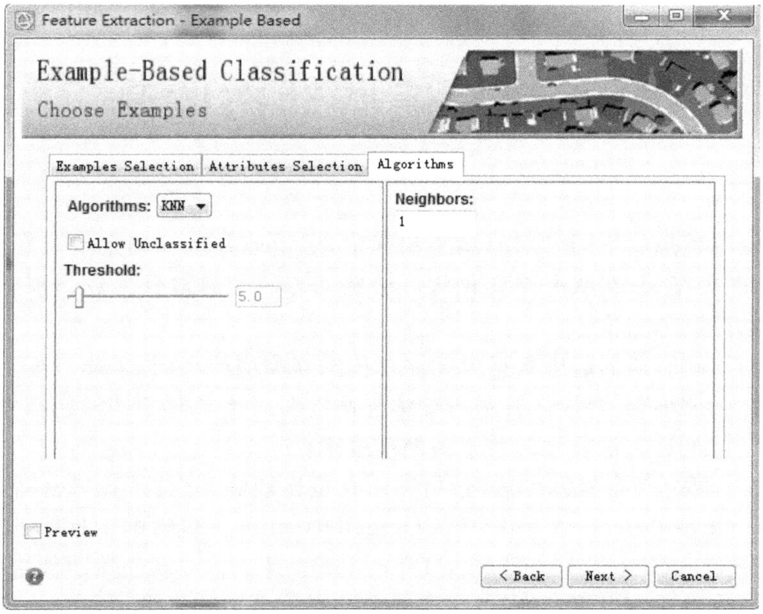

图 4-36 ＜**Algorithms**＞选项设置

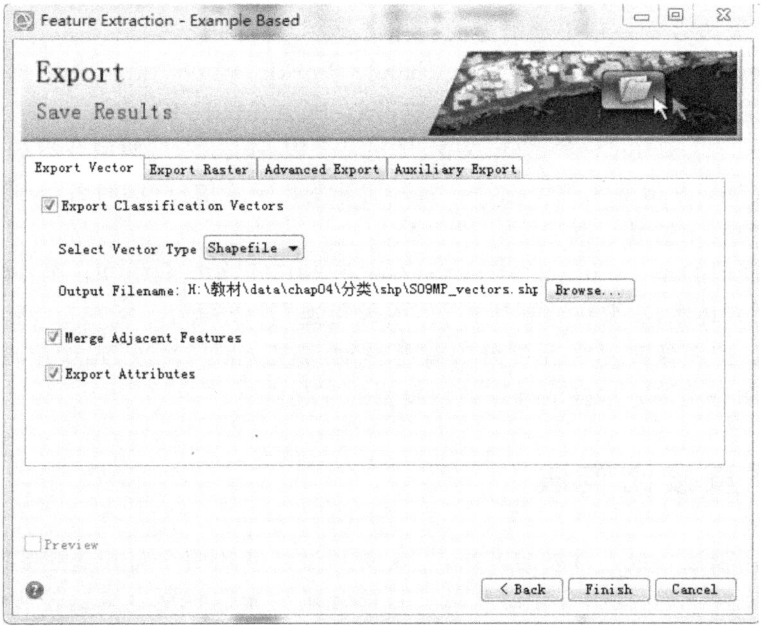

图 4-37 文件保存

第 5 章　遥感动态监测

遥感动态检测就是从不同时期的遥感数据中，定量地分析和确定地表变化的特征与过程，它涉及变化的类型、分布状况与变化量。遥感动态检测通常分为数据预处理、变化信息检测和变化信息提取等三步。

由于使用的不同时期的遥感数据可能存在传感器类型的不同，采集日期和时间的不同，像素分辨率和像元大小有差异等，在进行变体检测前要对不同时期的遥感数据进行预处理，影像配准和大气校正是非常重要的两个预处理过程。

ENVI 集成了部分动态检测方法，包括图像直接比较法、分类后比较法等。变化监测工具主要放在＜Change Detection＞中。＜Change Detection＞包括的工具如下。

❑＜Change Detection＞｜＜Change Detection Difference＞：使用图像直接比较法对两时相影像做差值或者比值运算，对差值或者比值结果划分为若干类。

❑＜Change Detection＞｜＜Change Detection Statistics＞：使用分类后比较法比较两时相影像分类结果，获得变化类型、面积、百分比等变化矩阵信息，同时可得到一个多波段的变化图像，每个波段表示一种土地类型的变化情况。

❑＜Change Detection＞｜＜Image Change Workflow＞：包括很多的变化监测方法和预处理功能。主要有波动差值、特征差值、波谱角、PCA/MNF/ICA。

❑＜Change Detection＞｜＜Thematic Change Workflow＞：使用分类后比较法比较两时相影像分类结果，获得变化类型、面积、百分比等变化矩阵信息，同时可得到一个单波段的变化分类图像和变化矢量结果。

本章练习使用的是 Landsat8 2013 年 12 月和 2015 年 10 月的 OLI 图像和分类后的图像，图像区为南方林区，主要种植速生桉树，生长迅速，轮伐期为 5 年左右，林地类型或林分郁闭度变化快。按图像实际情况可分为有林林地、新造林地、水域、建设用地和其他用地。利用 ENVI 的动态检测方法提取林区林地类型的变化信息。

5.1　图像直接比较法

图像直接比较法是最为常见的方法，它是对经过配准的两个时相遥感影像中像元值直接进行运算和变换处理，找出变化的区域。目前常用的光谱数据直接比较法包括图像差值法、图像比值法、植被指数比较法、主成分分析法、光谱特征变异法、假彩色合成法、波段替换法、变化矢量分析法、波段交叉相关分析以及混合检测法等。

ENVI 中的图像直接比较法就是对两时相影像做差值或者比值运算，然后设定一个阈值对差值或者比值运算结果进行分类。

5.1.1　Change Detection Difference 工具

(1) 在 ENVI 5.3 新界面下，单击主菜单＜File＞｜＜Open＞，将两时相影像同时打开

“LS8-13”“LS8-15”(路径为:data\chap05\LS8-13、LS8-15)。

(2) 在工具栏中,单击按钮,利用 Portal 功能浏览这两个影像相同区域的地表变化情况。

(3) 在＜Toolbox＞列表中,双击＜Change Detection＞|＜Change Detection Difference Map＞,在＜Select the ‘Initial State’ Image＞中选择前一期图像的一个波段,如图 5-1 所示,单击＜OK＞。在＜Select the ‘Final State’ Image＞中选择后一期图像的一个波段,如图 5-2 所示,单击＜OK＞,打开＜Compute Difference Map Input Parameters＞对话框。

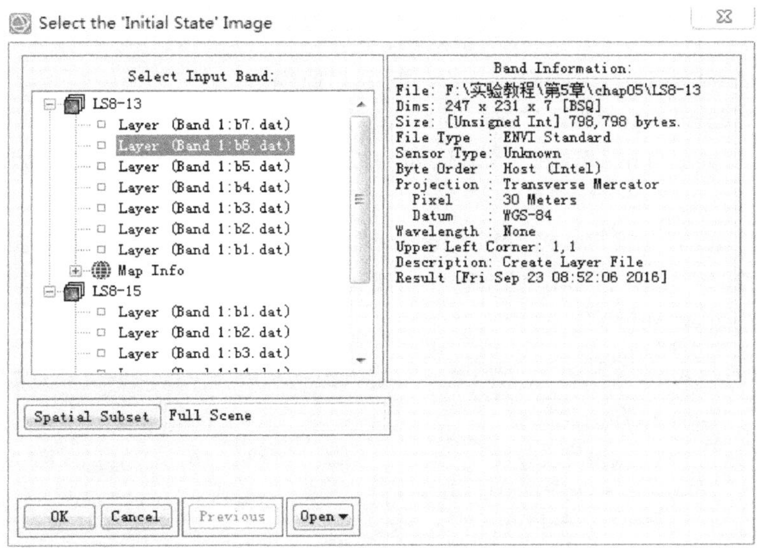

图 5-1　Select the ‘Initial State’ Image

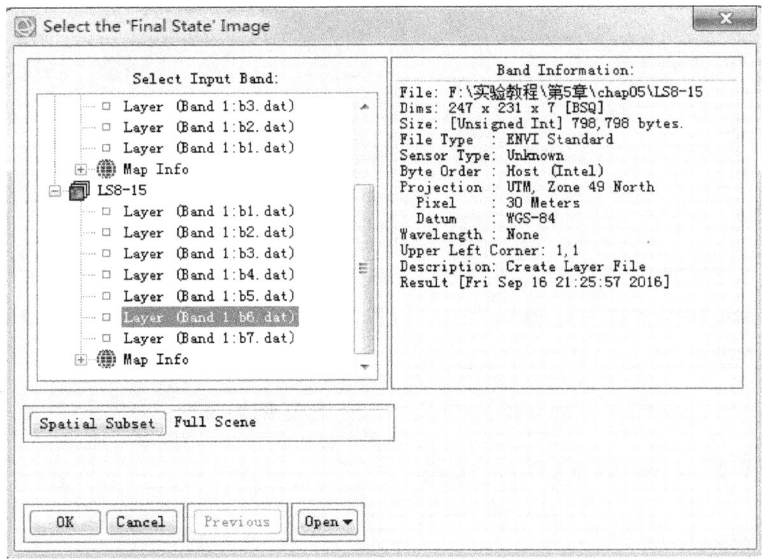

图 5-2　Select the ‘Final State’ Image

(4) 在＜Compute Difference Map Input Parameters＞对话框中，可以选择计算方法、归一化和单位统一，设置变化等级以及各等级的阈值，如图 5-3 所示。

❑＜Number of Classes＞：分类数，设置差异变化量的等级，如设置分类数为 11，代表差异变化量一共有 11 类。

❑＜Change Type＞：图像比较类型。

◇＜Simple Difference＞：差值运算，是“Final State Image”减去“Initial State Image”。

◇＜Percent Difference＞：比值运算，是“Simple Difference”的结果除以“Initial State Map”。

❑＜Data Pre-Processing＞：数据预处理。

◇＜Normalize Data Range[0-1]＞：归一化处理。

◇＜Standardize to Unit Variance＞：统一像元单位。

❑＜Define Class Thresholds＞：可以对每一个变化范围类别名称和阈值进行修改，如图 5-4 所示。

❑＜Save Auto-Coregistered Input Images? ＞：选择“No”。如果输入图像需要重新配准或重采样，会出现＜Save Auto-Coregistered Input Images? ＞选项，可以将自动配准的图像保存到“File”或“Memory”。

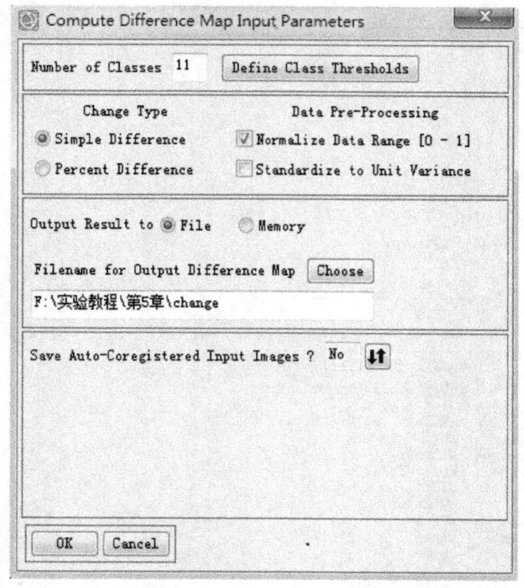

图 5-3 **Compute Difference Map Input Parameters**

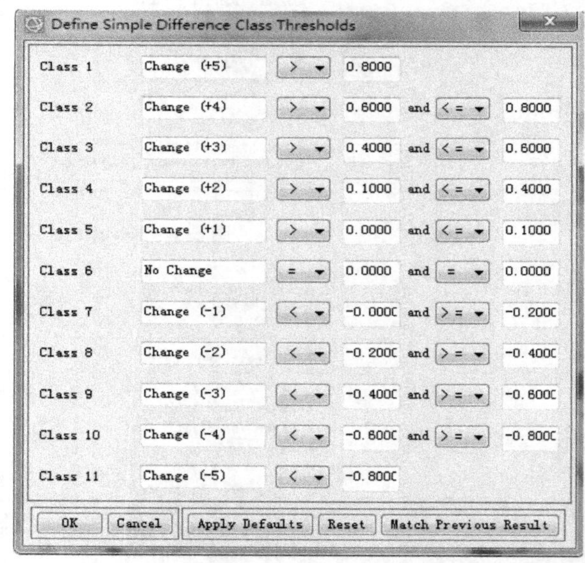

图 5-4 **查看和设置＜Define Class Thresholds＞参数**

(5) 选择输出路径和文件名，单击＜OK＞，完成变化检测。

5.1.2 Image Change Workflow 工具

1) *启动* Image Change

(1) 单击主菜单＜File＞|＜Open＞，将两时相影像同时打开“LS8-13”“LS8-15”及“林区.shp”(路径为：data\chap05\LS8-13、LS8-15、林区.shp.)，如图 5-5 所示。

(2) 在工具栏中，单击按钮，利用 Portal 功能浏览这两个影像相同区域地表变化情况。

(3) 在＜Toolbox＞列表中，双击＜Change Detection＞|＜Image Change Workflow＞，打开＜File Selection＞对话框。

(4) 点击＜Input Files＞，在＜Time 1 File＞中选择“LS8-13”，在＜Time 2 File＞中选择“LS8-15”，如图 5-5 所示。点击＜Input Mask＞，在＜Mask File＞中选择“林区. shp”，如图 5-6 所示。

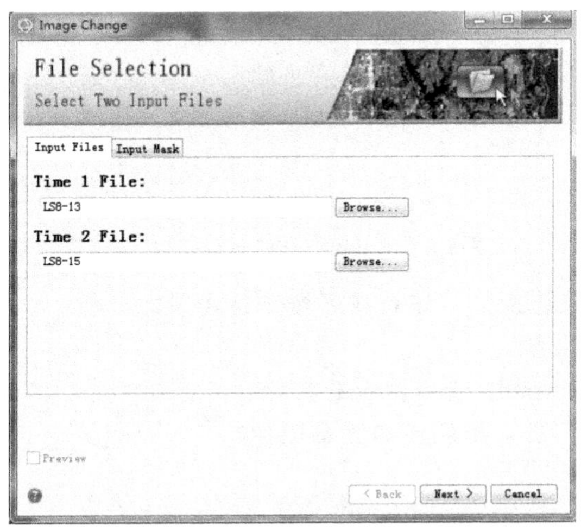

图 5-5　选择图像输入

图 5-6　掩膜文件的输入

(5) 单击＜Next＞，打开＜Image Registration＞对话框。

(6) 两个图像已经经过配准，选择＜Skip Image Registration＞，点击＜Next＞，打开＜Change Method Choice＞对话框。

2) 变化信息检测

＜Change Method Choice＞对话框中提供了两种变化检测方法，即 Image Difference(图像差值法)和 Image Transform(图像变换法)，如图 5-7 所示。

(1) 在＜Image Difference＞对话框中单击＜Difference Method＞选项，出现了三种图像差值法，如图 5-8 所示。

❑＜Difference of Input Band＞(波段差值法)。

◇选择＜Difference of Input Band＞选项，在＜Select Input Band＞列表中提供图像文件所含的波段供选择。

◇点击＜Advanced＞，勾选＜Radiometric Normalization＞(辐射归一化)选项，将两个图像近似在一个天气条件下成像(以 Time1 图像为基准)。

❑＜Difference of Feature Index＞(特征指数差值法)

◇选择＜Difference of Feature Index＞选项，在＜Select Feature Index＞列表中提供四种特征指数供选择，四种特征指数如下。

▲＜Vegetation Index(NDVI)＞(归一化植被指数)，对于 Landsat8 的 NDVI＝(B5－B4)/(B5＋B4)；

▲＜Water Index(NDWI)＞(归一化水指数)，水体区域 NDWI 值大；

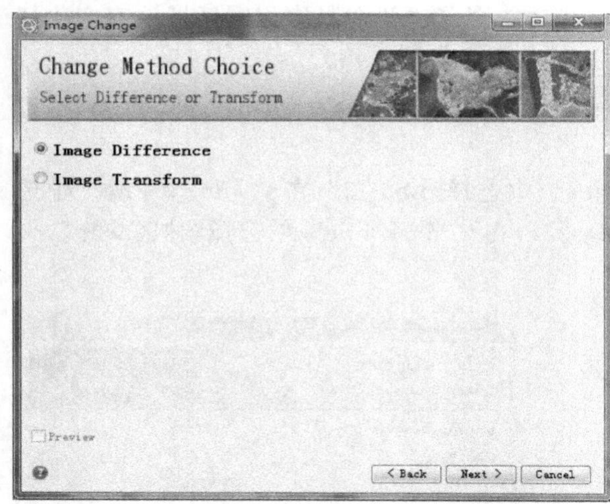

图 5-7 Change Method Choice

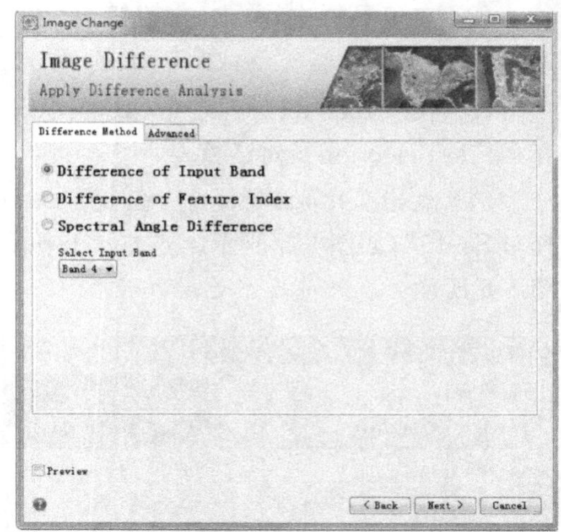

图 5-8 <Image Difference>方法选择

▲<Built-up Index(NDBI)>(归一化建筑物指数),建筑物区域 NDBI 值大;

▲<Burn Index>(燃烧指数),燃烧区域值大。

◇切换到<Advanced>,自动为 Band1 和 Band2 选择相应的波段。

❑<Spectral Angle Difference>(波谱角差值法),适用于高光谱图像。

本练习按下面操作。

①选择<Difference of Input Band>,在<Select Input Band>列表中,选择 Band 4。

②点击<Advanced>,勾选<Radiometric Normalization>(辐射归一化)选项,如图 5-9 所示。

③单击<Next>,打开<Thresholding or Export>对话框,如图 5-10 所示,有两种方法供选择。

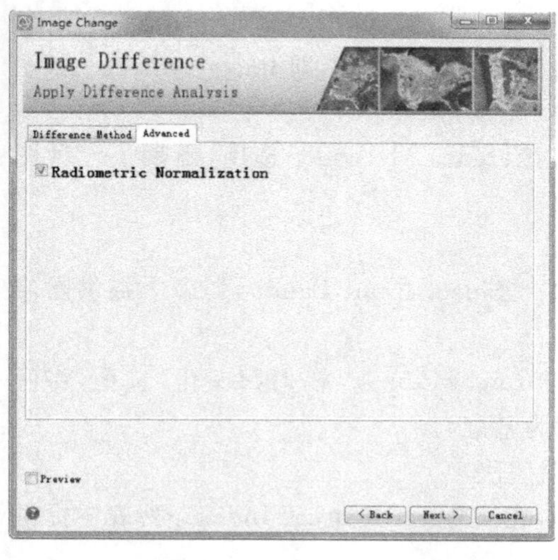

图 5-9 Radiometric Normalization 设置

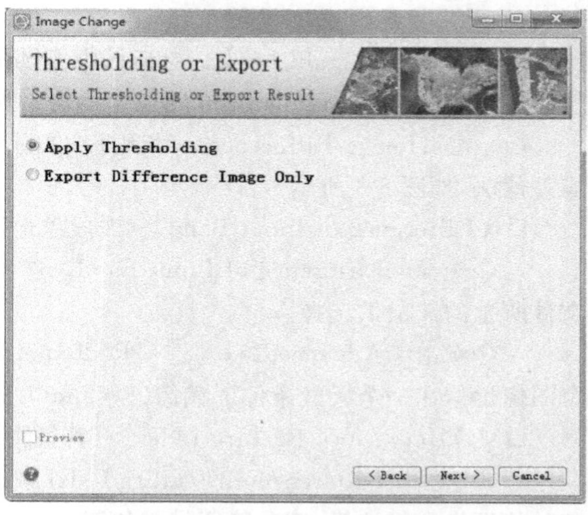

图 5-10 Thresholding or Export 选择

❑<Apply Thresholding>(设置阈值细分变化信息图像)。

❑<Export Difference Image Only>(直接输出变化信息图像)。

④选择<Apply Thresholding>，单击<Next>，打开<Change Thresholding>对话框。

（2）<Image Transform>对输入的两个图像进行图像变换，提供了三种图像变换方法(PCA)、主成分分析法(MNF)、最小噪声分离法和独立主成分分析法(ICA)。

3）变化信息提取

在<Change Thresholding>对话框中，有下面几个选项，如图 5-11 所示。

❑<Select Change of Increase>选项。在变化信息检测结果中，可以选择提取以下三种情况变化的信息。

◇<Increase and Decrease>：增加(蓝色)和减少(红色)变化信息。

◇<Increase Only>：增加（蓝色)变化信息。

◇<Decrease Only>：减少(红色)变化信息。

❑提供两种阈值设置方法。

◇<Auto-Thresholding>(自动获取分割阈值)，提供以下四种算法。

▲<Otsu's>：基于直方图形状的方法，使用直方图积累区间来划分阈值。

▲<Tsai's>：基于力矩的方法。

▲<Kapur's>：基于信息熵的方法。

▲<Kittler's>：基于直方图形状的方法，使直方图近似高斯双峰从而找到拐点。

❑<Manual>(手动设置阈值)。

切换到<Manual>查看获取的分割阈值，可以手动更改，阈值的设置是变化信息提取的关键，阈值的确定则会直接影响变化信息提取的准确性。不同图像的阈值不同，相同图像的波段不同，其阈值也不同，需要多次实验、比较，并与两个时相图像进行反复比较才能选取合适的阈值。

（1）在<Select Change of Increase>选项中，选择<Increase and Decrease>，提取林地类型发生变化的区域，含增加的和减少的。

（2）切换到<Manual>选项，手动更改<Increase Threshold>和<Decrease Threshold>的阈值。勾选<Preview>可以预览效果，如图 5-12 所示。

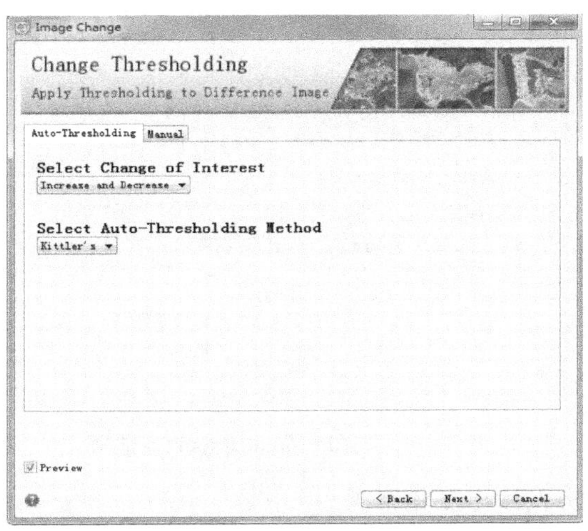

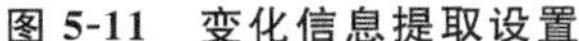
图 5-11　变化信息提取设置

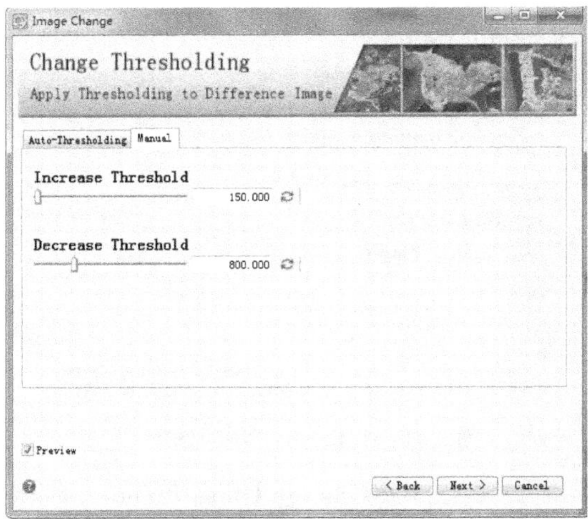

图 5-12　阈值设置

(3) 单击＜Next＞，打开＜Cleanup＞对话框，如图 5-13 所示。

在＜Cleanup＞对话框中，可以设置移除椒盐噪声和去除小面积斑块。

❑＜Enable Smoothing＞(平滑)：去除椒盐噪声。

❑＜Enable Aggregation＞(聚类)：去除小区域的小斑块。

(4) 勾选＜Enable Smoothing＞，平滑核(Smooth Kernel Size)：5，值越大，平滑尺度越大。

(5) 勾选＜Enable Aggregation＞，最小聚类值(Aggregate Minimum Size)：40。

(6) 勾选＜Preview＞预览效果，如图 5-14 所示。

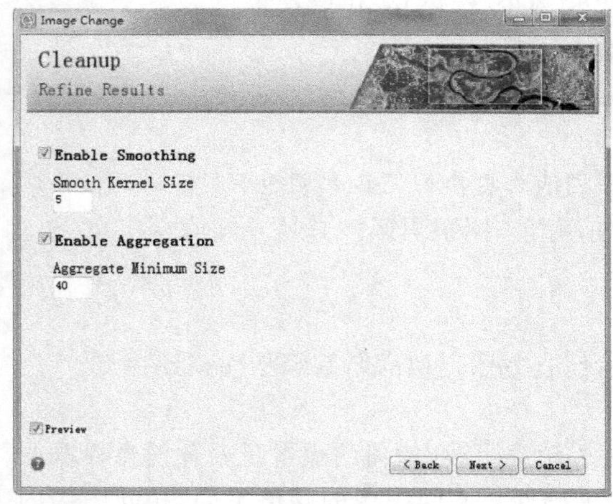

图 5-13 设置平滑和聚类的值

图 5-14 预览效果

(7) 单击＜Next＞，打开＜Export＞对话框。

4) 输出信息

在＜Export＞对话框可以选择输出四种格式文件，如图 5-15、图 5-16 所示。

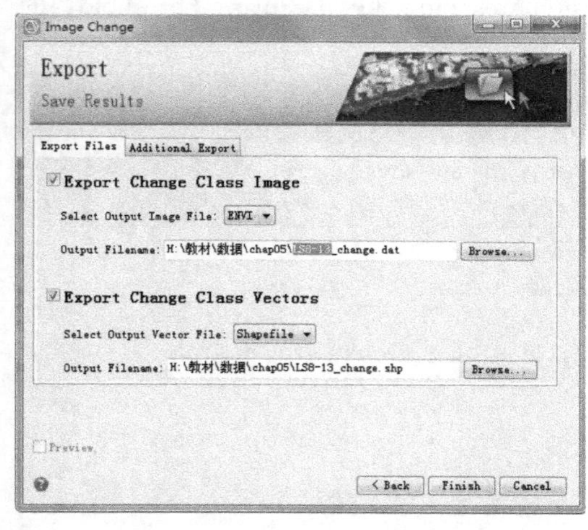

图 5-15 ＜Export File＞选项

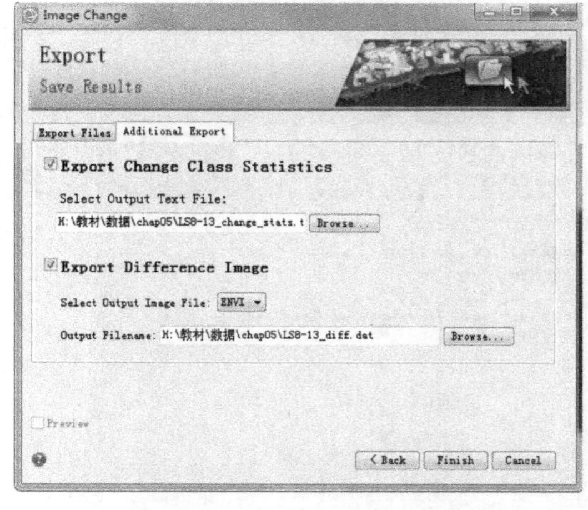

图 5-16 ＜Additional Export＞选项

❑＜Export Change Class Image＞：以图像格式输出变化结果。

❑＜Export Change Class Vectors＞：以矢量格式输出变化结果。

❑＜Export Change Class Statistics＞：变化统计文本文件。

❑<Export Difference Image>:输出差值图像。

(1) 在<Export File>选项中,勾选<Export Change Class Image>和<Export Change Class Vectors>,选择输出为<Shapefile>格式。

(2) 切换到<Additional Export>,勾选<Export Change Class Statistics>和<Export Difference Image>,输出统计文件和差值图像。

(3) 单击<Finish>,输出结果。

5.2 分类后比较法

分类后比较法是将经过配准的两个时相遥感影像分别进行分类,然后比较分类结果得到变化检测信息。虽然该方法的精度依赖于分别分类时的精度和分类标准的一致性,但在实际应用中仍然非常有效,该方法的核心是基于分类基础发现变化信息。本练习用的数据是二期经分类后的数据,格式为 ENVI 栅格格式。

5.2.1 Change Detectio Statistics 工具

(1) 单击主菜单<File> | <Open>,打开两时相的分类图“LS8-13 分类”“LS8-15 分类”(路径为:data\chap05\LS8-13 分类、LS8-15 分类)。

(2) 单击<Toolsbox> | <Change Detection> | <Change Detection Statistics>,选择前后时相的分类图,如图 5-17 所示。

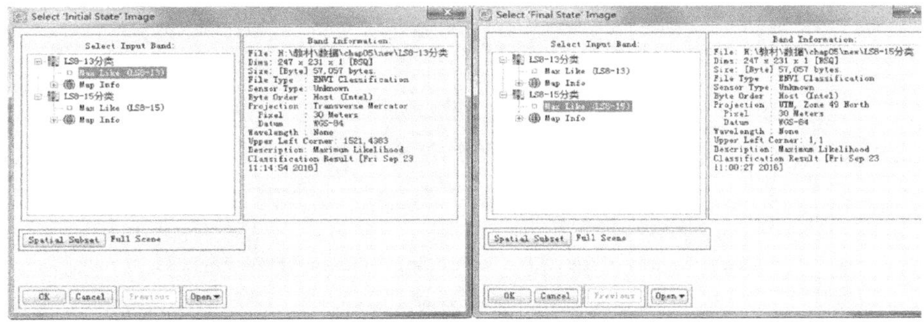

图 5-17 分类图像的选择

(3) 在<Define Equivalent Class>对话框中,如果两个时相的分类图命名规则一致,则会自动将两时相上的类别关联;否则需要在<Initial State Class>和<Final State Class>列表中手动选择相对应的类别,如图 5-18 所示,单击<OK>。在<Define Pixel Sizes for Area Statistics>中选定像元大小的单位,如图 5-19 所示。

(4) 在<Change Detection Statistics Output>中,选择统计类型——像素(Pixels)、百分比(Percent)和面积(Area),选择路径输出结果,如图 5-20 所示,单击<OK>。

(5) 在<Define Pixel Sizes for Area Statistics>中,选择像元的单位,单击<OK>。结果以二维表格展现,如图 5-21 所示。

提示:

第一行为“Initial State”的分类类别,第一列为“Final State”的分类类别。表中的数据是两个时期分类图像的变化情况,例如,前期图像的“林地”有 5058 个像元变为后期“新造林地”。

Define Equivalent Classes

Select Initial State Class: Unclassified

Select Final State Class: Unclassified

Initial State Class

Final State Class

Add Pair | Remove Pair | Remove All

Paired Classes

有林林地 <-> 有林林地
新造林地 <-> 新造林地
建设用地 <-> 建设用地
水 <-> 水域
其他用地 <-> 其他用地

OK | Cancel

图 5-18 <Define Equivalent Class>设置

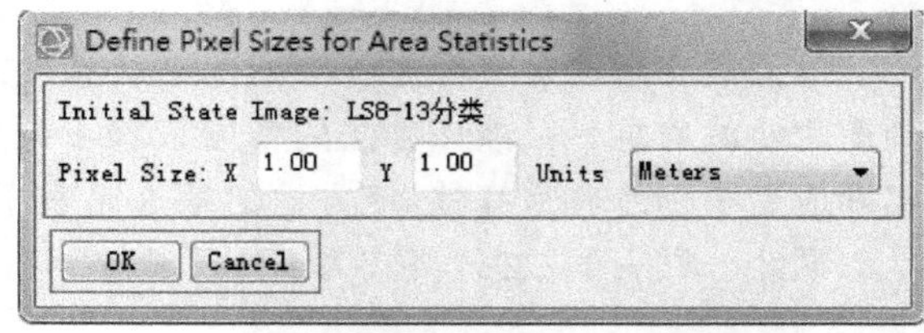

图 5-19 像元单位设置

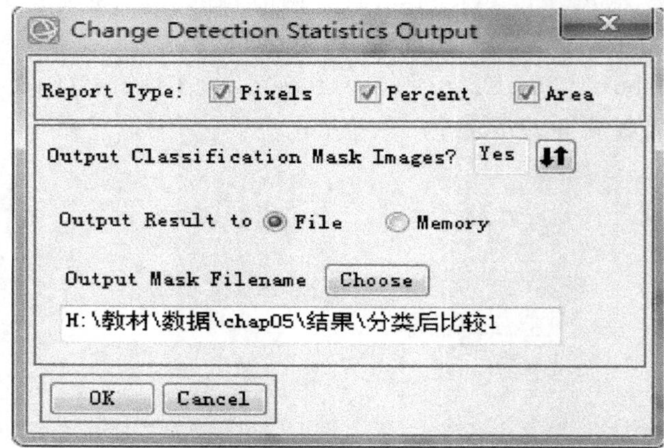

图 5-20 统计类型选择窗口

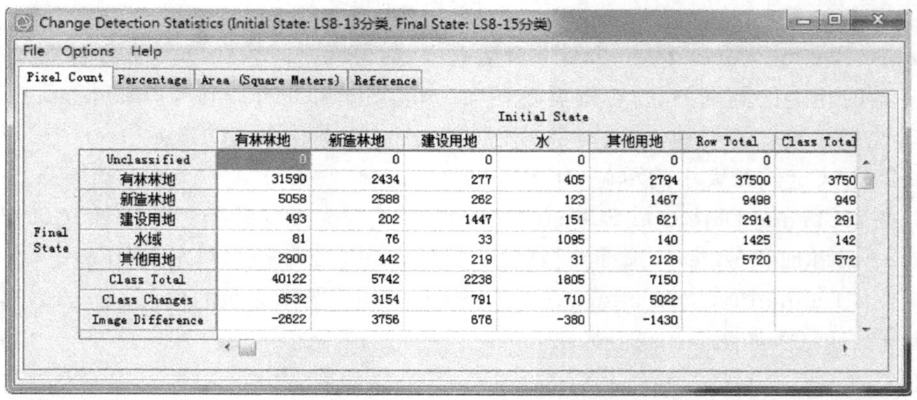

Change Detection Statistics (Initial State: LS8-13分类, Final State: LS8-15分类)

File Options Help

Pixel Count | Percentage | Area (Square Meters) | Reference

		Initial State						
		有林林地	新造林地	建设用地	水	其他用地	Row Total	Class Total
Final State	Unclassified	0	0	0	0	0	0	
	有林林地	31590	2434	277	405	2794	37500	3750
	新造林地	5058	2588	262	123	1467	9498	949
	建设用地	493	202	1447	151	621	2914	291
	水域	81	76	33	1095	140	1425	142
	其他用地	2900	442	219	31	2128	5720	572
	Class Total	40122	5742	2238	1805	7150		
	Class Changes	8532	3154	791	710	5022		
	Image Difference	-2622	3756	676	-380	-1430		

图 5-21 变化统计表

5.2.2　Thematic Change Workflow 工具

（1）单击主菜单＜File＞｜＜Open＞，打开两时相的分类图“LS8-13 分类”“LS8-15 分类”（路径为：data\chap05\LS8-13 分类、LS8-15 分类）。

（2）在＜Toolbox＞列表中，双击＜Thematic Change＞｜＜Thematic Change Workflow＞，打开＜File Selection＞对话框，分别为＜Time1 Classification Image File＞选择前一时间的分类图像和为＜Time2 Classification Image File＞选择后一时间的分类图像。单击＜Next＞按钮，打开＜Thematic Change＞对话框。

（3）在＜Thematic Change＞对话框中，如果两个分类图像中分类数目和分类名称都一样，＜Only Include Areas that Have Change＞选项可选，当选择这个选项时，未发生变化的分类全班归为并命名为“No Change”。

提示：

如果两个分类图像中分类名称不一致，可以在＜Layer Manager＞中重新命名。在显示图像分类文件的图层上，右键选择＜Edit Class Names and Colors＞，可以修改分类名称和颜色。

（4）单击＜Next＞，打开＜Cleanup＞对话框，如图 5-22 所示。

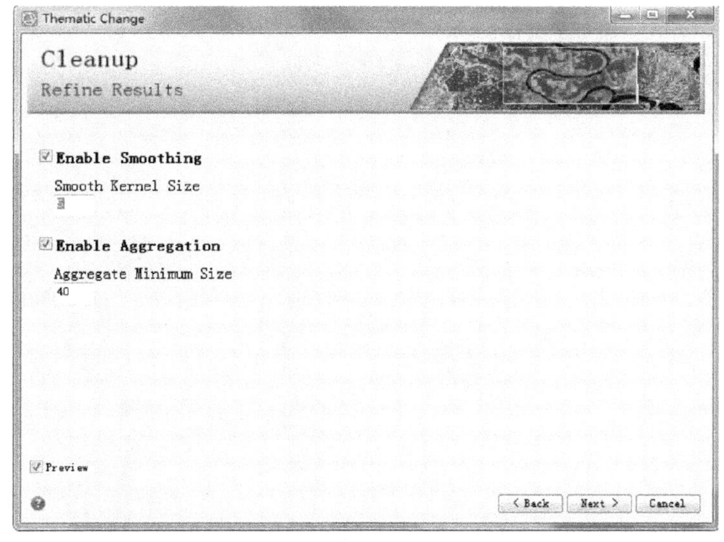

图 5-22　设置平滑和聚类的值

在＜Cleanup＞对话框中，可以设置移除椒盐噪声和去除小面积斑块。

❑＜Enable Smoothing＞（平滑）：去除椒盐噪声。

❑＜Enable Aggregation＞（聚类）：去除小区域的小斑块。

（5）勾选＜Enable Smoothing＞，平滑核（Smooth Kernel Size）：5，值越大，平滑尺度越大。

（6）勾选＜Enable Aggregation＞，最小聚类值（Aggregate Minimum Size）：40。

勾选＜Preview＞预览效果，如图 5-23 所示。

（7）单击＜Next＞，打开＜Export＞对话框。

在＜Export＞对话框可以选择输出三种格式文件。

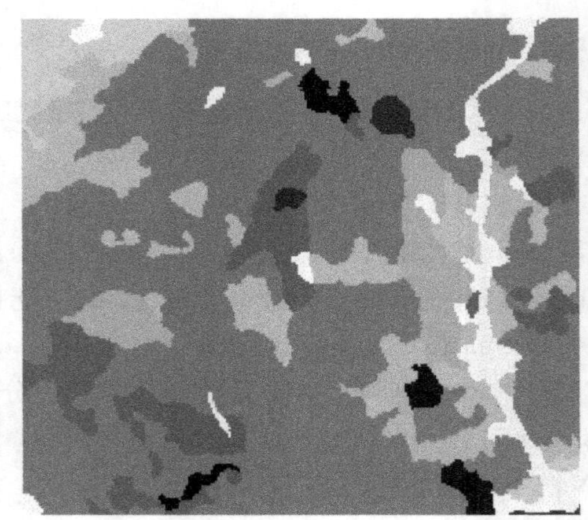

图 5-23　预览效果

❑<Export Thematic Change Image>：以图像格式输出变化结果。

❑<Export Thematic Change Vectors>：以矢量格式输出变化结果。

❑<Export Thematic Change Statistics>：变化统计文本文件。

(8) 单击<Finish>按钮，输出结果。

第二篇　地理信息系统软件 ArcGIS 的应用

ArcGIS 是一套完整的 GIS 平台产品，具有强大的地图制作，空间数据管理，空间分析，空间信息整合、发布与共享的能力。ArcGIS10.2 系列包含众多产品，其中最重要的产品有 ArcGIS 云平台、ArcGIS 服务器平台、ArcGIS 桌面平台、ArcGIS 开发平台、CityEngine 三维建模产品等。

ArcGIS for Desktop 是为 GIS 专业人士提供的用于信息制作和使用的工具，主要包括高级的地理分析和处理能力、提供强大的编辑工具、拥有完整的地图生产过程。

第 6 章　ArcGIS 入门

6.1　ArcGIS 三剑客

ArcGIS Desktop 是一系列的软件套件，它包含了一套 Windows 桌面应用程序，主要有 ArcMap、ArcCatalog、ArcToolbox，通过这三个应用程序的协调工作，用户可实现任何从简单到复杂的 GIS 任务，如制图、地理分析、数据编辑、数据管理、可视化、空间处理等。当然这一系列套件中还包括三维效果显示的 ArcScene 和 ArcGlobehe，以及构建模型的 ModelBuilder。

6.1.1　ArcMap 基础

ArcMap 是 ArcGIS Desktop 中主要的程序之一，主要具有地图的空间数据显示、编辑、查询、统计、分析、制图和打印等功能。

1）*启动 ArcMap*

启动 ArcMap 的方法和启动其他常用应用程序一样，有以下几种。

（1）单击 Windows 任务栏的＜开始＞|＜所有程序＞|＜ArcGIS＞|＜ArcMap 10.2.2＞，即可启动 ArcMap 应用程序。

（2）双击 ArcMap 桌面快捷方式图标，启动 ArcMap 应用程序。

2）*打开地图文档*

启动 ArcMap 后，自动打开＜ArcMap-启动＞对话框，如图 6-1 所示。＜ArcMap-启动＞对话框提供了新建地图和打开现有地图多种选择，本练习选择打开现有地图。

（1）单击＜现有地图＞下方的＜浏览更多...＞选项，弹出＜打开＞对话框，如图 6-2 所示。

图 6-1　ArcMap 启动对话框

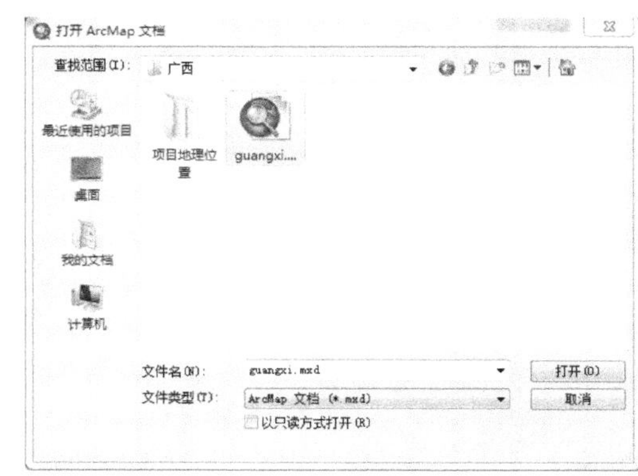

图 6-2　打开 ArcMap 对话框

(2) 在＜打开＞对话框中找到地图文档“guangxi. mxd”，该文档路径为 data\chap06\guangxi. mxd。双击“guangxi. mxd”，在 ArcMap 中打开地图，如图 6-3 所示。

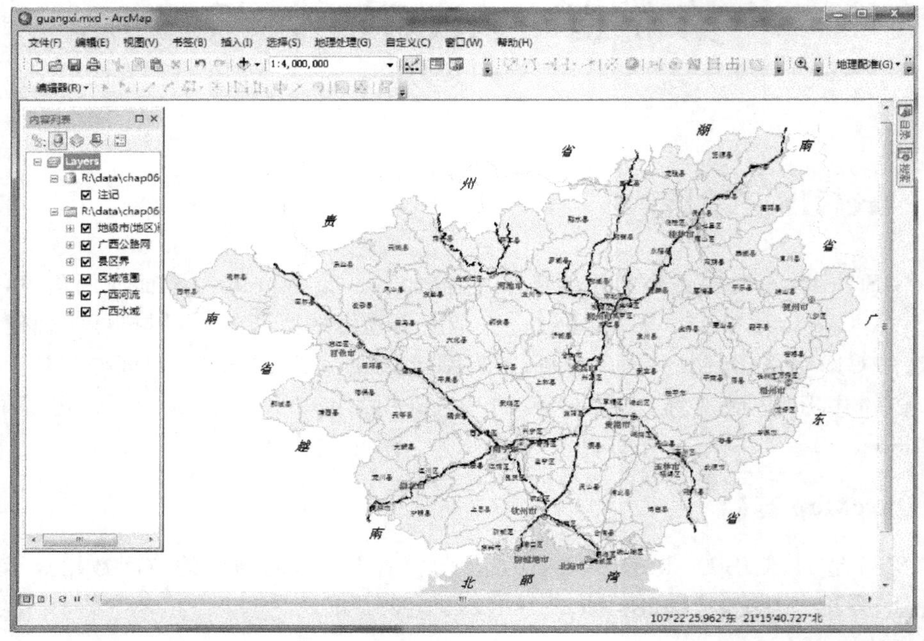

图 6-3 ArcMap 主窗口

3) ArcMap 窗口组成

ArcMap 窗口主要由菜单栏、工具栏、内容列表、地图视图几个部分组成，如图 6-4 所示。

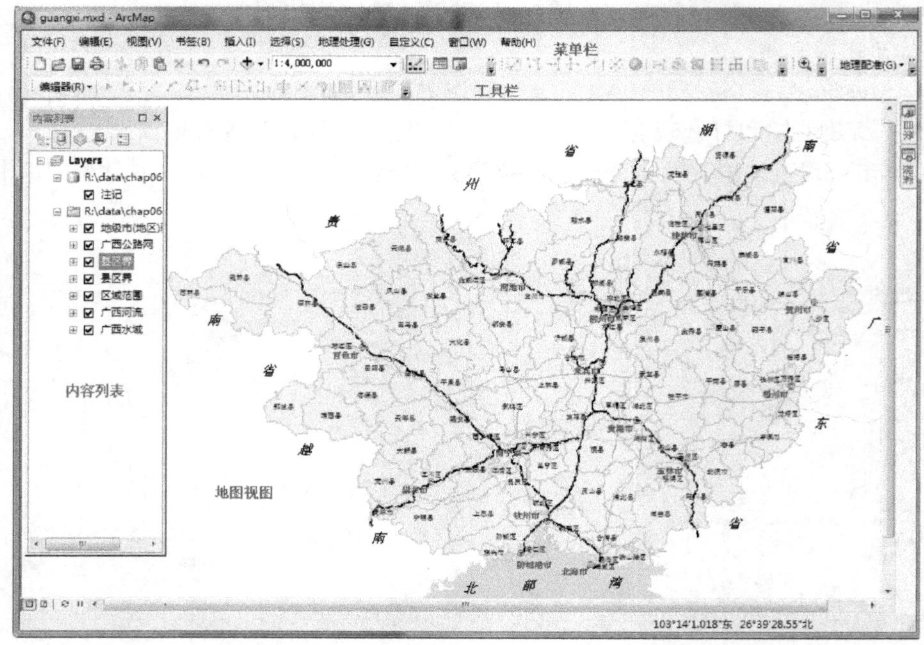

图 6-4 ArcMap 窗口组成

(1) 菜单栏。

菜单栏包括＜文件＞＜编辑＞＜视图＞＜书签＞＜插入＞＜选择＞＜地理处理＞＜自定义＞＜窗口＞＜帮助＞10 个子菜单。

①＜文件＞子菜单。

❑＜新建＞功能：创建一个新的空白地图文档。

❑＜打开＞功能：打开现有的地图文档。

❑＜保存＞功能：保存当前地图文档。

❑＜另存为＞功能：以新名字保存当前文档，或将其保存到其他路径。

❑＜保存副本＞功能：保存当前地图文档副本，以便早期的 ArcGIS 版本能够打开。

❑＜添加数据＞功能：向地图文档中添加数据。

❑＜页面和打印设置＞功能：指定当前地图文档的页面大小和方向等。

❑＜打印预览＞功能：预览打印效果。

❑＜导出地图＞功能：将当地地图文档导出为其他格式的文件，如 PNG、EPS、JPEG、PDF、EMF 等。如果处于＜数据视图＞中，将导出当前地图显示的范围；如果处于＜布局视图＞中，将导出整个页面布局。

❑＜地图文档属性＞功能：显示或编辑当前地图文档的属性，如描述、作者等，并可设置它所使用磁盘中的数据是否可通过相对路径名引用。

②＜编辑＞子菜单。

❑＜撤销＞功能：取消前一步操作。

❑＜恢复＞功能：恢复前一步撤销操作。

❑＜剪切＞功能：剪切所选内容。

❑＜复制＞功能：复制所选内容。

❑＜粘贴＞功能：将剪贴板内容粘贴到地图。

❑＜选择性粘贴＞功能：将剪贴板上的内容以指定格式粘贴或链接到地图。

❑＜删除＞功能：删除所选内容。

❑＜复制地图到剪贴板＞功能：将地图文档作为图像复制到粘贴板。

❑＜选择所有元素＞功能：选择放置在地图上的所有文本、图形和其他对象。

❑＜缩放至所有元素＞功能：缩放至当前所选的文本、图形或地图元素。

提示：

①地图元素，指保存在地图文档中的图形、文本、标注等内容，可用于设置地图文档。

②地图要素，指具有地理实体意义的点、线、面或体数据。

③＜视图＞子菜单。

❑＜数据视图＞功能：切换到数据视图，数据视图是对地理数据进行浏览、显示、编辑和查询的通用视图，此视图隐藏了部分地图元素，如标题、指北针和比例尺等。

❑＜布局视图＞功能：切换到布局视图，布局视图是用于显示虚拟页面的视图，在该页面上可设置和布局地图数据及地图元素，如标题、图例和比例尺，以便地图制图和输出。

❑＜图表＞功能：创建、管理、加载图表。

❑＜报表＞功能：创建、加载、运行报表。

❑＜数据框属性＞功能：打开＜数据框属性＞对话框，可设置地图中活动数据框的属性，如坐标系等。

❑＜刷新＞功能：修改地图后刷新地图。

④＜书签＞子菜单。

❑＜创建书签＞功能：创建空间书签。通过书签可快速定位至所创建的书签位置视图，以实现地图的快速定位功能。新建的数据在＜书签菜单＞中列出并存储在地图文档中。

❑＜管理书签＞功能：打开＜书签管理器＞对话框，可删除空间书签、对书签重新排序、保存到文件以便加载到其他地图文档等。

⑤＜插入＞子菜单。

❑＜插入＞子菜单中的标题、动态文本、内图廓线、图例、指北针、比例尺、比例文本，只适用于布局视图中。

❑＜数据框＞功能：在地图中创建新的空白数据框。数据框代表一个地理位置，并包含数据图层。

❑＜标题＞功能：在地图中插入标题。

❑＜文本＞功能：在地图中插入文本字符串。

❑＜动态文本＞功能：在地图中插入动态文本，如当前时间、坐标系等。

❑＜内图廓线＞功能：为地图添加内图廓线。

❑＜图例＞功能：向地图添加图例。

❑＜指北针＞功能：向地图添加指北针。

❑＜比例尺＞功能：向地图添加比例尺。

❑＜比例文本＞功能：向地图添加比例的文本描述。

❑＜图片＞功能：向地图插入图片。

❑＜对象＞功能：向地图插入新对象，如图表、文档等。

⑥＜选择＞子菜单。

❑＜按属性选择＞功能：用 SQL 语句按照要素属性值选择要素。

❑＜按位置选择＞功能：使用要素在另一图层中的位置来选择要素，即空间关系查询。

❑＜按图像选择＞功能：从可选图层选择与地图上绘制图形相交的要素。

❑＜缩放至所选要素＞功能：在地图显示窗口将选择要素缩放至显示窗口的中心。

❑＜平移至所选要素＞功能：在地图显示窗口将选择要素平移至显示窗口的中心。

❑＜统计数据＞功能：显示所选要素的统计数据。

❑＜清除所选要素＞功能：清除对所选要素的选择。

❑＜交互式选择方法＞功能：设置选择集创建方式，包括创建新选择内容、添加到当前选择内容、从当前选择内容中移除、从当前选择内容中选择。

❑＜选择选项＞功能：打开＜选择选项＞对话框，设置选择的相关属性。

⑦＜地理处理＞子菜单。

❑＜缓冲区＞功能：打开＜缓冲区＞工具，用于在输入要素周围某一指定距离内创建缓冲区面要素。

❑＜裁剪＞功能：打开＜裁剪＞工具，用于提取输入要素和裁剪要素重合的部分。

❑＜相交＞功能：打开＜相交＞工具，用于计算输入要素的几何交集。

❑＜联合＞功能：打开＜联合＞工具，用于计算输入要素的几何并集。

❑＜合并＞功能：打开＜合并＞工具，可将数据类型相同的几个输入数据集合并为新的当输出数据集。

❑<融合>功能：打开<融合>工具，可基于指定的属性聚合要素。

❑<搜索工具>功能：打开<搜索>窗口，可搜索地理处理工具。

❑<ArcToolbox>功能：打开<ArcToolbox>窗口，以便访问地理处理工具和工具箱。

❑<环境>功能：打开<环境设置>对话框，设置当前地图环境，如工作空间、输出坐标系等。

❑<结果>功能：打开<结果>对话框，以便跟踪并检查已执行的地理处理步骤。

❑<模型构建器>功能：打开<模型>构建器窗口，用于创建地理处理模型。

❑<Pyhon>功能：打开<Python>窗口，用于执行地理处理命令和脚本。

❑<地理处理选项>功能：打开<地理处理选项>对话框，用于地理处理的各项设置。

⑧<自定义>子菜单。

❑<工具条>功能：加载所需工具条。

❑<扩展模块>功能：打开<扩展模块>对话框，用于启用 ArcGIS 扩展模块，如三维分析、网络分析、地统计分析、跟踪分析、空间分析等扩展模块。

❑<自定义模式>功能：打开<自定义>对话框，可在菜单和工具条之间拖放控件以重新排列控件。

❑<样式管理器>功能：打开<样式管理器>对话框，浏览和管理样式。

❑<ArcMap 选项>功能：打开<ArcMap 选项>对话框，对 ArcMap 进行设置。

⑨<窗口>子菜单。

❑<内容列表>功能：打开<内容列表>窗口处理地图内容。

❑<目录>功能：打开<目录>窗口，用于访问并管理数据。

❑<搜索>功能：打开<搜索>窗口，用于搜索数据、地图和工具等。

⑩<帮助>子菜单。

<帮助>菜单下包括 ArcGIS Desktop 自带的帮助和 ArcGIS 资源中心，用户可通过使用<帮助>菜单方便地获得相关信息。

(2) 工具栏。

①加载工具条有以下两种方法。

❑单击菜单栏<自定义>|<工具条>|，在弹出的菜单栏中勾选对应的工具条，即可加载。

❑在菜单栏空白处右击，弹出工具菜单，选中对应的工具条，即可加载。

②在 ArcMap 工具栏中，常用的工具条有<标准>工具条和<工具>工具条。

❑<标准>工具条中共有 20 个常用工具，包含了有关地图数据操作的主要工具，如地图的打开、保存、打印、粘贴、复制等，如图 6-5 所示。

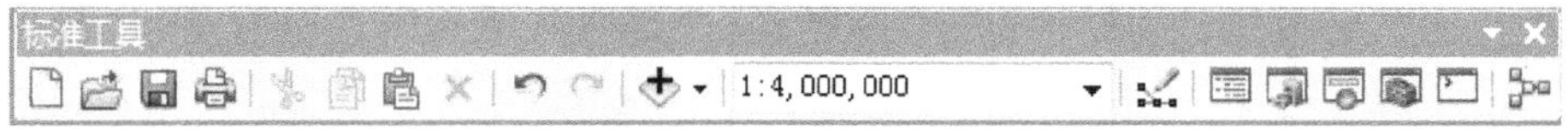

图 6-5　标准工具条

❑<工具>工具条中共有 20 个工具，可以对地图数据进行浏览、查询、检索、分析等操作，如放大地图、缩小地图、平移地图、选择要素、测量距离等，如图 6-6 所示。

(3) 内容列表。

图 6-6 工具条

图 6-7 内容列表列出选项

＜内容列表＞用于显示地图文档中所包含的数据框、图层、地理要素、地理要素的符号、数据源等。单击＜窗口＞|＜内容列表＞,可打开＜内容列表＞窗口。单击＜内容列表＞窗口的右上角＜隐藏＞按钮,可将窗口隐藏停靠在 ArcMap 的左侧,单击内容列表即可打开。＜内容列表＞中图层列出选项有以下四种,如图 6-7 所示。

❑ ＜按绘制顺序排列＞:用于表示所有图层地理要素的类型与表示方法,按照图层加载顺序依次列出。

❑ ＜按源列出＞:除了表示所有图层地理要素的类型和表示方法外,还能显示数据存放的路径和存储格式。

❑ ＜按可见性列出＞:除了表示所有图层地理要素的类型和表示方法外,还能将图层按照可见顺序排列。

❑ ＜按选择列出＞:按照图层是否有要素被选中,对图层进行分组显示,同时标识当前处于选中状态的要素的数量。

(4) 地图视图。

地图视图窗口用于显示当前地图文档所包含的所有地理要素,ArcMap 提供了两种视图方式,即数据视图和布局视图。数据视图用于地图数据的查询、编辑、选择和分析等。布局视图用于设置和布局地图数据及地图元素,可将图例、比例尺、指北针、标题等加载到地图中。视图方式切换方法有以下两种。

①通过单击地图视图窗口左下角的＜数据视图＞和＜布局视图＞按钮进行切换。

②通过单击菜单栏＜视图＞|＜数据视图＞或＜视图＞|＜布局视图＞子菜单进行切换。

6.1.2 ArcCatalog 基本操作

ArcCatalog 是一个集成化的空间数据管理器,是数据管理的核心,主要用于空间数据定位、浏览,数据结构定义,数据导入和导出,以及拓扑规则的定义、检查,元数据的定义和编辑修改等。数据和信息不仅可以保存在本地硬盘,还可以存储在网络上的数据库,或者是一个 ArcIMS Internet 服务器。

ArcCatalog 还能够识别各种不同的 GIS 数据集,如 ArcInfo Coverage、Esri Shapefile、Geodatabase、INFO 表、Grid、TIN、CAD、图像等,不同的数据集用不同的、唯一的图标来表示。

1) *ArcCatalog 启动*

启动 ArcCatalog 的方法有以下几种。

(1) 单击 Windows 任务栏的＜开始＞|＜所有程序＞|＜ArcGIS＞|＜ArcCatalog10.2＞,即可启动 ArcCatalog 应用程序。

(2) 双击 ArcCatalog 桌面快捷方式图标,启动 ArcCatalog 应用程序。

2）ArcCatalog 窗口组成

ArcCatalog 窗口主要由菜单栏、工具栏、目录树、主窗口几个部分组成，如图 6-8 所示。

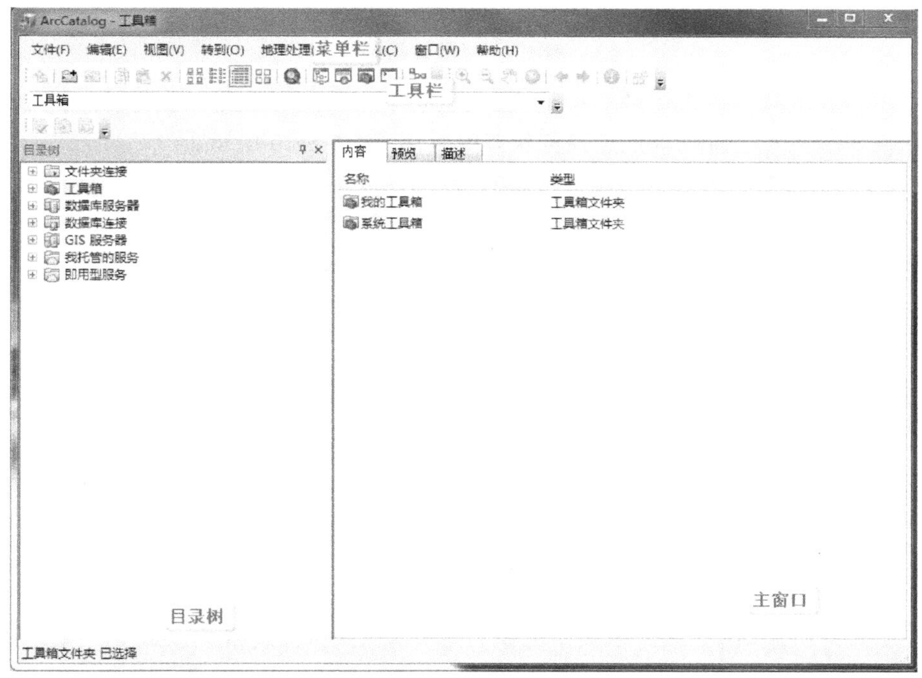

图 6-8　ArcCatalog 窗口

(1) 菜单栏。

菜单栏包括＜文件＞＜编辑＞＜视图＞＜转到＞＜地理处理＞＜自定义＞＜窗口＞＜帮助＞共 8 个子菜单。其中＜文件＞子菜单又包括以下选项卡。

❑＜新建＞功能：新建文件夹、个人地理数据、文件地理数据、要素类、数据库连接、shapefile 文件、图层文件等。

❑＜连接到文件夹＞功能：建立与文件夹的连接，连接到文件夹或磁盘驱动器，从而可在目录中使用内容。

❑＜断开文件夹＞功能：断开与文件夹的连接。

❑＜删除＞功能：删除选中的内容。

❑＜重命名＞功能：重命名选中的内容。

❑＜属性＞功能：查看选中的属性。

❑＜退出＞功能：退出 ArcCatalog 应用程序。

提示：

＜新建＞功能仅在目录树中＜文件夹连接＞或其节点文的文件处于选中状态时可以用。

(2) 工具栏。

加载工具条有以下两种方法。

①单击菜单栏＜自定义＞|＜工具条＞|，在弹出的菜单栏中勾选对应的工具条，即可加载。

②在菜单栏空白处右击，弹出工具菜单，选中对应的工具条，即可加载，如图 6-9 所示。

图 6-9 标准工具条

ArcCatalog 工具栏中常用的有＜标准＞工具条和＜地理视图＞工具条，其中＜地理视图＞工具条只有在＜主窗口＞处于预览状态时可用，如图 6-10 所示。

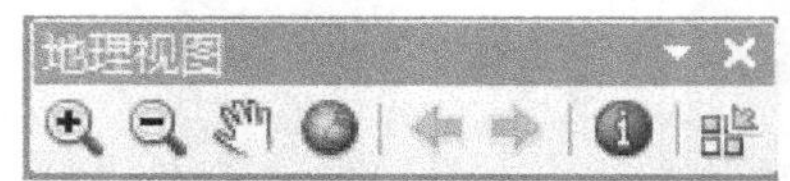

图 6-10 地理视图工具条

(3) 目录树。

目录树是地理数据的树状视图，用于显示不同来源的地理数据，通过它可以查看本地或网络上的文件和文件夹。

(4) 主窗口。

主窗口包括＜内容＞＜预览＞＜描述＞三个选项卡，其功能如下。

❑＜内容＞功能：显示目录树中选中的条目(如文件夹、数据框或特征数据集)所包含的内容。

❑＜预览＞功能：在目录树中选中的条目可在地图视图、表格视图或 3D 视图中进行查看。

❑＜描述＞功能：可以查看所选数据的有关描述。

6.1.3 ＜ArcToolbox＞基础

＜ArcToolbox＞是地理处理工具的集合，能够处理各种空间操作，涵盖数据管理、数据转换、矢量数据分析、栅格数据分析、统计分析、空间分析等多方面功能。用户可以根据自己的需要查找、管理和执行各类工具。＜ArcToolbox＞最大的特点和优势就是提供了易懂的对话框和帮助提示。

在＜ArcToolbox＞中，有工具箱、工具集、工具三个层次。其中，工具是单个地理处理操作，工具集是工具和其他工具集逻辑意义上的容器，工具箱是工具和工具集的容器。

1) ＜ArcToolbox＞*启动*

＜ArcToolbox＞是内嵌在 ArcMap、ArcCatalog 等软件模块中的一个可停靠的窗口，且在默认情况下不显示。要启动＜ArcToolbox＞，只需单击 ArcMap 或 ArcCatalog＜标准工具＞工具条上的 ＜ArcToolbox＞按钮，即可打开＜ArcToolbox＞窗口。其工作界面如图 6-11 所示。

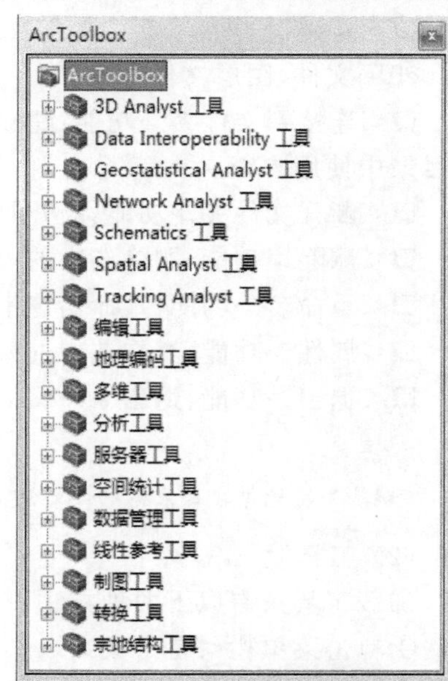

图 6-11 ＜ArcToolbox＞窗口

2) <ArcToolbox>工具集

为了便于管理和使用<ArcToolbox>，将一些功能相近或者属于同一类型的工具集合在一起形成工具的集合，被称为工具集。根据功能和类型的不同，<ArcToolbox>工具集分为以下几类。

(1) 3DAnalyst 工具(3D 分析工具)。

使用 3D 分析工具可以创建、修改 TIN 和栅格表面，并从中提出相关信息和属性，可实现三维要素分析、三维数据转换、表面分析、通透性分析等功能。3D 分析工具主要包括栅格插值、栅格计算、栅格重分类、表面分析和转换等工具和工具集。

(2) Spatial Analyst 工具(空间分析工具)。

空间分析工具集提供了丰富的工具用于实现基于栅格的分析，主要包括区域分析、叠加分析、地下水分析、地图代数、密度分析、数学分析、条件分析、水文分析、表面分析、距离分析、领域分析和重分类等。

(3) 分析工具。

分析工具中包含了叠加工具、提取工具、统计分析工具和领域分析工具，主要用于矢量数据的地理处理，如选择、裁剪、相交、判断、联合、拆分、缓冲区、汇总统计等。

(4) 数据管理工具。

数据管理工具提供了丰富的工具来管理和维护要素、要素类、数据集、栅格数据结构等，包括数据库、要素、要素类、字段、常规、投影和变换、拓扑、制图综合、图表、数据比较等工具和工具集。

(5) 转换工具。

转换工具提供了不同数据格式之间相互转换的工具，不同的数据格式包括栅格数据、Shapfile、Coverage、表、CAD、Ceodatabass、Excel 等。

6.2　数据的加载、显示、查看

6.2.1　添加图层

在 ArcMap 地图中，地理数据是以图层形式出现的，一个图层可以代表特定类型的要素，如驻地、河流、道路、区域范围等；也可以代表一个类型的数据，如栅格数据、遥感影像、CAD 数据或者 TIN 高程数据等。

加载图层的方法有以下几种。

1) 通过单击<添加数据>按钮添加图层

(1) 在 ArcMap 工具栏中的<标准工具>工具条上，单击<添加数据>按钮，如图 6-12 所示。

(2) 在弹出的<添加数据>对话框中，找到要添加的图层。

(3) 单击选中目标图层，单击<添加>按钮，将图层加载到地图中。

图 6-12　标准工具条添加数据

2) 从 ArcCatalog 中添加图层

(1) 在 ArcMap 工具栏中的＜标准工具＞工具条上，单击＜目录＞按钮，启动 ArcCatalog，此时 ArcCatalog 停靠在 ArcMap 窗口的右侧。

(2) 在 ArcCatalog 中，找到要添加的图层。

(3) 单击选中目标图层，拖曳该图层到 ArcMap 窗体中，此时鼠标右下方有个十字图标，放下图层，即可将图层加载到地图中。

在 ArcMap 中，可加载的数据格式多种多样，如栅格数据、矢量数据、表格数据等。如果是 ArcMap 支持的数据格式，则都可以用以上两种方法进行加载。如果不是 ArcMap 支持的数据格式，则可通过＜ArcToolbox＞中的＜转换工具＞进行转换后，再加载。

6.2.2 管理图层

1) 隐藏、显示图层

图层数据添加到 ArcMap 中，默认直接显示图层。在内容列表中，可以控制图层的显示与隐藏。具体操作如下。

(1) 在＜内容列表＞中找到需要操作的图层。

(2) 在目标图层名称前的方框中打钩，即可显示该图层。

(3) 在目标图层名称前的方框中取消钩，即可隐藏该图层，如图 6-13 所示。

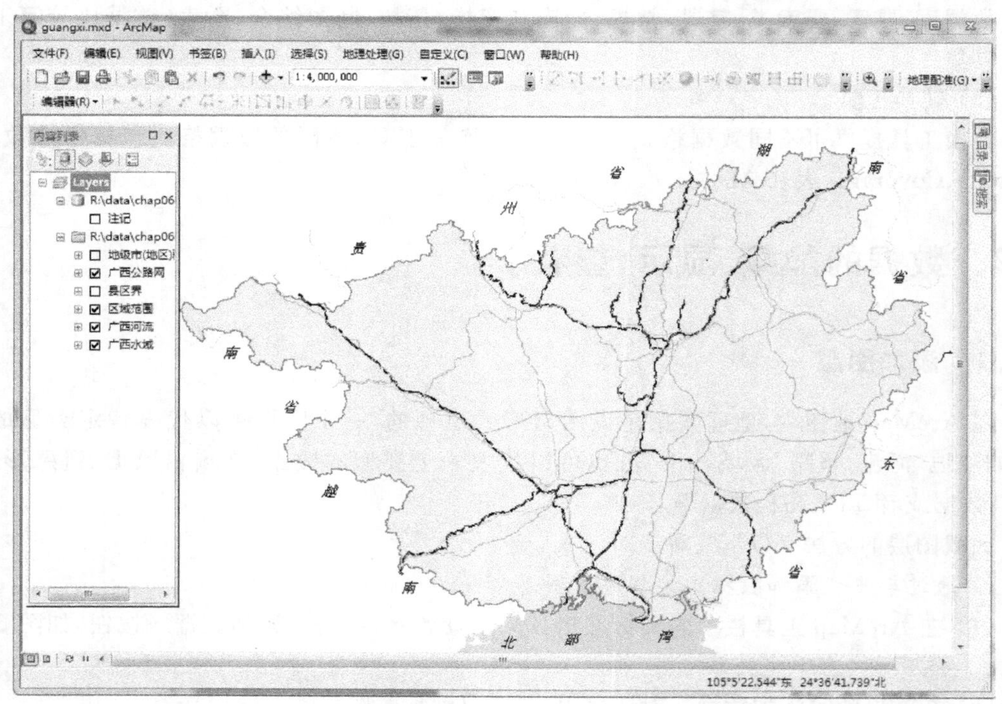

图 6-13 显示、隐藏图层

2) 修改图层名称

在 ArcMap 中修改图层的名称很简单，操作步骤如下。

(1) 在＜内容列表＞中单击选择要修改名称的图层。

(2) 再次单击该图层的名称，此时图层的名称呈高亮选中的形式，出现可编辑方框，如

图 6-14 所示。

(3) 在方框中输入新的图层名称，按回车键。

3) 改变图层的显示顺序

内容列表中图层的默认显示顺序是按加载的先后顺序排列。图层的排列顺序决定了绘制顺序。可通过改变图层的显示顺序控制图层的绘制顺序，具体操作如下。

(1) 在＜内容列表＞中，单击需要移动的图层。

(2) 再单击该图层，上下拖动图层，此时＜内容列表＞中会出现一条黑线指示将要移动的位置。

(3) 在新的位置上放开鼠标，图层显示顺序得到调整，如图 6-15 所示。

图 6-14　修改图层名称

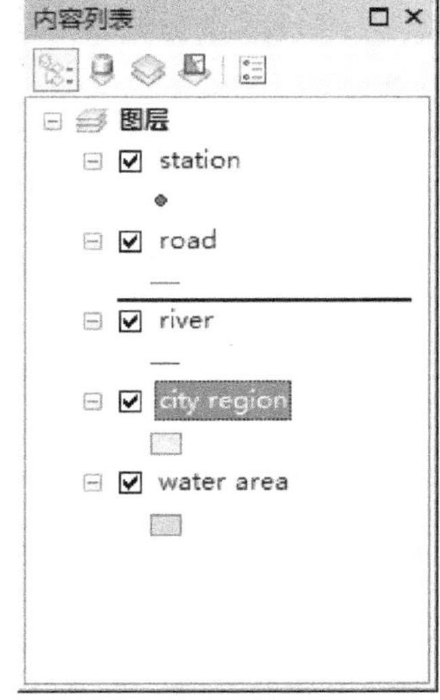

图 6-15　调整图层顺序

4) 图层属性查看和修改

通过查看图层的属性可以获取图层的各种信息，如图层的字段结构、数据源、符号化设置、标注、显示和坐标系等。具体操作如下。

(1) 在＜内容列表＞中右击想要查看属性的图层。

(2) 在弹出的列表中选择＜属性＞命令，弹出＜图层属性＞对话框。

(3) 通过对话框中的各选项卡可以查看或修改图层的属性。

(4) 属性修改完成后，单击＜确定＞按钮，保存修改并关闭对话框。

以查看图层存储路径和投影坐标信息为例，具体操作如下。

(1) 启动 ArcMap，打开地图文档“guangxi. mxd”。

(2) 在＜内容列表＞中右击“广西公路网”，在弹出的列表中选择＜属性＞命令，弹出＜图层属性＞对话框。

(3) 通过对话框中单击＜源＞选项卡，显示图层的相关数据源信息，如图 6-16 所示。

5) 移除数据

当图层不需要在地图中显示时，可以将其移除，具体操作如下。

(1) 在＜内容列表＞中右击需要移除的图层。

(2) 在弹出列表中选择＜移除＞命令，即可移除图层。

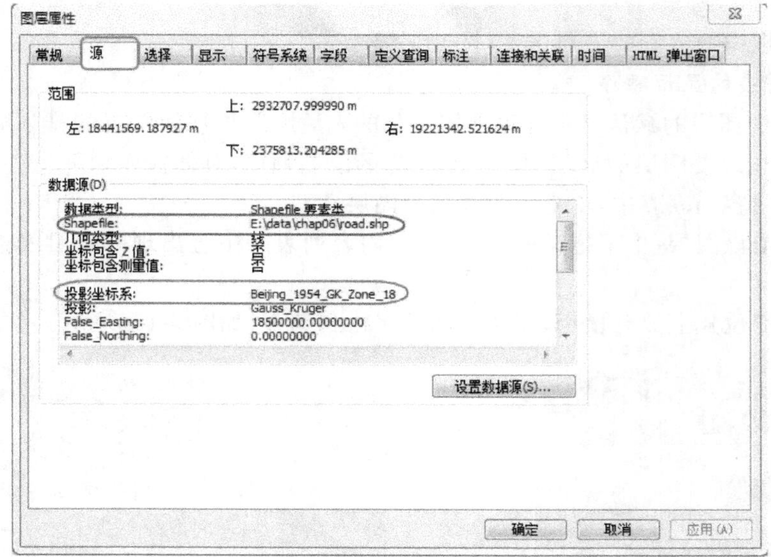

图 6-16　查看图层数据源信息

6.3　地理数据库

6.3.1　Shapefile 文件的创建

Shapefile 文件是 Esri 研发的具有工业标准的矢量数据文件，它是一种开发的格式，没有存储矢量要素的拓扑关系、地理实体符号信息，仅储存空间数据的几何特征和属性信息。Shapefile 至少由.shp、.shx、.dbf 三个文件组成。

❑.shp——储存地理要素的几何关系的文件。

❑.shx——储存图形要素的几何索引的文件。

❑.dbf——储存要素属性信息的 dBase 文件(关系数据库文件)。

一个 Shapefile 文件中的主文件、索引文件和 dBase 文件必须具有相同的前缀，且它们须放在同一个文件夹下。在文件夹中复制或者移动 Shapefile 文件时，需将与 Shapefile 文件相关联的所有文件同时选中操作。

创建一个新 Shapefile 文件时，必须确定要素所包含的类型，如点、线和面等类型，这些类型在创建 Shapefile 文件之后将不能被修改。创建 Shapefile 文件的具体操作方法如下。

(1) 在 ArcMap 工具栏中的<标准工具>工具条上，单击<目录>按钮，启动 ArcCatalog，此时 ArcCatalog 停靠在 ArcMap 窗口的右侧。

(2) 右击存放 Shapefile 文件的文件夹，在弹出的菜单中选择<新建>|<Shapefile>，打开<创建新 Shapefile>对话框。

(3) 在<创建新 Shapefile>对话框中，设置文件的名称和要素类型，其中要素类型包含点、折线、面、多点和多面体等 5 种，如图 6-17 所示。

(4) 单击<编辑>按钮，打开<空间参考属性>对话框，定义 Shapefile 文件的坐标系统，如图 6-18 所示。

(5) 单击<确定>按钮,完成 Shapefile 文件的创建,新创建的 Shapefile 文件将自动加载到 ArcMap 中。

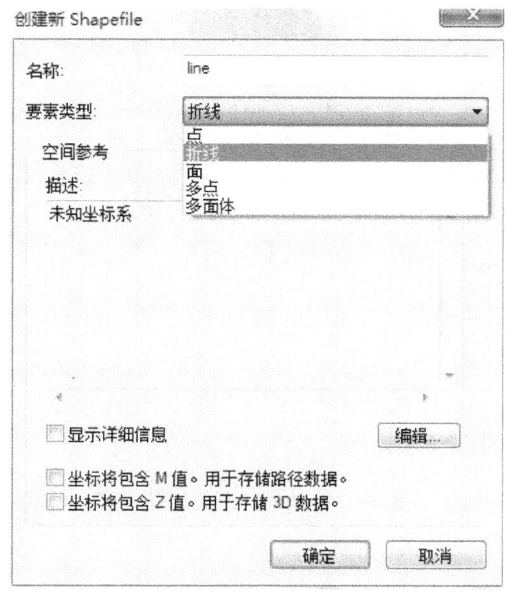

图 6-17 创建新 Shapefile 对话框

图 6-18 设置 Shapefile 文件坐标系

6.3.2 Geodatabase 文件的创建

地理数据库(Geodatabase)是一种面向对象的空间数据模型,它对于地理空间特征的表达更接近我们对现实世界的认识。Geodatabase 严格来说是一个容器,该容器支持注记、拓扑、制图表达、影像数据等。

1) *创建地理数据库*

创建地理数据库的操作步骤如下。

(1) 在 ArcMap 工具栏中的<标准工具>工具条上,单击<目录>按钮,启动 ArcCatalog。

(2) 右击存放地理数据库的文件夹,在弹出的菜单中选择<新建>|<文件地理数据库>,创建文件地理数据库。此时在 ArcCatalog 目录树的选定文件夹下出现名为<新建文件地理数据库>的地理数据库,选中该文件,单击文件名可修改地理数据库的文件名,按<Enter>键保存。

同样的方法可以创建<个人地理数据库>。

2) *创建要素数据集*

要素数据集是存储要素类的容器,建立一个新的要素数据集必须定义其空间参考,包括坐标系和坐标域等信息。数据集中的所有要素类必须使用相同的空间参考。在已设定空间参考的数据集中新建要素类时不需要定义参考空间,可直接使用数据集的参考空间。

创建要素数据集的操作步骤如下。

(1) 在 ArcCatalog 目录中,右击要建立<数据要素集>的<地理数据库>。

(2) 在弹出的菜单中选择<新建>|<新建要素数据集>。

(3) 在<新建要素数据集>对话框中，输入要素数据集的<名称>，单击<下一步>按钮，打开空间参考设置对话框，如图 6-19 所示。

(4) 选择要素数据集的空间参考，单击<下一步>按钮，打开容差设置对话框。

(5) 设置<XY 容差><X 容差><M 容差>值，如图 6-20 所示。

(6) 单击<完成>，完成新建要素数据集。

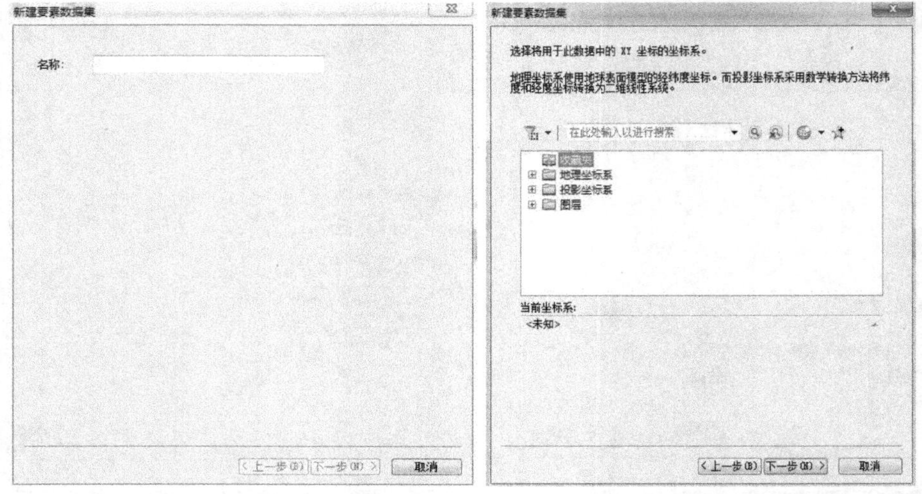

图 6-19　空间参考设置对话框

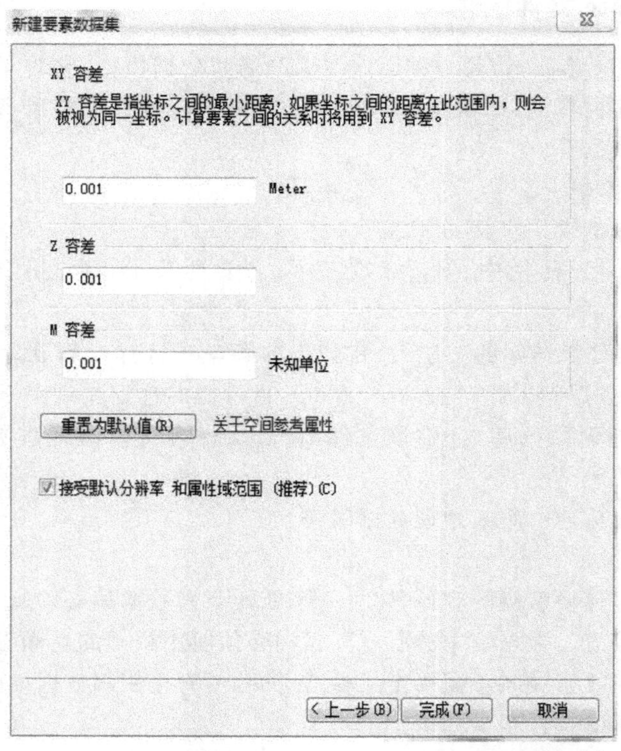

图 6-20　容差设置对话框

3）创建要素类

要素类可以在要素数据集中建立，也可以在地理数据库中独立建立，但在独立建立时必须要定义其空间参考信息。创建要素类操作步骤如下。

（1）在 ArcCatalog 目录中，右击要建立＜要素集＞的＜要素数据集＞。

（2）在弹出的菜单中选择＜新建＞|＜要素类＞，打开＜新建要素类＞对话框。

（3）在＜新建要素类＞对话框中输入要素类＜名称＞＜别名＞，并选择要素类型，单击＜下一步＞按钮，如图 6-21 所示。

（4）在弹出的定义配置关键字的对话框中，指定要使用的配置关键字，也可选择默认字段，单击＜下一步＞按钮。

（5）添加要素类字段，设置字段的＜字段名＞＜数据类型＞＜字段属性＞。＜字段属性＞包括字段的＜别名＞＜是否允许空值＞＜长度＞等，如图 6-22 所示。也可用＜导入＞按钮导入已有要素类或表的字段。

（6）单击＜完成＞按钮，完成创建要素类。

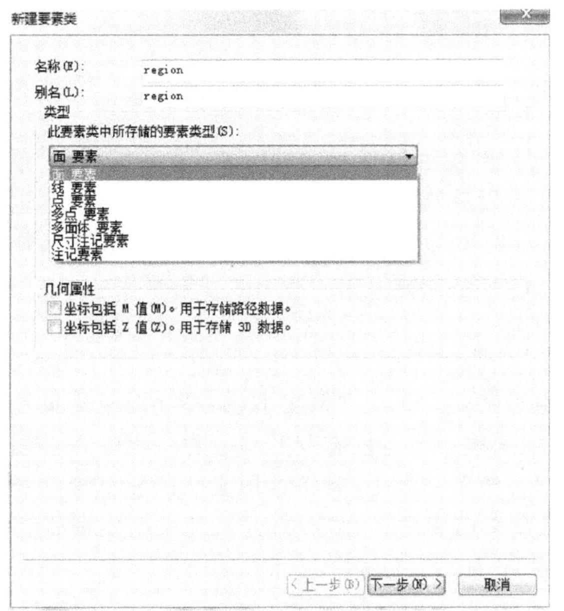

图 6-21　新建要素类对话框

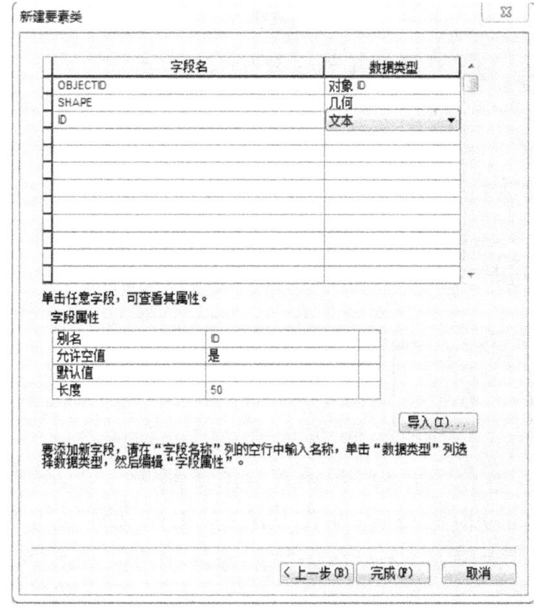

图 6-22　在新建要素类中添加字段

6.3.3　Geodatabase 的导入

Geodatabase 中，可以通过新建要素类添加和编辑要素，也可以将已存在的数据用导入的方法加载到 Geodatabase 中。导入的操作步骤如下。

（1）在 ArcCatalog 目录中，右击要导入＜地理数据库＞中的＜要素集＞，在弹出的菜单中选择＜导入＞|＜单个要素导入＞，打开＜要素类至要素类＞对话框，如图 6-23 所示。

（2）在＜输入要素＞文本框中选择要导入的要素“road”（路径为 data\Chap06\地理文件数据库\新建地理文件数据库(2)\road），在＜输出要素类＞文本框中导入文件的名称。

（3）单击＜确定＞按钮，完成要素类的导入。

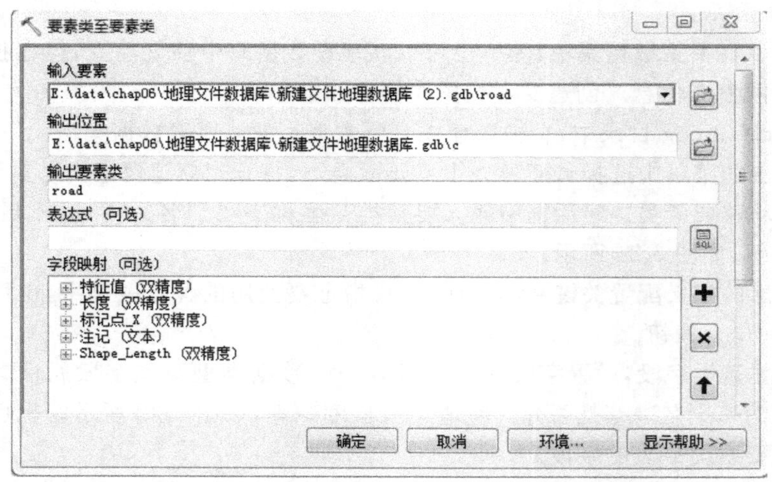

图 6-23 要素类至要素类对话框

6.4 地图文档的保存

地图文档包括地图中地理信息的显示属性(如图层的属性和定义设置、数据框、地图布局等)、所有可选的自定义设置(如选择要素的显示设置等),以及添加到地图中的宏,但不包括地图中显示的数据。地图图层只是引用 GIS 数据中的数据源。所以要想发表地图,必须同时发布地图文档和数据。在编辑地图时常保存地图,能够避免一些不必要的损失。

6.4.1 地图文档保存设置

在默认情况下,地图文档的数据源路径为绝对路径。在这种情况下,如果移动或拷贝地图文档及其数据源后,再次打开地图文档时,图层列表中图层前有“!”图标,并且无法查看图层数据,需要重新设置数据源路径。为了避免这种情况的发生,要将地图文档的数据源路径设为相对路径,设置方法:单击＜文件＞|＜地图文档属性＞命令,打开＜地图文档属性＞对话框,勾选＜存储数据源的相对路径名＞,如图 6-24 所示。

6.4.2 保存地图

在＜标准工具＞工具条中,单击＜保存＞按钮,如果是第一次保存,会弹出＜保存＞对话框,设置＜保存路径＞和＜文件名＞,单击＜保存＞。或者通过菜单栏＜文件＞|＜保存＞命令进行保存。

6.4.3 地图另存为

当需要在已有的地图上修改地图,并另存为一个新的地图文档时,可用地图另存为。操作步骤如下。

(1) 在＜主菜单＞中选择＜文件＞|＜另存为＞,弹出＜另存为＞对话框。

(2) 在弹出＜另存为＞的对话框中,选择＜保存路径＞,输入＜文件名＞。

(3) 单击＜保存＞按钮,完成地图另存为。

图 6-24 地图文档的路径设置

第 7 章　栅格图的配准及地图拼接

栅格数据可以是卫星影像数据、航空照片等光谱数据，也可以是扫描地图、景观照片等图片数据，数据格式有 tif、image、grid、jpg、bmp 等。通过扫描得到的地图数据一般不包括空间参考信息，而卫星图像和航空照片的位置精度也往往较低，这就需要通过具有较高位置精准度的控制点将这些数据匹配到指定的地理坐标系中，这就是栅格图配准。

7.1　定义投影

在配准栅格图前，需先设置空间的投影信息，具体操作如下。

(1) 单击＜开始＞|＜所有程序＞|＜ArcMap10.2＞，启动 ArcMap 应用程序。

(2) 右击＜内容列表＞中的＜图层＞，在弹出菜单中选择＜属性＞，打开＜数据框属性＞对话框。

(3) 在＜数据框属性＞对话框中，单击＜坐标系＞选项卡，进行＜坐标系统＞设置卡，如图 7-1 所示。

(4) 单击＜投影坐标系＞|＜Gauss Kruger＞|＜Xian1980＞，在＜Xian1980＞下拉列表中选择＜Xian 1980_3_Degree_GK_Zone_36＞（西安 80 投影坐标系，3°分带，36°带），如图 7-2 所示。

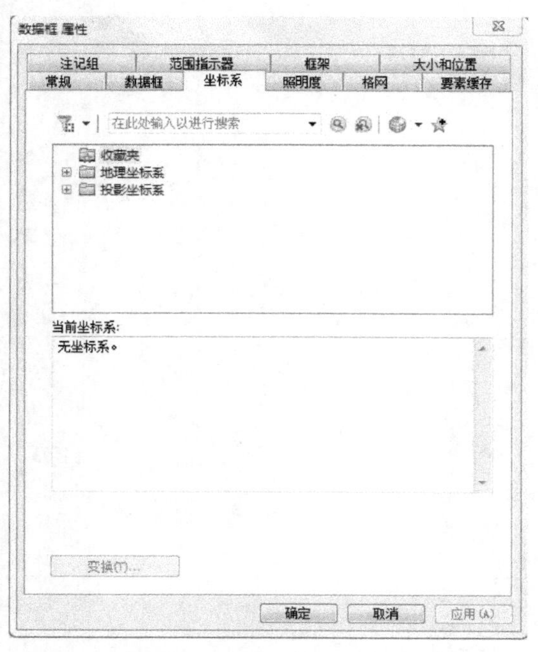

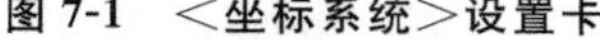
图 7-1　＜坐标系统＞设置卡

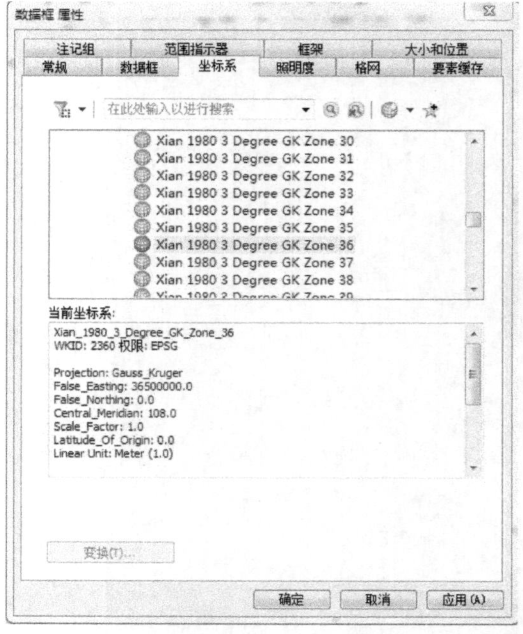

图 7-2　选择投影坐标

(5) 单击右下角<确定>按钮，空间投影设置完成。

提示：

①在未定义空间投影时，数据框的单位为“未知单位”；定义投影后，数据框的单位为“米”。

②定义的地理坐标系或投影坐标系要与配准的栅格图匹配。

7.2 栅格配准

7.2.1 根据坐标配准外业手工图

栅格数据中若含有公里网格点，或者通过 GPS 测得控制点的坐标，这类栅格数据可以通过键盘输入控制点坐标的方法进行配准，操作步骤如下。

1) 加载栅格数据

(1) 在<标准工具>工具条中，单击 <添加数据>按钮，弹出<添加数据>对话框。

(2) 在弹出的<添加数据>对话框中，选择要添加的栅格数据(路径为：data\chap07\栅格配准\网格配准)，单击<添加>按钮，或者双击栅格数据，弹出<创建金字塔>对话框。

(3) 在<创建金字塔>对话框中，单击<是>按钮，创建栅格金字塔，如图 7-3 所示。将栅格数据加载到地图中。

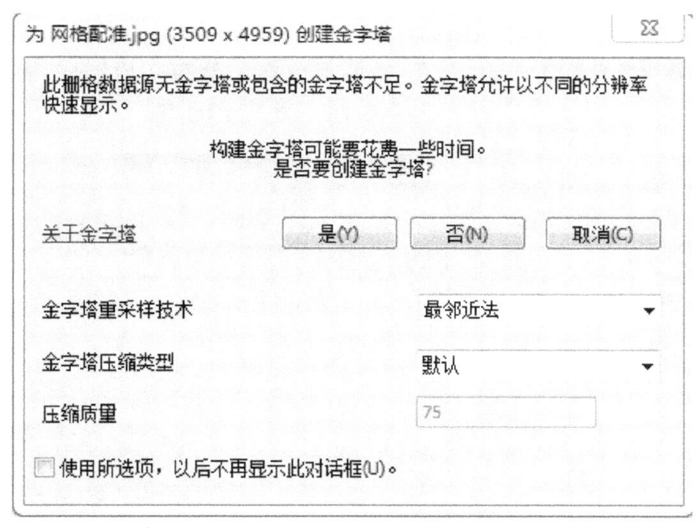

图 7-3　创建金字塔

2) 添加控制点

(1) 选择公里网格点作为控制点，利用<工具>工具条中的<放大>、<缩小>和<移动>工具找到控制点。

(2) 在 ArcMap 菜单栏中点击<自定义>|<工具条>|<地理配准>命令，打开<地理配准>工具条。

(3) 单击<地理配准>工具条中的<添加控制点>按钮，此时，鼠标变成十字形状。

(4) 单击公里网格点后右击,在弹出列表中选择＜输入 X 和 Y＞,如图 7-4 所示。

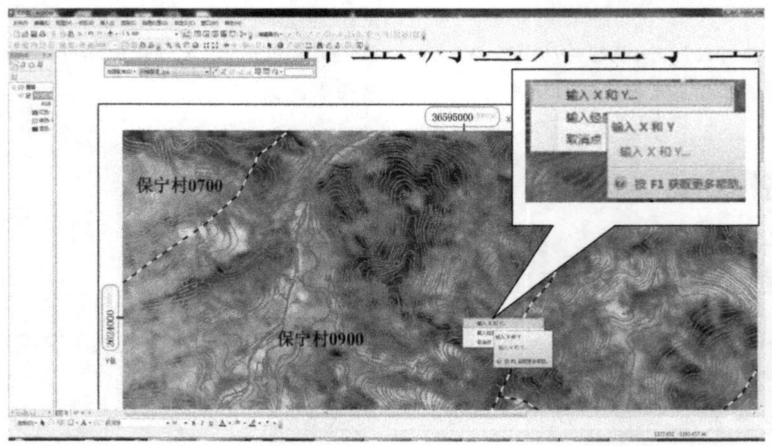

图 7-4　添加控制点

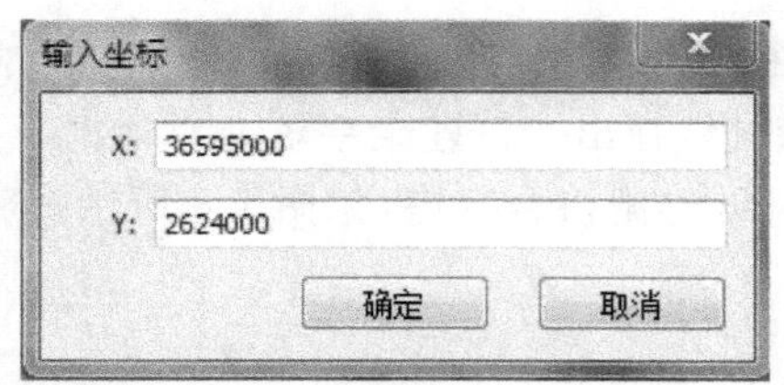

图 7-5　输入控制点坐标

(5) 在弹出的＜输入坐标＞对话框中输入控制点的坐标值,点击＜确定＞按钮,如图 7-5 所示。

(6) 输入坐标后,若栅格图在视图窗口消失,可右击＜内容列表＞中的需配准图层,在弹出的菜单中选择＜缩放到图层＞命令,如图 7-6 所示。

(7) 重复操作步骤(4)和(5),继续选择其他控制点,控制点应均匀分布在地图中,且至少选择 3 个以上不在同一直线上的点。

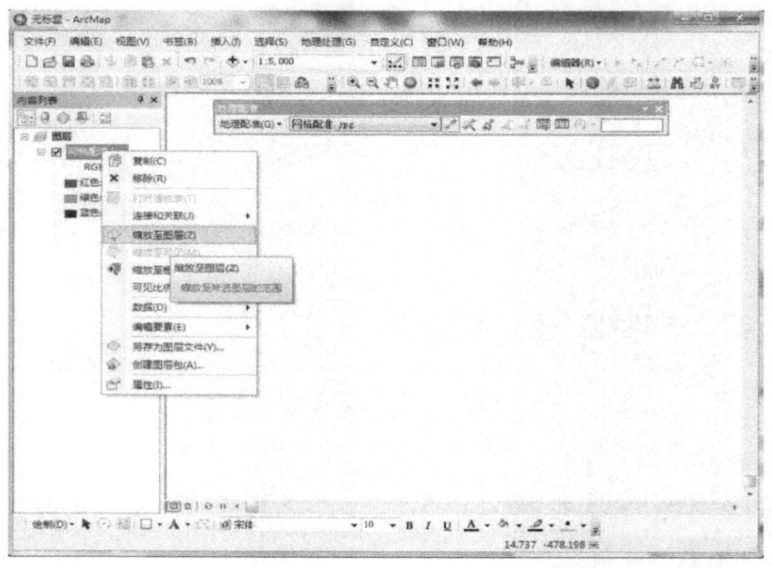

图 7-6　缩放到图层

(8) 点击＜地理配准＞工具中的 ＜查看链接表＞按钮,可查看已输入控制点的值,如图 7-7 所示。

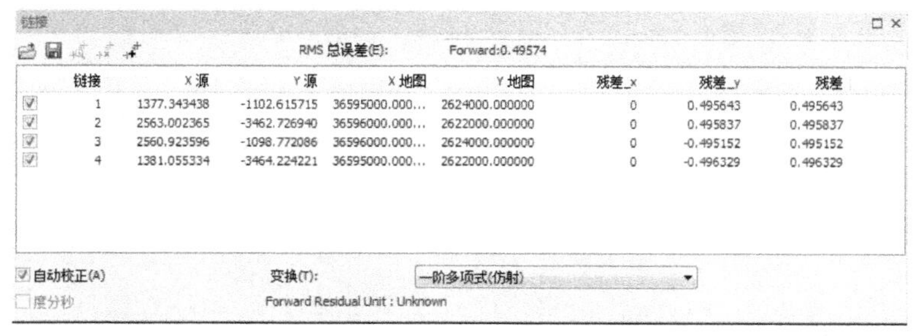

图 7-7　查看控制点值

(9) 若选择控制点时出错，点击＜地理配准＞工具中的＜查看链接表＞按钮，选择错误的控制点，再点击左上角的＜删除链接＞按钮进行删除。删除后，可重新选择控制点。

(10) 选好控制点后，点击＜地理配准＞工具中的＜地理配准＞|＜更新地理配准＞命令，保存配准文件，完成配准。

7.2.2　根据同名点配准外业手工图

若栅格数据没有公里网格点，或没有已知点坐标，可以根据已知地理坐标地图同名点进行配准，具体操作步骤如下。

(1) 在＜标准工具＞工具条中，单击＜添加数据＞按钮，弹出＜添加数据＞对话框。

(2) 在弹出的＜添加数据＞对话框中，选择要添加的栅格数据(路径为：data\chap07\栅格配准\同名点配准)和基准地图(路径为：data\chap07\栅格配准\配准参考图)，单击＜添加＞按钮，加载数据。

(3) 在＜地理配准＞工具条的＜图层选择＞中选择需要配准的栅格图，如图 7-8 所示。

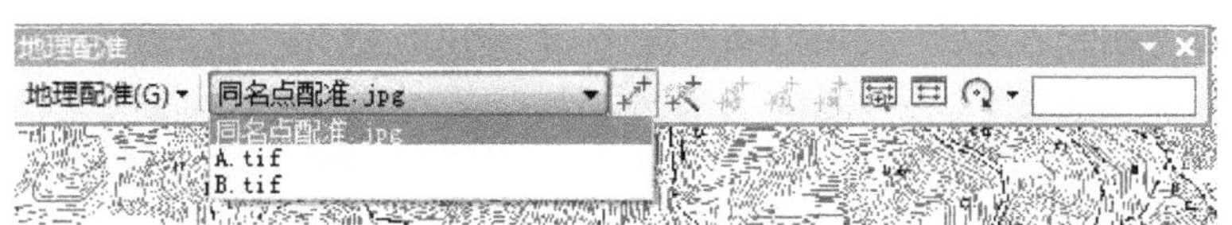

图 7-8　选择配准图层

(4) 利用＜工具＞工具条中的＜放大＞、＜缩小＞和＜移动＞工具找到特征点作为控制点。

(5) 单击＜地理配准＞工具条中的＜添加控制点＞按钮，此时，鼠标变成十字形状。

(6) 单击＜同名点配准＞栅格图上选定的控制点，会出现一个绿色十字，然后右击＜内容列表＞中的＜配准参考图＞，在弹出的菜单中选择＜缩放到图层＞命令。找到＜配准参考图＞上对应的特征点，这时会出现一个对应的红色十字，如图 7-9 所示。

(7) 重复操作步骤(6)，继续选择成对的特征点，直到有足够的对应特征点。

(8) 点击＜地理配准＞工具中的＜查看链接表＞按钮，可查看特征的坐标和误差，如图 7-10 所示。

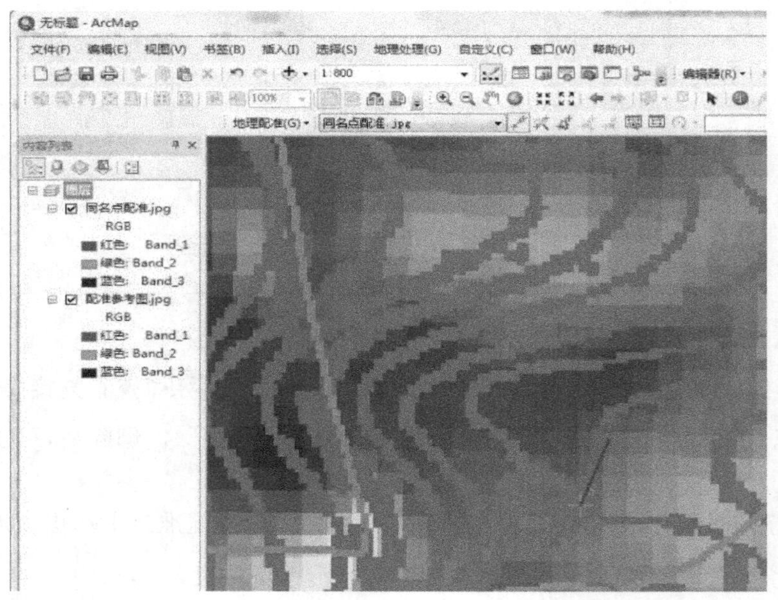

图 7-9　添加控制点

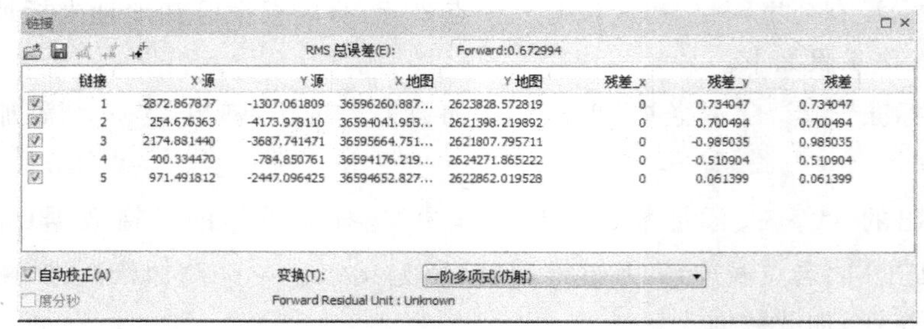

链接	X 源	Y 源	X 地图	Y 地图	残差_x	残差_y	残差
1	2872.867877	-1307.061809	36596260.887...	2623828.572819	0	0.734047	0.734047
2	254.676363	-4173.978110	36594041.953...	2621398.219892	0	0.700494	0.700494
3	2174.881440	-3687.741471	36595664.751...	2621807.795711	0	-0.985035	0.985035
4	400.334470	-784.850761	36594176.219...	2624271.865222	0	-0.510904	0.510904
5	971.491812	-2447.096425	36594652.827...	2622862.019528	0	0.061399	0.061399

图 7-10　数据链接对话框

(9) 如果误差在允许范围内，可以结束配准，点击＜地理配准＞工具中的＜地理配准＞|＜更新地理配准＞命令，保存配准文件，完成配准。

7.3　地形图的裁剪和拼接

在林业行业中，需要同时打开多幅地形图才能满足项目需求的情况很多，而地形图边框会遮盖相邻地形图的内容，这时就需要对地形图边框进行裁剪和对地形图进行拼接。

在 ArcGIS 中利用＜ArcToolbox＞中＜Spatial Analyst＞工具的＜按掩膜提取＞和＜数据管理工具＞|＜栅格处理＞|＜裁剪工具＞可对栅格图进行裁剪，在裁剪前需要绘制一个与栅格图有相同坐标系统，与地形图内图框范围一致的矢量多边形或栅格图。地形图的拼接要配准好需要拼接的地形图和图幅框矢量图。

7.3.1　地形图的裁剪

1) 按掩膜提取进行裁剪

(1) 在 ArcMap＜标准工具＞工具条中单击 ✚▾ ＜添加数据＞按钮，加载需要裁剪的栅格数据和用于裁切的矢量多边形（路径为 data\Chap07\地形图裁剪\新圩. jpg，data\Chap07\地形图裁剪\chip1. shp）。

（2）在 ArcMap＜标准工具＞工具条中单击 ＜ArcToolbox＞按钮，打开＜ArcToolbox＞窗口。

（3）在＜ArcToolbox＞窗口单击＜Spatial Analyst 工具＞|＜提取分析＞，双击＜按掩膜提取＞命令，打开＜按掩膜提取＞对话框。

❑在＜输入栅格＞下拉列表中选择需要裁剪的栅格图（如：新圩. jpg）。

❑在＜输入栅格数据或要素掩膜数据＞下拉列表中选择与地形图内图框范围一致的矢量多边形面（如：chip1. shp）或栅格数据。

❑在＜输出栅格＞中设置裁剪数据存放的文件地理数据库和文件名，如图 7-11 所示。

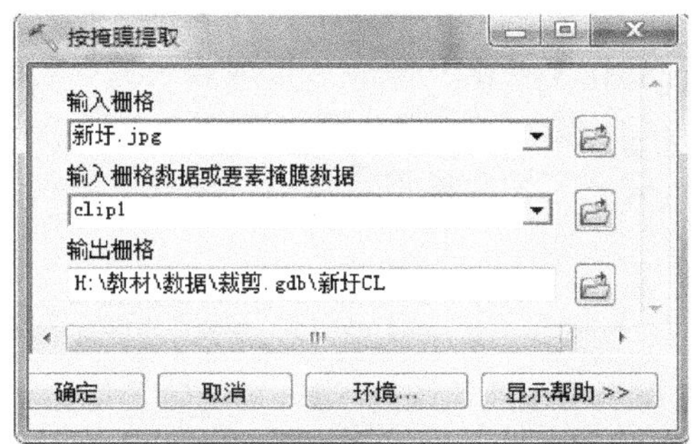

图 7-11　按掩膜裁剪栅格设置

（4）单击＜确定＞按钮，运行裁剪操作。

（5）如果需要生成 tif 或其他格式的地形图，单击 ＜添加数据＞按钮，加载上一步裁剪完成的栅格数据，在内容列表上右击裁剪后的栅格数据，＜数据＞|＜导出数据＞，打开＜导出栅格数据＞对话框。

（6）在＜导出栅格数据＞对话框中，选定导出栅格地形图的范围、空间参考、文件格式及数据存放的路径和文件名，单击＜保存＞按钮，生成设定格式的地形图，如图 7-12 所示。

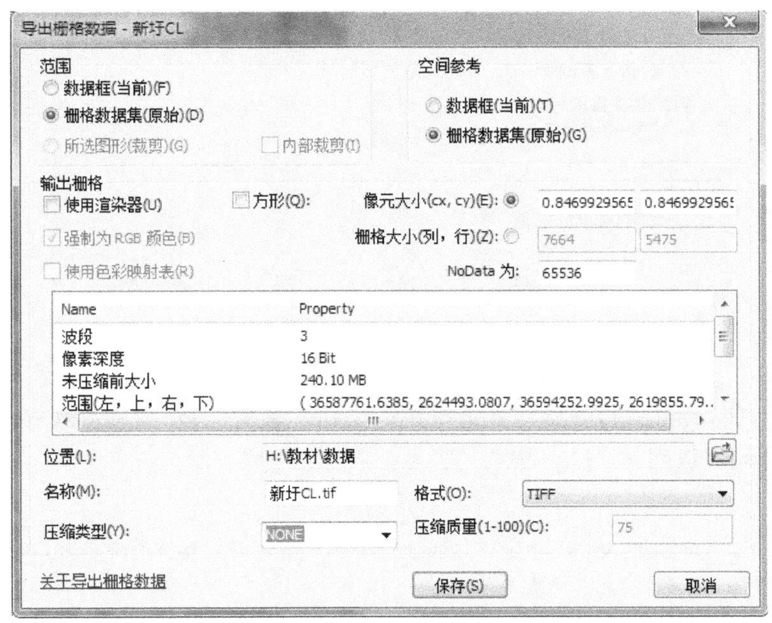

图 7-12　导出栅格数据的参数设置

2）按裁剪工具进行裁剪

（1）在 ArcMap＜标准工具＞工具条中单击 ＜添加数据＞按钮，加载需要裁剪的栅格数据和用于裁切的矢量多边形(路径为 data\Chap07\地形图裁剪\思塘,data\Chap07\地形图裁剪\chip2. shp)。

(2) 在 ArcMap<标准工具>工具条中单击 <ArcToolbox>按钮,打开<ArcToolbox>窗口。

(3) 在<ArcToolbox>窗口中单击<数据管理工具>|<栅格>|<栅格处理>,双击<裁剪>命令,打开<按矩形提取>对话框。

❑在<输入栅格>下拉列表中选择需要裁剪的栅格图。

❑在<输出范围>下拉列表中选择与裁剪范围一致的矢量面。

❑勾选<使用输入要素裁剪几何>前的复选框。

❑在<输出栅格数据集>中设置裁剪数据的存放路径、文件名和文件类型,如图 7-13 所示。

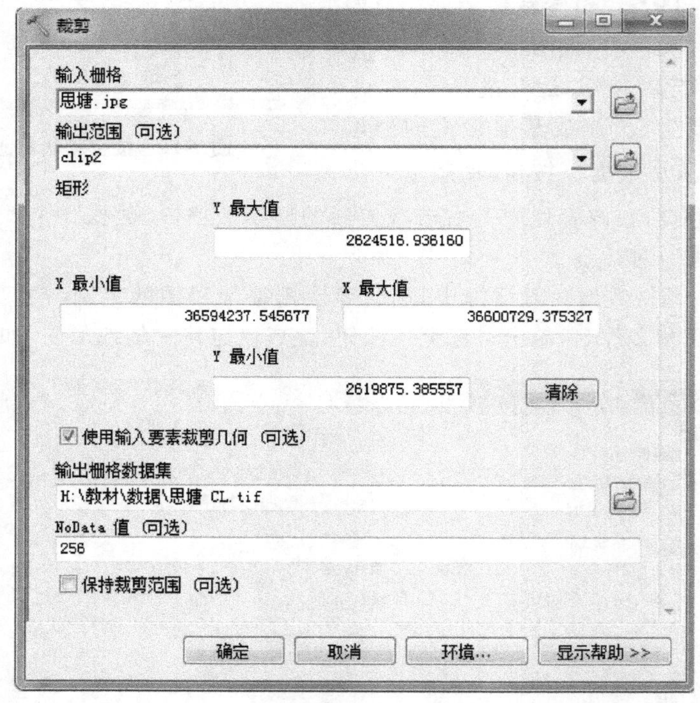

图 7-13　按栅格处理裁剪栅格设置

(4) 单击<确定>按钮,开始后台运行裁剪操作。裁剪完成,自动生成按矢量图裁剪的栅格文件,并自动加载到 ArcMap 中。

提示:

当以 bil、bip、bmp、bsq、dat、gif 、img、jpg、jp2、png、tif 文件格式存储栅格数据集时,在<输出栅格数据集>设置输出文件名时,需要指定文件扩展名。

7.3.2　地形图的拼接

(1) 在 ArcMap<标准工具>工具条中单击 <添加数据>按钮,加载需要拼接的地形图和图幅框矢量图(data\Chap07\地形图裁剪\思塘.jpg、新圩.jpg,data\Chap07\地形图裁剪\chip. shp)。

(2) 在目录窗口中,在选定的文件夹上单击右键,新建文件地理数据库,在新建的文件地理数据库上单击右键<新建>|<镶嵌数据集>,如图 7-14 所示,打开<创建镶嵌数据集>对话框,如图 7-15 所示。

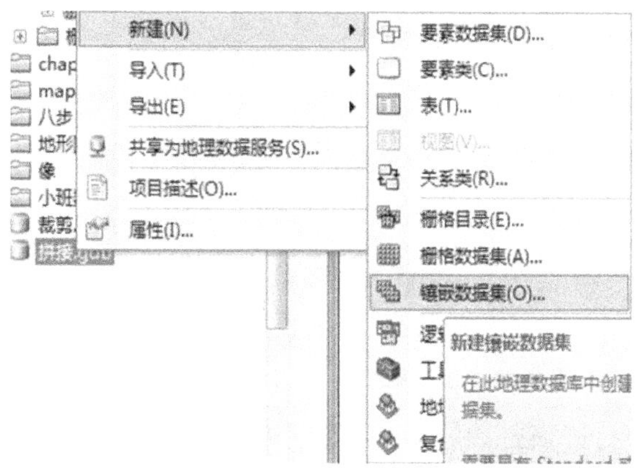

图 7-14　创建镶嵌数据集

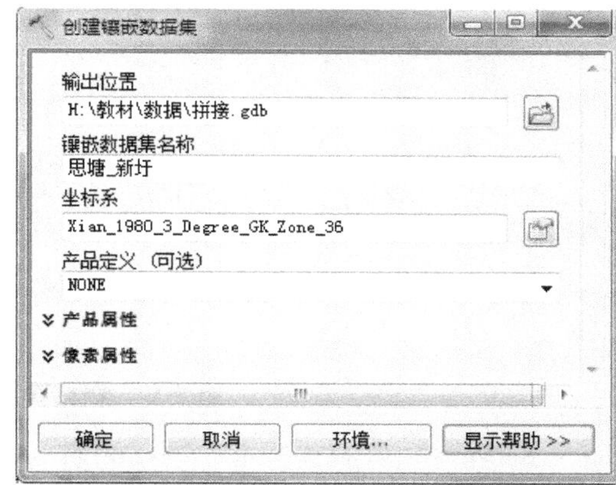

图 7-15　创建镶嵌数据集设置

❑<输出位置>:选定镶嵌数据集存放路径。

❑<镶嵌数据集名称>:输入镶嵌数据集的名称。

❑<坐标系>:选择与拼接地形图一致的坐标系统。

(3) 单击<确定>,创建镶嵌数据集。

(4) 在创建的<镶嵌数据集>上单击右键<添加栅格数据>,打开<添加栅格至镶嵌数据集>对话框,如图 7-16 所示。

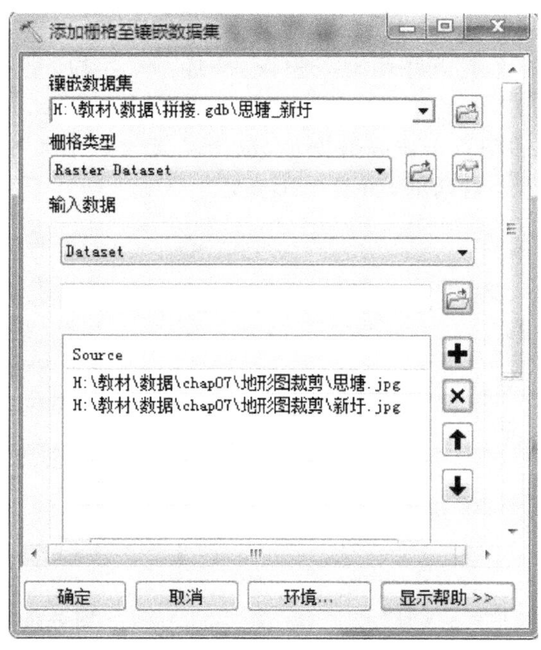

图 7-16　栅格数据添加至镶嵌数据集设置

❑＜镶嵌数据集＞：显示默认选定镶嵌数据集存放的位置和名称。

❑＜栅格类型＞：选定栅格类型。

❑＜输入数据＞：选择输入数据的存放类型，并在“Source”中打开要镶嵌的栅格地形图。

(5) 单击＜确定＞，将栅格地形图添加至镶嵌数据集，如图 7-17 所示。

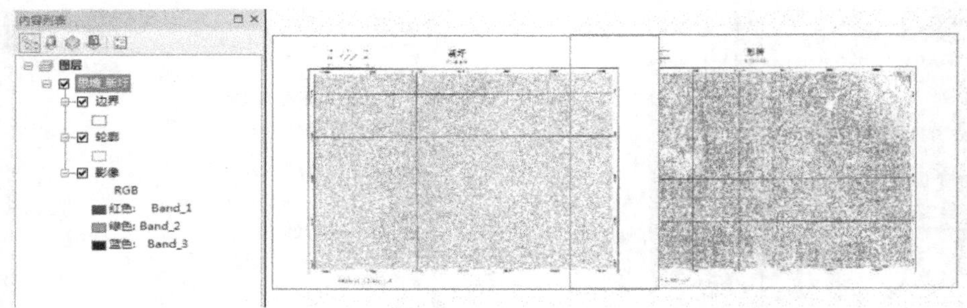

图 7-17 栅格数据添加至镶嵌数据集效果

(6) 在＜内容列表＞上右击＜轮廓＞|＜打开属性表＞，可见属性表上的＜Name＞已经添加了栅格地形图的名称，如图 7-18 所示。

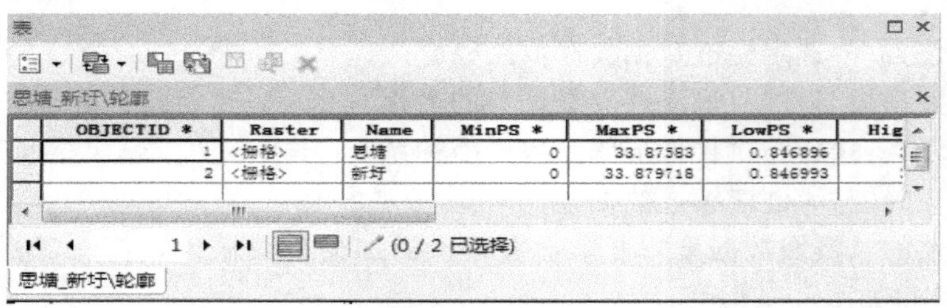

表

思塘_新圩\轮廓

OBJECTID *	Raster	Name	MinPS *	MaxPS *	LowPS *	Hig
1	<栅格>	思塘	0	33.87583	0.846896	
2	<栅格>	新圩	0	33.879718	0.846993	

1 (0 / 2 已选择)

思塘_新圩\轮廓

图 7-18 镶嵌数据集轮廓属性表

(7) 在＜内容列表＞上打开图幅框矢量图，添加一个字段，字段的类型与＜轮廓＞的＜Name＞字段一致，在相对应的记录中输入栅格地形图的名称，如图 7-19 所示。

(8) 在目录窗口中，右键点击镶嵌数据集，选择＜修改＞|＜导入轮廓线或边界＞，打开＜导入镶嵌数据集边界＞对话框，如图 7-20 所示。

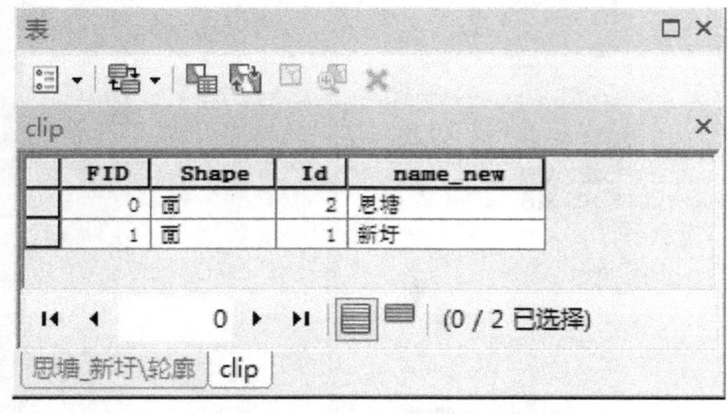

表

clip

FID	Shape	Id	name_new
0	面	2	思塘
1	面	1	新圩

0 (0 / 2 已选择)

思塘_新圩\轮廓 | clip

图 7-19 图幅框矢量图属性表

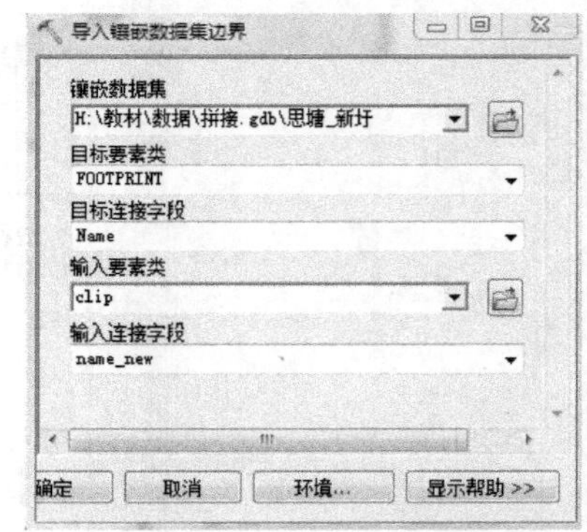

图 7-20 导入镶嵌数据集边界设置

❑＜镶嵌数据集＞：显示默认选定镶嵌数据集存放的位置和名称。

❑＜目标要素类＞：选定镶嵌数据集中将被替换的面要素类。

❑＜目标连接字段＞：选择镶嵌数据集中将连接到输入要素类的字段。

❑＜输入要素类＞：选择与镶嵌栅格地形相对应的图幅框矢量图。

❑＜输入连接字段＞：选择输入要素中将连接到镶嵌数据集的字段。

（9）单击＜确定＞，导入图幅框矢量图边界，如图 7-21 为导入图幅框矢量图边界后的效果。

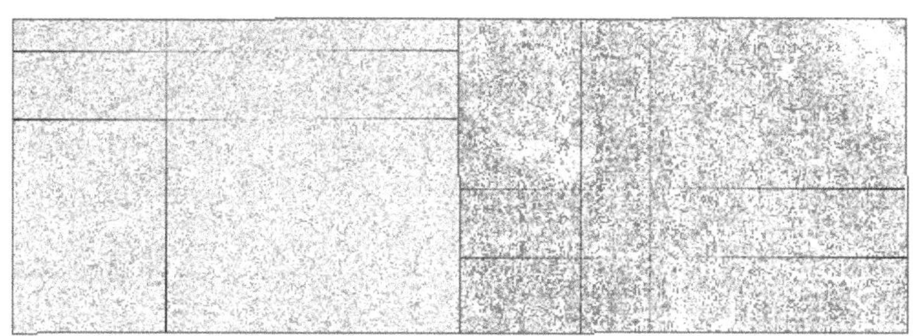

图 7-21　导入镶嵌数据集后的边界效果

（10）在＜内容列表＞中的镶嵌数据集下，右键点击“影像”，选择＜导出数据＞，打开＜导出镶嵌数据集数据＞对话框，如图 7-22 所示。

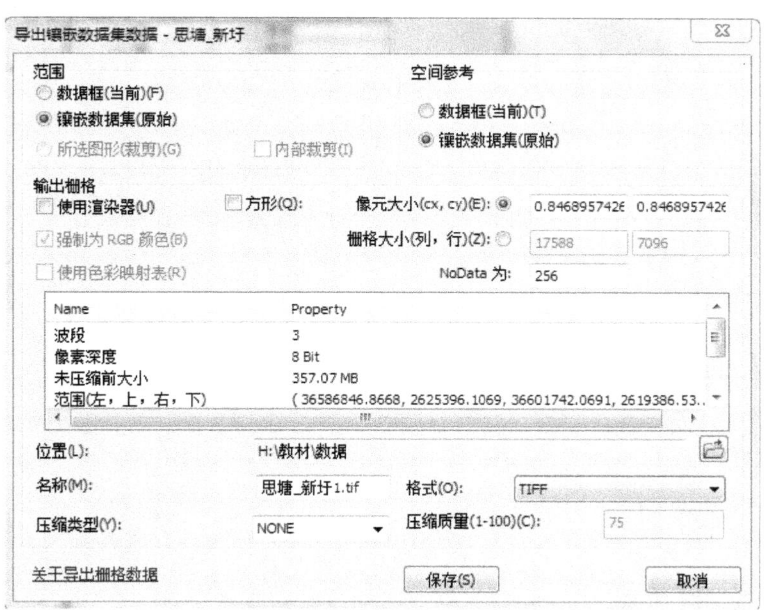

图 7-22　导出镶嵌数据集数据设置

❑＜范围＞：选择镶嵌数据集（原始）。

❑＜空间参考＞：选择镶嵌数据集（原始）。

❑＜位置＞：选定导出镶嵌数据集的路径。

❑＜名称＞：输入导出镶嵌数据集的名称。

❑＜格式＞：选择导出镶嵌数据集的格式。

❑＜压缩类型＞：选择导出镶嵌数据集的压缩类型。

(11) 单击＜保存＞,导出镶嵌数据集数据,如图 7-23 所示。

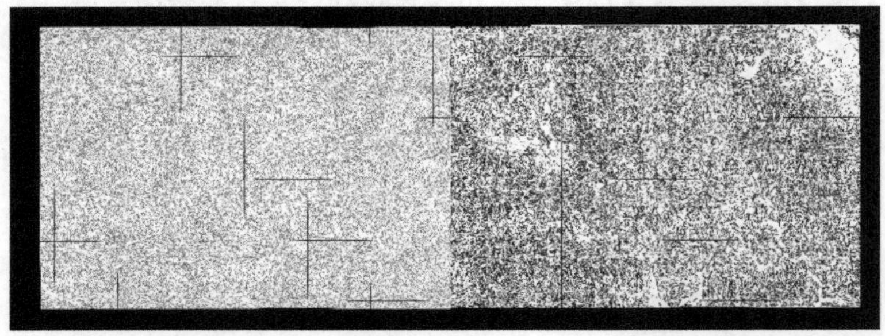

图 7-23　导出镶嵌数据集数据效果

第 8 章　小班空间数据的编辑

8.1　矢量数据编辑

ArcMap 提供了强大的数据编辑功能，能够对各种数据进行创建和编辑，如要素数据、表格数据等，能编辑空间数据库和不同类型的数据文件。

8.1.1　数据编辑工具

在 ArcMap 中进行矢量数据的编辑需要使用＜编辑器＞工具。默认状态下＜编辑器＞工具栏不在 ArcMap 窗体上显示，打开＜编辑＞工具栏有以下三种方法。

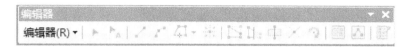

(1) 单击＜标准工具＞工具栏中的＜编辑器工具条＞按钮，如图 8-1 所示。

图 8-1　编辑器工具栏

(2) 右击菜单栏空白处，在弹出的列表中选择＜编辑器＞命令。

(3) 在＜主菜单＞中单击＜自定义＞|＜工具条＞|＜编辑器＞命令。

＜编辑器＞工具栏中包含多种数据编辑工具，其中主要的工具介绍如下。

❑＜编辑器＞功能：编辑命令菜单，菜单中包含＜开始编辑＞＜停止编辑＞＜保存编辑＞等编辑常用命令，也包含＜移动＞＜合并＞＜缓冲区＞＜联合＞＜裁剪＞等工具，以及＜捕捉＞＜编辑窗口＞＜选项＞等编辑窗口设置工具。

❑＜编辑工具＞功能：用于选择图层中的要素，包含当前未编辑的图层。

❑＜编辑折点＞功能：使用＜编辑工具＞双击一个要素，可以查看、选择和修改组成可编辑要素形状的折点和线段。

❑＜整形工具＞功能：通过在选定要素上构造草图整形线和面。

❑＜裁剪面工具＞功能：根据所绘制的线分割一个或多个选定的面。

❑＜分割工具＞功能：在单击位置将选定的线要素分割为两个要素。

❑＜旋转工具＞功能：交互式或按角度测量值旋转所选要素。

❑＜属性＞功能：打开＜属性＞窗口，以修改所编辑图层中选定要素的属性值。

❑＜创建要素＞功能：打开＜创建要素＞窗口，以添加新要素。单击要素模板以建立具有该模板属性的编辑环境，然后单击窗口上的＜构造工具＞进行要素数字化。

8.1.2　矢量数据编辑方法

在 ArcMap 中进行数据编辑的基本操作步骤有以下几个。

(1) 启动 ArcMap,加载要进行编辑的数据。如果是已有的数据,可以通过＜标准工具＞|＜添加数据＞工具加载到 ArcMap 中,否则需先在 ArcCatalog 中创建新的要素文件后,再加载到 ArcMap 中。

(2) 打开＜编辑器＞工具栏。

(3) 在＜编辑器＞工具栏中,单击＜编辑器＞|＜开始编辑＞命令,进入编辑状态。

(4) 编辑数据。在＜编辑器＞工具栏中,单击＜创建要素＞按钮,在弹出的＜创建要素＞对话框中选择编辑模板(即选择需要编辑的图层),在＜构造工具＞中选择编辑工具,编辑数据。

(5) 保存编辑。在＜编辑器＞工具栏中,单击＜编辑器＞|＜保存编辑内容＞命令,保存编辑结果。

(6) 停止编辑。在＜编辑器＞工具栏中,单击＜编辑器＞|＜停止编辑＞命令,在弹出对话框中选择＜是＞保存数据编辑结果。

8.1.3 常用的编辑操作

在编辑要素过程中,常用的编辑操作有移动要素、复制要素、删除数据等,线和面数据类型还有较复杂的编辑操作,如整形、合并、分割、裁切等。

1) 移动要素

移动要素的方法有两种,包括随意移动和增量移动。

(1) 随意移动。

①在＜编辑器＞工具栏中,单击＜编辑工具＞按钮。

②在＜数据视图＞中单击需要移动的要素,选中要素,此时在要素中心会出现一个"×"的选择锚符号,如图 8-2 所示。

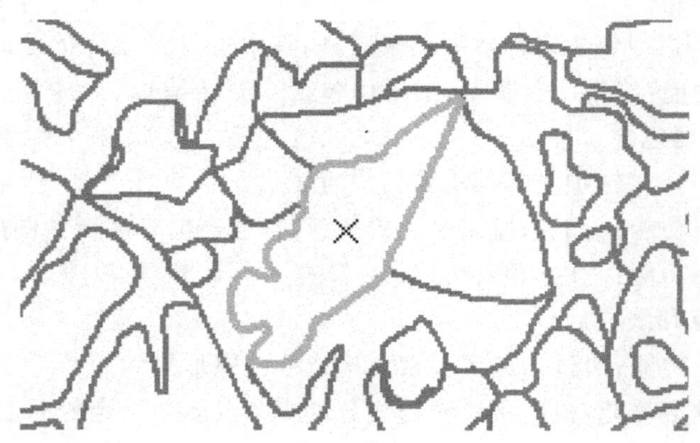

图 8-2 选中要素

③按住鼠标左键,移动鼠标至目标位置,完成要素的移动。

(2) 增量移动。

①在＜编辑器＞工具栏中,单击＜编辑工具＞按钮。

②在＜数据视图＞中单击需要移动的要素,选中要素,此时在要素中心会出现一个"×"的选择锚符号。

③在＜编辑器＞工具栏中,单击＜编辑器＞|＜移动＞命令,弹出＜增量 X、Y＞对话

框，如图 8-3 所示。

④在＜增量 X、Y＞对话框的文本框中，输入需要移动的 X、Y 坐标增量值，增量的单位为当前地图单位，坐标值为选中要素的几何中心点。

2）复制要素

要素的复制和粘贴操作可以在同一图层中进行，也可以在同类型的不同图层间进行，但要粘贴要素的图层必须处于编辑状态，具体操作步骤如下。

（1）在＜编辑器＞工具栏中，单击＜编辑工具＞按钮。

（2）在＜数据视图＞中单击选择需要复制的要素。

（3）在＜标准工具＞工具栏中单击 ＜复制＞按钮。

（4）在＜标准工具＞工具栏中单击 ＜粘贴＞按钮，弹出＜粘贴＞对话框，如图 8-4 所示。

（5）在＜粘贴＞对话框中＜目标＞的下拉列表中选择要粘贴要素的图层，单击＜确定＞按钮，完成要素的复制和粘贴。

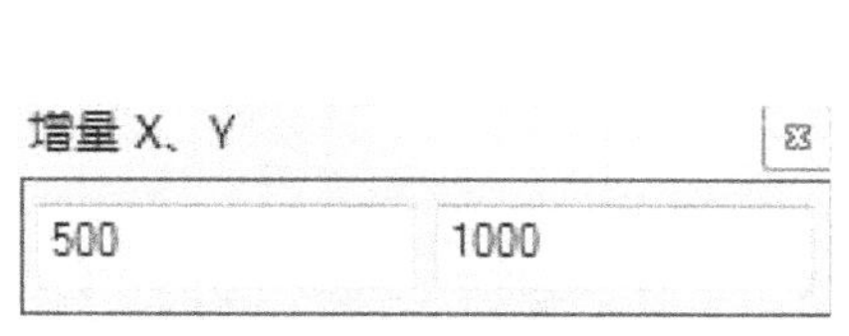

图 8-3　增量 X、Y 对话框

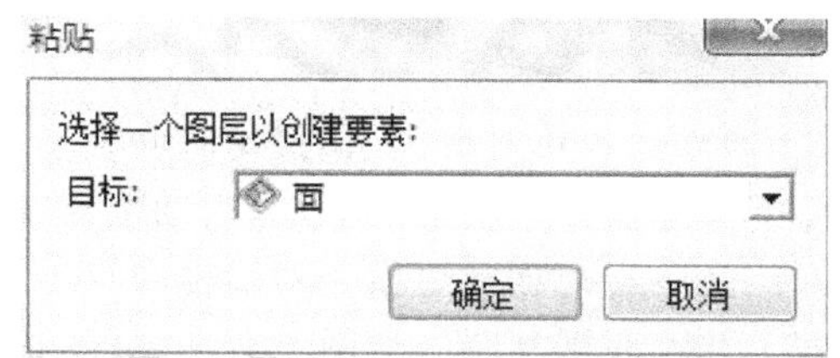

图 8-4　粘贴对话框

3）删除要素

（1）在＜编辑器＞工具栏中，单击＜编辑工具＞按钮。

（2）在＜数据视图＞中单击选择需要删除的要素，按住＜Shift＞键，可以选择多个要素。

（3）在＜标准工具＞工具栏中，单击＜删除＞按钮，或按键盘上的＜Delete＞键，删除选中的要素。

8.2　点、线、面创建与编辑基础

8.2.1　点的创建

添加要编辑的点图层，开始编辑后，在＜创建要素＞窗口中选择该点要素的模板，在窗口＜构造工具＞下有两种点是要创建构造工具的。

- ＜点＞功能：通过在地图上单击或输入坐标的方式创建点要素。
- ＜线末端的点＞功能：通过绘制一条线段，用线段最后一个端点来构造点要素。

1）通过点击地图创建点要素

（1）加载需要编辑的点图层。

（2）打开＜编辑器＞工具栏。

（3）在＜编辑器＞工具栏中，单击＜编辑器＞|＜开始编辑＞命令，进入编辑状态。

(4) 在<编辑器>工具栏中，单击 <创建要素>按钮，在弹出的<创建要素>对话框中点击点要素模板，在<构造工具>中选择<点>构造工具，此时鼠标顶端跟随一个圆点。

(5) 在<数据视图>中单击要添加点的位置，即可完成点要素的创建。新创建的点默认处于选中状态。

2) 线末端创建点要素

(1) 加载需要编辑的点图层。

(2) 打开<编辑器>工具栏。

(3) 在<编辑器>工具栏中，单击<编辑器>|<开始编辑>命令，进入编辑状态。

(4) 在<编辑器>工具栏中，单击<创建要素>按钮，在弹出的<创建要素>对话框中点击点要素模板，在<构造工具>中选择<线末端的点>构造工具，此时鼠标变成十字形。

(5) 在<数据视图>中根据需要单击地图创建草图线。

(6) 线段绘制完毕后，双击最后一个折点完成草图，草图线的末端自动生成一个点要素。

3) 通过输入绝对 X、Y 值创建点要素

(1) 添加需要编辑的点图层，启动编辑。

(2) 在单击<创建要素>对话框中点击点要素模板。

(3) 在<数据视图>地图上右击鼠标，在弹出的菜单中选择<绝对 X，Y>，弹出<绝对 X，Y>对话框。

(4) 在<绝对 X，Y>对话框的文本框中输入点的 X、Y 坐标值，单击倒三角形的单位按钮，选择输入值的单位，如图 8-5 所示。

(5) 按下键盘上的<Enter>键，完成创建点要素。

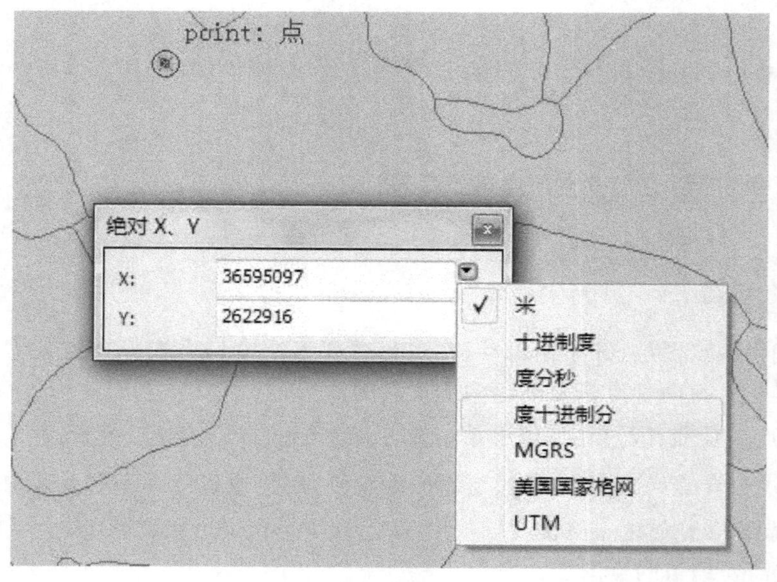

图 8-5 绝对 X、Y 对话框

8.2.2　线的创建与编辑

添加要编辑的线图层，开始编辑后，在＜创建要素＞窗口中选择该线要素的模板，在窗口＜构造工具＞下有五种构造工具。

- ＜线＞功能：在地图上绘制折线。
- ＜矩形＞功能：指定一个角拉框绘制矩形线。
- ＜圆形＞功能：指定圆心和半径绘制圆形线。
- ＜椭圆＞功能：指定椭圆的圆形、长半轴和短半轴绘制椭圆形线。
- ＜手绘＞功能：在地图上单击鼠标左键，移动鼠标绘制自由曲线。

1）创建线要素

（1）加载需要编辑的线图层。

（2）打开＜编辑器＞工具栏。

（3）在＜编辑器＞工具栏中，单击＜编辑器＞｜＜开始编辑＞命令，进入编辑状态。

（4）在＜编辑器＞工具栏中，单击＜创建要素＞按钮，在弹出＜创建要素＞对话框中点击线要素模板，在＜构造工具＞中选择＜线＞构造工具，此时鼠标变成十字形。

（5）在＜数据视图＞中根据需要连续单击鼠标，即可绘制由一系列结点组合而成的线，如图 8-6 所示。

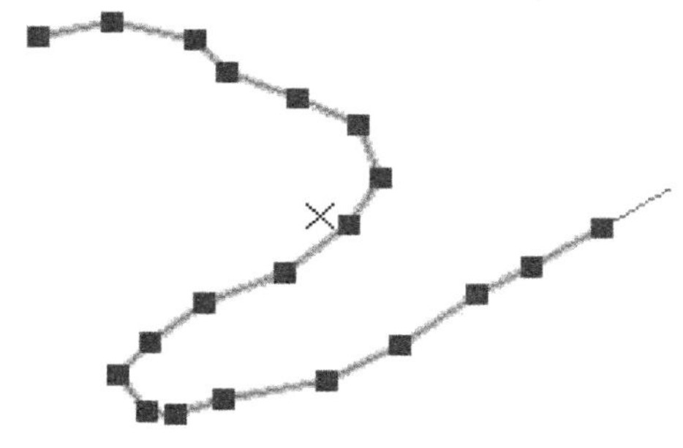

图 8-6　绘制线

（6）绘制完成后，双击鼠标，或右击鼠标，在弹出的菜单中选择＜完成草图＞命令，结束绘制。

2）编辑线要素

（1）线形修改。

线形修改编辑方法有两种。

方法一：

①在＜编辑器＞工具栏中点击＜编辑工具＞按钮，单击选中需要修改的线要素。

②在＜编辑器＞工具栏中点击＜编辑折点＞按钮，选中线要素变为可编辑的折点状态，此时鼠标放在折点上会变成一个菱形图标。

③将鼠标放在折点上，通过移动、删除、增加折点修改线形。

方法二：

①在＜编辑器＞工具栏中点击＜编辑工具＞按钮，单击选中需要修改的线要素。

②在＜编辑器＞工具栏中点击＜整形要素工具＞按钮，将鼠标移到需要修改的地方，按需要进行修改，如图 8-7 所示。

(2) 线段延长编辑。

①在＜编辑器＞工具栏中点击＜编辑工具＞按钮，双击需要延长的线要素，此时线段变成可编辑的折点状态，线段结点为红色，同时弹出＜编辑折点＞工具栏，如图 8-8 所示。

②在＜编辑折点＞工具栏中单击＜延续要素工具＞按钮，此时在线段结点处变成可编辑状态，可继续编辑线段。

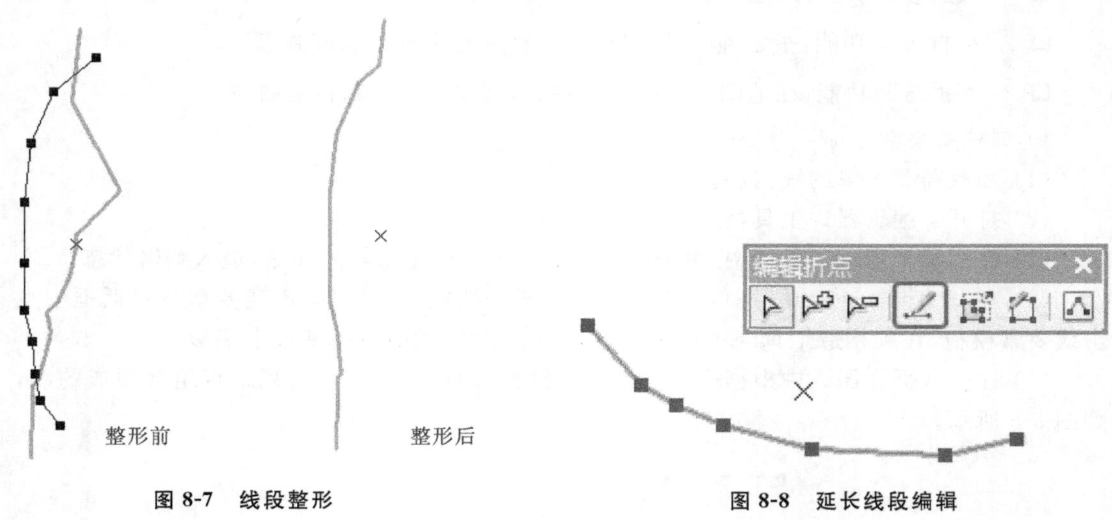

图 8-7　线段整形　　　　图 8-8　延长线段编辑

(3) 分割线要素。

①在＜编辑器＞工具栏中点击＜编辑工具＞按钮，单击选中需要分割的线要素。

②在＜编辑器＞工具栏中点击＜分割工具＞按钮，此时鼠标变成十字形。

③将鼠标移动到线段上需要分割处，单击鼠标，完成线段分割。

(4) 合并线要素。

①在＜编辑器＞工具栏中点击＜编辑工具＞按钮，按住＜Shift＞键，单击选中需要合并的两条或两条以上线段。

②在＜编辑器＞工具栏中点击＜编辑器＞|＜合并＞，弹出＜合并＞对话框。

③在＜融合＞对话框中，选择需要保留的属性线段，单击＜确定＞，完成多条线段合并。

8.2.3　面的创建与编辑

添加要编辑的面图层，开始编辑后，在＜创建要素＞窗口中选择该面要素的模板，在窗口＜构造工具＞下有如下几种构造工具。

- ＜面＞功能：在地图上绘制面。
- ＜矩形＞功能：指定一个角拉框绘制矩形面。
- ＜圆形＞功能：指定圆心和半径绘制圆形。
- ＜椭圆＞功能：指定椭圆的圆形、长半轴和短半轴绘制椭圆。
- ＜手绘＞功能：在地图上单击鼠标左键，移动鼠标绘制自由面。

□ <自动完成面>功能：通过与其他多边形要素围成闭合区域自动完成要素的创建。

1）创建面要素

面要素与线要素的创建方法基本相同，操作步骤如下。

（1）加载需要编辑的面图层。

（2）打开<编辑器>工具栏。

（3）在<编辑器>工具栏中，单击<编辑器>｜<开始编辑>命令，进入编辑状态。

（4）在<编辑器>工具栏中，单击<创建要素>按钮，在弹出的<创建要素>对话框中点击面要素模板，在<构造工具>中选择 <面>构造工具，此时鼠标变成十字形。

（5）在<数据视图>中根据需要连续单击鼠标，即可绘制由一系列结点组合而成的面，如图 8-9 所示。

（6）绘制完成后，双击鼠标，或右击鼠标，在弹出的菜单中选择<完成草图>命令，结束绘制。

如果需要绘制的面与其他多边形共同围成闭合区域，在步骤（4）<构造工具>中选择 <自动完成面>构造工具，获取与已有多边形合并的公共边，如图 8-10 所示。

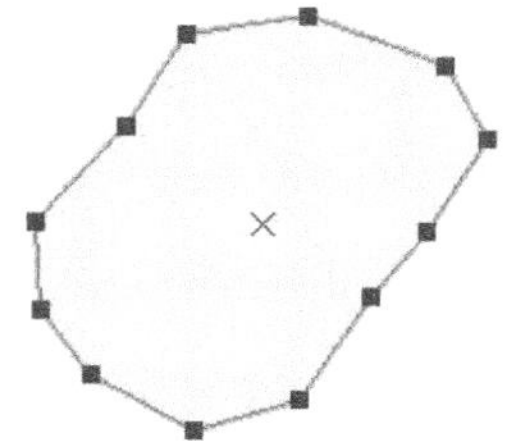

图 8-9　绘制面

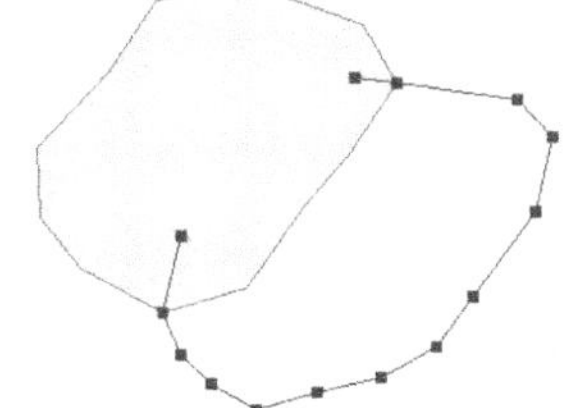

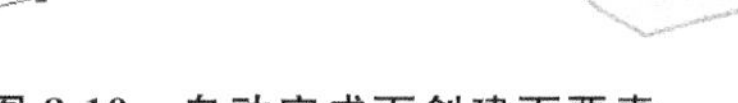

图 8-10　自动完成面创建面要素

2）编辑面要素

（1）修改面要素形状。

方法一：通过添加、删除、移动折点修改面要素。

①在<编辑器>工具栏中点击 <编辑工具>按钮，单击选中需要修改的面要素。

②在<编辑器>工具栏中点击 <编辑折点>按钮，选中的面要素变为可编辑的折点状态，此时鼠标放在折点上会变成一个菱形图标。

③将鼠标放在折点上，通过移动、删除、增加折点修改面的形状。

方法二：通过整形要素工具修改面要素。

①在<编辑器>工具栏中点击 <编辑工具>按钮，单击选中需要修改的面要素。

②在<编辑器>工具栏中点击 <整形要素工具>按钮，按照需求勾绘新的界线，如图 8-11 所示。

（2）分割面要素。

①在<编辑器>工具栏中点击<编辑工具>按钮，单击选中需要分割的面要素。

②在<编辑器>工具栏中点击 <剪裁面工具>按钮，此时鼠标变成十字形。

③根据需要，连续单击鼠标绘制分割线，分割线需截断要分割的面，如图 8-12 所示。

④分割线绘制完成，双击鼠标，完成分割。

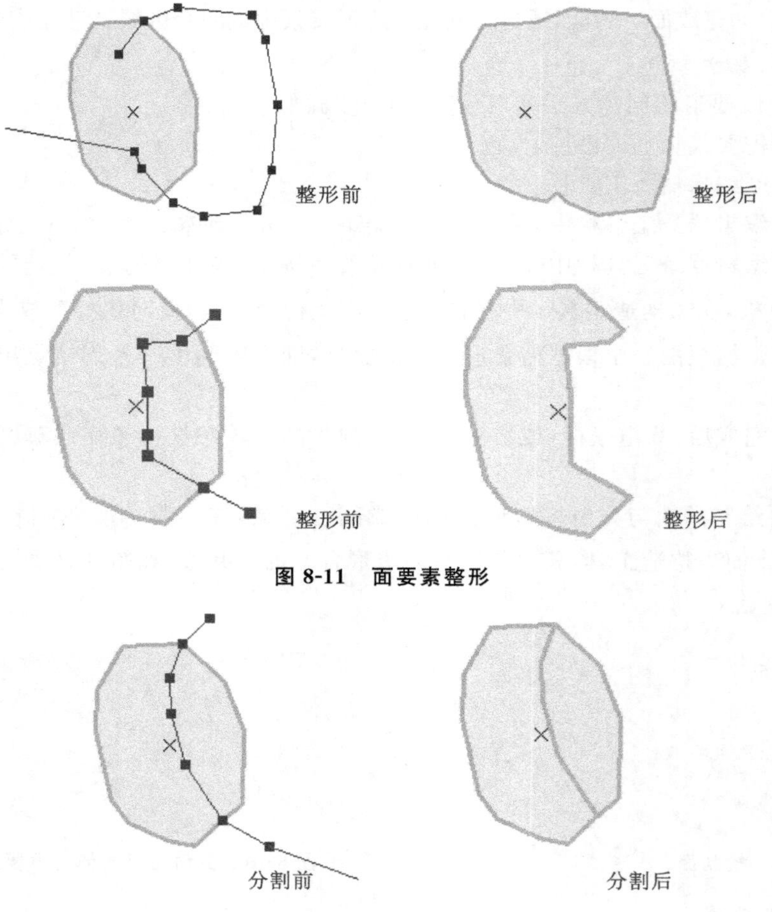

图 8-11　面要素整形

图 8-12　面要素分割

(3) 合并面要素。

①在＜编辑器＞工具栏中点击＜编辑工具＞按钮，按住＜Shift＞键，单击选中需要合并的两个或两个以上面要素，选择的要素只能在同一图层中。

②在＜编辑器＞工具栏中点击＜编辑器＞|＜合并＞，弹出＜合并＞对话框。

③在＜合并＞对话框中，选择合并到的要素，单击＜确定＞，完成合并面。

④所选择的要素将生成一个新的要素，同时选择的要素将被删除。

(4) 联合面要素。

①在＜编辑器＞工具栏中点击＜编辑工具＞按钮，按住＜Shift＞键，单击选中需要联合的两个或两个以上面要素，选择的要素可在不同图层，但图层文件类型需相同。

②在＜编辑器＞工具栏中点击＜编辑器＞|＜联合＞，弹出＜联合＞对话框。

③在＜联合＞对话框中，选择合并到的模板，单击＜确定＞，此时生成一个新的要素。

8.3　小班矢量化

在林业工作中，外业勾绘的区划图、伐区调查设计图、二类调查小班图等外业数据，通常需要经过矢量化后才能够用于其他操作，如计算小班面积、制图、生成缓冲面等。

8.3.1　独立小班矢量化

外业调查数据通过扫描成栅格图纸，地理配准后，使用面的基本编辑方法，按照外业勾绘的小班界线进行勾绘，具体操作方法如下。

（1）在 ArcMap 的＜标准工具＞工具条中点击 ＜添加数据＞按钮，选择已经过地理配准的外业调查栅格数据（路径为 data\Chap08\上新村 0200 林班外业手工图）。

（2）在 ArcCatalog 中，创建一个 shapefile 面文件，文件名为＜上新 0200 小班＞，并加载到 ArcMap 中。

（3）在＜标准工具＞工具栏上单击＜编辑器工具条＞按钮，打开＜编辑器＞工具栏。

（4）在＜编辑器＞工具栏中，单击＜编辑器＞|＜开始编辑＞命令，进入编辑状态。

（5）在＜编辑器＞工具栏中，单击＜创建要素＞按钮，在弹出的＜创建要素＞对话框中点击＜上新 0200 小班＞模板，此时＜构造工具＞中出现了多种构建要素工具，选择＜面＞构造工具，此时鼠标变成十字形。

（6）在＜数据视图＞中按照＜上新村 0200 林班外业手工图＞上小班编号为 1 的小班边界，连续单击鼠标，即可绘制由一系列结点组合而成的小班面，如图 8-13 所示。

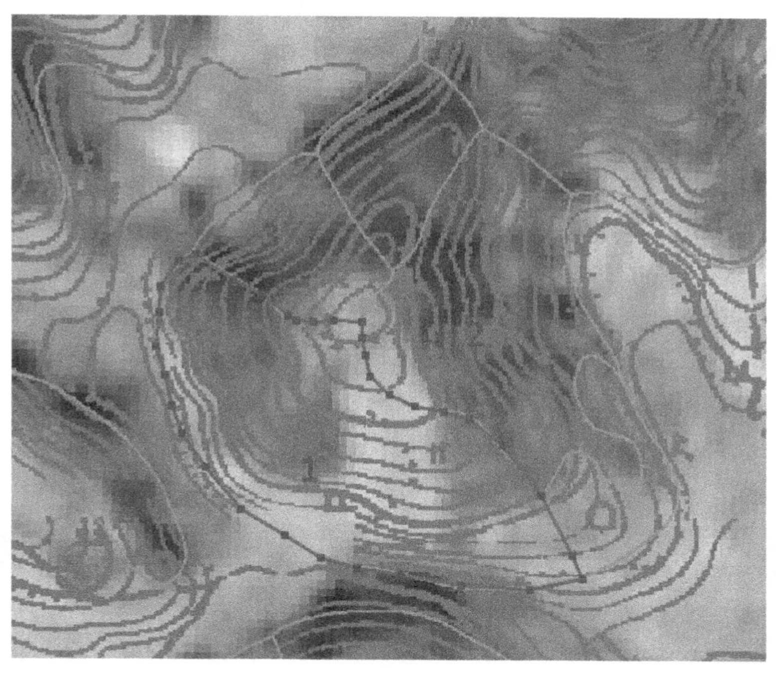

图 8-13　勾绘小班

（7）绘制小班 2 或小班 3 时，因为这两个小班跟小班 1 有相邻公共边，为了避免两个面之间有重叠或缝隙，应使用＜构造工具＞中的＜自动完成面＞工具勾绘小班。单击＜自动完成面＞命令，在＜视图窗口＞中按照小班 2 的边界绘制线段，线段的首尾截取小班 1 与小班 2 之间的公共边，双击鼠标，自动获取公共边生成一个新的面。

（8）若绘制的小班与多个小班相邻，如小班 3 与小班 1、小班 2 都相邻，用＜自动完成面＞工具绘制的线段截取与两个小班的公共边，双击鼠标，自动获取公共边生成一个新的面，如图 8-14 所示。

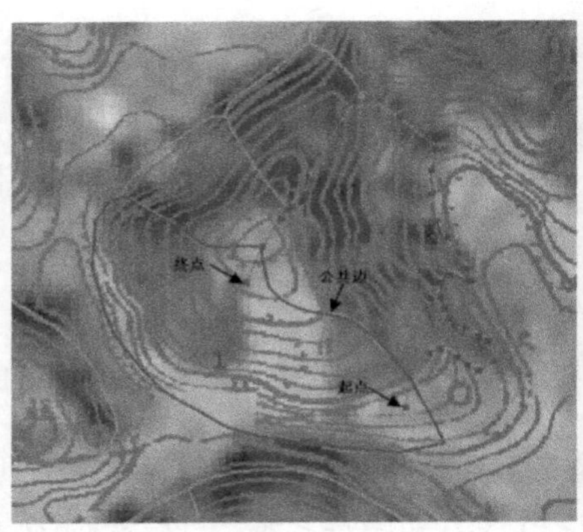

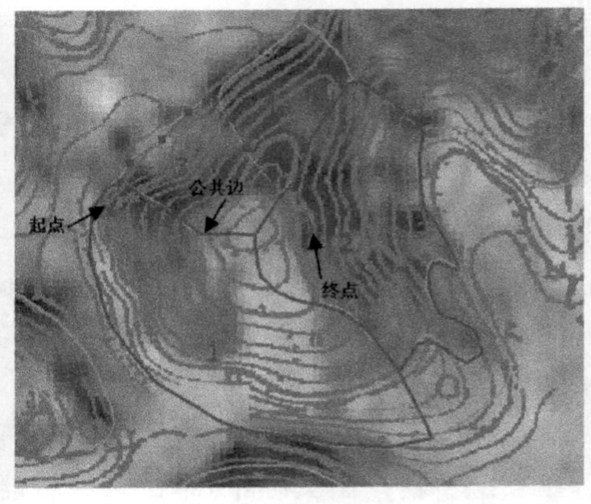

图 8-14　自动完成面

(9) 利用＜构造工具＞中的＜面＞或＜自动完成面＞两个工具，绘制林班中的其他小班。

(10) 绘制过程中，为避免数据丢失，需要常保存数据。在＜编辑器＞工具栏中单击＜编辑器＞丨＜保存编辑内容＞，保存数据。

(11) 绘制完成后，在＜编辑器＞工具栏中单击＜编辑器＞丨＜停止编辑＞，退出编辑。

8.3.2　在林班的基础上小班矢量化

在绘制大范围小班图时，可以先绘制大的范围，然后再利用分割工具进行分割，可以有效地减少小班勾绘错误。操作步骤如下。

(1) 在＜编辑器＞工具栏中，单击＜创建要素＞按钮，在弹出的＜创建要素＞对话框中点击＜上新 0200 小班＞模板，此时＜构造工具＞中出现了多种构建要素工具，选择＜面＞构造工具。

(2) 在＜数据视图＞中按照＜上新村 0200 林班外业手工图＞中上新村 0200 林班的林班线，连续单击鼠标，绘制由一系列结点组合而成的面，即林班面，如图 8-15 所示。

(3) 在＜编辑器＞工具栏中单击＜编辑工具＞，单击选中林班面。

(4) 单击＜编辑器＞工具栏中的＜裁切面工具＞按钮，从林班边缘开始切割，如图 8-16 所示。

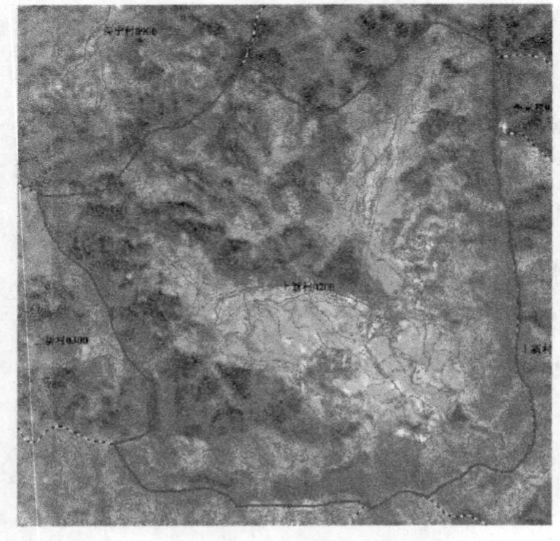

图 8-15　绘制林班界

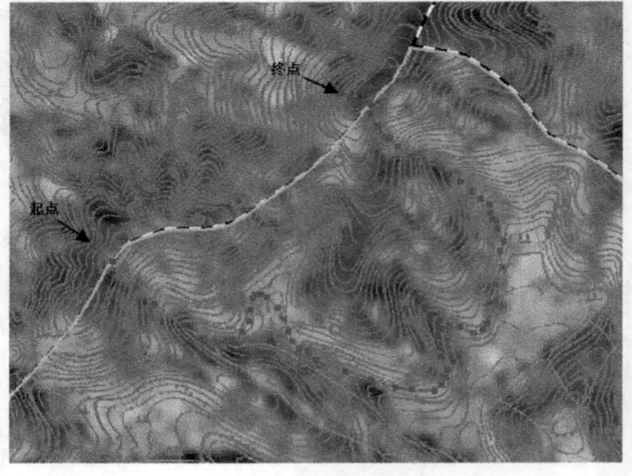

图 8-16　切割林班面

(5) 选中未分割的部分，单击 ＜裁切面工具＞按钮，继续分割小班，如图 8-17 所示。

(6) 重复步骤(5)，直到所有小班都按勾绘的界线分割成独立的面，完成后如图 8-18 所示。

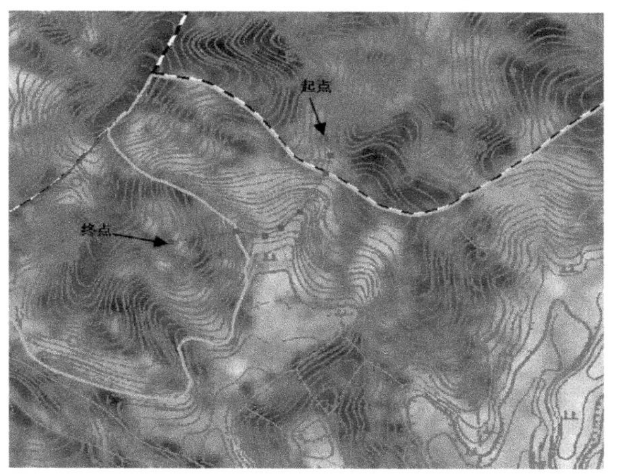

图 8-17　切割林班面

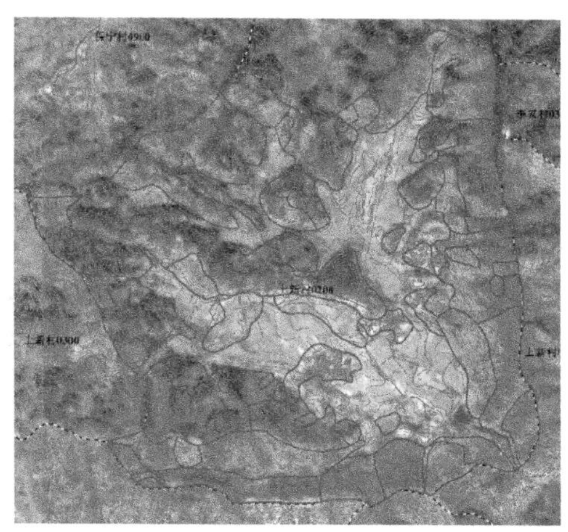

图 8-18　完成小班分割

8.4　GPS 采集点生成小班

在工作中，如果小班的边界是通过 GPS 收集到的一系列坐标点，那么 ArcGIS 可以提供一些工具将 GPS 坐标点转换为小班面。操作方法为：按要求创建 dbf 或 Excel 点文件，用点文件创建 shp 格式的点集，然后进行点转线、线转面。

8.4.1　创建 dbf 或 Excel 点文件

利用 GPS 采集的点坐标信息创建一个 dbf 或 Excel 的点文件，文件格式要求第一列为点号，第二列为 X 坐标，第三列为 Y 坐标，具体格式如图 8-19 所示。

8.4.2　生成点集文件

(1) 在 ArcMap 工具栏中的＜标准工具＞工具条上，单击 ＜目录＞按钮，启动 ArcCatalog，找到用于创建点文件的 dbf 或 Excel 点文件(路径为 Chap08\gps_point.dbf)。

(2) 在目标文件上右击鼠标，在弹出的窗口中单击＜创建要素类＞|＜从 XY 表(X)＞，打开＜从 XY 表创建要素类＞对话框。

❑在＜从 XY 表创建要素类＞对话框中＜X 字段＞中选择点集的 X 坐标列，在＜Y 字段＞中选择点集的 Y 坐标列。

❑单击＜输入坐标的坐标系＞按钮，进入＜空间参考属性＞对话框，单击＜投影坐标系＞|＜Gauss Kruger＞|＜Xian1980＞，在＜Xian1980＞下拉列表中选择＜Xian1980_3_Degree_GK_Zone_36＞(西安 80 投影坐标系，3°分带，36°带)，如图 8-20 所示。

❑在＜输出＞文本框中，设置新生成的点文件的存放路径，如图 8-21 所示。

(3) 单击＜确定＞按钮，在设定路径下生成点坐标文件。

id	x	y
0	36594663.3005	2623459.70554
1	36594690.3332	2623494.66388
2	36594746.4082	2623513.76626
3	36594821.1504	2623518.68071
4	36594902.2651	2623567.93013
5	36594968.5479	2623619.64168
6	36595005.7322	2623661.22555
7	36595030.128	2623692.29326
8	36595070.7885	2623736.20611
9	36595095.4496	2623781.32725
10	36595121.9941	2623783.81986
11	36595193.6984	2623761.86773
12	36595255.1989	2623711.15028
13	36595296.6499	2623657.09468
14	36595341.065	2623632.59672
15	36595324.6032	2623590.95006
16	36595281.4296	2623549.89215
17	36595272.9701	2623537.0782
18	36595229.5088	2623498.5076
19	36595229.8365	2623450.55867
20	36595208.8221	2623376.93616
21	36595177.4053	2623363.86553
22	36595163.9281	2623338.19329

图 8-19 dbf 点文件格式

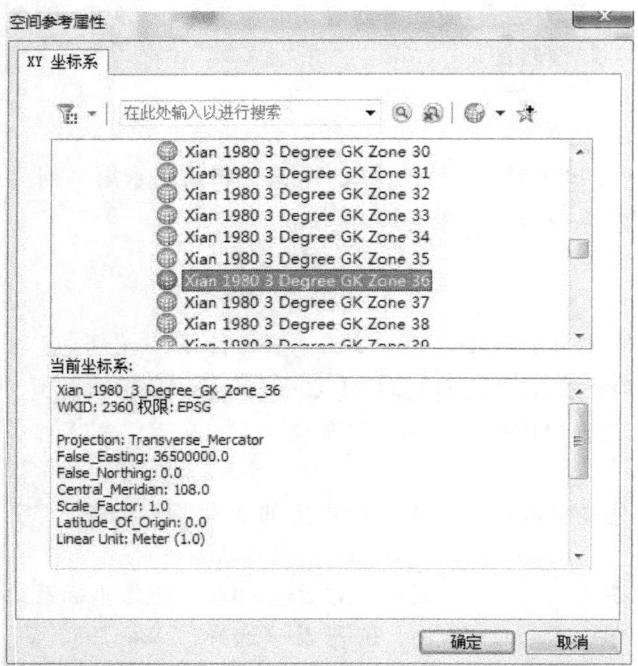

图 8-20 设置坐标点坐标系

图 8-21 从 XY 表创建要素类

8.4.3　点转线

(1) 加载生成的点文件到 ArcMap 中,如图 8-22 所示。

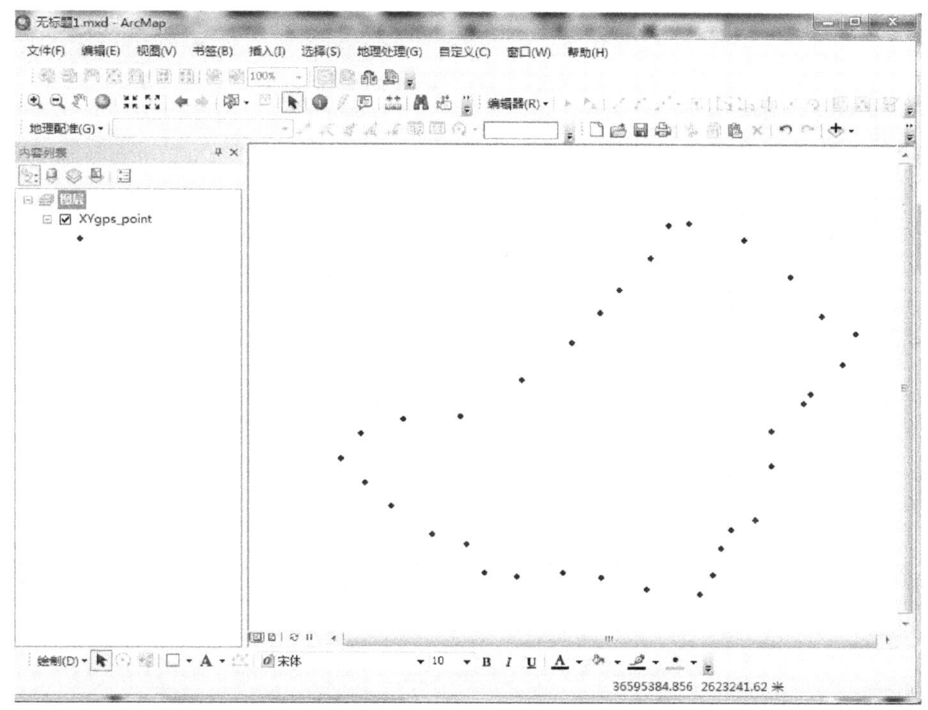

图 8-22　加载点文件

(2) 在 ArcMap 工具栏中的＜标准工具＞工具条上,单击 ＜ArcToolbox＞按钮,启动＜ArcToolbox＞。

(3) 在＜ArcToolbox＞窗口单击＜数据管理工具＞|＜要素＞|＜点集转线＞,打开＜点集转线＞对话框。

❑＜输入要素＞:下拉选择用于转线的点文件。

❑＜输出要素类＞:设置输出路径。

❑勾选＜闭合线＞前的复选框,如图 8-23 所示。

(4) 单击＜确定＞按钮,开始后台运行点集转线操作,操作完成后,新生成的线文件将自动加载到 ArcMap 中,如图 8-24 所示。

8.4.4　线转面

(1) 在＜ArcToolbox＞窗口单击＜数据管理工具＞|＜要素＞|＜要素转面＞,打开＜要素转面＞对话框。

(2) 在＜要素转面＞对话框中,＜输入要素＞文本框中下拉选择用于转面的线文件,在＜输出要素类＞文本框中设置输出路径,如图 8-25 所示。

(3) 单击＜确定＞按钮,开始后台运行要素转面操作,操作完成后,新生成的面文件将自动加载到 ArcMap 中,如图 8-26 所示。

点集转线

输入要素

XYgps_point

输出要素类

D:\Documents\ArcGIS\Default.gdb\XYgps_point_PointsToLine

线字段（可选）

id

排序字段（可选）

FID

☑ 闭合线（可选）

确定　取消　环境...　显示帮助 >>

图 8-23　点集转线

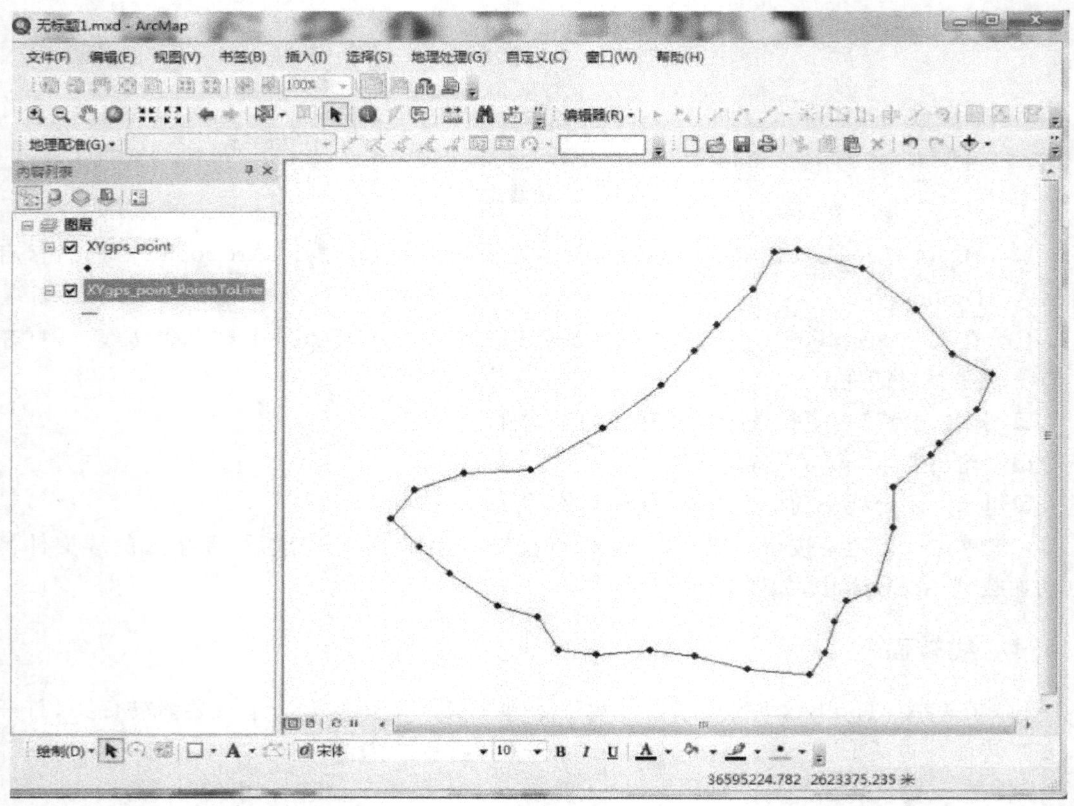

图 8-24　新生成线文件

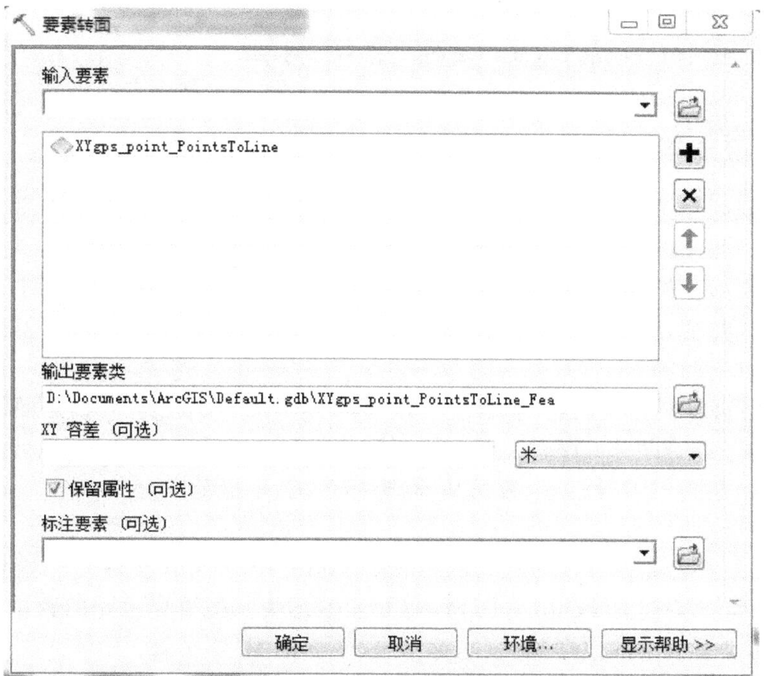

图 8-25　要素转面

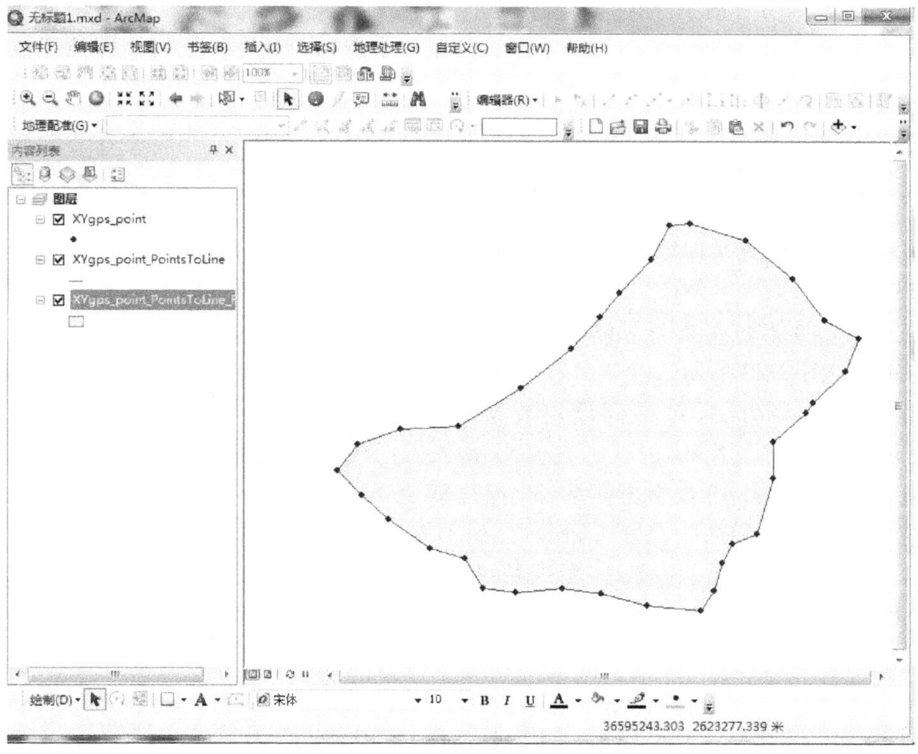

图 8-26　生成面要素

8.5 小班空间数据的错误检查与编辑

8.5.1 拓扑检查与编辑

拓扑是指规则和关系的集合再加上一系列的工具和技术，旨在揭示地理空间世界中的地理几何关系。在 GIS 中，拓扑的主要功能就是用于保证数据质量，同时也为模拟地理空间现象提供一个模型框架，在这个框架中，地理实体被赋予了行为、有效性规则、属性域以及默认值。利用这些特征，能够通过计算机描述的空间实体真实地模拟现实的地理空间。

拓扑分为以下两种。

❑一个图层自身拓扑：数据类型肯定一致，要么是点、要么是线、要么是面。

❑两个图层之间的拓扑：数据类型可能不同，有点点、线点、点面、线面、线线、面面五种，检查前提是必须在同一要素集下，数据基础（坐标系统、坐标范围）要一致。

1）创建拓扑

ArcGIS 的拓扑都是基于 Geodatabase（mdb，gdb，sde），shp 文件是不能进行拓扑检查的。创建拓扑，首先要建立 Feature Dataset（要素数据集），把需要检查的数据放在同一要素集下，要素集和检查数据的数据基础（坐标系统、坐标范围）要一致。

（1）创建要素数据集。

①在 ArcMap 工具栏中的＜标准工具＞工具条上，单击＜目录＞按钮，启动 ArcCatalog。

②右击存放地理数据库的文件夹，在弹出的菜单中选择＜新建＞|＜文件地理数据库＞，创建文件地理数据库，如图 8-27 所示。

③修改文件地理数据库名称。在 ArcCatalog 目录树中选中新生成的文件地理数据库文件，单击文件名，变为可编辑的文本框，修改文件名为＜拓扑检查文件地理数据库＞，按＜Enter＞键保存。

④右击＜拓扑检查文件地理数据库＞，在弹出的菜单中选择＜新建＞|＜要素数据集＞，如图 8-28 所示。

⑤在＜新建要素数据集＞对话框中。输入要素数据集的名称为＜topolopy＞，单击＜下一步＞按钮，如图 8-29 所示。

⑥打开空间参考设置对话框设定要素数据集的空间坐标，单击＜投影坐标系＞|＜Gauss Kruger＞|＜Xian1980＞，在＜Xian1980＞下拉列表中选择＜Xian 1980_3_Degree_GK_Zone_36＞（西安 80 投影坐标系，3°分带，36°带），单击＜下一步＞按钮。

⑦进入＜垂直坐标系＞设置对话框，此处不需设置，单击＜下一步＞按钮。

⑧打开＜XY＞容差设置窗口，根据精度需求设置容差值，在此选择默认值，如图 8-30 所示，单击＜完成＞按钮，完成新建要素数据集。

⑨单击＜完成＞，完成新建要素数据集。

（2）导入数据。

①右击新建的名为＜topolopy＞的数据集，在弹出的菜单中单击＜导入＞|＜要素类（多个）＞命令，如图 8-31 所示；打开＜要素类至地理数据库＞对话框。

②在＜要素类至地理数据库＞对话框的＜输入要素＞中，添加需要建立拓扑的空间数

图 8-27　创建文件地理数据库

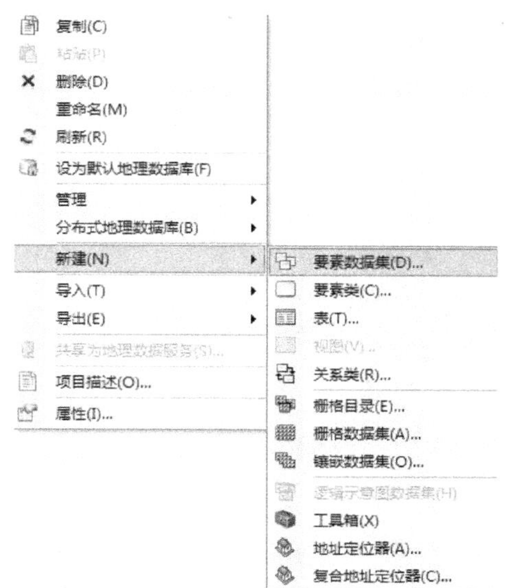

图 8-28　新建数据集

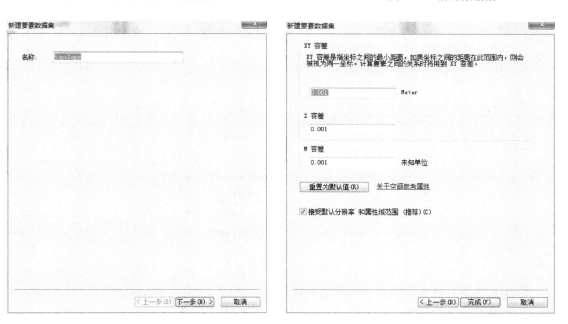

图 8-29　新建要素数据集

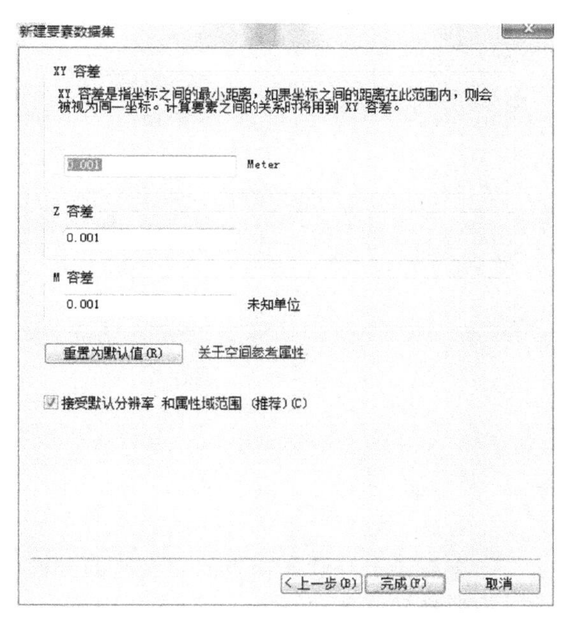

图 8-30　XY 容差值设置

据(路径为 data\Chap08\topolopy\xb_in)，如图 8-32 所示。

③单击＜确定＞按钮，运行导入，导入完成后，数据集自动加载到 ArcMap 中。

(3) 建立拓扑。

①在 ArcCatalog 中，右击＜topolopy＞数据集，在弹出的菜单中单击＜新建＞|＜拓扑＞命令，如图 8-33 所示，打开＜新建拓扑＞对话框。

②在＜新建拓扑＞对话框中单击＜下一步＞按钮，输入拓扑名称和拓扑容差，也可选择默认，单击＜下一步＞按钮。

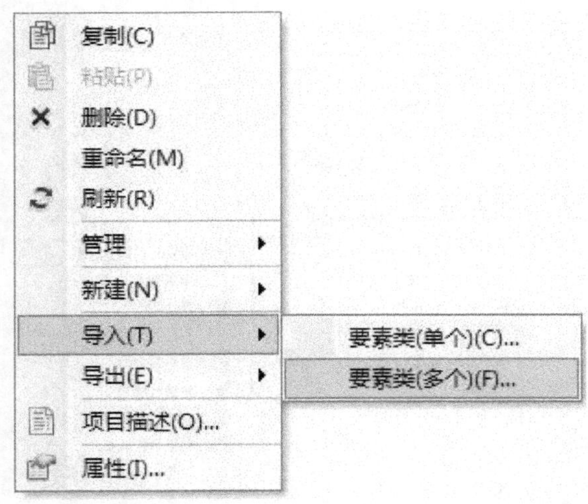

图 8-31 导入数据

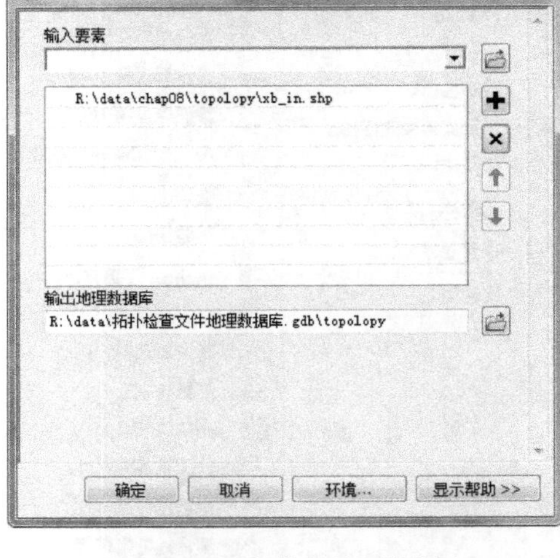

图 8-32 要素类至地理数据库

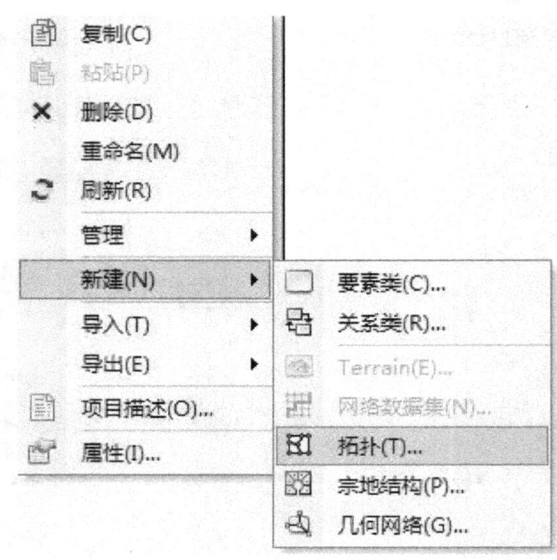

图 8-33 新建拓扑

③在需要参与到拓扑中的要素前的方框中打钩，单击<下一步>按钮。

④选择默认值，单击<下一步>按钮。

⑤在设定拓扑规则窗口，单击<添加规则>按钮，打开<添加规则>对话框，如图 8-34 所示。

❑在<要素类的要素>文本框中选择<xb_in>。

❑在<规则>文本框中的下拉列表中选择拓扑规则。

⑥单击<确定>按钮。

⑦重复上述操作可设置多个拓扑规则，在此添加两个检查单一面要素常用的两个拓扑规则<不能重叠>和<不能有空隙>，如图 8-35 所示。

⑧单击<下一步>按钮，检查新建的拓扑参数，参数无误可单击<完成>按钮，完成拓扑的创建，若参数有误，可单击<上一步>按钮修改参数。

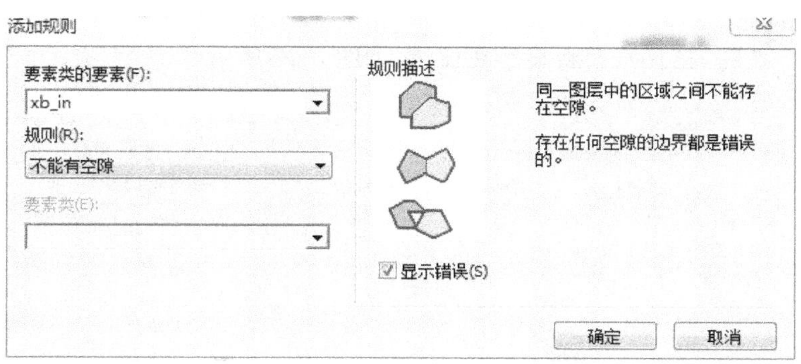

图 8-34　添加拓扑规则

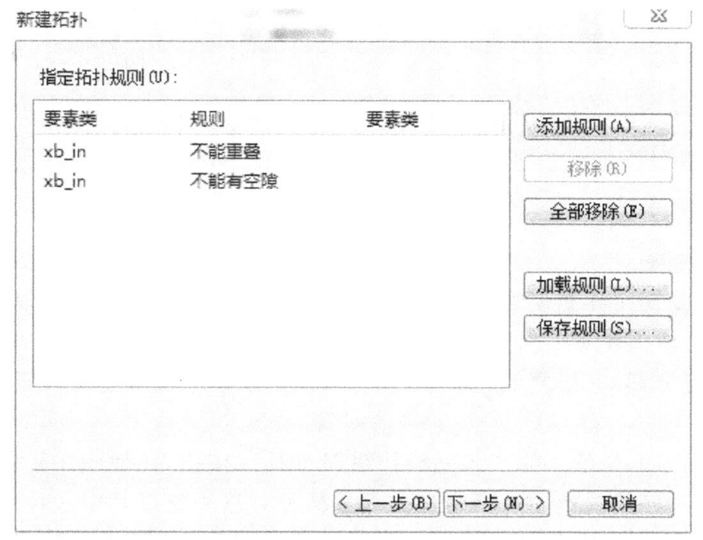

图 8-35　添加拓扑规则

2）拓扑验证

（1）加载新创建的拓扑<topolopy_topology>文件到 ArcMap 中，在弹出的对话框中单击<是>按钮，同时添加参与拓扑的图层<xb_in>。

（2）在 ArcMap 的菜单栏中单击<自定义>|<工具条>|<拓扑>命令，打开<拓扑>工具条，此时<拓扑>工具条中的工具都呈灰色不可用状态。

（3）在<编辑器>工具条中单击<编辑器>|<开始编辑>，选择编辑图层<xb_in>，单击<确定>按钮，开启编辑功能。此时<拓扑>工具条中的工具可用，如图 8-36 所示。

图 8-36　拓扑工具条

（4）在<拓扑>工具条上单击<验证当前范围中的拓扑>按钮，开始验证拓扑。

（5）在<拓扑>工具条上单击<错误检查器>按钮，打开<错误检查器>窗口。

(6) 在＜错误检查器＞窗口中的＜显示＞下拉列表中选择＜所有规则中的错误＞，单击＜立即搜索＞按钮，拓扑错误将显示在窗口，如图 8-37 所示。

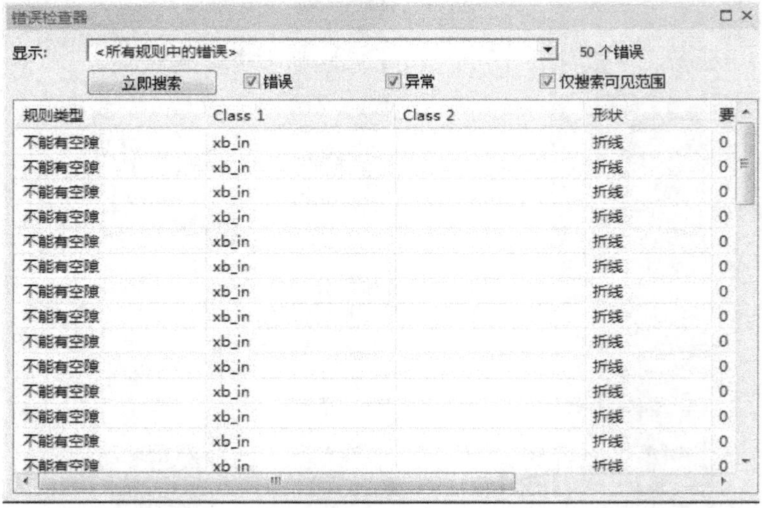

图 8-37 错误检查器

3) 修复拓扑错误

在验证拓扑、发现拓扑错误之后，需要将所有的错误都修复，最终获得没有任何错误的数据。不同的拓扑错误类型有各自不同的修复方法。在 ArcMap 中针对各种拓扑错误类型提供了预定义修复方案，在修复时选择其中一种修复方案进行修复。预定义修复方法有以下两种。

❑使用＜拓扑＞工具条上的＜修复拓扑错误工具＞按钮，在地图中选择错误后右击，在弹出的菜单中，针对该错误类型从预定义的大量修复方法中选择其中一种进行修复。

❑在＜拓扑＞工具条中单击＜错误检查器＞按钮，打开＜错误检查器＞窗口，右击＜错误检查器＞其中的一条错误条目，在弹出的菜单中，单击＜平移至＞或＜缩放至＞命令，平移或缩放到地图中的错误位置，选择针对此错误类型的预定义修复方法。

在编辑过程中，每次保存编辑内容都会自动清空＜错误检查器＞窗口中的错误条目，单击＜错误检查器＞对话框中的＜立即搜索＞按钮，可以使错误条目重新显示出来，此做法可确保＜错误检查器＞对话框中显示的始终是最新的错误和异常信息。

(1) 不能有空隙错误修复。

①在＜拓扑＞工具条中单击＜错误检查器＞按钮，打开＜错误检查器＞窗口，右击＜错误检查器＞其中一条不能有空隙的错误条目，在弹出的菜单中，单击＜平移至＞或＜缩放至＞命令，平移或缩放到地图中的错误位置，此时被选中的错误呈黑色高亮状态，如图 8-38 所示。

②在＜错误编辑器＞窗口中，右击选中的错误条目，在弹出的菜单中选择＜创建要素＞命令，如图 8-39 所示。此时在地图上有空隙的地方会自动生成一个面，在＜错误检查器＞窗口的列表中，此错误条目消失。

③在＜编辑器＞工具条中单击＜编辑工具＞按钮，在地图中选中新生成的面和相邻的面，如图 8-40 所示。

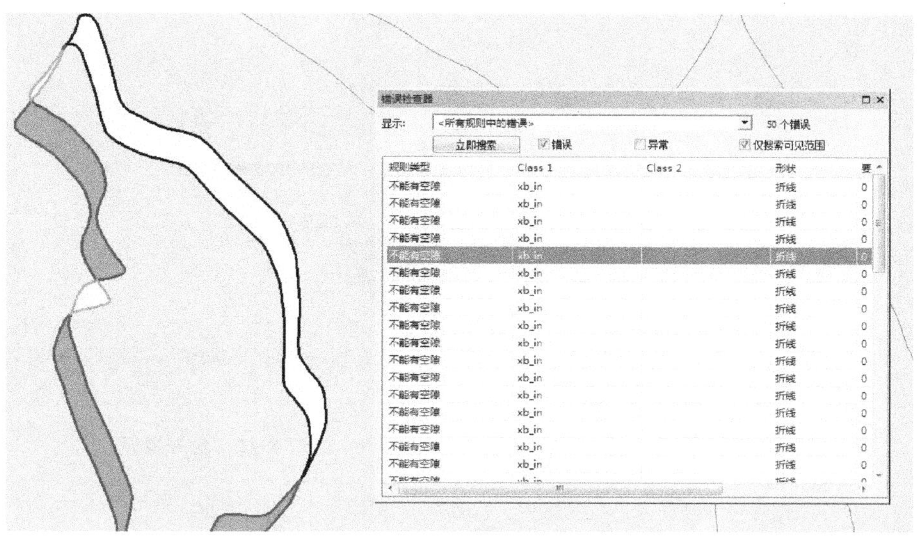

图 8-38　选择拓扑错误

错误检查器

显示: <所有规则中的错误>　47 个错误

立即搜索　☑错误　☑异常　☑仅搜索可见范围

规则类型	Class 1	Class 2	形状	要素 1
不能有空隙	xb_in		折线	0
不能有空隙	xb_in		折线	0
不能有空隙	xb_in		折线	0
不能有空隙	xb_in		折线	0
不能有空隙	xb_in		折线	0
不能有空隙	xb_in		折线	0
不能有空隙	xb_in		折线	0
不能有空隙	xb_in		折线	0
不能有空隙			折线	0
不能有空隙			折线	0
不能有空隙			折线	0
不能有空隙			折线	0
不能有空隙			折线	0
不能有空隙			折线	0
不能有空隙			折线	0
不能有空隙			折线	0
不能有空隙	xb_in		折线	0
不能有空隙	xb_in		折线	0
不能有空隙	xb_in		折线	0
不能有空隙	xb_in		折线	0
不能有空隙	xb_in		折线	0
不能有空隙	xb_in		折线	0
不能有空隙	xb_in		折线	0
不能重叠	xb_in		面	1699
不能重叠	xb_in		面	1699
不能重叠	xb_in		面	1699

缩放至(Z)
平移至(P)
选择要素(F)
显示规则描述(D)...
创建要素
标记为异常(X)
标记为错误(E)

图 8-39　选择预定义修复方法

④在<编辑器>工具栏中，单击<编辑器>|<合并>命令，在<合并>对话框中，单击选择合并到的面要素，此时在地图上选中的要素呈绿色高亮闪烁状态，如图 8-41 所示。

⑤单击<确定>按钮，完成的修复不能有空隙错误，如图 8-42 所示。

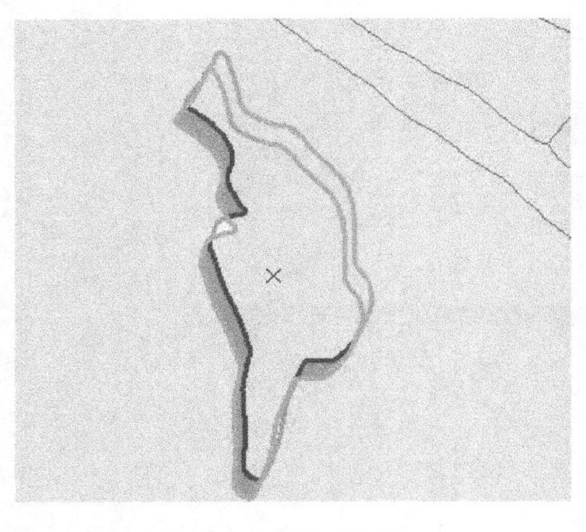

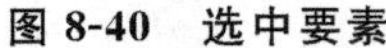

图 8-40　选中要素

图 8-41　合并要素

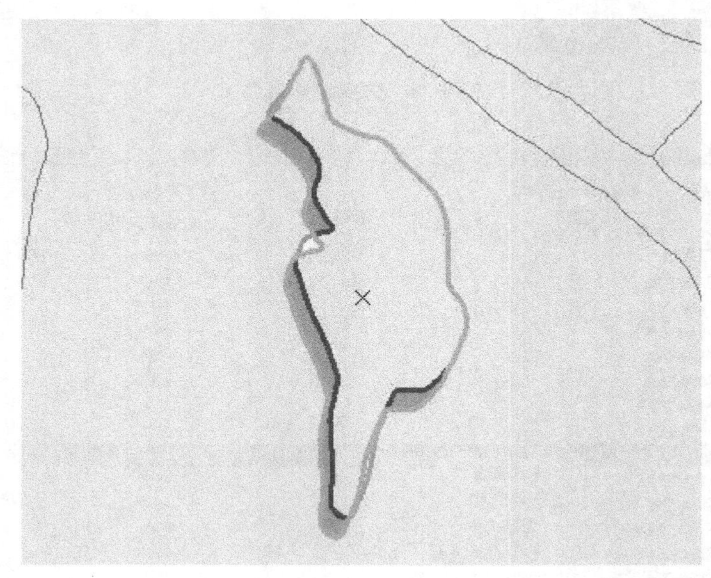

图 8-42　修复不能有空隙错误

⑥重复①至⑤步骤，修复其他不能有空隙的错误条目。

(2) 不能重叠错误修复。

①在＜拓扑＞工具条中单击＜错误检查器＞按钮，打开＜错误检查器＞窗口，右击＜错误检查器＞其中一条不能重叠的错误条目，在弹出的菜单中，单击＜平移至＞或＜缩放至＞命令，平移或缩放到地图中的错误位置，此时被选中的错误呈黑色高亮状态，如图 8-43 所示。

②在＜错误编辑器＞窗口中，右击选中的错误条目，在弹出的菜单中选择＜合并＞命令，如图 8-44 所示。

③在弹出的＜合并＞对话框中，选择要合并到的面要素，此时在地图上选中的要素呈绿色高亮闪烁状态，如图 8-45 所示。

④单击＜确定＞按钮，完成修复不能有重叠错误，如图 8-46 所示。

⑤重复①至④步骤，修复其他不能有空隙错误条目。

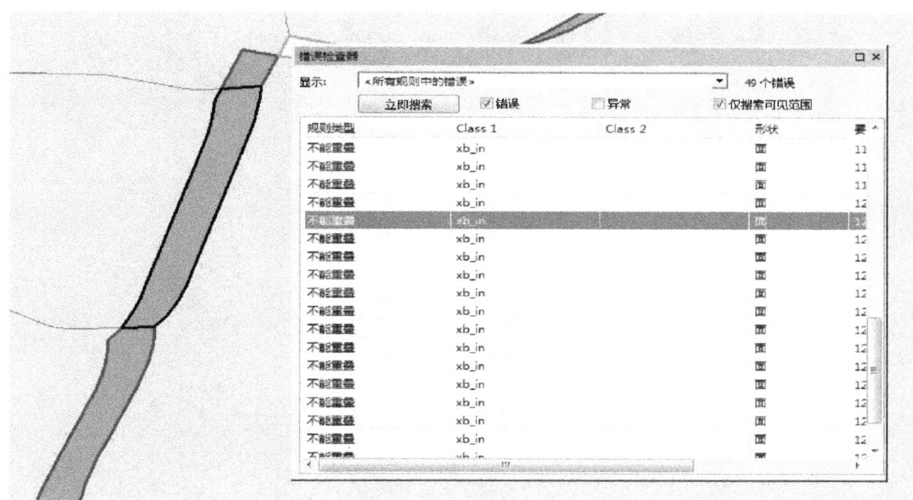

图 8-43　选择拓扑错误

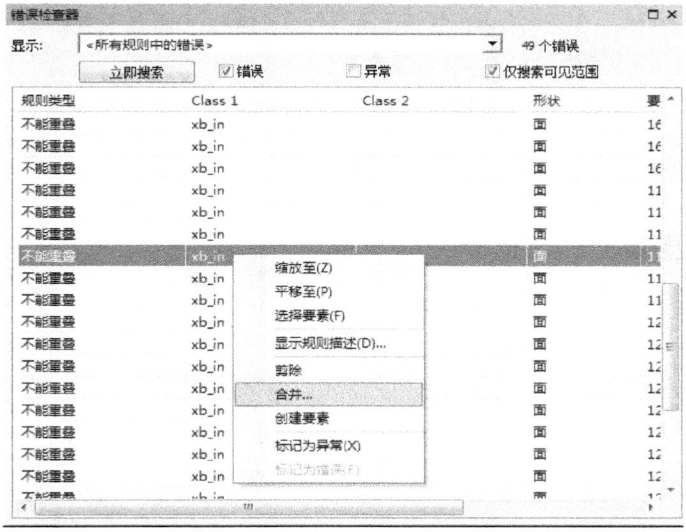

错误检查器

显示: <所有规则中的错误>　49 个错误

立即搜索　☑错误　☐异常　☑仅搜索可见范围

规则类型	Class 1	Class 2	形状	要
不能重叠	xb_in		面	16
不能重叠	xb_in		面	16
不能重叠	xb_in		面	16
不能重叠	xb_in		面	11
不能重叠	xb_in		面	11
不能重叠	xb_in		面	11
不能重叠	xb_in		面	11
不能重叠	xb_in		面	11
不能重叠	xb_in		面	11
不能重叠	xb_in		面	12
不能重叠	xb_in		面	12
不能重叠	xb_in		面	12
不能重叠	xb_in		面	12
不能重叠	xb_in		面	12
不能重叠	xb_in		面	12
不能重叠	xb_in		面	12
不能重叠	xb_in		面	12

缩放至(Z)
平移至(P)
选择要素(F)
显示规则描述(D)...
剪除
合并...
创建要素
标记为异常(X)
标记为错误(E)

图 8-44　选择修复方法

图 8-45　合并重叠错误

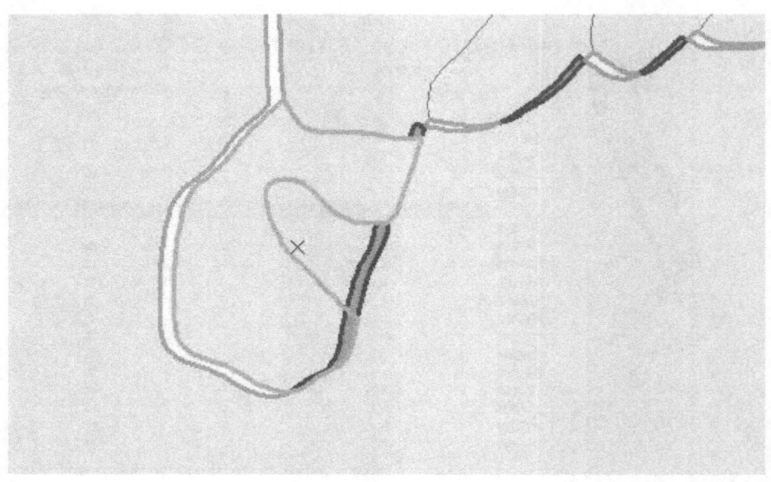

图 8-46　修复不能重叠错误

提示：

在 ArcMap 中，预定义修复不能重叠的错误还有另外两种方法，分别为＜减除＞和＜创建要素＞。

①＜减除＞方法是将重叠部分作为一个要素删除。

②＜创建要素＞方法是将重叠部分重新生成一个独立的要素。

相对＜减除＞和＜创建要素＞两种方法，＜合并＞方法操作简单、有效，通常情况下修复不能重叠错误选择＜合并＞方法，特殊情况另当别论。

8.5.2　多部件要素检查与拆分

多部件要素是指将在空间上分离的两个以上的元素合并成为一个要素，在图层属性表上一个多部件要素只有一个记录，如图 8-47 所示，一个记录包含有四个在空间上分离的元素，这个记录的图形就属于多部件要素。小班图层空间数据不允许有多部件要素存在，因此在小班矢量化完成后要进行多部件要素检查，如果存在多部件要进行拆分。多部件的拆分可以通过工具栏操作来实现，也可以通过工具箱来完成。

1) 多部件要素检查

(1) 启动 ArcMap，添加要进行多部件检查的数据“030418. shp”(路径为 data\Chap08\多部件\030418. shp)。

(2) 在＜内容列表＞上右击“030418”，在弹出的菜单中选＜打开属性表＞命令，添加＜Mutilpart＞字段，字段类型为文本，长度为 6。

(3) 在属性表上右击＜Mutilpart＞字段，在弹出的菜单中选＜字段计算器＞命令，打开＜字段计算器＞对话框。

(4) 在＜字段计算器＞对话框上，选择语言＜Python＞，在赋值部分输入＜! shape. ismultipart! ＞，如图 8-48 所示。

(5) 单击＜确定＞，＜Mutilpart＞字段计算结果为＜TRUE＞的为多部件，结果为＜FALSE＞的为单部件。在属性表上右击＜Mutilpart＞字段，选择＜降序排序＞，如图8-49 所示，有两个多部件。

(6) 如果记录数较多，可以通过按属性选择(参考 9. 5. 1 节)的方法选出多部件。

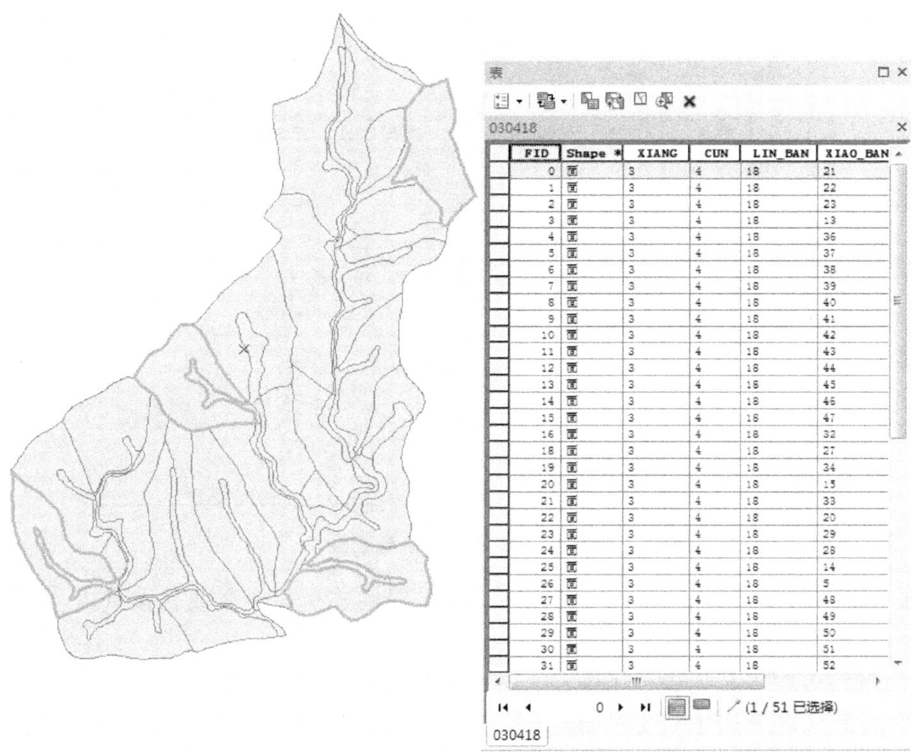

图 8-47　多部件要素

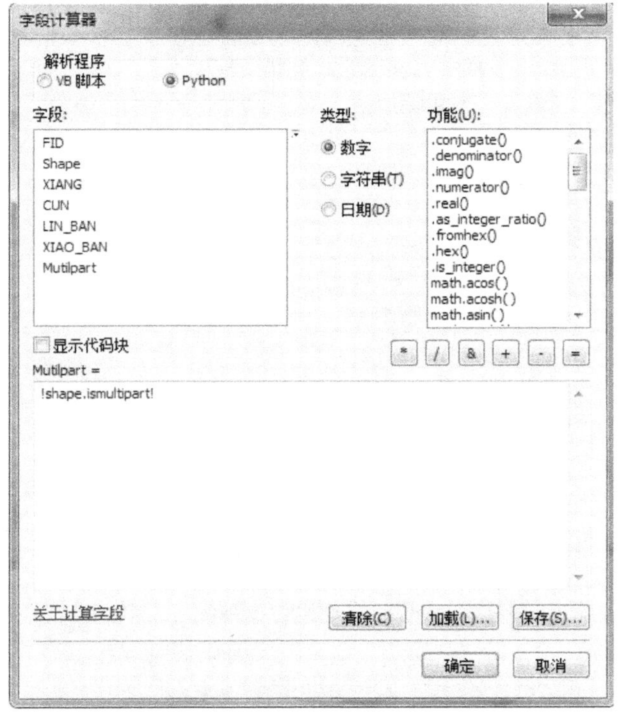

图 8-48　<字段计算器>对话框

表

030418

FID	Shape	XIANG	CUN	LIN_BAN	XIAO_BAN	Mutilpart
17	面	3	4	18	34	TRUE
34	面	3	4	18	24	TRUE
0	面	3	4	18	22	FALSE
1	面	3	4	18	23	FALSE
2	面	3	4	18	13	FALSE
3	面	3	4	18	36	FALSE
4	面	3	4	18	37	FALSE
5	面	3	4	18	38	FALSE
6	面	3	4	18	39	FALSE
7	面	3	4	18	40	FALSE
8	面	3	4	18	41	FALSE
9	面	3	4	18	42	FALSE
10	面	3	4	18	43	FALSE
11	面	3	4	18	44	FALSE
12	面	3	4	18	45	FALSE
13	面	3	4	18	46	FALSE
14	面	3	4	18	47	FALSE

0 (2 / 51 已选择)

030418

图 8-49　多部件要素检查结果

①在<表>窗口单击 <表选项>|<按属性选择>命令或直接点击 <按属性选择>按钮，打开<按属性选择>对话框。

②<方法>：在下拉列表框中选择合适的方法，这里选择<创建新的内容>。

③<字段>：在列表中双击<Mutilpart>字段，<Mutilpart>字段添加到表达式文本框中，单击运算符按钮<=>，<=>添加到表达式文本框中，单击<获取唯一值>按钮，<FALSE>、<TRUE>显示在列表框中，双击<TRUE>，如图 8-50 所示。

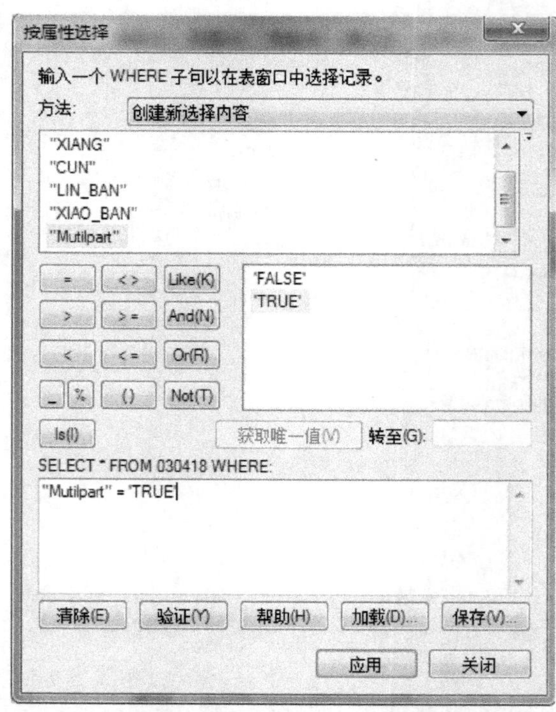

图 8-50　多部件按属性选择对话框

④单击＜确定＞，选中多部件的记录，如图 8-51 所示。

表

030418

	FID	Shape	XIANG	CUN	LIN_BAN	XIAO_BAN	Mutilpart
▸	17	面	3	4	18	34	TRUE
	34	面	3	4	18	24	TRUE

1　(2 / 51 已选择)

030418

图 8-51　多部件按属性选择结果

2）多部件拆分

(1) 使用＜高级编辑＞工具条进行拆分。

①在＜编辑器＞工具条中，单击＜编辑器＞|＜开始编辑＞，选择需要多部件拆分的图层。

②在工具栏空白处右击，选中＜高级编辑＞，调出＜高级编辑＞工具条。

③按上述方法选中要拆分的多部件的记录。

④单击＜高级编辑＞工具条上＜拆分多部件要素＞| 按钮，多部件要素的各部分将变为独立的要素，每个要素都将被赋予相同的属性值。

(2) 使用工具箱的命令进行拆分。

①单击 ArcMap＜标准菜单＞的 ＜ArcToolbox＞按钮，打开＜ArcToolbox＞工具箱。

②在＜ArcToolbox＞工具箱中双击＜数据管理工具＞|＜要素＞|＜多部件至单部件＞，打开＜多部件至单部件＞对话框，如图 8-52 所示。

图 8-52　数据裁剪操作

❑＜输入要素＞：输入数据（路径为 data\Chap08\多部件\030418.shp）。

❑＜输出要素类＞：指定输出要素的保存路径和名称。

③单击＜确定＞按钮，完成多部件至单部件操作。

提示：

使用＜高级编辑＞工具条进行拆分时，只对选中的要素进行拆分；使用工具箱的命令进行拆分时，不需要选中多部件的记录。

第 9 章　属性表的编辑

属性表是数据库的一个组成部分，包含了一系列的行和列。其中行叫记录，代表一个地理要素，如一个小班、一条公路、一条河流或一所学校；列叫字段，用来描述地理要素的一种属性，如长度、面积、名称等。每一个要素图层都有与之关联的属性表，但是属性表可以单独存在而不与任何要素图层关联。

9.1　属性数据库的建立

在创建 Shapefield 图层时，图层对应的属性表也同时生成，但是自动生成的属性表字段有限，仅包含＜FID＞＜Shape＞＜Id＞三个字段，要丰富属性表内容，需要添加字段，建立图层文件的属性数据库。在 ArcMap 中，提供了方便添加删除字段的功能。值得注意的是，当图层处于编辑状态时，是不能对属性表中的字段进行添加、删除操作的。

9.1.1　添加字段

若要为要素储存一个新的属性，就需要在其属性表中添加一个新的字段，添加操作如下。

(1) 在＜内容列表＞中，右击需要添加字段的图层，在弹出的菜单中选＜打开属性表＞命令，打开＜表＞窗口，如图 9-1 所示。

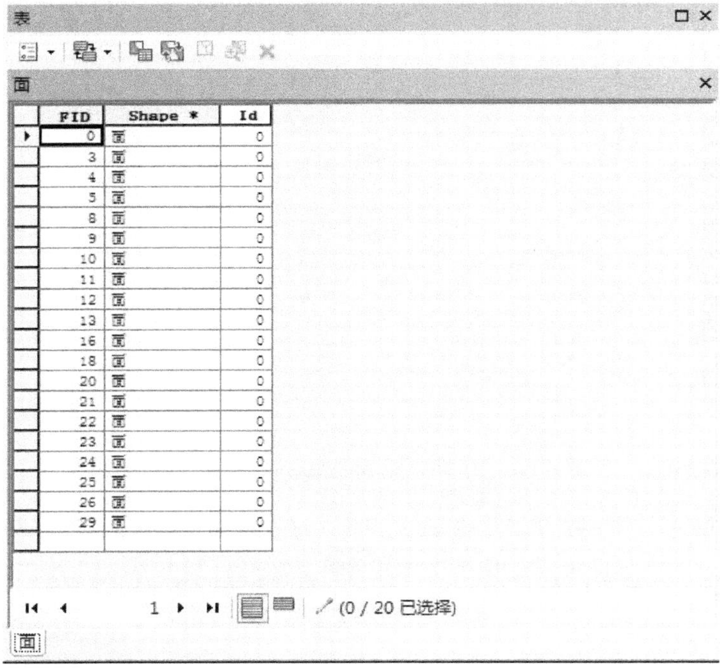

表

面

FID	Shape *	Id
0	面	0
3	面	0
4	面	0
5	面	0
8	面	0
9	面	0
10	面	0
11	面	0
12	面	0
13	面	0
16	面	0
18	面	0
20	面	0
21	面	0
22	面	0
23	面	0
24	面	0
25	面	0
26	面	0
29	面	0

1　(0 / 20 已选择)

面

图 9-1　打开属性表

(2) 在＜表＞窗口单击＜表选项＞|＜添加字段＞命令，打开＜添加字段＞对话框。

(3) 在＜添加字段＞对话框的＜名称＞文本框中填入字段名称，在＜类型＞下拉列表中选择字段类型。

(4) 在＜字段属性＞列表框中设置该字段的属性，如图 9-2 所示。

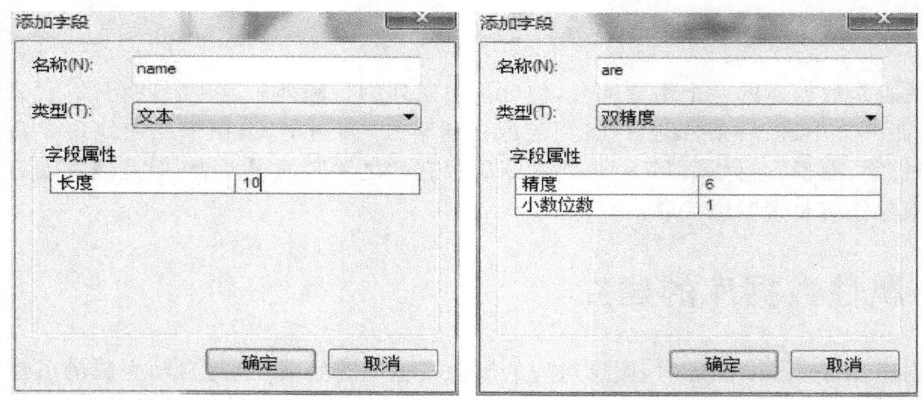

图 9-2 添加字段

(5) 单击＜确定＞按钮，此时在＜表＞中出现了新添加的字段，如图 9-3 所示。

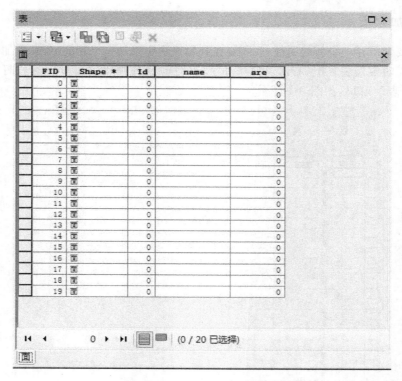

表

面

FID	Shape *	Id	name	are
0	面	0		0
1	面	0		0
2	面	0		0
3	面	0		0
4	面	0		0
5	面	0		0
6	面	0		0
7	面	0		0
8	面	0		0
9	面	0		0
10	面	0		0
11	面	0		0
12	面	0		0
13	面	0		0
14	面	0		0
15	面	0		0
16	面	0		0
17	面	0		0
18	面	0		0
19	面	0		0

0 (0 / 20 已选择)

面

图 9-3 表中的新添加字段

9.1.2 删除字段

当不需要某个字段时，可以将其删除。删除字段是不能够撤销的操作，删除字段后，字段中的数据也随之被清除。当删除字段较少的时候，可以在＜表＞中直接删除字段；如果要删除的字段较多时，可以通过＜ArcToolbox＞工具箱删除。

1）在＜表＞中直接删除字段

（1）在 ArcMap＜标准工具＞工具条中单击 ＜添加数据＞按钮，加载需要删除字段的图层文件。

（2）在＜内容列表＞中，右击需要删除字段的图层，在弹出的菜单中选＜打开属性表＞命令，打开＜表＞窗口。

（3）单击要删除字段的标题，此时该字段处于蓝色高亮选中状态。

（4）右击该字段的标题，在弹出的菜单中单击＜删除字段＞命令（见图 9-4）。

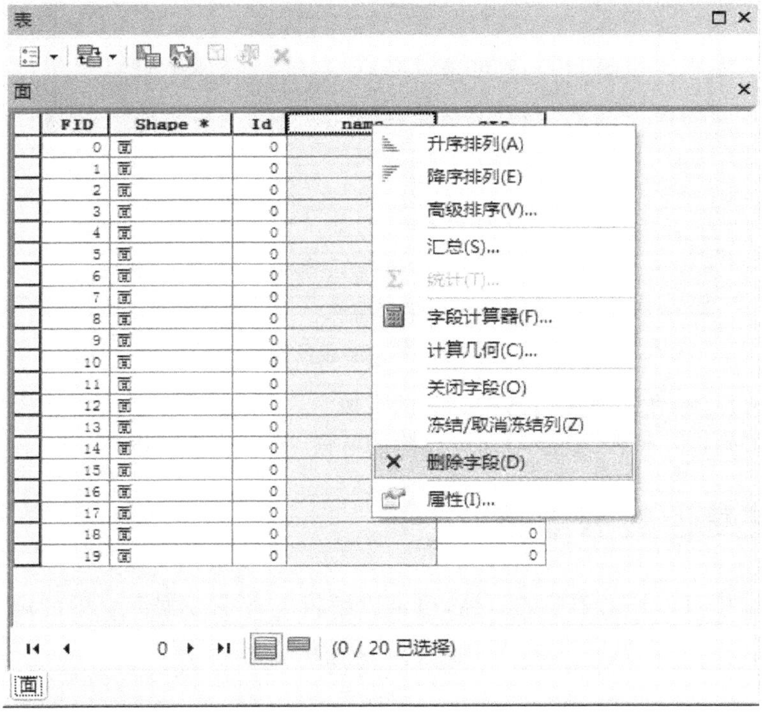

图 9-4　删除字段

（5）在弹出的＜确认删除字段＞对话框中单击＜是＞按钮，完成删除字段操作，且不能撤销操作。

2）通过＜ArcToolbox＞工具箱删除字段

（1）在 ArcMap＜标准工具＞工具条中单击 ＜添加数据＞按钮，加载需要删除字段的图层文件“lx1. shp”（路径为 data\Chap08\删除字段\lx1. shp）。

（2）在 ArcMap＜标准工具＞工具条中单击 ＜ArcToolbox＞按钮，打开＜ArcToolbox＞窗口。

（3）在＜ArcToolbox＞窗口单击＜数据管理工具＞|＜字段＞，双击＜删除字段＞命令，打开＜删除字段＞对话框，如图 9-5 所示。

❑＜输入表＞：在下拉列表中选择需要删除字段的表。

图 9-5　删除字段设置

□＜删除字段＞：在列表中勾选要删除的字段。

(4) 单击＜确定＞按钮，删除勾选要删除的字段，且不能撤销操作。

9.2　小班属性数据编辑

在 ArcMap 中可以编辑要素的属性，也可以编辑包含在数据库表中的属性。不仅能对表中的属性进行录入，也可以修改、删除记录。在 ArcMap 中编辑地图要素，需要在编辑状态下进行。

9.2.1　编辑记录的属性值

记录属性值的编辑是简单的文本编辑操作，需要在编辑状态下才能进行。记录属性值的录入、修改编辑可以在＜表＞中完成，也可以在＜编辑器＞的＜属性＞中修改。

1) 在属性表中编辑

(1) 在＜编辑器＞工具条中，单击＜编辑器＞|＜开始编辑＞，选择需要编辑属性的图层，开启编辑。

(2) 在＜内容列表＞中，右击需要编辑属性的图层，在弹出的菜单中选＜打开属性表＞命令，打开＜表＞窗口。

(3) 单击需要编辑的记录，选中该记录，此时在＜地图视图＞中与该记录对应的要素以高亮状态显示。

(4) 在＜表＞中单击要录入数据的单元格，在单元格中输入数据，按回车键保存，如图 9-6 所示。

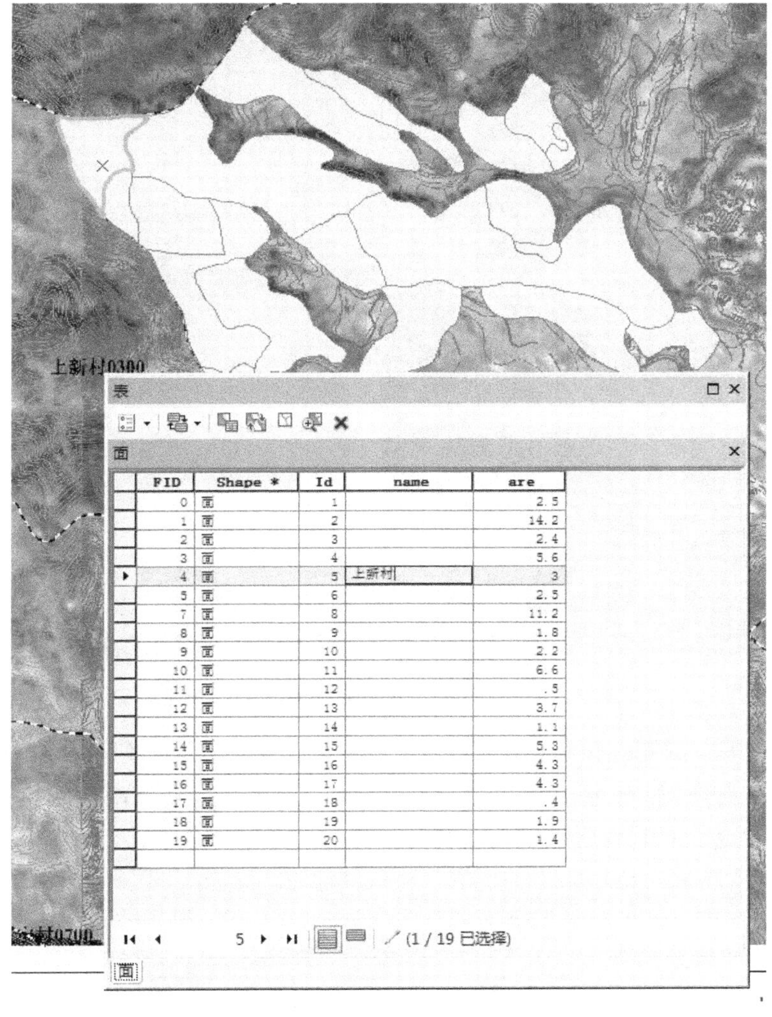

FID	Shape *	Id	name	are
0	面	1		2.5
1	面	2		14.2
2	面	3		2.4
3	面	4		5.6
4	面	5	上新村	3
5	面	6		2.5
7	面	8		11.2
8	面	9		1.8
9	面	10		2.2
10	面	11		6.6
11	面	12		.5
12	面	13		3.7
13	面	14		1.1
14	面	15		5.3
15	面	16		4.3
16	面	17		4.3
17	面	18		.4
18	面	19		1.9
19	面	20		1.4

图 9-6　录入属性值

2）在＜编辑器＞中编辑

（1）在＜编辑器＞工具条中，单击＜编辑器＞|＜开始编辑＞，选择需要编辑属性的图层，开启编辑。

（2）在＜地图视图＞中单击选中需要编辑数据的要素。

（3）在＜编辑器＞工具条中，单击 ▤ ＜属性＞按钮，打开＜属性＞对话框。

（4）在＜属性＞对话框中，在对应字段的文本框内，编辑数据，如图 9-7 所示。

9.2.2　删除记录

删除记录是简单的表格编辑操作，该操作需要在编辑状态才能进行。

（1）在＜内容列表＞中，右击需要编辑属性的图层，在弹出的菜单中选＜打开属性表＞命令，打开＜表＞窗口。

（2）选择要删除的记录，按住＜Ctrl＞键可以选中多条记录。

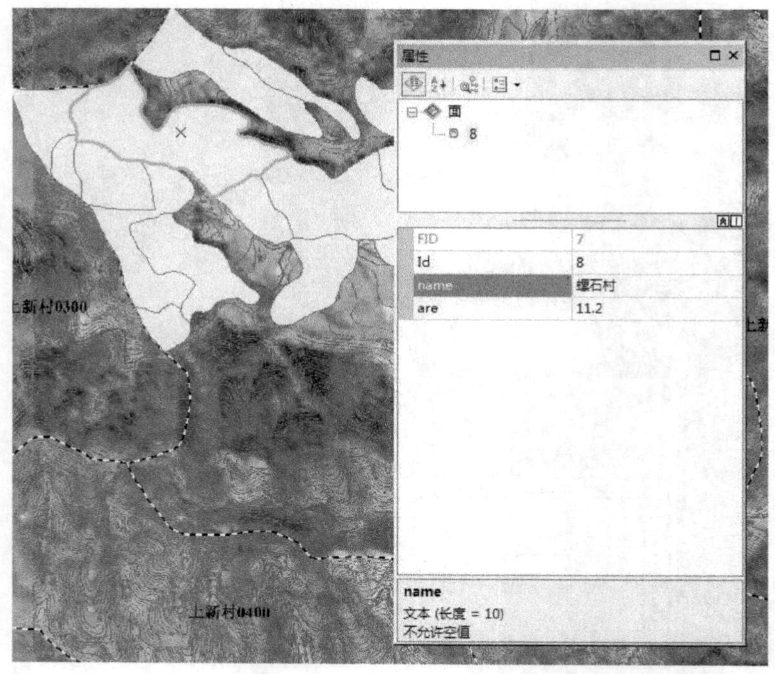

图 9-7 输入属性值

(3) 单击<表>的删除按钮 ✖ 或按右击选中的记录最左边的列,在弹出的菜单中选择<删除所选项>命令,如图 9-8 所示。删除所选的记录,同时,<地图视图>中与表中这些记录相对的要素也会同时被删除。

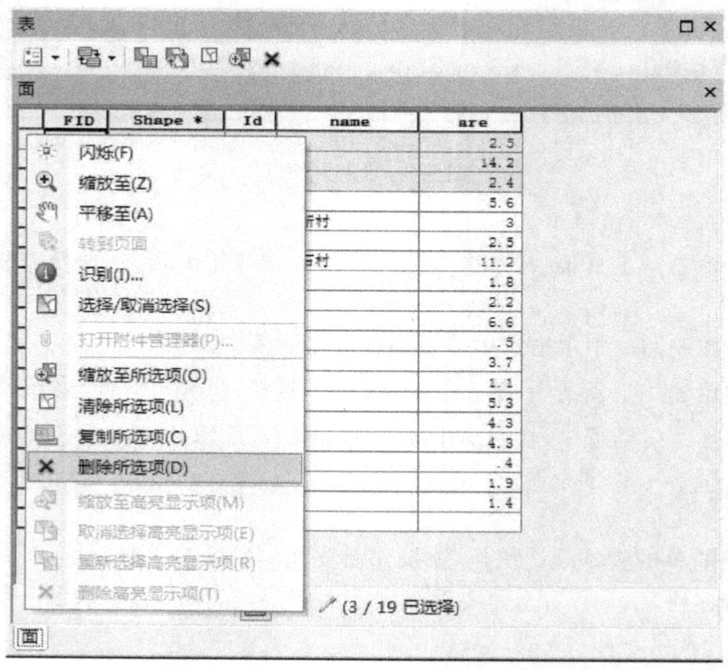

图 9-8 删除记录

9.3　属性数据表的计算

在 ArcMap 中，数据表中的信息可以通过键盘录入，也可以用字段计算为选中的部分或者全部记录设置某一字段的数值。在使用字段计算器时，编辑图层最好处于编辑状态，若不是在编辑状态下，ArcMap 会提示用户不能撤销操作。

9.3.1　简单的字段计算

利用字段计算器可以直接对属性表中的字段进行赋值，操作如下。

(1) 在＜内容列表＞中，右击需要编辑属性的图层，在弹出的菜单中选＜打开属性表＞命令，打开＜表＞窗口。

(2) 选择需要更新的记录，若不选择任何记录，则默认为对所有记录进行计算。

(3) 右击需要进行计算的字段标题，在弹出的菜单中选择＜字段计算器＞命令，弹出＜字段计算器＞对话框。

(4) 在＜字段计算器＞对话框中输入运算表达式，如图 9-9 所示。在＜字段计算器＞中＜字段＞列表框中显示的是属性表中所有字段，双击字段名称可将该字段添加到表达式文本框中。＜类型＞列表下有三种函数，分别为＜数字＞＜字符串＞＜日期＞，通过单选按钮进行切换。＜功能＞列表框中显示的是各种函数，单击函数名称可以将该函数添加到表达式文本框中。

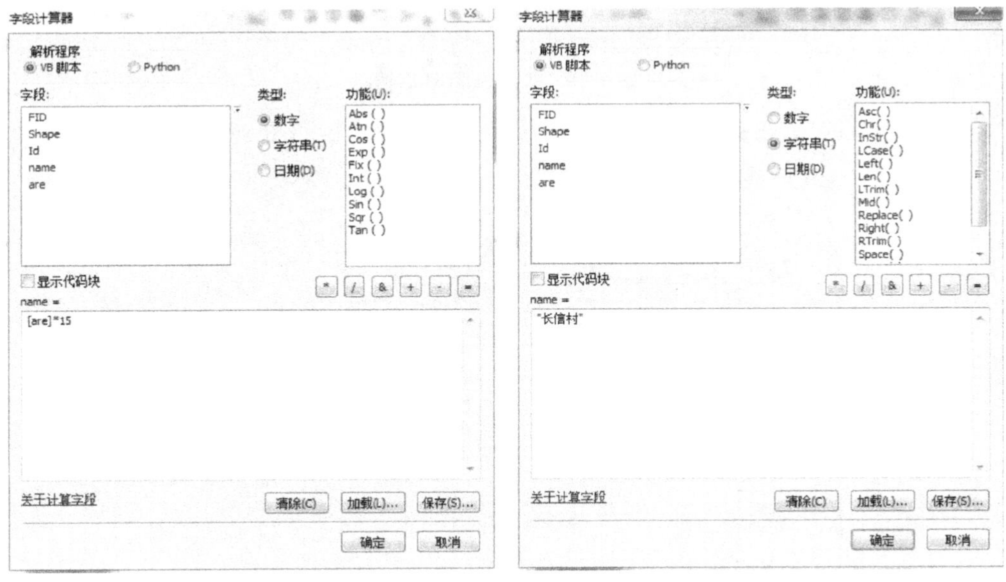

图 9-9　字段计算器

(5) 输入完运算表达式后，单击＜OK＞按钮，开始进行运算并为该字段赋值。

提示：

在计算字段时，若类型选择的是＜字符串＞，在表达式文本框中输入字符串时，输入的内容需要用英文状态下的双引号将字符串引上。

9.3.2 计算几何

在 ArcMap 中可以利用计算几何的方法计算矢量面的面积,长度或者是赋值 X、Y 的坐标值。值得注意的是,要使用计算几何计算面积或长度的,矢量面和数据库必须要定义坐标系。

(1) 在<内容列表>中,右击需要编辑属性的图层,在弹出的菜单中选<打开属性表>命令,打开<表>窗口。

(2) 选择需要更新的记录,若不选择任何记录,则默认为对所有记录进行计算。

(3) 右击需要进行计算的字段标题,在弹出的菜单中选择<计算几何>命令,弹出<计算几何>对话框。

(4) 在<计算几何>对话框的<属性>下拉列表中选择需要计算的内容,在<坐标系>选项框中选择用于计算的坐标系,在<单位>下拉列表中选择单位,如图 9-10 所示。

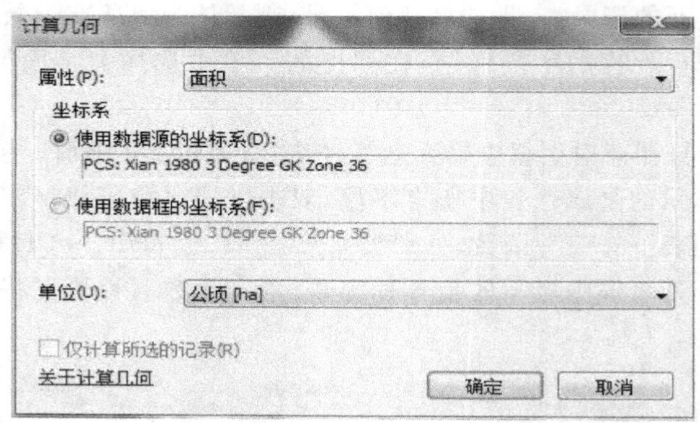

图 9-10 计算几何对话框

(5) 单击<确定>按钮,计算要素几何,并为该字段赋值,如图 9-11 所示。

表

面

FID	Shape *	Id	name	are
0	面	1		2.5
1	面	2		14.2
2	面	3		2.4
3	面	4		5.6
4	面	5		3
5	面	6		2.5
6	面	8		11.2
7	面	9	上新村	1.8
8	面	10		2.2
9	面	11		6.6
10	面	12		.5
11	面	13		3.7
12	面	14	石螺村	1.1
13	面	15		5.3
14	面	16		4.3
15	面	17		4.3
16	面	18		.4
17	面	19		1.9
18	面	20		1.4

(0 / 19 已选择)

面

图 9-11 计算几何结果

9.4　小班属性数据表与其他数据表的连接

地理要素属性表中的信息通常是有限的或不完善的，如果要从其他要素或表中获取或共享信息，ArcMap 中提供了连接和关联两种方法。表连接是按照两个表中相同的属性字段把一个表的属性添加到另外一个表上。表连接时，要求两个表中的数据是一对一或多对一的关系。关联只是定义两个表之间的关系，并不是对属性的添加。

要将两个表进行连接，需要两个表有相同的属性字段，且是一对一或多对一的关系，否则数据在连接时会出现错漏。

小班属性数据表可以与 shp 格式文件的属性表连接，也可以与 Excel 的表和 dbf 格式的表连接，可以连接所有字段，也可以连接部分字段。

9.4.1　与 shp 格式文件的属性表连接

1）连接所有字段

（1）加载需要建立表连接的图层数据（路径为 data\Chap09\表连接\xb_j. shp）和用于连接数据的图层数据（路径为 data\Chap09\表连接\xb_in. shp）。

（2）在＜内容列表＞中，分别右击"xb_j. shp"和"xb_in. shp"，打开属性表，如图 9-12 所示。

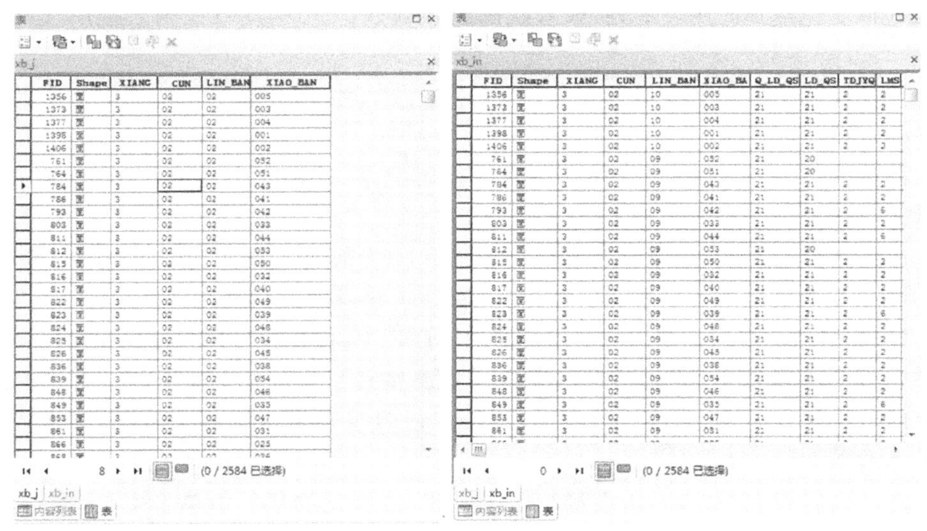

图 9-12　属性表数据

两个属性表有四个共同字段 XIANG、CUN、LIN_BAN、XIAO_BAN，由这四个字段生成值就成为 XBID 字段的唯一值。在两个属性表中分别添加＜XBID＞字段，类型为＜短整形＞，长度为 10，XBID 的值由＜字段计算器＞生成，XBID＝[XIANG] * 10^8＋[CUN] * 10^6＋[LIN_BAN] * 10^4＋[XIAO_BAN]，如图 9-13 所示。

（3）在＜内容列表＞中，右击需要建立表连接的图层"xb_j. shp"，在弹出的菜单中单击＜表连接和关联＞|＜连接＞命令，打开＜连接数据＞窗口。

❑＜要将那些内容连接到该图层(W)＞：在下拉列表中选择＜某一表的属性＞。

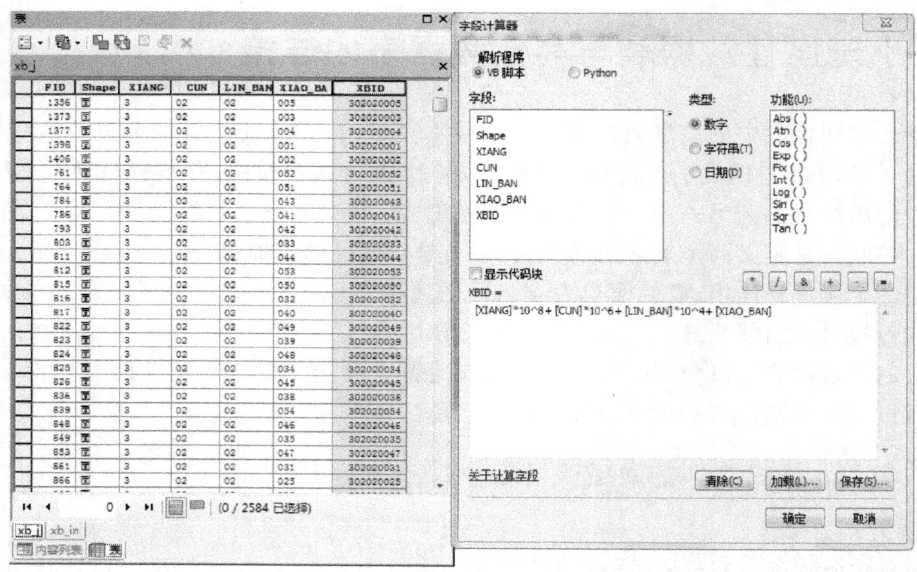

图 9-13 属性表字段值的生成

❑<选择该图层中连接将基于的字段(C)>:在下拉列表框中选择表中的共同字段,选择<XBID>。

❑<选择要连接到此图层的表,或者从磁盘加载表(T)>:在下拉列表框中选择要连接的表,选择“xb_in. shp”。

❑<选择此表中要作为连接基础的字段(F)>:在下拉列表框中选择连接表中的共同字段,选择<XBID>。

❑<连接选项>:根据需求选择连接后的保留记录,选择<保留所有记录(K)>,如图9-14所示。

(4) 单击<确定>按钮,进行表连接。如图 9-14 之前连接的字段没有建立索引,这时会弹出<创建索引>的提示对话框,在此单击<否>按钮,不创建索引。

(5) 完成表连接之后,在图层“xb_ j. shp”的属性表中,将会显示“xb_in. shp”和“xb_ j. shp”两个表中的所有字段信息,但此时这些字段只是连接到了“xb_ j. shp”的表中,并不是“xb_ j. shp”中的字段内容,一旦重新加载数据,连接的内容将不再显示,此时需要将连接得到的数据进行数据导出。

(6) 在<内容列表>中,右击图层“xb_ j. shp”,在弹出的菜单中单击<数据>|<导出数据>命令,打开<导出数据>对话框。

(7) 在<导出数据>对话框的<输出要素类>文本框中,选择导出数据的存放路径,单击<确定>按钮,保存数据。此时新生成的图层数据中包含了“xb_in. shp”和“xb_ j. shp”两个图层的所有数据内容。

2) 连接部分字段

(1) 加载需要建立表连接的图层数据(路径为 data\Chap09\表连接\xb_k. shp)和用于连接数据的图层数据(路径为 data\Chap09\表连接\xb_in. shp)。

(2) 与上述 1)连接所有字段的(2)相同。

(3) 将“xb_in. shp”的 DI_LBI 字段和 SEN_LIN_LB 字段连接到“xb_k. shp”的属性表

中。在＜内容列表＞中，右击“xb_k. shp”，打开属性表，新建 DI_LBI 和 SEN_LIN_LB 字段，字段的类型和长度与“xb_in. shp”的一致。

(4) 在＜内容列表＞中，右击“xb_k. shp”，在弹出的菜单中单击＜表连接和关联＞|＜连接＞命令，打开＜数据连接＞窗口。

❑＜要将那些内容连接到该图层(W)＞：在下拉列表中选择＜某一表的属性＞。

❑＜选择该图层中连接将基于的字段＞：在下拉列表框中选择表中的共同字段，选择＜XBID＞。

❑＜选择要连接到此图层的表，或者从磁盘加载表(T)＞：在下拉列表框中选择要连接的表，选择“xb_in”。

❑＜选择此表中要作为连接基础的字段(F)＞：在下拉列表框中选择连接表中的共同字段，选择＜XBID＞。

❑＜连接选项＞：根据需求选择连接后的保留记录，选择＜保留所有记录(K)＞，单击＜确定＞按钮，进行表连接。

(5) 在＜内容列表＞中，右击“xb_k. shp”，打开属性表，右击 DI_LBI 字段标题，在弹出的菜单中选择＜字段计算器＞命令，弹出＜字段计算器＞对话框，在＜字段＞列表中双击[xb_in. DI_LEI]，如图 9-15 所示，点击＜确定＞，“xb_in. shp”的 DI_LBI 字段添加到“xb_k. shp”属性表中。按同样的方法添加 SEN_LIN_LB 字段。

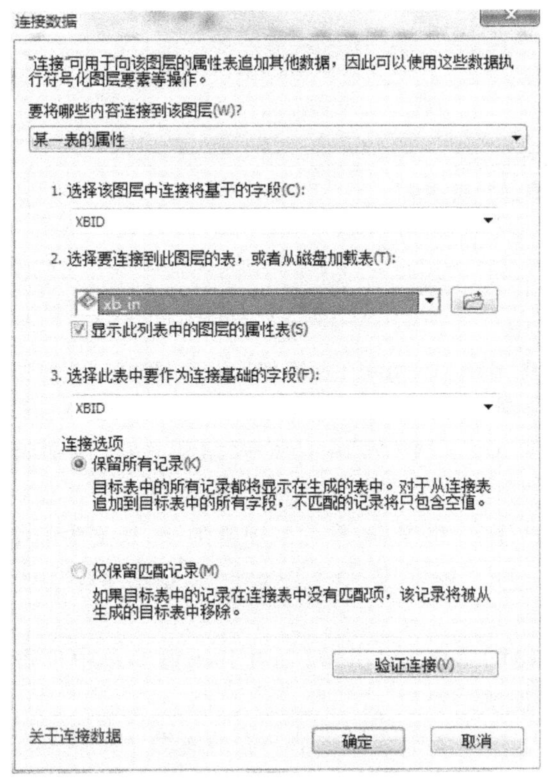

图 9-14　连接数据

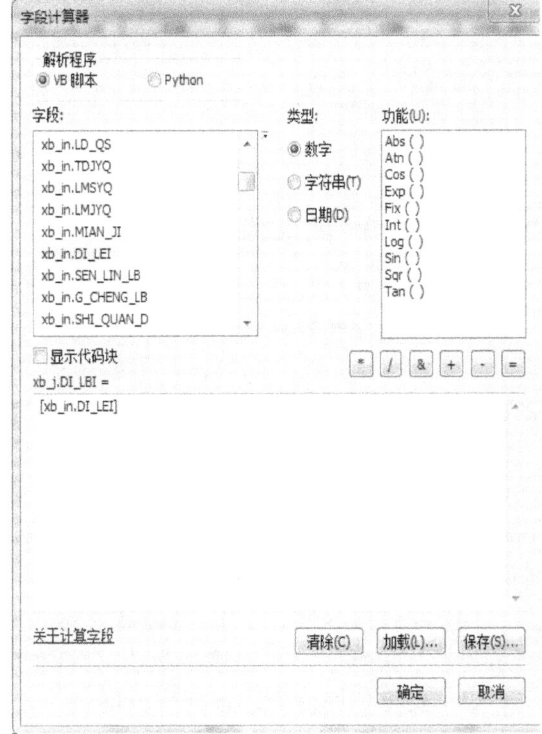

图 9-15　表连接添加字段

(6) 在＜内容列表＞中，右击“xb_k. shp”，在弹出的菜单中单击＜表连接和关联＞|＜移除连接＞|＜移除所有连接＞，移除“xb_k. shp”的所有连接，结果如图 9-16 所示。

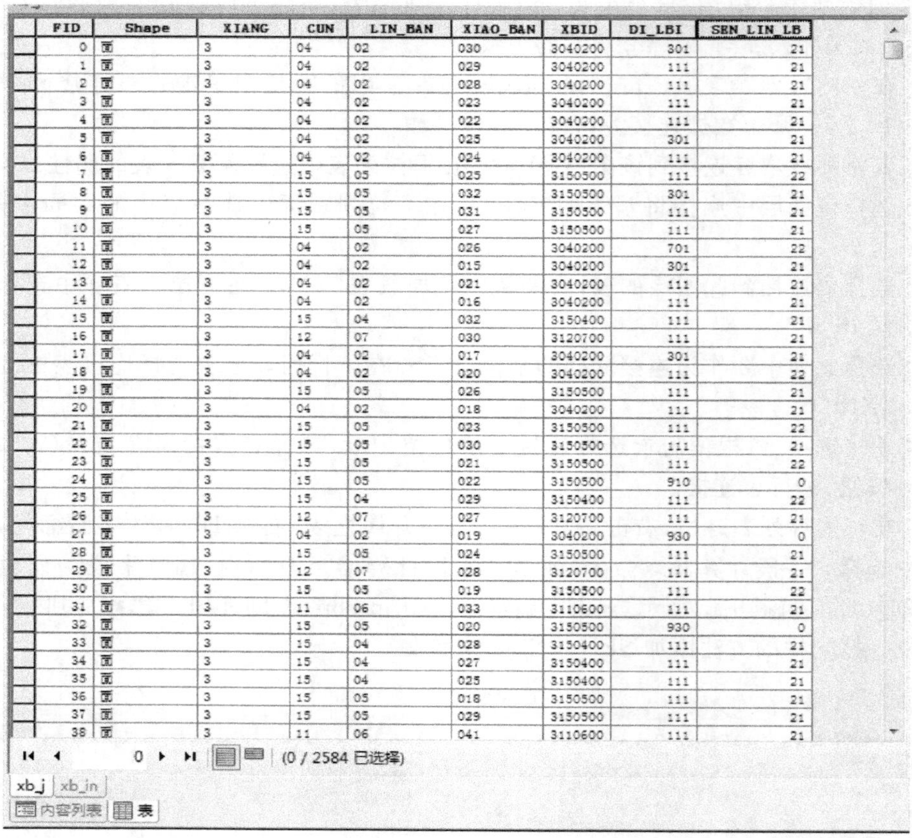

FID	Shape	XIANG	CUN	LIN_BAN	XIAO_BAN	XBID	DI_LBI	SEN_LIN_LB
0	面	3	04	02	030	3040200	301	21
1	面	3	04	02	029	3040200	111	21
2	面	3	04	02	028	3040200	111	21
3	面	3	04	02	023	3040200	111	21
4	面	3	04	02	022	3040200	111	21
5	面	3	04	02	025	3040200	301	21
6	面	3	04	02	024	3040200	111	21
7	面	3	15	05	025	3150500	111	22
8	面	3	15	05	032	3150500	301	21
9	面	3	15	05	031	3150500	111	21
10	面	3	15	05	027	3150500	111	21
11	面	3	04	02	026	3040200	701	22
12	面	3	04	02	015	3040200	301	21
13	面	3	04	02	021	3040200	111	21
14	面	3	04	02	016	3040200	111	21
15	面	3	15	04	032	3150400	111	21
16	面	3	12	07	030	3120700	111	21
17	面	3	04	02	017	3040200	301	21
18	面	3	04	02	020	3040200	111	22
19	面	3	15	05	026	3150500	111	21
20	面	3	04	02	018	3040200	111	21
21	面	3	15	05	023	3150500	111	22
22	面	3	15	05	030	3150500	111	21
23	面	3	15	05	021	3150500	111	22
24	面	3	15	05	022	3150500	910	0
25	面	3	15	04	029	3150400	111	22
26	面	3	12	07	027	3120700	111	21
27	面	3	04	02	019	3040200	930	0
28	面	3	15	05	024	3150500	111	21
29	面	3	12	07	028	3120700	111	21
30	面	3	15	05	019	3150500	111	22
31	面	3	11	06	033	3110600	111	21
32	面	3	15	05	020	3150500	930	0
33	面	3	15	04	028	3150400	111	21
34	面	3	15	04	027	3150400	111	21
35	面	3	15	04	025	3150400	111	21
36	面	3	15	05	018	3150500	111	21
37	面	3	15	05	029	3150500	111	21
38	面	3	11	06	041	3110600	111	21

0 (0 / 2584 已选择)

xb_j xb_in

内容列表 表

图 9-16 表连接添加字段结果

9.4.2 与 dbf 表连接

将“xbsj. dbf”的表连接到“xb_l. shp”属性表中。

(1) 加载需要建立表连接的图层数据(路径为 data\Chap09\表连接\xb_l. shp)。

(2) 在“xb_l. shp”的属性表中添加＜XBID＞字段,类型为＜短整形＞,长度为 10,XBID 的值由＜字段计算器＞生成,XBID=[XIANG] * 10^8+[CUN] * 10^6+[LIN_BAN] * 10^4+[XIAO_BAN]。

(3) 在 VEF 中打开“xbsj. dbf”表,增加字段＜ID＞字段,类型为＜短整形＞,长度为 10,ID 的值由命令“repl all ID with val(XIANG) * 10^8+val(CUN) * 10^6+val(LIN_BAN) * 10^4+val(XIAO_BAN)”生成。

(4) 在＜内容列表＞中,右击需要建立表连接的图层“xb_l. shp”,在弹出的菜单中单击＜表连接和关联＞|＜连接＞命令,打开＜数据连接＞窗口。

❑＜要将那些内容连接到该图层(W)＞:在下拉列表中选择＜某一表的属性＞。

❑＜选择要连接到此图层的表,或者从磁盘加载表(T)＞:点击打开按钮,打开“xbsj. dbf”表(路径为 data\Chap09\表连接 xbsj. dbf)。

❑＜选择该图层中连接将基于的字段＞:在下拉列表框中选择表中的共同字段,选择＜XBID＞。

❑＜选择此表中要作为连接基础的字段(F)＞：在下拉列表框中选择连接表中的共同字段，选择＜ID＞，如图 9-17 所示。

❑＜连接选项＞：根据需求选择连接后的保留记录，选择＜保留所有记录(K)＞，单击＜确定＞按钮，进行表连接。

(5) 在＜内容列表＞中，右击图层“xb_l. shp”，在弹出的菜单中单击＜数据＞|＜导出数据＞命令，打开＜导出数据＞对话框。

(6) 在＜导出数据＞对话框的＜输出要素类＞文本框中，选择导出数据的存放路径，单击＜确定＞按钮，保存数据。

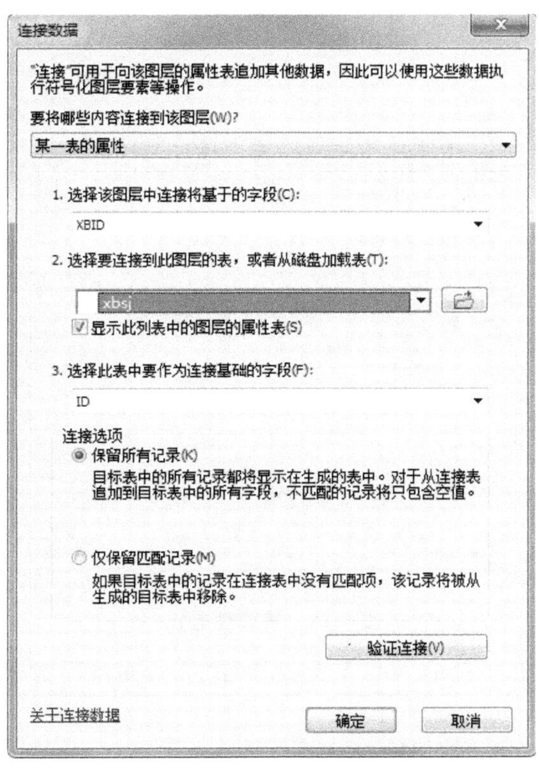

图 9-17　连接数据

9.5　小班属性数据的选择与导出

在 ArcMap 中有很多种选择要素的方法，可以按属性选择、按位置选择、拉框选择等。在选择之后，选中的要素会在地图视图中高亮显示。

9.5.1　按属性选择

(1) 加载数据到 ArcMap 中(路径为 data\Chap09\图表\cun. shp)。

(2) 在＜内容列表＞中，右击“图层 cun”，在弹出的菜单中选＜打开属性表＞命令，打开＜表＞窗口。

(3) 在＜表＞窗口中单击 ▾＜表选项＞|＜按属性选择＞命令或直接点击 ＜按

属性选择＞按钮，打开＜按属性选择＞对话框。

❑＜方法＞：在下拉列表框中选择合适的方法，这里选择＜创建新选择内容＞。

❑＜字段＞：在列表中双击字段名，选中添加到表达式文本框中，单击各种逻辑运算符按钮，将运算符添加到表达式文本框中。单击＜获取唯一值＞按钮，选择字段的值将显示在列表框中。构建一个完整的表达式，如图 9-18 所示。

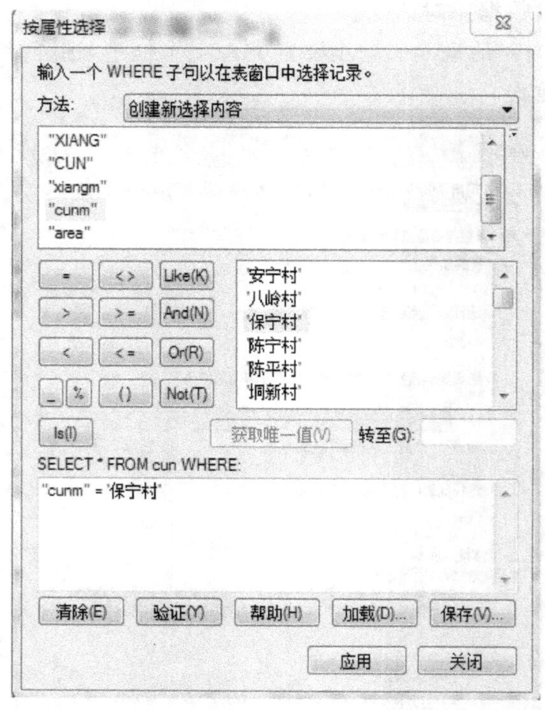

图 9-18　按属性选择

❑单击＜验证＞按钮，验证输入的表达式是否正确，如果没有通过验证，则需要对表达式进行调整或重新输入。

(4) 单击＜应用＞按钮，进行选择操作。

9.5.2　按位置选择

按位置选择是依据要素相对于源图层中要素的位置从一个或多个目标图层中选择的要素。按位置选择的操作如下。

(1) 加载数据到 ArcMap 中(路径为 data\Chap09\图表\cun. shp 和 data\Chap09\表连接\xb_in. shp)。

(2) 单击 ArcMap 菜单栏中的＜选择＞|＜按位置选择＞命令，打开＜按位置选择＞对话框。

❑＜选择方法＞：在下拉列表框中选择数据源。

❑＜目标图层＞：选择目标图层，选择“图层 xb_in”。

❑＜源图层＞：在下拉列表框中选择＜cun＞图层，在＜使用所选要素＞复选框中打钩。

❑＜目标图层要素的空间选择方法＞：在下拉列表框中选择空间选择方法，选择＜完全位于源图层要素范围内＞。

(3) 设置完成后，单击＜应用＞按钮，按设置要求进行选择，如图 9-19 所示。

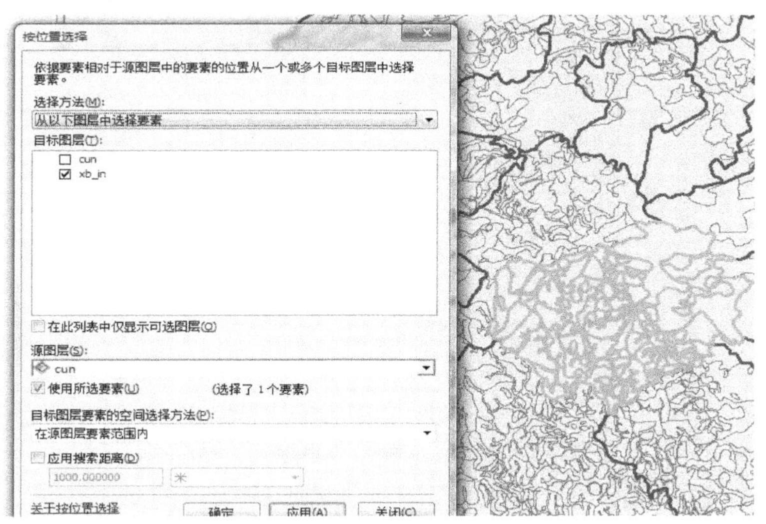

图 9-19　按位置选择

(4) 选择完成后，单击＜确定＞按钮，退出＜按位置选择＞窗口。

9.5.3　小班属性数据的查询与导出

1) 查询数据

小班属性数据查询是通过在属性表中按属性选择出需要的记录。以下以查询＜cun＞图层中字段＜area＞大于等于 500 的记录为例，操作方法如下。

(1) 加载数据到 ArcMap 中(路径为 data\Chap09\图表\cun. shp)。

(2) 在＜内容列表＞中，右击“图层 cun”，在弹出的菜单中选＜打开属性表＞命令，打开＜表＞窗口。

(3) 在＜表＞窗口单击＜表选项＞|＜按属性选择＞命令，或直接点击 ＜按属性选择＞按钮，打开＜按属性选择＞对话框。

❑＜方法＞：在下拉列表框中＜创建新的内容＞。

❑在＜字段＞列表中双击字段名＜area＞，单击逻辑运算符按钮“＞＝”，将运算符添加到表达式文本框中，在运算符后直接输入 500，如图 9-20 所示。

❑单击＜验证＞按钮，验证表达式的正确性。

(4) 单击＜应用＞按钮，进行查询，查询结果如图 9-21 所示。

2) 导出数据

查询所得的数据可导出一个独立的图层文件，在选择导出数据的前提下，操作如下。

(1) 在＜图层列表＞中右击“cun 图层”，在弹出的菜单中单击＜数据＞|＜导出数据＞命令。

(2) 在弹出的＜导出数据＞对话框的＜导出＞下拉列表中选择＜所选要素＞，在＜输出要素类＞中设置数据导出的路径，单击＜确定＞按钮。

(3) 导出完成后，弹出＜是否要将导出的数据添加到地图图层中＞的提示框，根据需要选择“是”或“否”。

图 9-20 按属性查询

表

cun

FID	Shape *	XIAN	XIANG	CUN	xiangm	cunm	area
0	面	450000	45000003	001	东南镇	陈宁村	903.8
1	面	450000	45000003	002	东南镇	保宁村	1888.4
2	面	450000	45000003	003	东南镇	三桑村	544.1
3	面	450000	45000003	004	东南镇	忠良村	674.7
4	面	450000	45000003	005	东南镇	同宁村	724.6
5	面	450000	45000003	006	东南镇	赵平村	383.2
6	面	450000	45000003	007	东南镇	赖家村	86.5
7	面	450000	45000003	008	东南镇	草屋村	348.6
8	面	450000	45000003	009	东南镇	平阳村	1699.5
9	面	450000	45000003	010	东南镇	同保村	371.6
10	面	450000	45000003	011	东南镇	螺石村	1375.3
11	面	450000	45000003	012	东南镇	安宁村	1135.6
12	面	450000	45000003	013	东南镇	八岭村	775
13	面	450000	45000003	014	东南镇	冷水村	342.6
14	面	450000	45000003	015	东南镇	万朋村	1245
15	面	450000	45000003	016	东南镇	正冲村	217.5
16	面	450000	45000003	017	东南镇	上新村	867.7
17	面	450000	45000003	018	东南镇	沙垌村	177.4
18	面	450000	45000003	019	东南镇	南中村	265.1
19	面	450000	45000003	020	东南镇	江坪村	565.5
20	面	450000	45000003	021	东南镇	垌新村	567.7
21	面	450000	45000003	022	东南镇	李家村	634.2
22	面	450000	45000003	023	东南镇	陈平村	901
23	面	450000	45000003	024	东南镇	旺平村	540.9
24	面	450000	45000003	025	东南镇	上垌村	191.6
25	面	450000	45000003	026	东南镇	龙家村	568.9

1 (17 / 26 已选择)

cun

图 9-21 查询结果

9.6　小班数据图表/报表的创建

9.6.1　创建数据图表

统计图表能直观地展现出地图要素的内在信息，ArcMap 提供了强大的图表制作工具，能够满足在制作地图时需要用统计图表说明制图区域的统计特征的需求。

在创建图表前，首先要确定图表的内容，数据表中所有的字段都可以用来制作图表，不同的图表展现不同的数据关系，因此要选择合适的图表类型。

创建图表的操作步骤如下。

(1) 加载用于制作图表的矢量文件(路径为 data\Chap09\图表\cun.shp)。

(2) 在＜内容列表＞中，右击需要编辑属性的图层，在弹出的菜单中选＜打开属性表＞命令，打开＜表＞窗口。

(3) 在＜表＞窗口中单击 ▾＜表选项＞|＜创建图表＞命令，弹出＜创建图表向导＞对话框。

❑＜图表类型＞：在下拉列表框中选择要创建的图表类型，选择＜条块＞|＜垂直条块＞图表类型。

❑＜图层/表＞：在下拉列表框中选择要创建图表的数据源，选择＜cun＞图层。

❑＜值字段＞：在下拉列表框中选择要表现的字段，选择＜area＞字段。

❑＜X 字段＞：在下拉列表框中选择图表 X 轴的显示字段，并可以在旁边的＜值＞下拉列表框中选择排列顺序。

❑＜X 标注字段＞：在下拉列表框中选择图表 X 轴的标注字段，选择＜cunm＞字段。

❑在＜垂直轴＞＜水平轴＞＜颜色＞＜条块样式＞＜多条块类型＞＜条块大小＞等设置中可设置图表的样式，对话框的右侧部分是图表的预览图，设置的样色变化可以直接反应在上面，如图 9-22 所示。

(4) 单击＜下一步＞按钮，进入下一页创建页面。

❑单击选中＜在图表中显示所有要素/记录＞或者＜仅在图表中显示所选的要素/记录＞。

❑在＜常规图表属性＞下的＜标题＞和＜页脚＞文本框中输入图表的标题和脚注。

❑＜以 3D 视图形式显示图表＞复选框可以用来设置是否三维显示。

❑在＜图例＞下的＜标题＞和＜位置＞文本框中输入图表图例的标题和图例的放置位置。

❑在＜轴属性＞的各选项卡中设置各坐标轴的标题、对数和是否显示等属性，如图 9-23 所示。

(5) 单击＜完成＞按钮，创建图表。创建好的图表如图 9-24 所示。

9.6.2　创建数据报表

报表是用来组织和显示与地理要素相关联的表格数据，能够有效地显示地图要素的属性信息。ArcGIS 中的两种原生报表文件格式为 RDF 和 RLF。RDF 创建数据的静态报表，实际上是某时刻数据的快照。RLF 包含报表中的所有字段及其分组、排序和格式化方式以及添加到报表布局中的所有其他报表元素。重新运行或重新加载 RLF 文件时，将根据源数

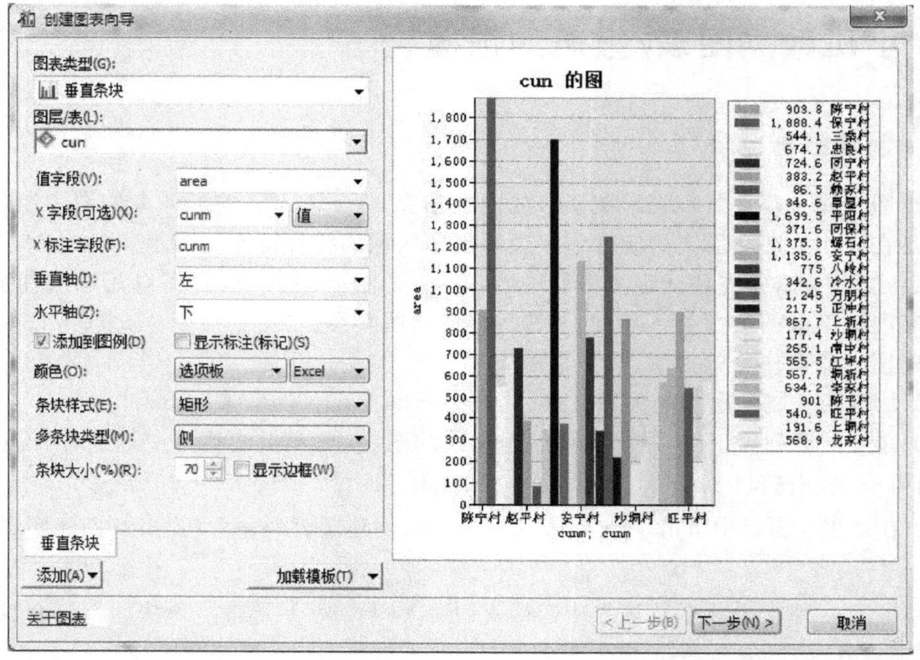

图 9-22　创建图表

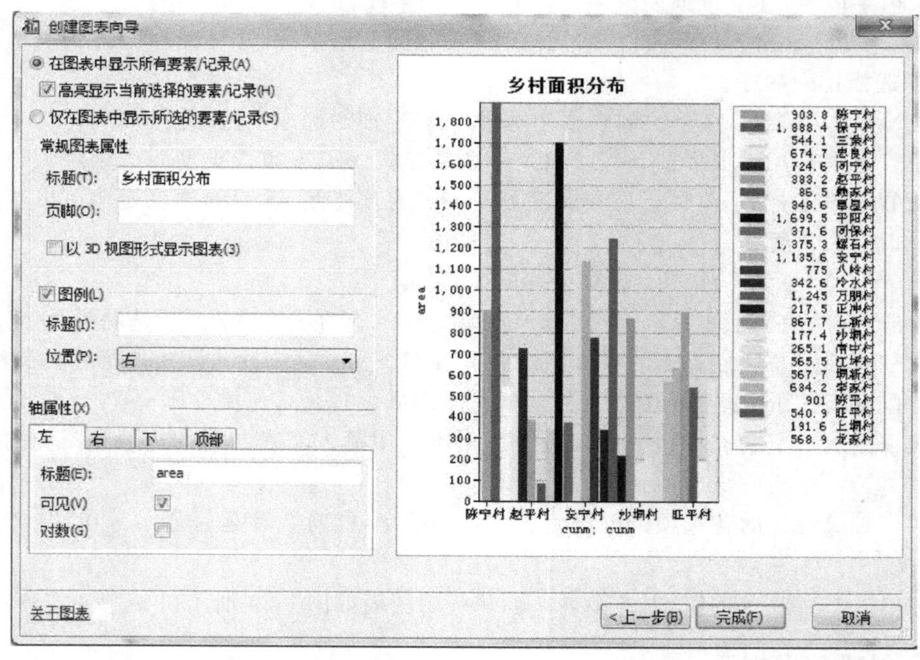

图 9-23　创建图表

据重新生成报表。对数据所做的任何更新或编辑,都会体现在重新运行的报表中。ArcMap提供了报表向导,能够简单、方便地创建报表。

创建数据报表的操作步骤如下。

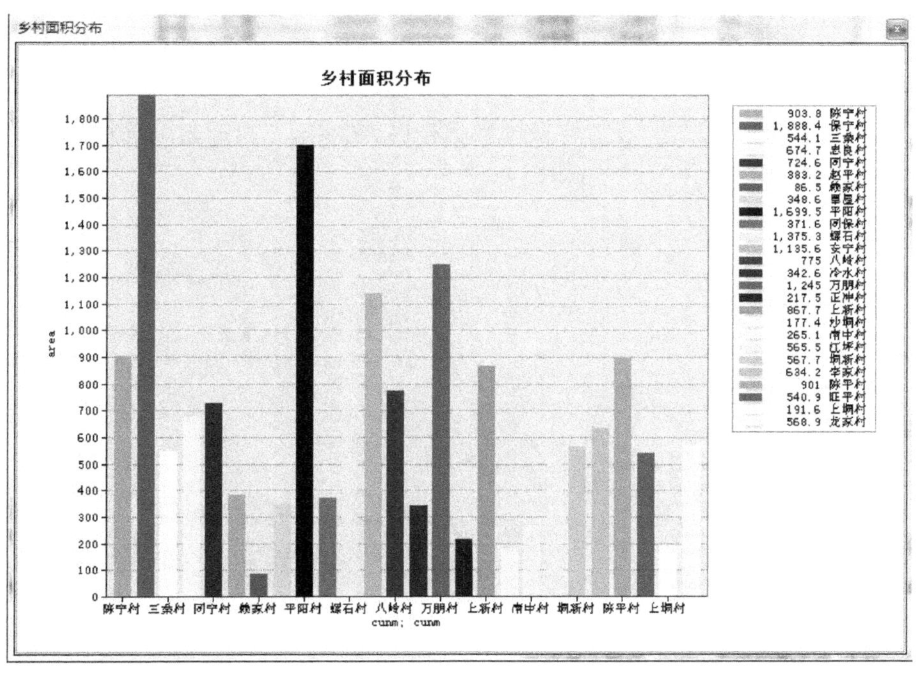

图 9-24 独立显示的图表

(1) 加载用于制作图标的矢量文件(路径为 data\Chap09\图表\cun.shp)。

(2) 在 ArcMap 主菜单中单击<视图>|<报表>|<创建报表>,打开<报表向导>。

(3) 在<报表向导>的<图层/表>下拉列表框中选择用于制作报表的图层文件或表文件,这里选择<cun>图层;双击<可以用字段>选择框中需要显示的字段名称,添加到右侧的<报表字段>中,在<报表字段>中单击选择字段,按右侧的上下按钮可以调整字段的显示顺序,如图 9-25 所示。

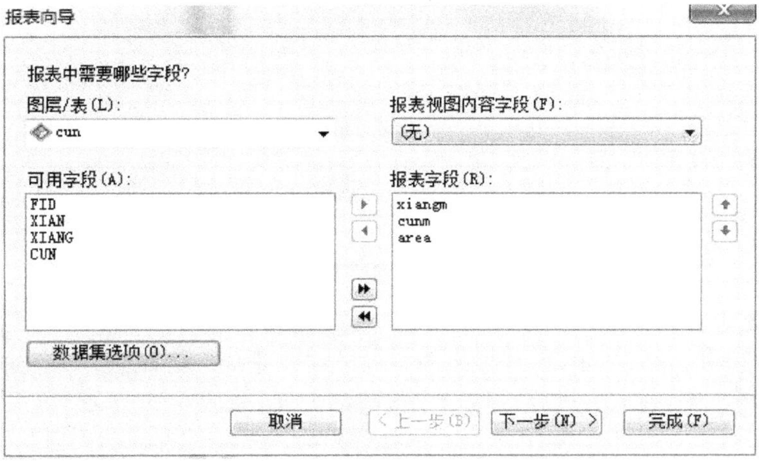

图 9-25 报表向导对话框

(4) 单击<数据集选项>按钮,进入<数据集选项>对话框,可设置用于制作报表的数据集,有四个选项可供选择,这里单击<全部>单选按钮,如图 9-26 所示,单击<确定>按钮,返回<报表向导>对话框。

(5) 在<报表向导>对话框中单击<下一步>按钮,进入设置报表字段优先级对话框,若不需要设置分组,则单击<下一步>按钮。

(6) 进入报表向导第二步,设置字段的数据排序,在字段下拉列表中选择<area>字段,在<排序>下拉列表中选择"升序",如图 9-27 所示。

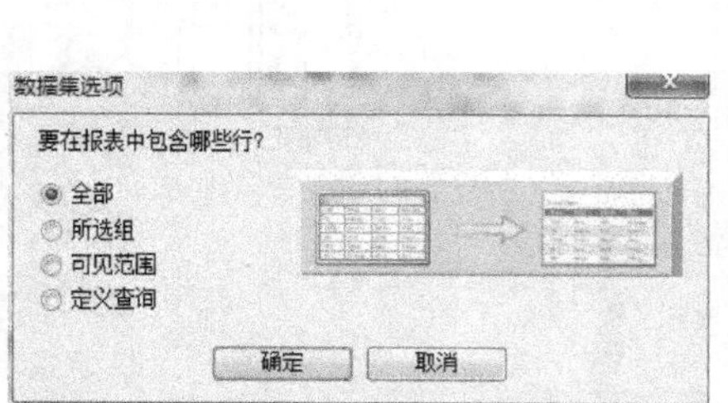

图 9-26 数据集选项对话框

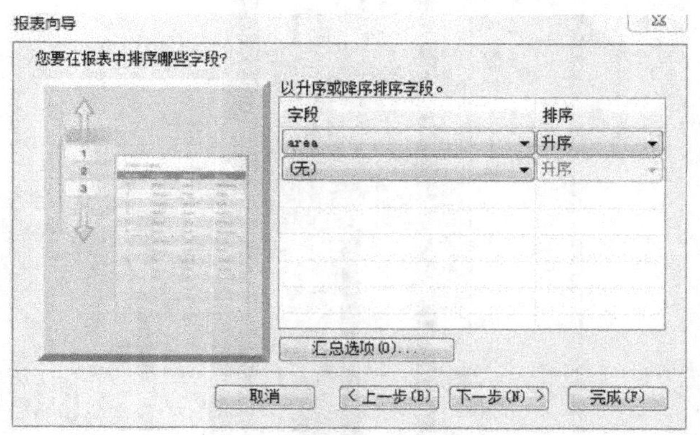

图 9-27 设置报表数据排序

(7) 单击<汇总选项>按钮,打开<汇总选项>对话框,在<可用部分>下拉列表框中选择汇总的放置位置,这里选择<报表结尾>选项。在<数值字段>区域设置汇总字段的汇总类型,勾选<Count><Sum>复选框,如图 9-28 所示;单击<确定>按钮,返回<报表向导>对话框。

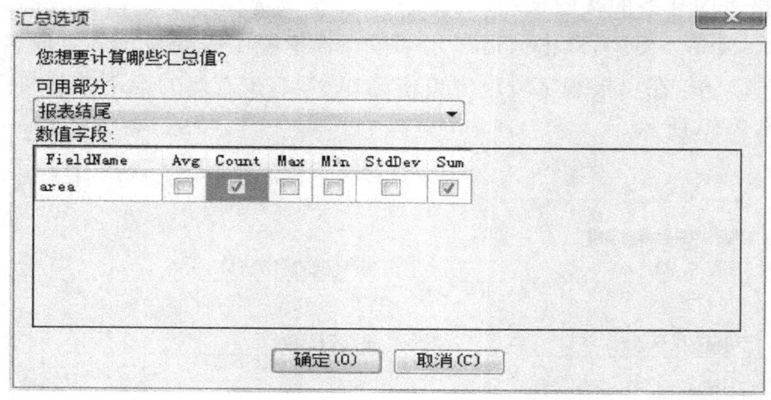

图 9-28 汇总选项对话框

(8) 在<报表向导>对话框中单击<下一步>按钮。

(9) 进入报表向导第三步,设置报表的布局。在<布局>区域选择布局的样式,在左侧显示所选样式类型图,在<方向>区域设置报表的方向,如图 9-29 所示,单击<下一步>按钮。

(10) 进入报表向导第四步,设置报表样式。在右侧下拉列表框中有多种报表样式可供选择,单击样式名称在左侧显示所选的样式预览。这里选择<Athens>,如图 9-30 所示,单击<下一步>按钮。

(11) 进入报表向导第五步,设置报表标题。在<你想要为报表指定什么标题?>文本

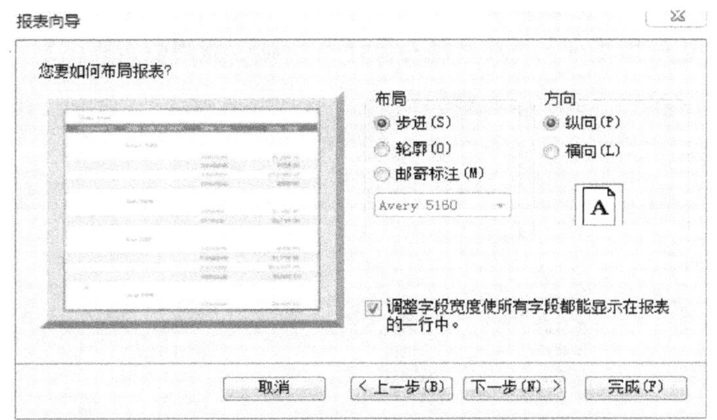

图 9-29 设置报表布局

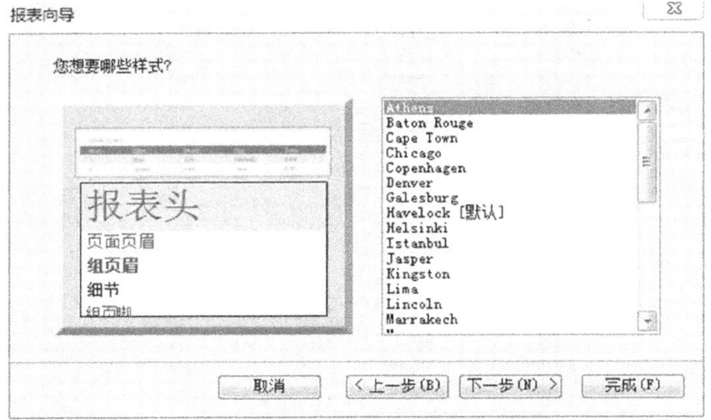

图 9-30 设置报表标头样式

框中输入报表标题,如图 9-31 所示,单击＜完成＞按钮,打开报表预览窗口。

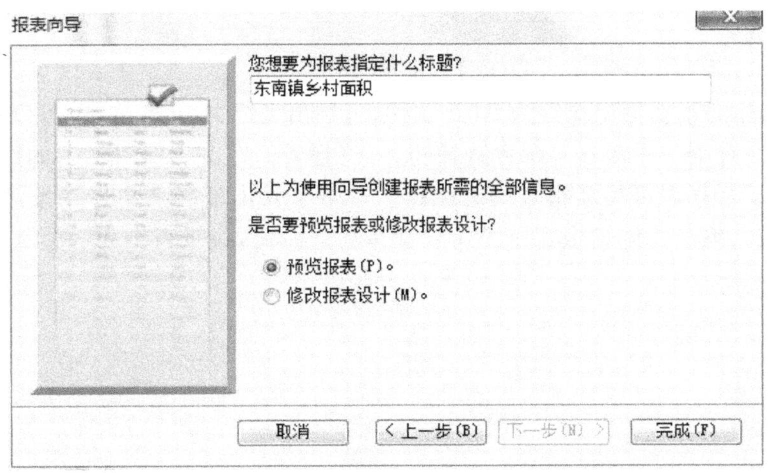

图 9-31 设置报表标题

（12）新创建的报表在浏览时发现需要修改格式，可以在＜报表查看器＞窗口中单击＜编辑＞按钮，如图 9-32 所示，进入＜报表设计器＞对话框调整报表的样式。

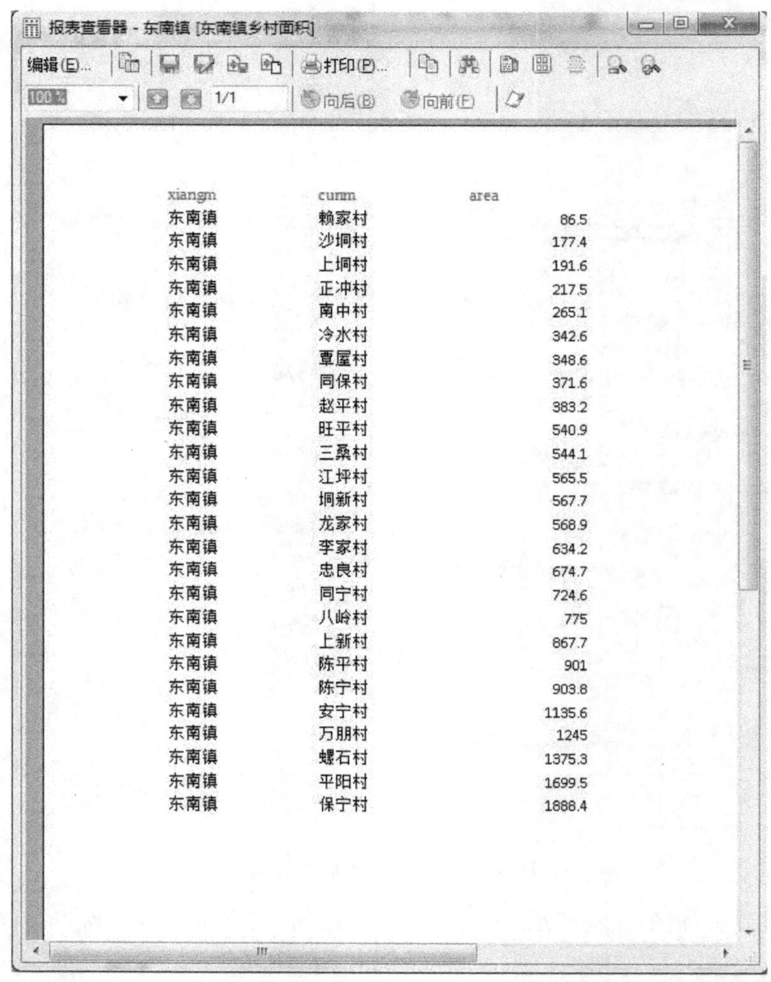

xiangm	cunm	area
东南镇	赖家村	86.5
东南镇	沙垌村	177.4
东南镇	上垌村	191.6
东南镇	正冲村	217.5
东南镇	南中村	265.1
东南镇	冷水村	342.6
东南镇	覃屋村	348.6
东南镇	同保村	371.6
东南镇	赵平村	383.2
东南镇	旺平村	540.9
东南镇	三桑村	544.1
东南镇	江坪村	565.5
东南镇	垌新村	567.7
东南镇	龙家村	568.9
东南镇	李家村	634.2
东南镇	忠良村	674.7
东南镇	同宁村	724.6
东南镇	八岭村	775
东南镇	上新村	867.7
东南镇	陈平村	901
东南镇	陈宁村	903.8
东南镇	安宁村	1135.6
东南镇	万朋村	1245
东南镇	螺石村	1375.3
东南镇	平阳村	1699.5
东南镇	保宁村	1888.4

图 9-32　报表查看器

（13）新创建的报表可以保存为 RLF 文件，可导出生成 PDF 文件，也可以添加到布局窗口。在＜报表设计器＞中单击＜保存＞按钮，可将报表保存为 RLF 格式，如数据有更新，添加该文件重新运行报表可更新报表内的数据。单击＜导出报表至文件＞按钮，将报表导出生成 PDF 文件。单击＜添加报表至 ArcMap 布局＞按钮，将报表作为一个制图元素添加到地图布局中。

第 10 章　矢量数据处理及空间分析

空间分析是从空间物体的空间位置、联系等方面去研究空间实物的，以对空间实物做出定量的描述、做出预测并提出合理的调控措施。空间分析是地理信息系统的核心部分，在地理数据的应用中有着举足轻重的作用。在 ArcGIS 中，矢量数据的空间分析方法主要是提取分析、叠置分析、缓冲区分析、其他空间分析等。

10.1　提取分析

在工作应用中，所需的数据通常是所提供数据的一部分，需要从提供的数据中提取部分数据以满足特定需求。提取分析是指在提供的数据中，依据空间或属性条件，通过数据裁剪、分割、筛选等操作，提出所需要的内容。

10.1.1　数据裁剪

数据裁剪是将输入要素与裁剪要素重叠的部分提取出来，并形成一个新的数据文件。除了面要素可以被裁剪外，点要素和线要素同样可以被裁剪。裁剪原理如图 10-1 所示。

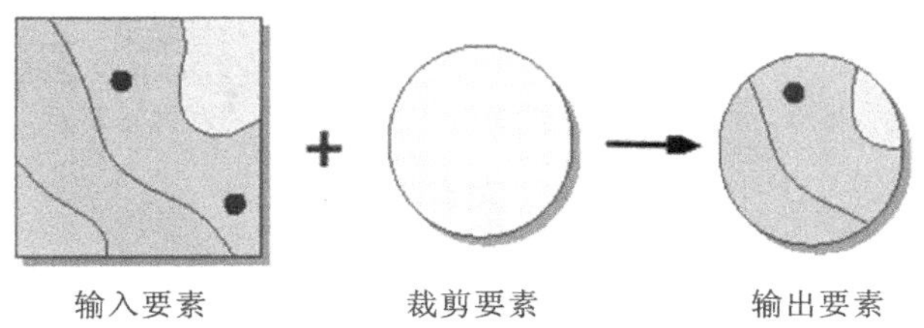

图 10-1　裁剪原理

数据裁剪的操作步骤如下。

（1）单击 ArcMap＜标准菜单＞的 ＜ArcToolbox＞按钮，打开＜ArcToolbox＞工具箱。

（2）在＜ArcToolbox＞工具箱中双击＜分析工具＞|＜提取分析＞|＜裁剪＞，打开＜裁剪＞对话框，如图 10-2 所示。

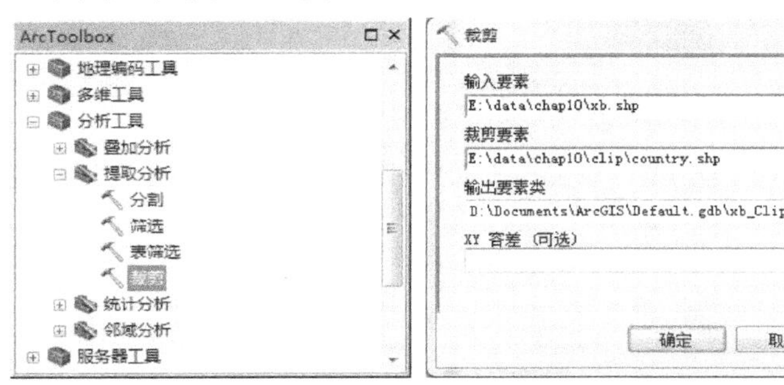

图 10-2　数据裁剪操作

❑＜输入要素＞：输入数据（路径为 data\Chap10\xb. shp）。

❑＜裁剪要素＞：输入裁剪要素（路径为 data\chap10\clip\country. shp）。

❑＜输出要素类＞：指定输出要素的保存路径和名称。

❑＜XY 容差＞文本框中：输入容差值，单击右边的下拉列表框，选择容差值的单位。

(3) 单击＜确定＞按钮，完成要素裁剪操作，裁剪结果如图 10-3 所示。

图 10-3　数据裁剪操作结果

10.1.2　分割

数据分割是将输入要素按照分割区域分割成多个输出要素类，分割原理如图 10-4 所示。

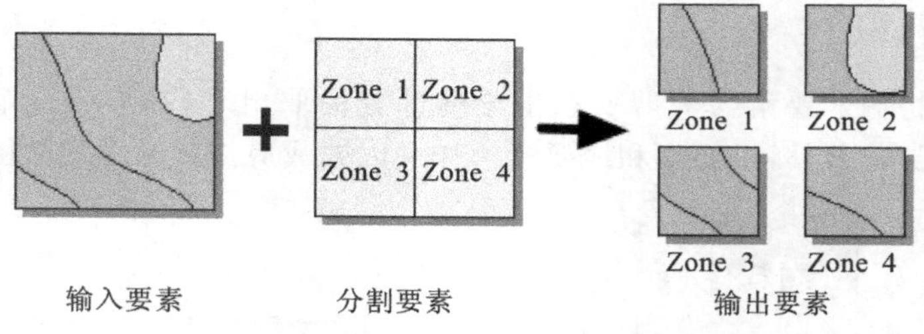

图 10-4　数据分割原理

数据分割操作步骤如下。

(1) 单击 ArcMap＜标准菜单＞的 ＜ArcToolbox＞按钮，打开＜ArcToolbox＞工具箱。

(2) 在＜ArcToolbox＞工具箱中双击＜分析工具＞|＜提取分析＞|＜分割＞，打开＜分割＞对话框，如图 10-5 所示。

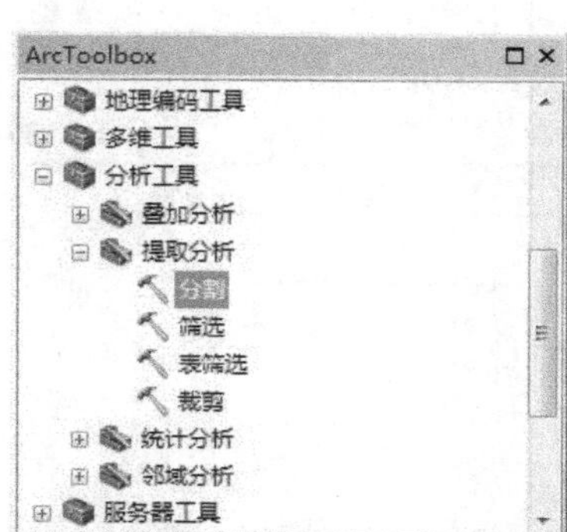

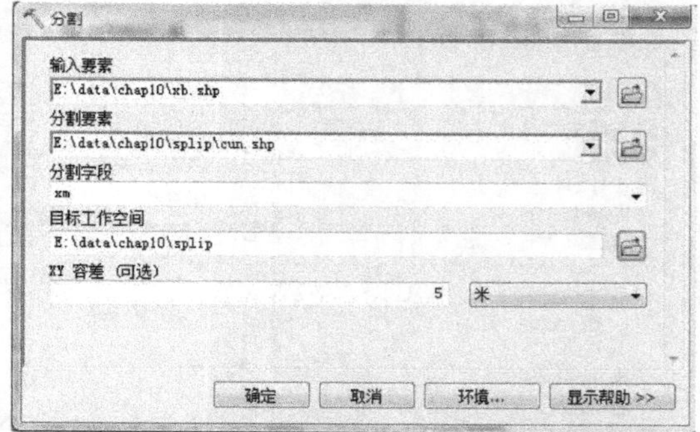

图 10-5　数据分割操作

❑<输入要素>：输入数据（路径为 data\Chap10\xb.shp）。
❑<分割要素>：输入分割要素（路径为 data\chap10\splip\cun.shp）。
❑<分割字段>：下拉列表中选择<xm>字段。
❑<目标工作空间>：指定对应的文件保存文件夹或数据库。
❑<XY 容差>文本框中：输入容差值，单击右边的下拉列表框，选择容差值的单位。

（3）单击<确定>按钮，完成要素裁剪操作，裁剪结果如图 10-6 所示。

图 10-6　数据分割过程与结果

提示：
①分割要素必须是面要素。
②用于分割的字段数据类型必须是文本型。
③每个输出要素类的属性表与输入要素属性表的字段相同。

10.2　叠置分析

叠置分析是地理信息系统中常用的用来提取空间隐含信息的方法之一，叠置分析是将不同数据进行叠置产生一个新的数据层面，其结果综合了原来两个或多个层面要素所具有的属性，同时叠置分析不仅生成了新的空间关系，而且还将输入的多个数据层的属性联系起来，产生了新的属性关系。叠置分析要求被叠加的要素必须是基于相同坐标系统的相同区域，同时还必须查验叠加层面之间的基准面是否相同。

10.2.1　图层擦除

图层擦除是指从输入要素中除去与擦除要素相交的部分，产生新的图层要素的过程。操作原理如图 10-7 所示。

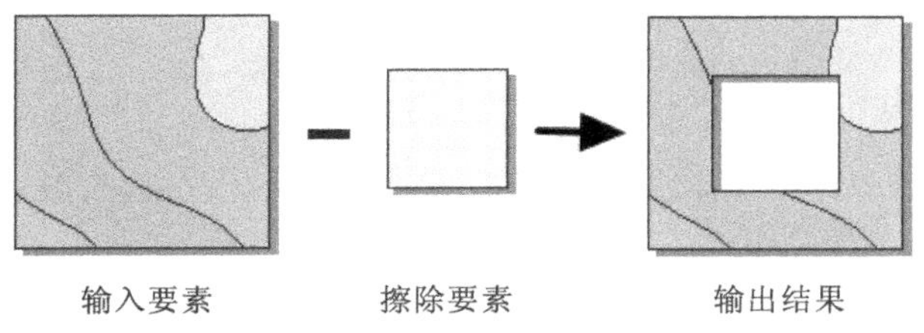

图 10-7　图层擦除原理

图层擦除操作步骤如下。

(1) 单击 ArcMap<标准菜单>的 <ArcToolbox>按钮，打开<ArcToolbox>工具箱。

(2) 在<ArcToolbox>工具箱中双击<分析工具>|<叠加分析>|<擦除>，打开<擦除>对话框，如图 10-8 所示。

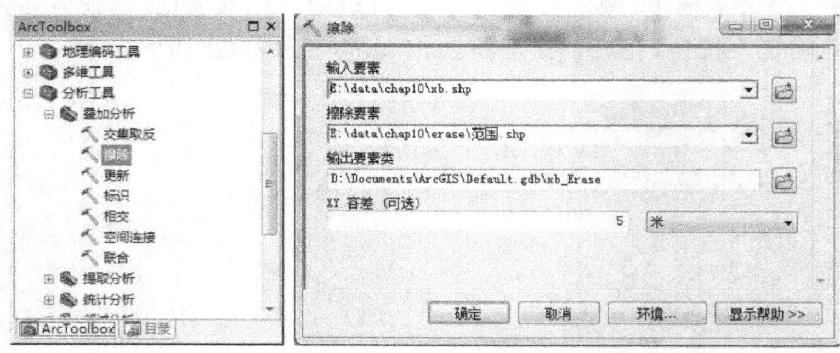

图 10-8　图层擦除

❑<输入要素>：输入数据(路径为 data\chap10\xb.shp)。

❑<擦除要素>：输入擦除要素(路径为 data\chap10\erase\范围.shp)。

❑<输出要素类>：指定输出要素的文件名和保存路径。

❑<XY 容差>文本框中：输入容差值，单击右边的下拉列表框，选择容差值的单位。

(3) 单击<确定>按钮，完成图层擦除操作，结果如图 10-9 所示。

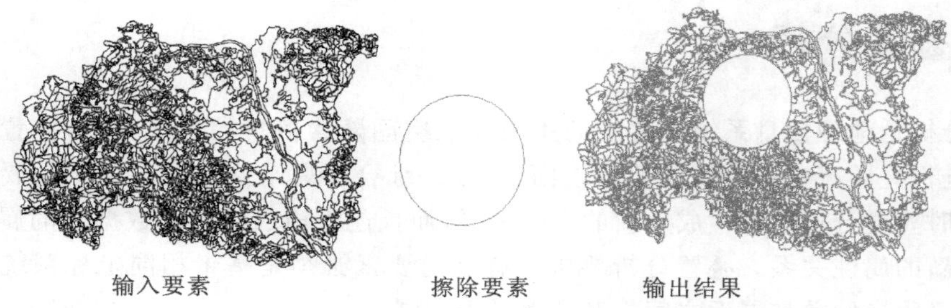

图 10-9　擦除过程与结果

10.2.2　要素相交

要素相交操作是得到两个图层的交集部分，新生成的图层将保留原图层的所有属性。由于点、线、面三种要素都有可能获得交集，所以它们的交集的情形有以下七种，如图 10-10 所示。

要素相交操作步骤如下。

(1) 单击 ArcMap<标准菜单>的 <ArcToolbox>按钮，打开<ArcToolbox>工具箱。

(2) 在<ArcToolbox>工具箱中双击<分析工具>|<叠加分析>|<相交>，打开<相交>对话框，如图 10-11 所示。

❑<输入要素>：输入数据(路径为 data\chap10\xb.shp、data\chap10\Internet\相交.shp)。

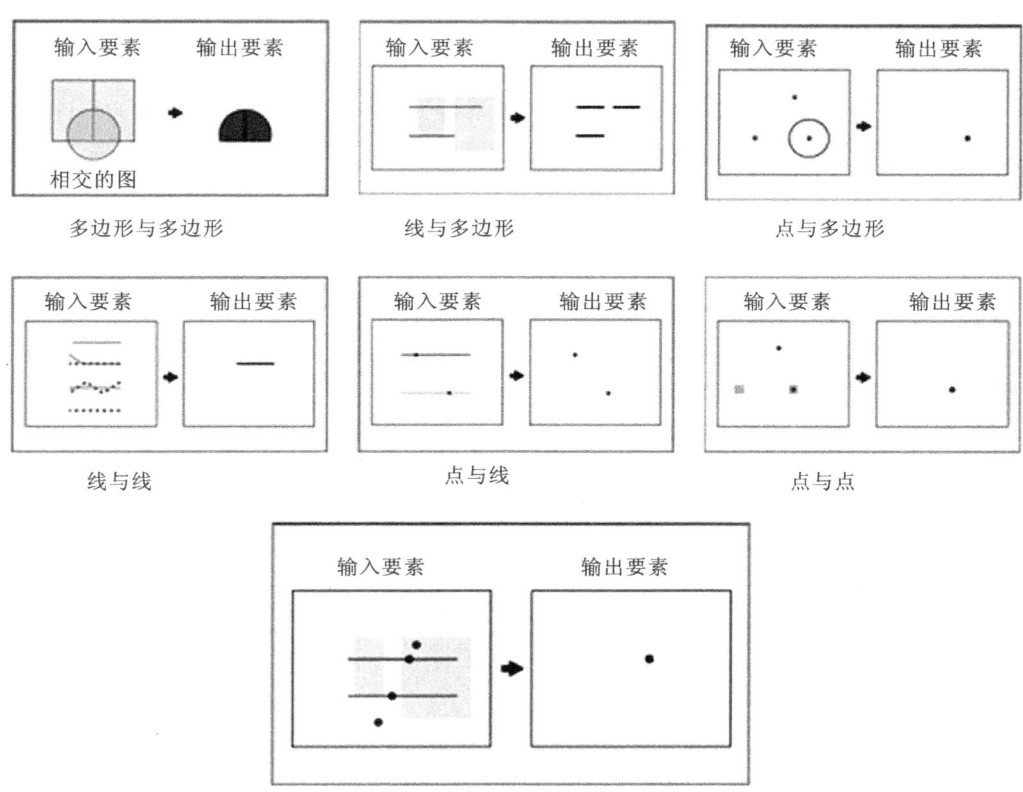

图 10-10　要素相交操作原理

图 10-11　要素相交

❑＜输出要素类＞：指定输出要素的文件名和保存路径。

❑在＜连接属性(可选)＞下拉列表框中选择输入要素的属性传递方式。其中＜ALL＞选项为默认情况下的值，指输入要素的所有属性都传递到输出要素类中；＜NO_FID＞选项指除 FID 字段外，输入要素的其余属性都传递到输出要素类中；＜ONLY_FID＞选项指只传递输入要素的 FID 字段到输出要素类中。这里选择默认选项。

❑＜XY 容差(可选)＞文本框中：输入容差值，单击右边的下拉列表框，选择容差值的单位。

❑在＜输出类型(可选)＞下拉列表框中选择输出类型。其中＜INPUT＞选项指输出要素保留为默认值，生产叠置区域；＜LINE＞选项指将输出类型为线，生成结果为线；＜POINT＞选项指将输出类型指定为点，生成结果为点。这里选择默认选项。

(3) 单击＜确定＞按钮，完成要素相交操作，结果如图 10-12 所示。

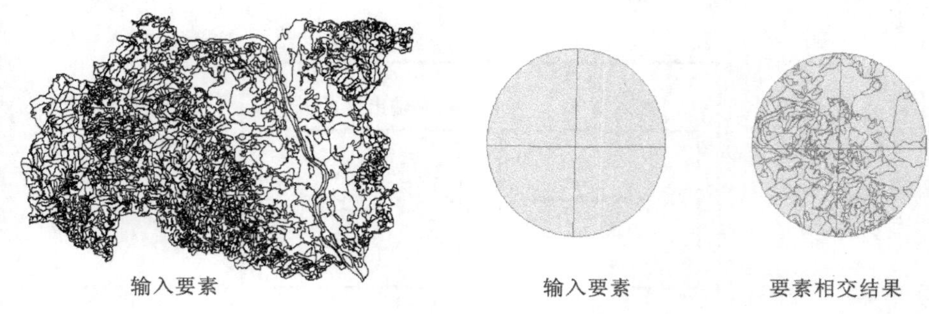

图 10-12 要素相交过程与结果

10.2.3 要素联合

要素联合操作是得到两个图层的并集部分，输出要素类中包含输入要素的所有内容。要素联合要求输入要素的要素类型必须都是多边形。如果输入要素中有相交的部分，通常会把一个要素按另一个要素的空间格局分布几何求交而分割成多个多边形，相交部分会具有相交的输入要素的所有属性，操作原理如图 10-13 所示。

要素联合操作步骤如下。

(1) 单击 ArcMap＜标准菜单＞的＜ArcToolbox＞按钮，打开＜ArcToolbox＞工具箱。

(2) 在＜ArcToolbox＞工具箱中双击＜分析工具＞|＜叠加分析＞|＜联合＞，打开＜联合＞对话框，如图 10-14 所示。

❑＜输入要素＞：输入数据(路径为 data\chap10\xb.shp、data\chap10\union\联合.shp)。

❑＜输出要素类＞：指定输出要素的文件名和保存路径。

❑在＜连接属性(可选)＞下拉列表框中选择输入要素的属性传递方式。其中＜ALL＞选项为默认情况下的值，指输入要素的所有属性都传递到输出要素类中；＜NO_FID＞选项指除 FID 字段外，输入要素的其余属性都传递到输出要素类中；＜ONLY_FID＞选项指只传递输入要素的 FID 字段到输出要素类中。这里选择默认选项。

❑＜XY 容差(可选)＞文本框中：输入容差值，单击右边的下拉列表框，选择容差值的单位。

❑勾选＜允许间隙存在(可选)＞复选框，表明在输出要素层中被其他要素包围的空白

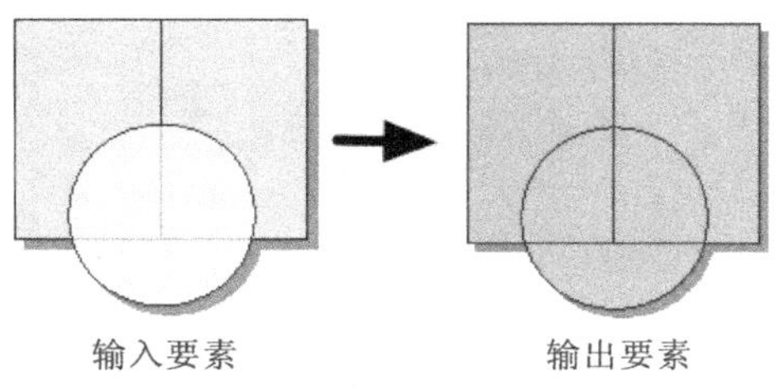

图 10-13　要素联合操作原理

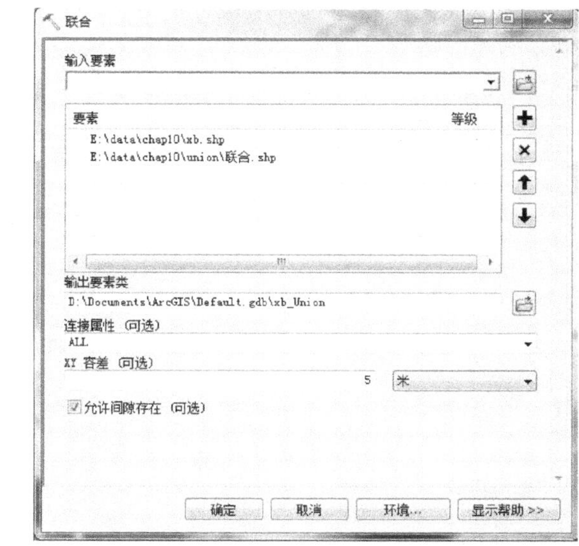

图 10-14　要素联合

区域将被填充，反之，空白区域将不被填充。

(3) 单击＜确定＞按钮，完成图层联合操作，结果如图 10-15 所示。

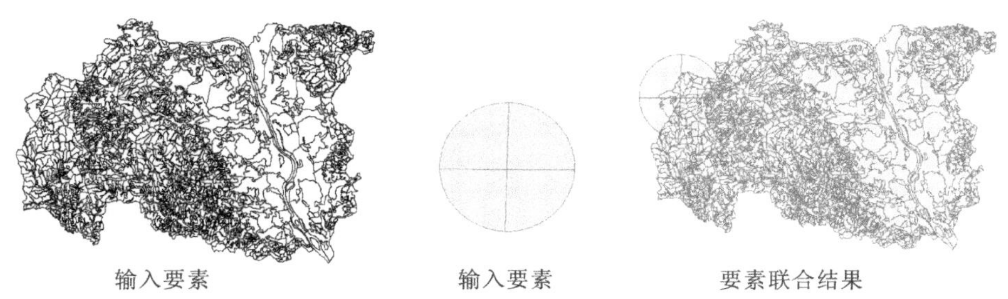

图 10-15　要素联合过程与结果

10.3　缓冲区分析

缓冲区是对选中的一组或一类地图要素(点、线或面)按设定的距离条件，围绕其要素而形成一定缓冲区的多边形实体，如图 10-16 所示，从而实现数据在二维空间得以扩展的信息分析方法。

在 ArcGIS 中创建缓冲区的方法有两种：第一种是用缓冲区向导创建，第二种是用缓冲区工具创建。点、线和面要素的缓冲区创建过程基本一致。

10.3.1　用缓冲区向导创建缓冲区

缓冲区向导工具是创建缓冲区的简单、快捷的一种方法，创建方法如下。

1) 添加缓冲区向导工具

(1) 在 ArcMap 主菜单中，单击＜自定义＞|＜自定义模式＞，打开＜自定义＞对话框。

(2) 在＜自定义＞对话框中单击＜命令＞选项卡，在＜类别＞列表框中选择＜工具＞，在＜命令＞列表框中选择＜缓冲向导＞，按住鼠标左键不放将其拖到工具栏中，如图 10-17 所示。

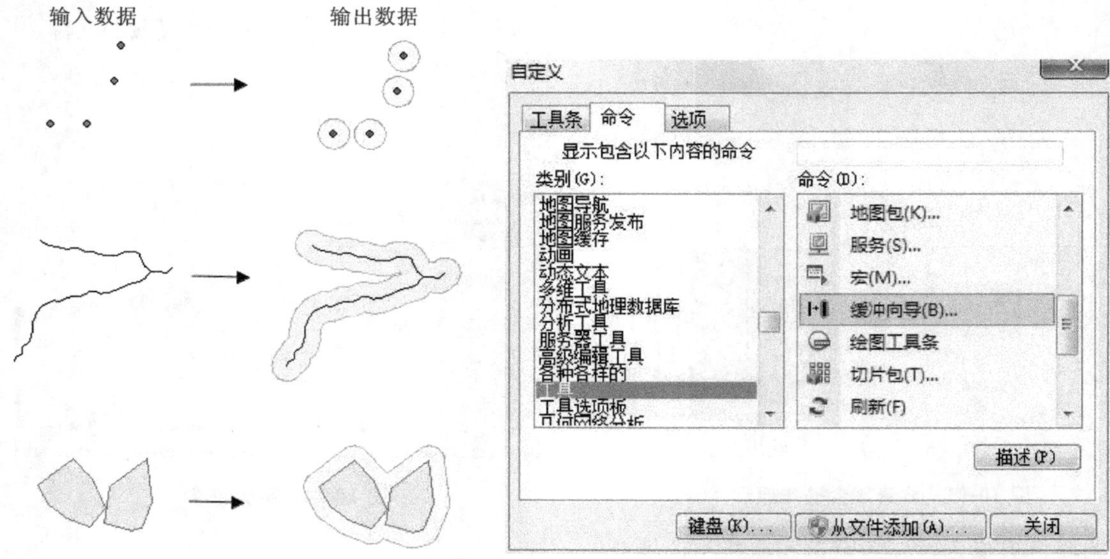

图 10-16　缓冲区分析示例　　　　图 10-17　添加缓冲区向导

2) 使用缓冲区向导创建缓冲区

(1) 加载需要创建缓冲区的图层到 ArcMap 中(路径 data\chap10\buuffer \line. shp)。

(2) 单击缓冲区要素向导按钮 ，打开＜缓冲向导＞窗口，如图 10-18 所示。

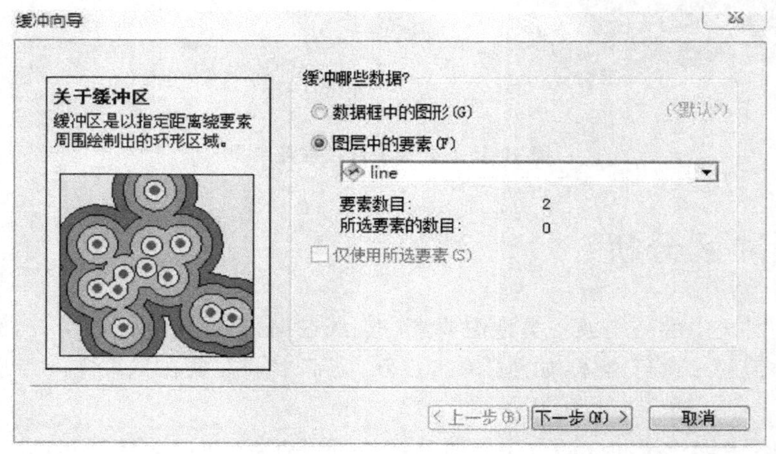

图 10-18　缓冲区向导对话框

(3) 在＜缓冲向导＞窗口的＜图层中的要素＞下拉列表框中选中需要建立缓冲区的图层。如果只是用图层中选中的要素进行缓冲区分析，则单击窗口中＜仅使用所选要素＞复选框，单击＜下一步＞按钮。

(4) 在＜如何创建缓冲区＞中有三种建立缓冲区的方式。＜以指定的距离＞指输入缓冲区半径建立固定缓冲区，＜基于来自属性的距离＞指依据要素中某个字段值建立缓冲区，＜作为多缓冲区圆环＞指建立多环缓冲区，这里选用第一种方法，设置缓冲距离为 200 米。

(5) 在＜缓冲距离＞下拉列表框中选择距离单位，这里选择单位为米，单击＜下一步＞按钮，如图 10-19 所示。

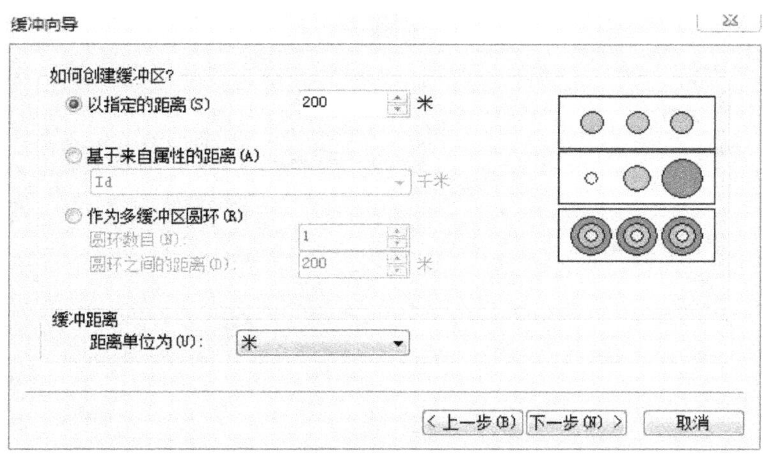

图 10-19　设置缓冲距离

(6) 在＜缓冲区输出类型＞中选择缓冲区输出的类型；是否融合缓冲区之间的障碍，这里选择＜是＞。

(7) ＜创建缓冲区使其＞设置缓冲区的创建位置，只有创建要素是面要素时，各选项才可选择。

(8) 在＜指定缓冲区的保存位置＞中选择生成结果文件的方法及存放路径，如图 10-20 所示。

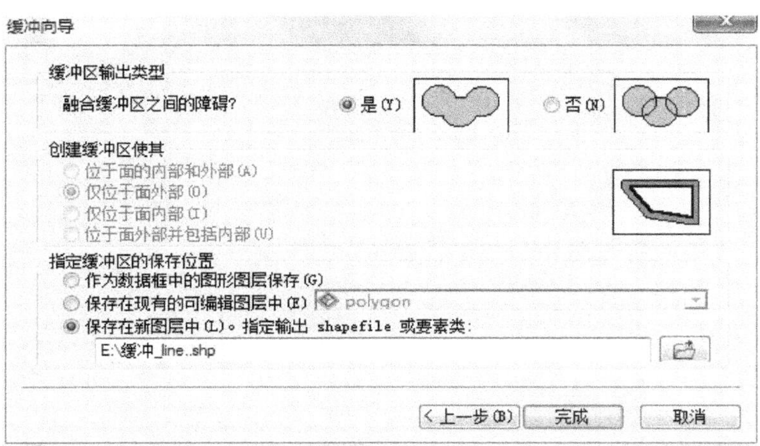

图 10-20　缓冲区创建设置

(9) 单击＜完成＞按钮，完成缓冲区创建，结果如图 10-21 所示。

10.3.2　用缓冲区工具创建缓冲区

使用缓冲区工具创建缓冲区的操作步骤如下。

(1) 单击 ArcMap＜标准菜单＞的 ＜ArcToolbox＞按钮，打开＜ArcToolbox＞工具箱。

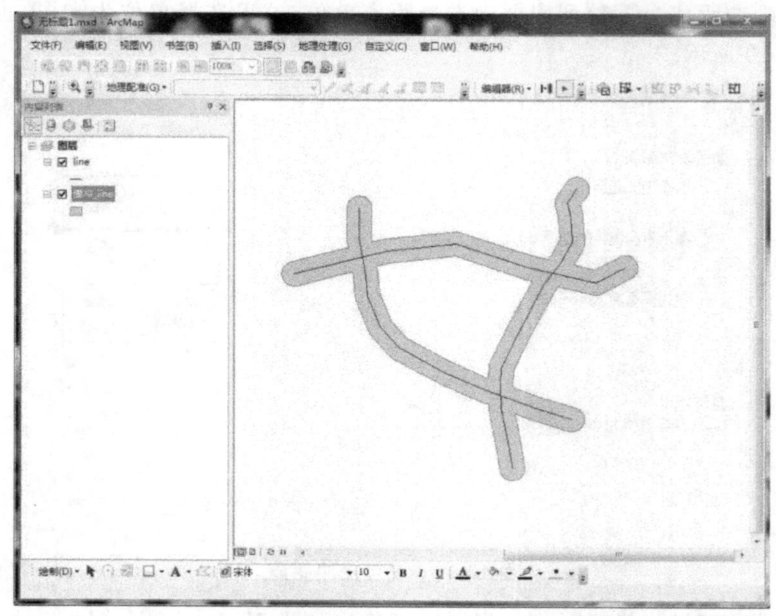

图 10-21 缓冲区创建结果

(2) 在＜ArcToolbox＞工具箱中双击＜分析工具＞|＜领域分析＞|＜缓冲区＞,打开＜缓冲区＞对话框,如图 10-22 所示。

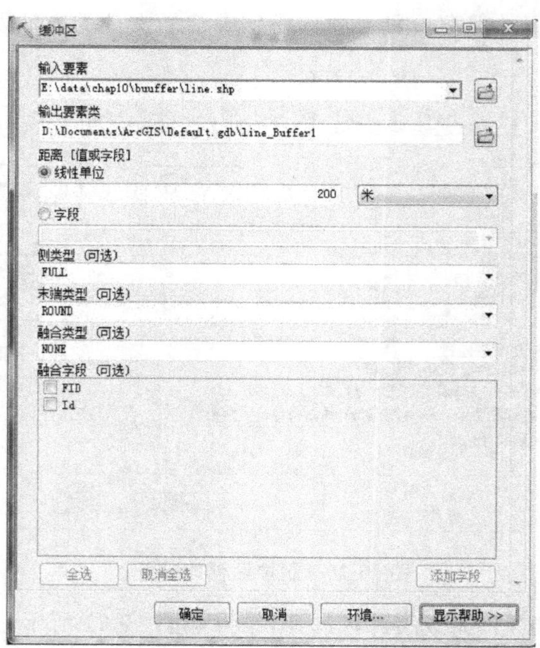

图 10-22 缓冲区对话框

❑＜输入要素＞:输入数据(路径 data\chap10\buuffer\line.shp)。

❑＜输出要素类＞:指定输出要素的文件名和保存路径。

❑＜距离[值或字段]＞中:选择＜线性单位＞则输入一个数值,并在下拉列表框中选择距离单位，设置缓冲区距离；选择＜字段＞则使用输入要素中某一字段值作为该要素的缓冲距离，这里我们选择＜线性单位＞，设置缓冲距离为 200，单位为米。

❑在＜侧类型(可选)＞中有四个选项，选项＜FULL＞对于线输入要素，将在线两侧生成缓冲区。对于面输入要素，将在面周围生成缓冲区，并且这些缓冲区将包含并叠加输入要素的区域。对于点输入要素，将在点周围生成缓冲区。这是默认设置。选项＜LEFT＞对于线输入要素，将在线的拓扑左侧生成缓冲区。选项＜RIGHT＞对于线输入要素，将在线的拓扑右侧生成缓冲区。此选项对于面输入要素无效。选项＜OUTSIDE_ONLY＞对于面输入要素，仅在输入面的外部生成缓冲区(输入面内部的区域将在输出缓冲区中被擦除)。此选项对于线输入要素无效。这里选择默认选项。

❑在＜末端类型(可选)＞中有两个选项，选项＜ROUND＞缓冲区的末端为圆形，即半圆形。这是默认设置。选项＜FLAT＞缓冲区的末端很平整或者为方形，并且在输入线要素的端点处终止。这里选择默认选项。

❑在＜融合类型(可选)＞中有三个选项，选项＜NONE＞无论如何重叠，均保持每个要素的独立缓冲区。这是默认设置。选项＜ALL＞将所有缓冲区融合为单个要素，从而移除所有重叠。选项＜LIST＞融合共享所列字段(传递自输入要素)属性值的所有缓冲区。

❑＜融合字段(可选)＞指融合输出缓冲区所依据的输入要素的字段列表。融合共享所列字段(传递自输入要素)属性值的所有缓冲区。

(3) 单击＜确定＞按钮，运行缓冲区分析，操作结果如图 10-23 所示。

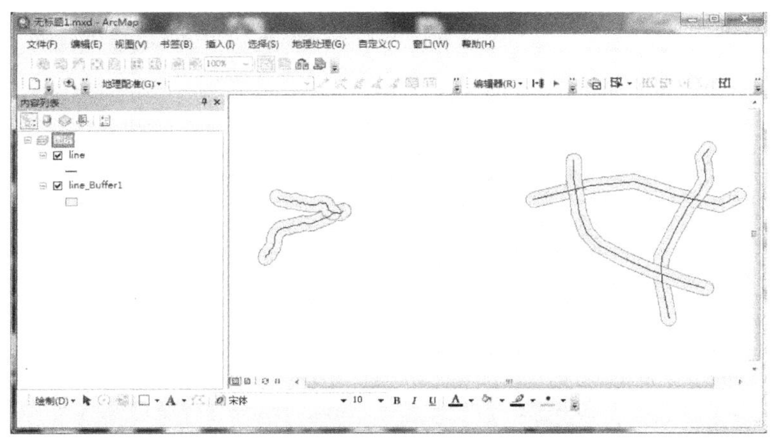

图 10-23　缓冲分析结果

10.4　其他空间分析

在 ArcGIS 中还有其他很多的空间分析工具，为数据处理提供便利。在林业工作中，常用的一些工具有数据合并、数据消除、数据融合等，简单介绍如下。

10.4.1　数据合并

数据合并指将数据类型相同的多个输入数据合并为一个新的数据输出。数据类型可以是点、线、面要素类或表。数据合并不处理要素，只简单地把要素放到一个要素类里，因此输出的要素类可能会有重叠或缝隙。在处理属性表时会把相同名字的字段合成一个，不同名字的字段按原名字、顺序全部加入输出要素类属性表中，原 Fid 将不保留。数据合并操作原理如图 10-24 所示。

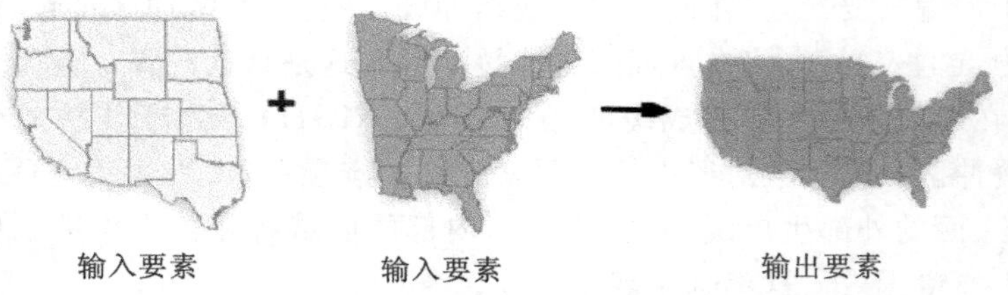

图 10-24 数据合并操作原理

数据合并基本操作步骤如下。

(1) 单击 ArcMap＜标准菜单＞的 ＜ArcToolbox＞按钮，打开＜ArcToolbox＞工具箱。

(2) 在＜ArcToolbox＞工具箱中双击＜数据管理工具＞|＜常规＞|＜合并＞，打开＜合并＞对话框，如图 10-25 所示。

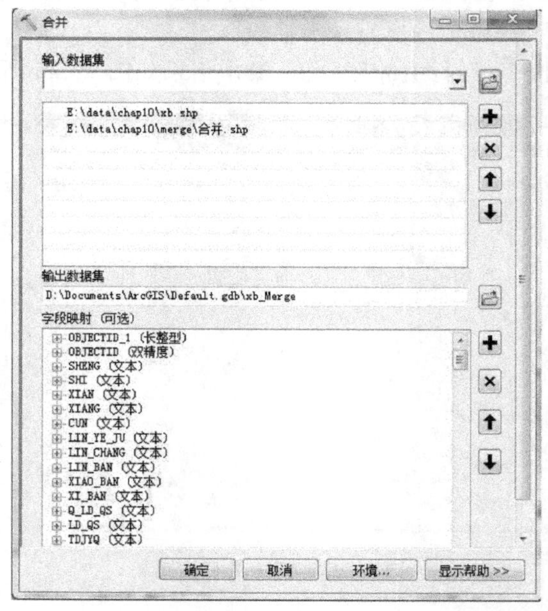

图 10-25 数据合并

❑＜输入要素＞：输入数据(路径为 data\chap10\xb.shp、data\chap10\merge\合并.shp)。

❑＜输出要素类＞：指定输出要素的文件名和保存路径。

❑＜字段映射(可选)＞列表框中：列出每一个唯一输入字段，展开后可查看输入字段的列表，对于每个＜字段映射＞均可添加、重命名或删除字段，还可设置字段的数据类型等属性。

(3) 单击＜确定＞按钮，完成要素合并操作，结果如图 10-26 所示。

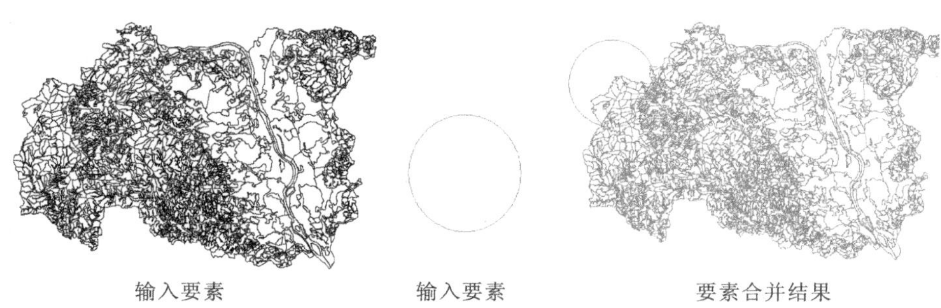

图 10-26　要素合并过程与结果

10.4.2　数据消除

通过将面与具有最大面积或最长公用边界的邻近面合并来消除面。消除通常用于移除叠加操作(如相交或联合)所生成的小的狭长面。消除工具可以将选中的细小多边形合并到周围大的多边形中区,使用该工具的前提条件是图层中必须有选择集存在。消除零碎图斑操作步骤如下。

(1) 加载数据到 ArcMap 中(路径 data\chap10\eliminate\消除. shp)。

(2) 单击 ArcMap＜主菜单＞中的＜选择＞|＜按属性选择＞命令,打开＜按属性选择＞对话框。

❑在＜图层＞下拉列表框中选择要从中筛选要素的图层。

❑在＜按属性选择＞对话框的＜方法＞下拉列表框中选择合适的方法,这里选择＜创建新的内容＞。

❑在＜字段＞列表中双击的字段名＜MIAN_JI＞,在逻辑运算符中单击"＜＝"按钮,在表达式文本框中输入表达式＜"MIAN_JI"＜＝0.15＞,选择出目标图层中面积小于 0.15 公顷的细碎图斑,如图 10-27 所示。

(3) 单击＜确定＞按钮,选择要消除的记录。

(4) 单击 ArcMap 的＜标准菜单＞的 ＜ArcToolbox＞按钮,打开＜ArcToolbox＞工具箱。

(5) 在＜ArcToolbox＞工具箱中双击＜数据管理工具＞|＜制图综合＞|＜消除＞,打开＜消除＞对话框。

❑＜输入要素＞:下拉列表框中选择＜消除＞图层。

❑＜输出要素类＞:指定输出要素的文件名和保存路径。

❑勾选＜按边界消除面＞复选框,＜排除表达式(可选)＞＜排除图层(可选)＞按默认设置,如图 10-28 所示。

(6) 单击＜确定＞按钮,运行消除操作,结果如图 10-29 所示。

10.4.3　数据融合

数据融合是指通过合并对于某一指定项具有相同属性值的相邻面、线或区域创建新的要素。融合可以用来分类汇总统计,如按地类或树种字段属性进行融合,计算面积统计汇总。数据融合操作原理如图 10-30 所示。

数据融合操作步骤如下。

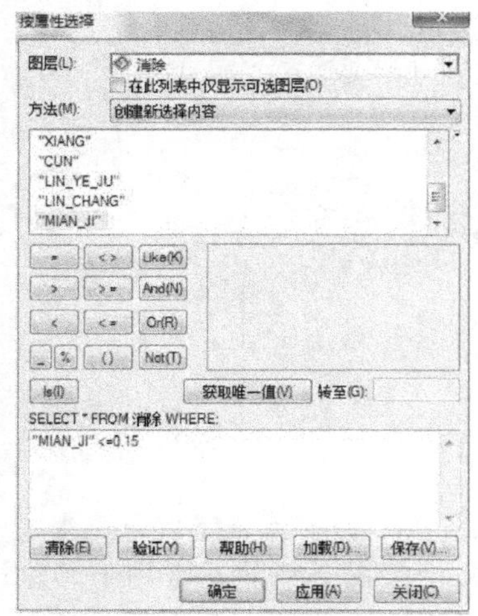

图 10-27　按属性选择细小图斑

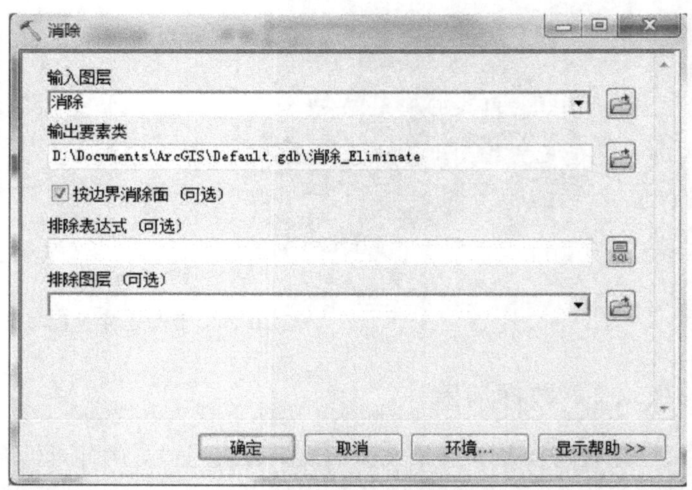

图 10-28　消除细碎多边形

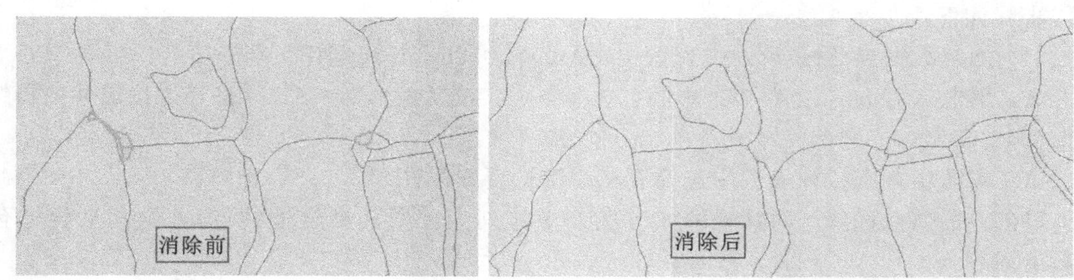

图 10-29　消除操作结果

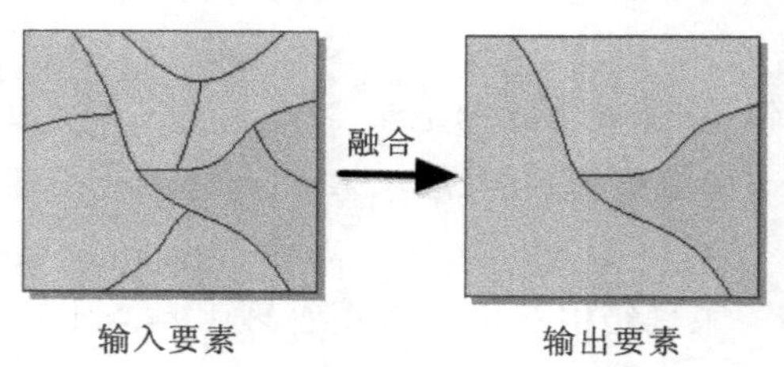

图 10-30　数据融合操作原理

(1) 单击 ArcMap＜标准菜单＞的 ＜ArcToolbox＞按钮，打开＜ArcToolbox＞工具箱。

(2) 在＜ArcToolbox＞工具箱中双击＜数据管理工具＞|＜制图综合＞|＜融合＞，打开＜融合＞对话框，如图 10-31 所示。

❑＜输入要素＞：输入数据(路径为 data\chap10\xb.shp)。

❑＜输出要素类＞：指定输出要素的文件名和保存路径。

❑＜融合_字段(可选)＞列表框中：勾选用于融合的字段，这里勾选＜xiangm＞＜cunm＞两个字段，将乡名和村名属性相同的斑块合并，生成的面即为村。

❑＜创建多部件要素(可选)＞复选框是指定在输出要素类中是否允许多部件要素。默认设置为选中，指允许多部件要素，取消选中指不允许多部件要素，将为不相邻的各部分创

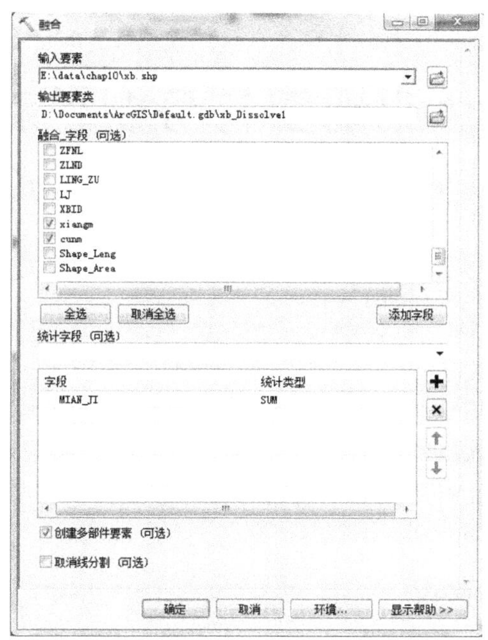

图 10-31　要素融合

建单独要素，这里选择默认设置。

❑<取消线分割(可选)>复选框是控制线要素的融合方式。默认设置为取消选中，指将线要素融合为单个要素，选中指只有当两条线具有一个公共接受这点时才对线进行融合。这里选择默认设置。

(3) 单击<确定>按钮，运行融合，生成结果如图 10-32 所示。

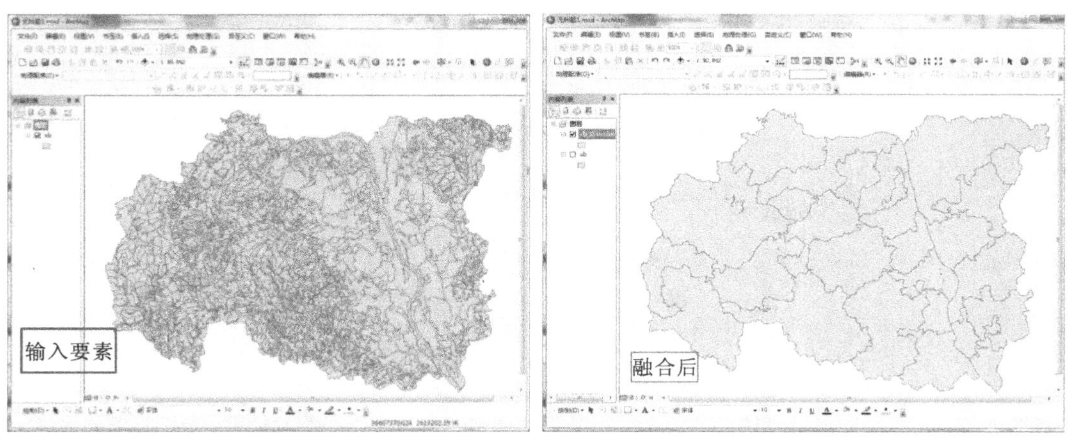

图 10-32　融合过程与结果

第 11 章　林业地图符号制作和版面设计

11.1　符号的选择与制作

地图符号是由形状不同、大小不一、色彩有别的图形和文字组成，是地图的图解语言，能够清晰、直观、形象地表示地理要素的空间位置、分布特点、数量特征及相互关系。地图符号根据地图数据类型分为点状、线状和面状三种。点、线、面三种要素类型都可以通过数据特征属性，利用单一符号、定性符号化和组合符号化等表达方式设置数据的符号化，制作符合需求的各种地图表达。

11.1.1　符号的选择与修改

符号的选择与设置在制图过程中非常重要，选择合适的制图符号能够更清晰、直观地表达地理要素，同时增加制图成果的美观。使用符号选择器时，可从可用样式中选择符号样式，当所选符号不能满足需求时，也可在选定样式的基础上修改符号的属性。

符号的选择与修改操作步骤如下。

(1) 加载地理数据(路径为 data\chap11\点.shp)。

(2) 在＜内容列表＞中单击“点”图层下面的符号，打开＜符号选择器＞对话框，点击选择框中符合要求的样式符号，如图 11-1 所示。

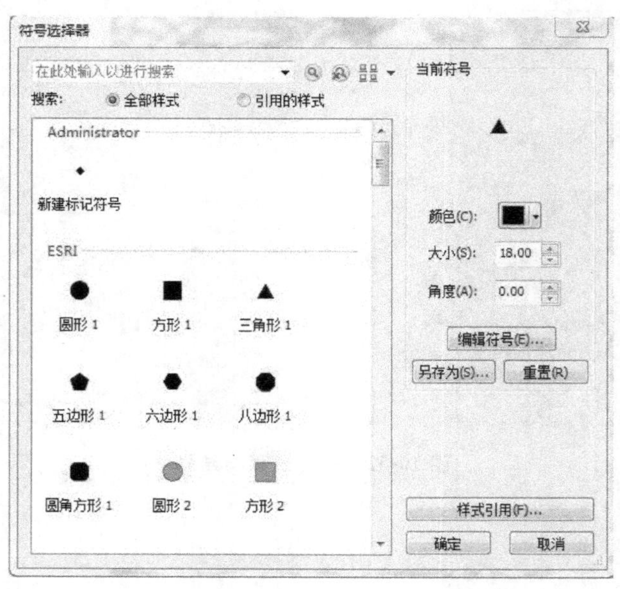

图 11-1　符号选择器对话框

（3）在＜当前符号＞框中可以修改所选符号的颜色、大小、角度等属性。

（4）重新设定的符号样式可以保存以供重复使用，单击＜另存为＞按钮，打开＜项目属性＞对话框，如图 11-2 所示。

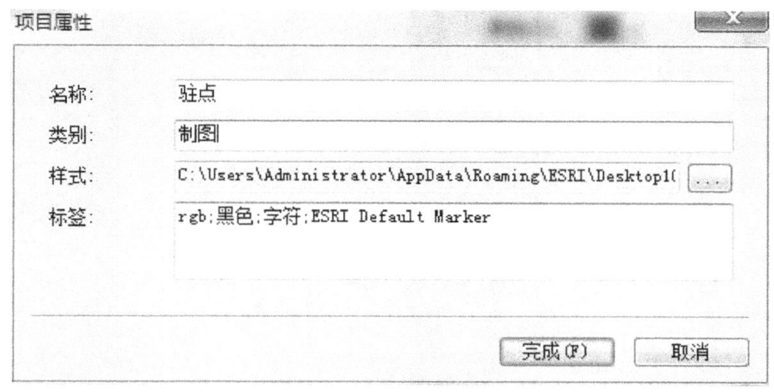

图 11-2　项目属性对话框

（5）在＜项目属性＞对话框的＜名称＞和＜类别＞文本框中分别输入“驻点”和“制图”，单击＜完成＞按钮，将符号保存到样式库中。

11.1.2　点符号制作

点符号用于绘制点要素，如样点、驻点、山峰等。点符号可通过＜符号属性编辑器＞进行制作，制作的点符号保存在样式管理器的＜标记符号＞文件夹中。

制作点符号的操作步骤如下。

（1）在 ArcMap 的主菜单中单击＜自定义＞|＜样式管理器＞命令，打开＜样式管理器＞对话框。

（2）在＜样式管理器＞对话框中单击＜Administrator. style＞，在＜名称＞列表框中右击＜标记符号＞，在弹出菜单中单击＜新建＞|＜标记符号…＞命令，如图 11-3 所示。打开＜符号属性编辑器＞对话框。

（3）在＜符号属性编辑器＞对话框的＜类型＞下拉列表框有四种符号类型，其中＜简单标记符号＞由一组具有可选轮廓和颜色组成的标记符号组成；＜箭头标记符号＞是具有可调大小、角度和颜色的简单三角形符号组成的标记符号；＜图片标记符号＞由格式为 *. bmp、*. emf 的图片创建的标记符号组成；＜字符标记符号＞是通过系统字体文件夹中的显示字体创建而成的标记符号。这里选择＜简单标记符号＞，如图 11-4 所示。

（4）在＜简单标记＞选项卡中设置符号属性，这里设置符号颜色为“白色”，样式为“菱形”，大小为“10”。

（5）在＜图层＞区域单击 ✚ ＜Add Layer＞按钮，新增一个简单标记符号，在＜简单标记＞选项卡下设置该符号的属性，这里设置颜色为“黑色”，样式为“圆形”，大小为“13”，两个符号图层重叠显示，在预览栏中显示符号的形状。

（6）单击＜确定＞按钮，完成点符号的制作，符号保存在样式管理器的＜标记符号＞中，如图 11-5 所示。

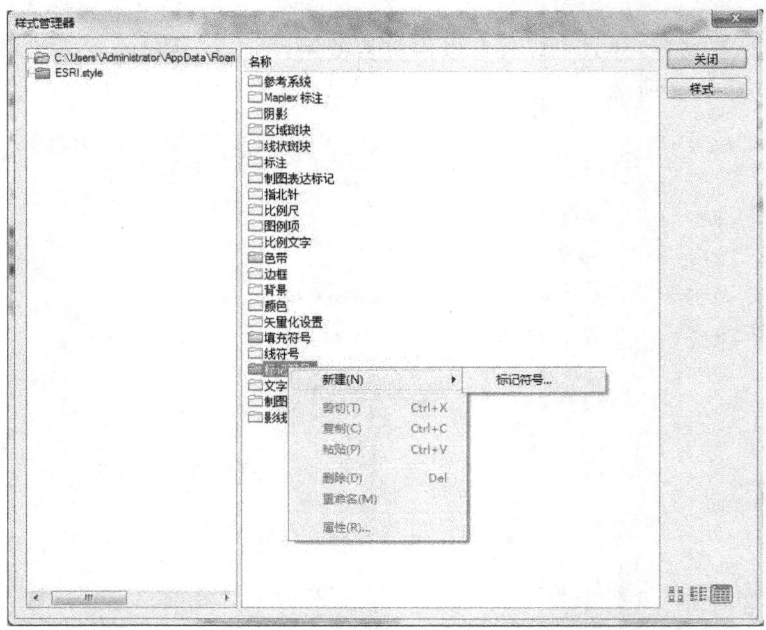

图 11-3 样式管理器对话框

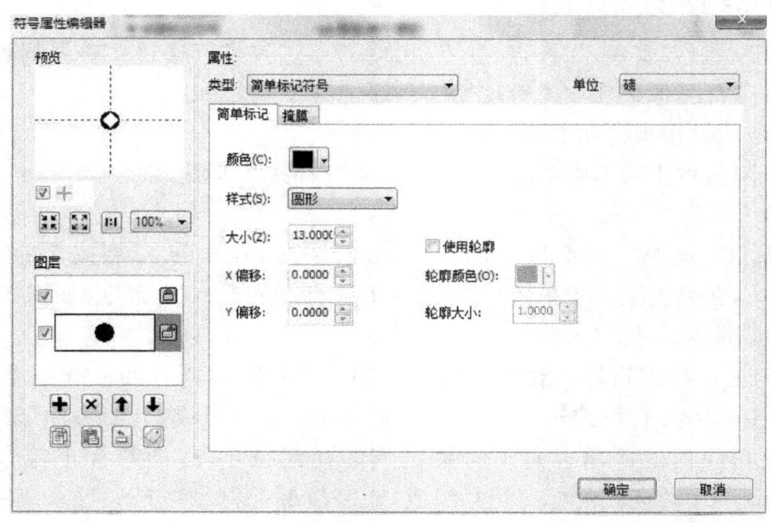

图 11-4 符号属性编辑器对话框

11.1.3 线符号制作

线符号用于绘制线要素，如道路、河流和边界等。也可以用于其他符号类型的轮廓线。制作的线符号保存在样式管理器的＜线符号＞文件夹中。

制作线符号的操作步骤如下。

(1) 在 ArcMap 的主菜单中单击＜自定义＞|＜样式管理器＞命令，打开＜样式管理器＞对话框。

(2) 在＜样式管理器＞对话框中单击＜Administrator. style＞，在＜名称＞列表框中选

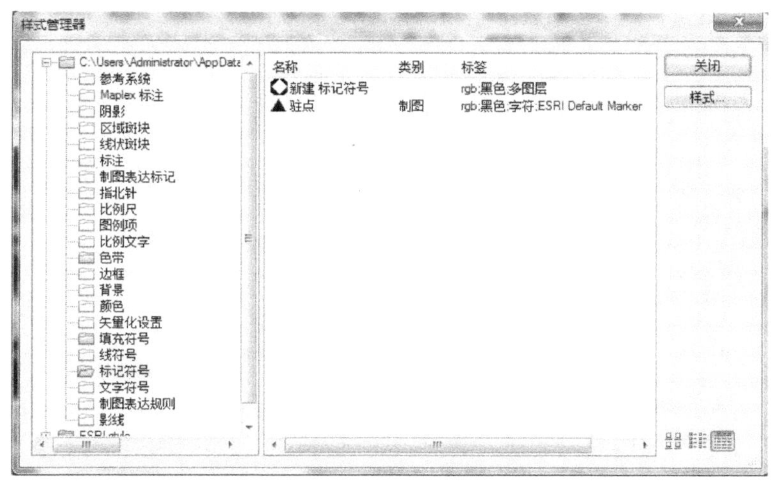

图 11-5　新建标记符号

中＜线符号＞，在右侧空白处右击，弹出菜单中单击＜新建＞|＜线符号…＞命令，如图 11-6所示。打开＜符号属性编辑器＞对话框。

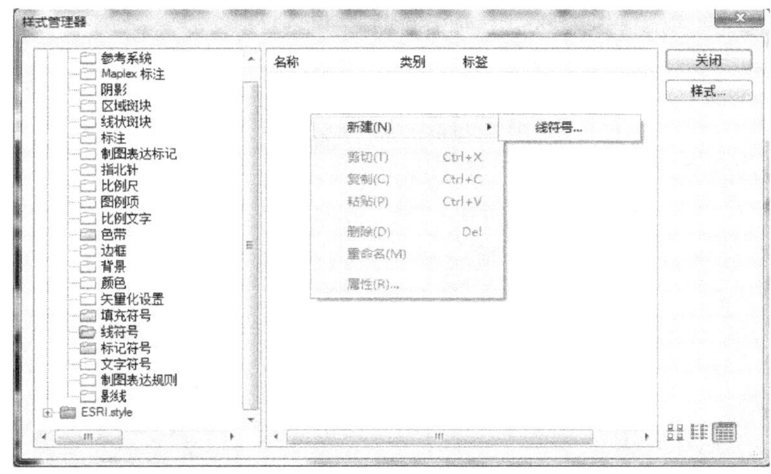

图 11-6　创建线符号

(3) 在＜符号属性编辑器＞对话框的＜类型＞下拉列表框中有五种符号类型，其中＜标记线状符号＞是由沿着几何绘制的重复标记模式组成的线符号，＜混列线符号＞是由重复的线符号片段组成的线符号，＜简单线符号＞是由简单实线显示的线符号，＜图片线状符号＞是由格式为 *.bmp、*.emf 的图片在线长度方向上连续切片而成的线符号，＜制图线符号＞是通过设置重复虚线样式、线段间隔、线段连接点等属性而成的线符号。这里选择＜制图线符号＞。

(4) 单击＜模板＞选项卡，单击并拖动灰色方块，设置样式的长度，单击拖出的白色方块，按需求设置点标记或破折号标记，在＜间隔＞中设置间隔值为“2”，如图 11-7 所示。

(5) 在＜图层＞区域单击＜Add Layer＞按钮，新增一个简单线符号，在＜简单线＞选项卡下设置该符号的属性，这里设置颜色为“白色”，样式为“实线”，大小为“2”，两个线符

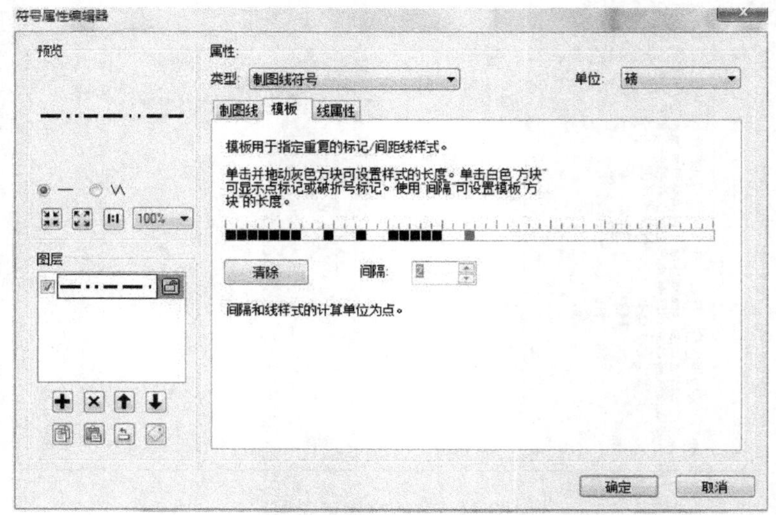

图 11-7　制图线符号模板设置

号图层重叠显示，单击＜图层＞区域的⬆＜Move Layer Up＞和⬇＜Move Layer Down＞可调整两个线符号的顺序，在预览栏中显示符号的形状，如图 11-8 所示。

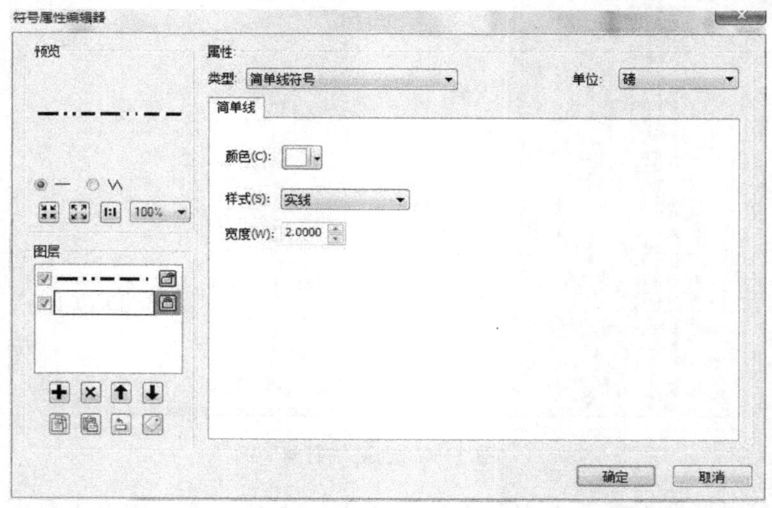

图 11-8　制作线符号

(6) 单击＜确定＞按钮，完成线符号的制作，线符号保存在样式管理器的＜线符号＞中，如图 11-9 所示。

11.1.4　面符号制作

面符号即为填充符号，用于绘制面要素，如县面、乡镇面、村面、林班面、小班面、水库、宗地等。面符号可以通过颜色、线符号、标记符号或图片等来填充进行绘制。制作的面符号保存在样式管理器的＜填充符号＞文件夹中。

制作面符号的操作步骤如下。

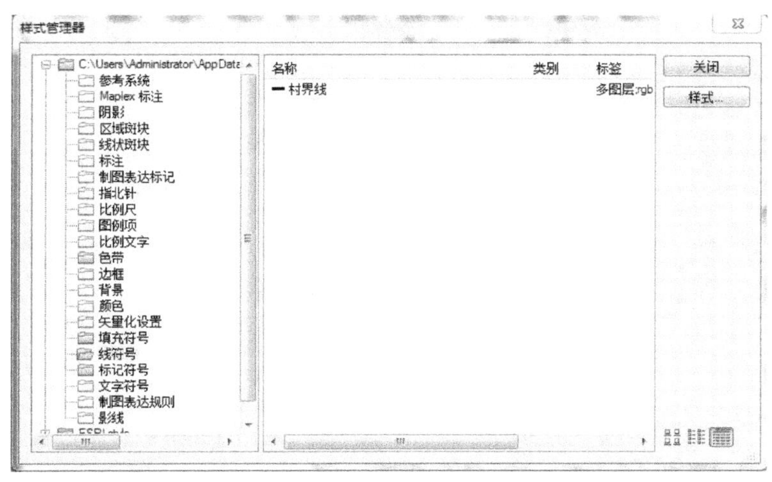

图 11-9　新建线符号

(1) 在 ArcMap 的主菜单中单击＜自定义＞|＜样式管理器＞命令，打开＜样式管理器＞对话框。

(2) 在＜样式管理器＞对话框中单击＜Administrator. style＞，在＜名称＞列表框中选中＜填充符号＞，在右侧空白处右击，弹出菜单中单击＜新建＞|＜填充符号...＞命令。打开＜符号属性编辑器＞对话框。

(3) 在＜符号属性编辑器＞对话框的＜类型＞下拉列表框中有五种符号类型，其中＜标记填充符号＞由标记符号随机或等间隔填充，＜简单填充符号＞由单一颜色填充，＜渐变填充＞由色带进行梯度填充，＜图片填充符号＞由格式为 *. bmp、*. emf 的图片进行填充，＜线填充符号＞由线性符号等距平行进行填充。这里选择＜线填充符号＞，如图 11-10 所示。

图 11-10　制作线填充符号

(4) 在＜线填充＞选项卡中单击＜线＞按钮，打开＜线性符号选择器＞对话框，选择线型＜高速公路匝道＞，单击＜确定＞按钮。

(5) 在＜线填充＞选项卡中设置＜角度＞为“45”，＜间隔＞为“9”。

(6) 单击＜确定＞按钮，完成面符号的制作，面符号保存在样式管理器的＜填充符号＞中，如图 11-11 所示。

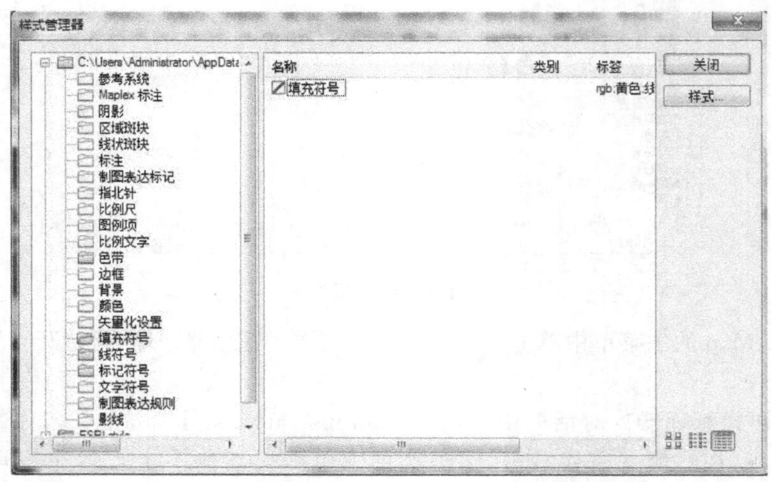

图 11-11 新建填充符号

11.2 地图数据符号化

11.2.1 单一符号化

单一符号利用大小、形状、颜色一致的点、线、面符号绘制地图要素。单一符号主要用于表达地理要素的空间分布。在 ArcMap 中加载矢量数据时，系统默认以单一符号显示。

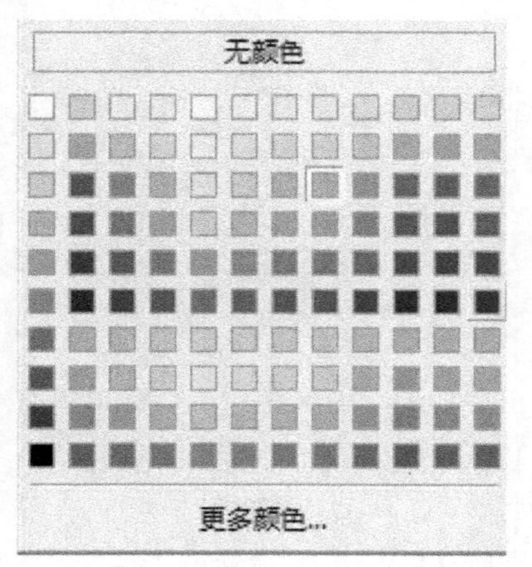

图 11-12 颜色选择对话框

设置地理要素单一符号化操作步骤如下。

(1) 加载地理数据（路径为 data\chap11\xb面.shp）。

(2) 在＜内容列表＞中右击“xb 面”，在弹出的菜单中单击＜属性＞命令，打开＜图层数据＞对话框。

(3) 在＜图层属性＞对话框中单击＜符号系统＞选项卡，在＜显示＞列表框中单击＜要素＞|＜单一符号＞命令。

(4) 单击＜符号＞按钮，弹出＜符号选择器＞对话框，选择新的符号，或改变某一符号的属性。单击＜填充颜色＞下拉列表，在弹出的对话框中选择“电气石绿色”，如图 11-12 所示。

(5) 在＜轮廓宽度＞和＜轮廓颜色＞中设置填充符号边框的宽度和颜色，这里设置＜轮廓宽度＞为“0.4”，＜轮廓颜色＞为“灰度 50%”。

（6）在＜符号选择器＞对话框中单击＜确定＞按钮，回到＜图层属性＞对话框。

（7）在＜图层属性＞对话框的＜图例＞中输入符号的标注，也可以不设置。这里输入"小班数据"，如图 11-13 所示。

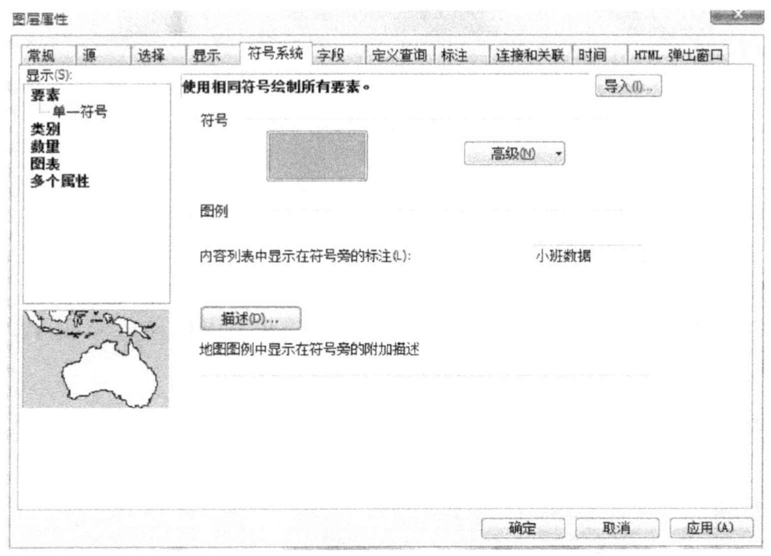

图 11-13　设置单一符号

（8）在＜图层属性＞对话框中，单击＜确定＞按钮，完成单一符号设置，效果如图 11-14 所示。

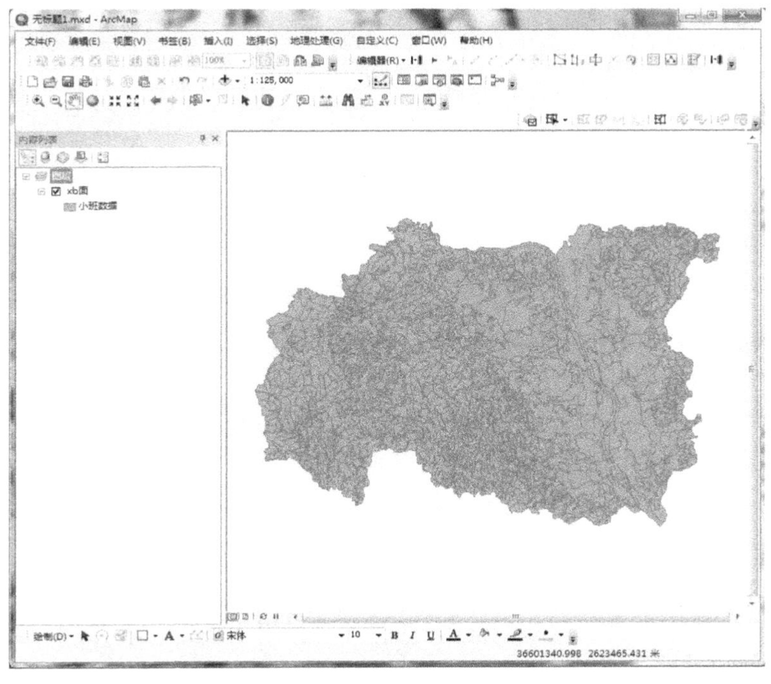

图 11-14　单一符号设置效果

11.2.2 类别符号化

类别符号化是根据地理数据的属性值进行分类绘制的一种地图符号。林业常见的有森林分布图、林相图等。分类符号可以清晰地显示要素某一属性的差异。

1) 唯一值显示

(1) 加载地理数据(路径为 data\chap11\xb 面.shp)。

(2) 在＜内容列表＞中右击“xb 面”,在弹出的菜单中单击＜属性＞命令,打开＜图层属性＞对话框。

(3) 在＜图层属性＞对话框中单击＜符号系统＞选项卡,在＜显示＞列表框中单击＜类别＞|＜唯一值＞命令。

(4) 在＜值字段＞下拉列表中选择用于分类显示的字段＜cunm＞,在＜色带＞下拉列表中选择颜色方案。单击＜添加所有值＞按钮,在显示框中显示字段＜cunm＞的所有类型符号,如图 11-15 所示。

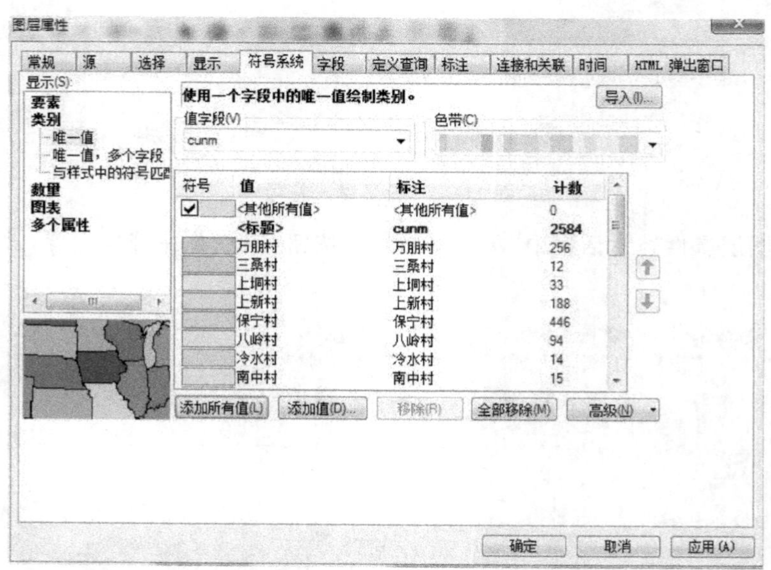

图 11-15 图层属性对话框

(5) 双击类别符号列表框的符号,弹出＜符号选择器＞对话框,可重新设置符号的轮廓线性、填充样式、颜色等属性。

(6) 由于字段＜cunm＞中所有记录都有值,为不影响地图图例显示,将符号显示列表框中＜其他所有值＞复选框的勾取消,如图 11-16 所示。

(7) 单击＜图层属性＞对话框的＜确定＞按钮,完成唯一值类别符号化的设置,如图 11-17 所示。

2) 多字段显示

有时候单个字段不能把地理数据清晰分类,此时可以用多个字段共同分类,操作步骤如下。

(1) 加载地理数据(路径为 data\chap11\xb 面.shp)。

(2) 在＜内容列表＞中右击“xb 面”,在弹出的菜单中单击＜属性＞命令,打开＜图层属

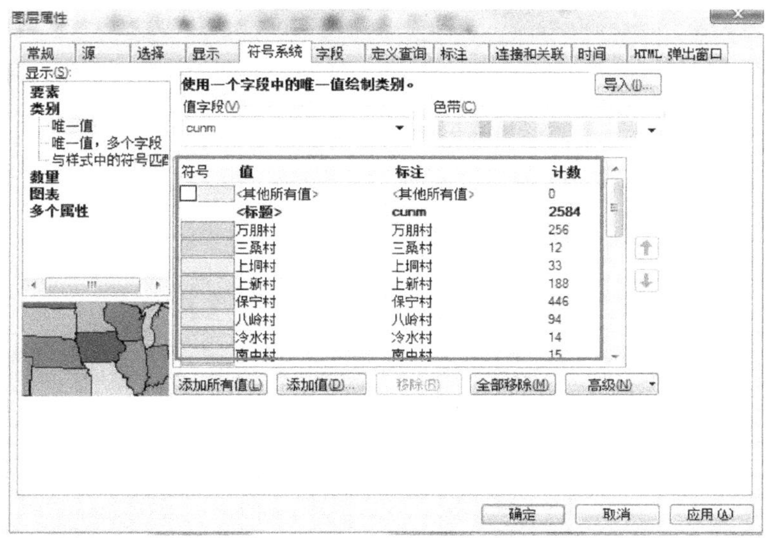

图 11-16　类别符号列表框

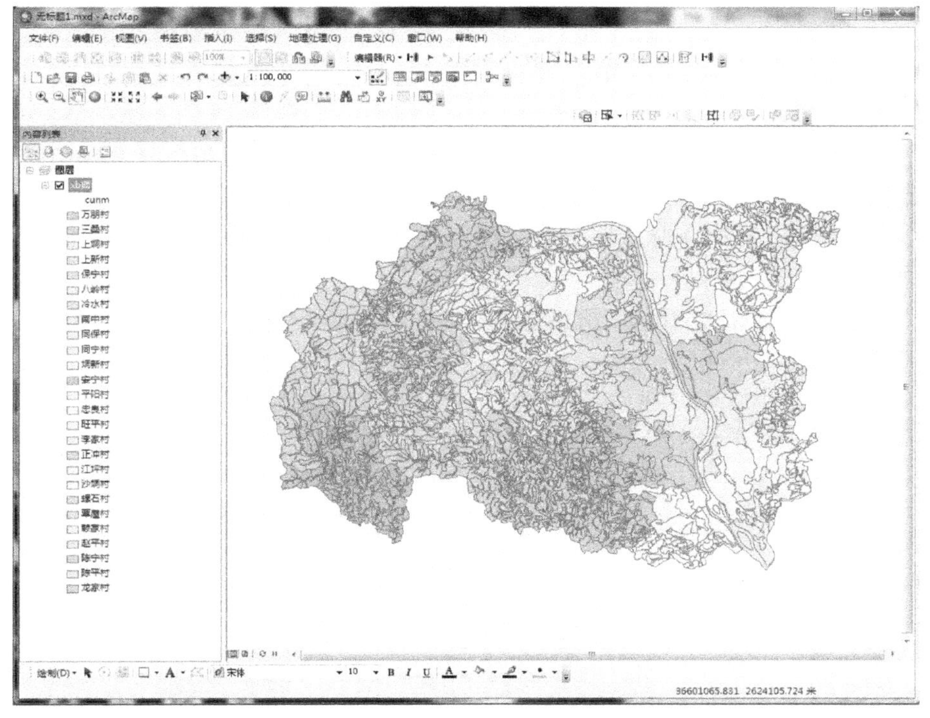

图 11-17　类别符号唯一值设置

性＞对话框。

(3) 在＜图层属性＞对话框中单击＜符号系统＞选项卡，在＜显示＞列表框中单击＜类别＞|＜唯一值，多个字段＞命令。

(4) 在＜值字段(V)＞下拉列表中选择用于分类显示的第一个字段＜SLLB＞，第二个字段＜SQDJ＞，在＜色带(C)＞下拉列表中选择颜色方案。单击＜添加所有值＞按钮，在显示框中显示所有类型符号，如图 11-18 所示。

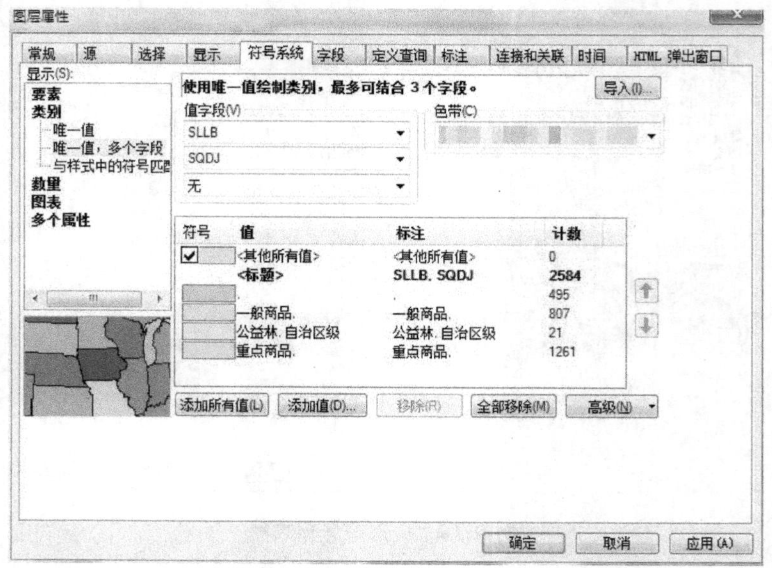

图 11-18 多字段分类符号设置

(5) 双击类别符号列表框的符号，弹出＜符号选择器＞对话框，可重新设置符号的轮廓线性、填充样式、颜色等属性。

(6) 为不影响地图图例显示，将符号显示列表框中＜其他所有值＞复选框的勾取消，选中列表框中的符号，单击右侧的上下箭头可调整类别符号的排列顺序。

(7) 单击＜图层属性＞对话框中的＜确定＞按钮，完成类别符号多字段的设置，如图 11-19 所示。

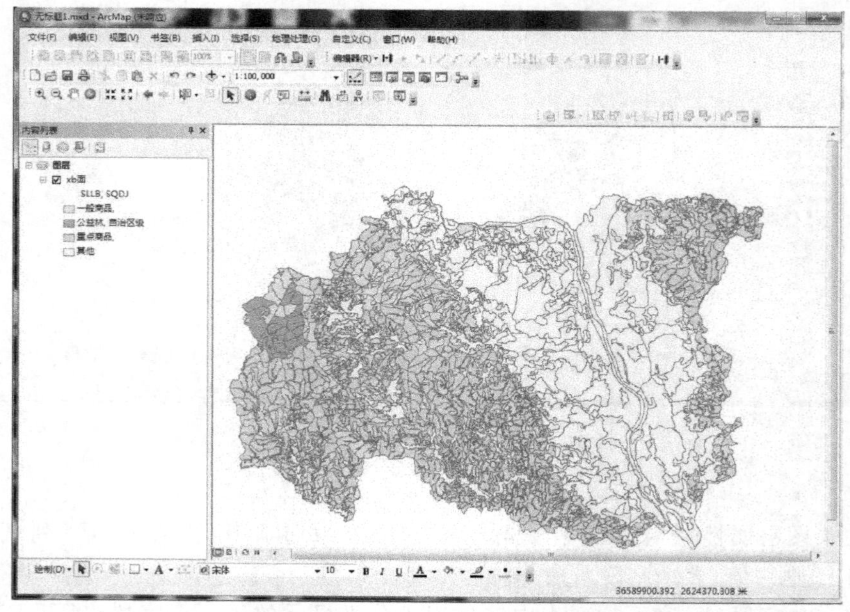

图 11-19 类别符号多字段设置

11.3　标注与注记

地图符号可以显示地理数据的位置、分布情况、相互关系，但要更完整地表达地理要素，需要使用文字、图表等对地图进行补充说明。地图中要素的文字说明称为标注。

11.3.1　手动标注

手动标注是利用 ArcMap 中的＜绘制＞工具条对地图进行手动交互式标注，通常是在标注要素较少或者是需要标注的信息在属性中没有包含，或者是对某些要素进行特别说明的情况下使用。

设置手工标注的步骤如下。

(1) 在 ArcMap 窗口菜单栏的空白处右击，在弹出菜单中单击＜绘图＞命令，打开＜绘图＞工具栏。

(2) 在＜绘图＞工具栏中的＜字体＞＜字体大小＞＜字形＞＜填充颜色＞＜字体颜色＞等设置标注的字体、颜色等属性，如图 11-20 所示。

图 11-20　绘图工具栏

(3) 在＜绘图＞工具栏中单击选择 A ＜文本＞按钮，此时鼠标变成十字形，且右下角跟随一个 A 字符，移动鼠标到需要添加标注的位置，单击弹出＜输入＞文本框，在＜文本框＞中输入需要标注的内容，如图 11-21 所示。

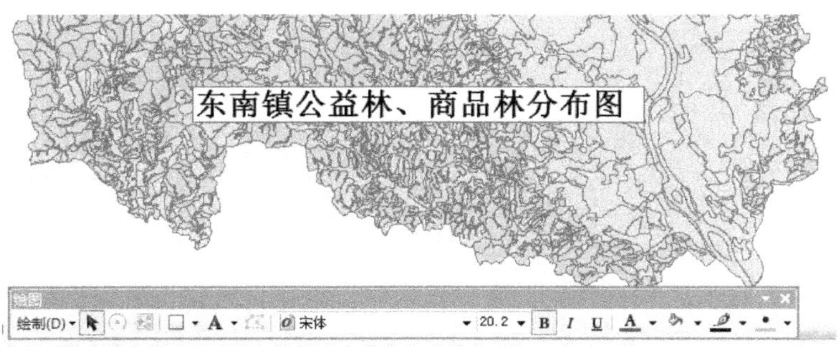

图 11-21　手动输入标注

输入的标注可以根据需求，对标注进行移动、编辑。

(1) 在＜绘图＞工具条中单击 ＜选择元素＞按钮，在地图视图中单击需要移动的标注，此时标注呈十字形显示，单击拖动鼠标，将标注移动到合适位置，松开鼠标，完成标注的位置移动。

(2) 在＜绘图＞工具条中单击 ＜选择元素＞按钮，双击需要编辑的标注，或右击标注，在弹出的菜单中选择＜属性＞命令，打开＜属性＞对话框，如图 11-22 所示。

(3) 在＜属性＞对话框的文件框中，修改标注的内容。

(4) ＜角度＞＜字符间距＞中分别设置标注的字体角度、字体间距等属性。

(5) 单击＜更改符号＞按钮，弹出＜符号选择器＞对话框，设置标注的大小、颜色、字体等属性，如图 11-23 所示。

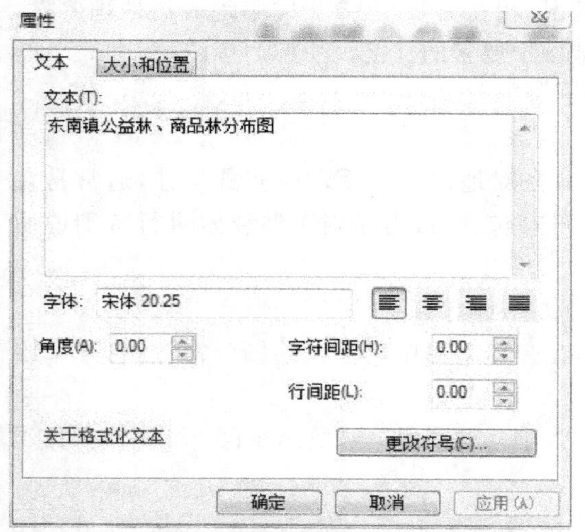

图 11-22　标注属性对话框

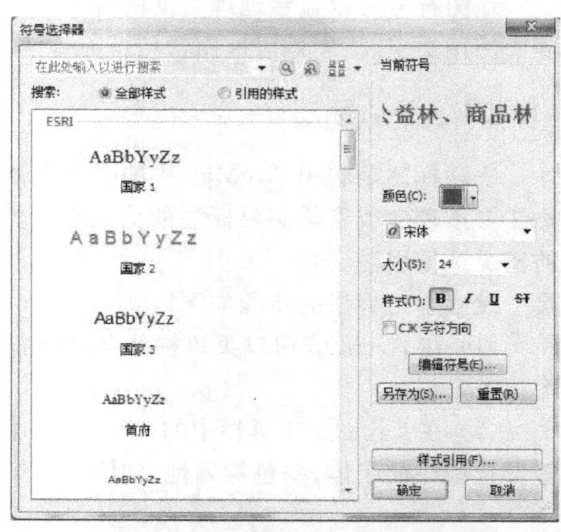

图 11-23　符号选择器对话框

(6) 单击＜符号选择器＞中的＜编辑符号＞按钮，可进行更高级的标注设计，如图11-24所示。

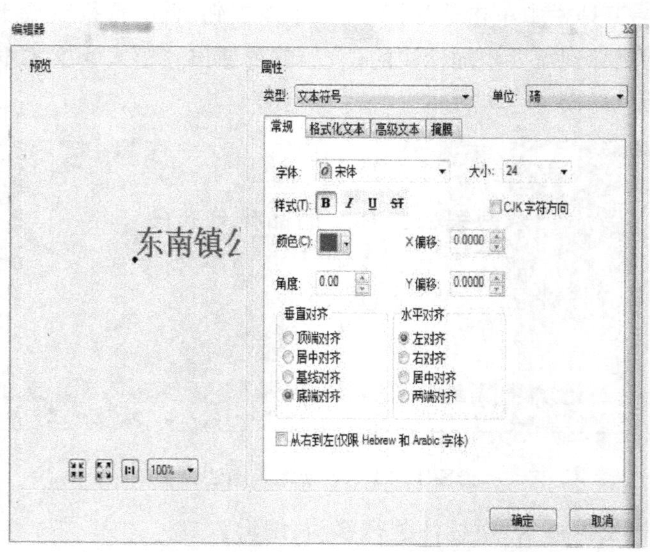

图 11-24　编辑器对话框

(7) 设置完成后，单击＜编辑器＞对话框的＜确定＞按钮，回到＜符号选择器＞对话框。

(8) 在＜符号选择器＞对话框中，单击＜确定＞按钮，返回到＜属性＞对话框。

(9) 在＜属性＞对话框中，单击＜应用＞按钮，使设置生效，单击＜确定＞按钮，退出＜属性＞对话框。

11.3.2　动态标注

动态标注是一种自动放置的文本，其文本字符串基于图层要素属性，具有快速、简便的特性。当需要标注一个图层中的所有要素时，打开动态标注功能，ArcMap 会自动为每个要素放置标注，标注的位置、字体、颜色等属性都可以进行个性化设置。

1）使用单字段标注部分要素子集

（1）加载地理数据（路径为 data\chap11\xb 面.shp）。

（2）在＜内容列表＞中右击“xb 面”，在弹出的菜单中单击＜属性＞命令，打开＜图层属性＞对话框。

（3）在＜图层属性＞对话框中单击＜标注＞选项卡，进入＜标注＞选项卡，如图 11-25 所示。

（4）勾选＜标注此图层中的要素＞复选框。

（5）在＜标注＞选项卡的＜方法＞下拉列表中选择＜定义要素类并且每个类加不同的标注。＞选项。

（6）单击＜SQL 查询＞按钮，打开＜SQL 查询＞对话框，在表达文本框中设置查询表达式，如图 11-26 所示。

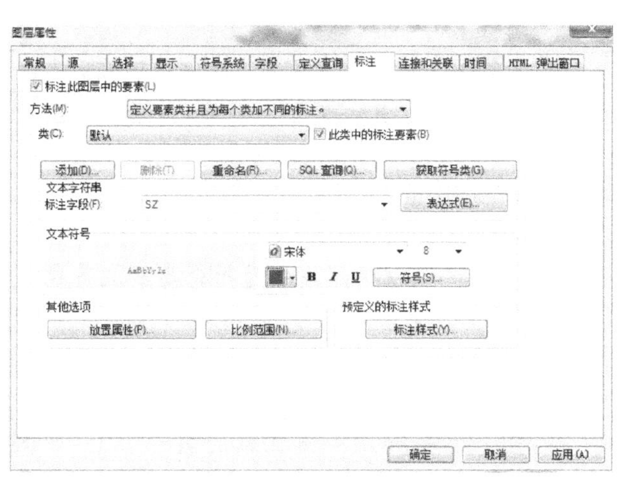

图 11-25　标注选项卡

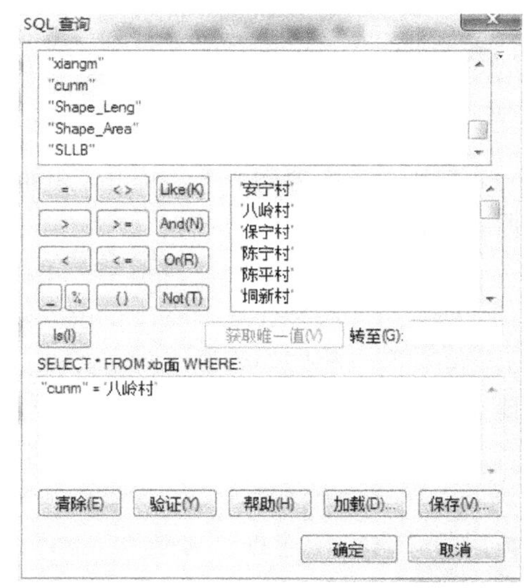

图 11-26　SQL 查询对话框

（7）在＜SQL 查询＞对话框中单击＜确定＞按钮，返回＜图层属性＞对话框。

（8）在＜文本字符串＞的＜标注字段＞下拉列表中选择需要标注的字段，这里选择＜SZ＞字段。

（9）在＜文本符号＞中设置标注的字体为“宋体”、大小值为“8”、颜色为“超蓝”等属性。若需要进行更高级的字体设计，可单击＜符号＞按钮，进入＜符号选择器＞进行设置。

（10）在＜图层属性＞对话框单击＜确定＞按钮，标注要素的子集，如图 11-27 所示。

2）使用多字段标注要素

有时候需要同时标注多个字段的信息，在 ArcMap 中提供了多字段标注要素的功能。操作步骤如下。

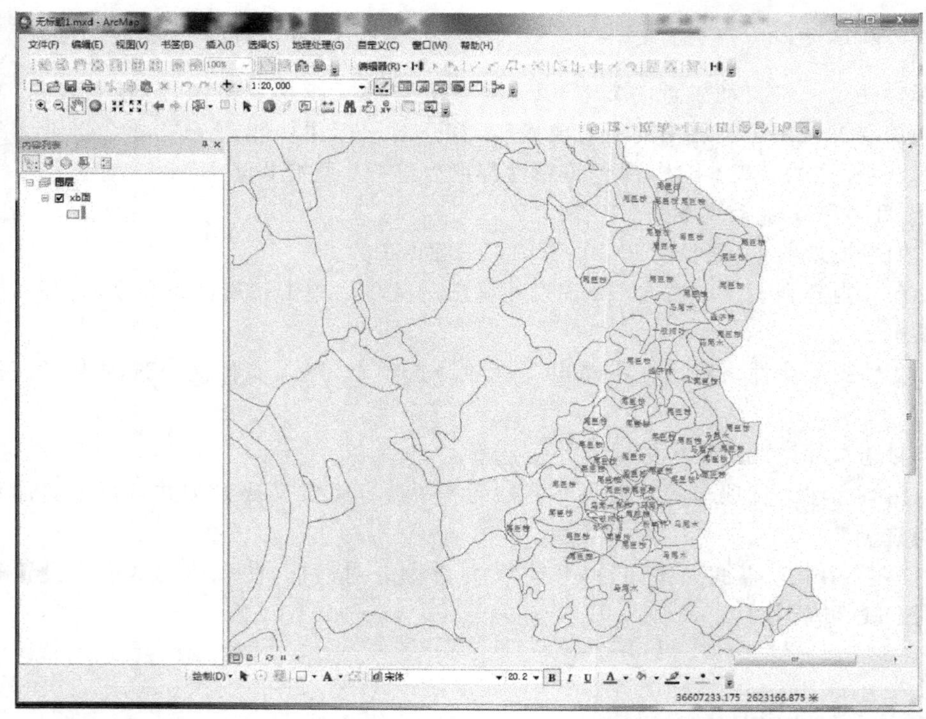

图 11-27 标注部分要素

(1) 在＜内容列表＞中右击“xb 面”,在弹出的菜单中单击＜属性＞命令,打开＜图层数据＞对话框。

(2) 在＜图层属性＞对话框中单击＜标注＞选项卡,进入＜标注＞选项卡。

(3) 勾选＜标注此图层中的要素＞复选框。

(4) 在＜标注＞选项卡的＜方法＞下拉列表中选择＜以相同方法为所有要素加标注＞选项。

(5) 单击＜表达式＞按钮,打开＜标注表达式＞对话框。

(6) 在＜标注表达式＞对话框中双击＜字段＞列表框中需要标注的字段名称,字段名称用“&”或“+”连接符号连接,也可输入字符,输入的字符用英文状态的引号引上,如图 11-28所示。

(7) 在＜标注表达式＞中设置完标注表达式后,单击＜确定＞按钮。

(8) 在＜文本符号＞中设置标注的字体为“宋体”、大小值为“8”、颜色为“黑色”等属性。若需要进行更高级的字体设计,可单击＜符号＞按钮,进入＜符号选择器＞进行设置。

(9) 在＜图层属性＞对话框单击＜确定＞按钮,结果如图 11-29 所示。

3) 使用高级表达标注要素

有时候需要表达的标注更加复杂,可通过编写高级表达式(脚本)实现,操作步骤如下。

(1) 在＜内容列表＞中右击图层“xb 面”,在弹出的菜单中单击＜属性＞命令,打开＜图层属性＞对话框。

(2) 在＜图层属性＞对话框中单击＜标注＞选项卡,进入＜标注＞选项卡。

(3) 勾选＜标注此图层中的要素＞复选框。

图 11-28　标注表达式对话框

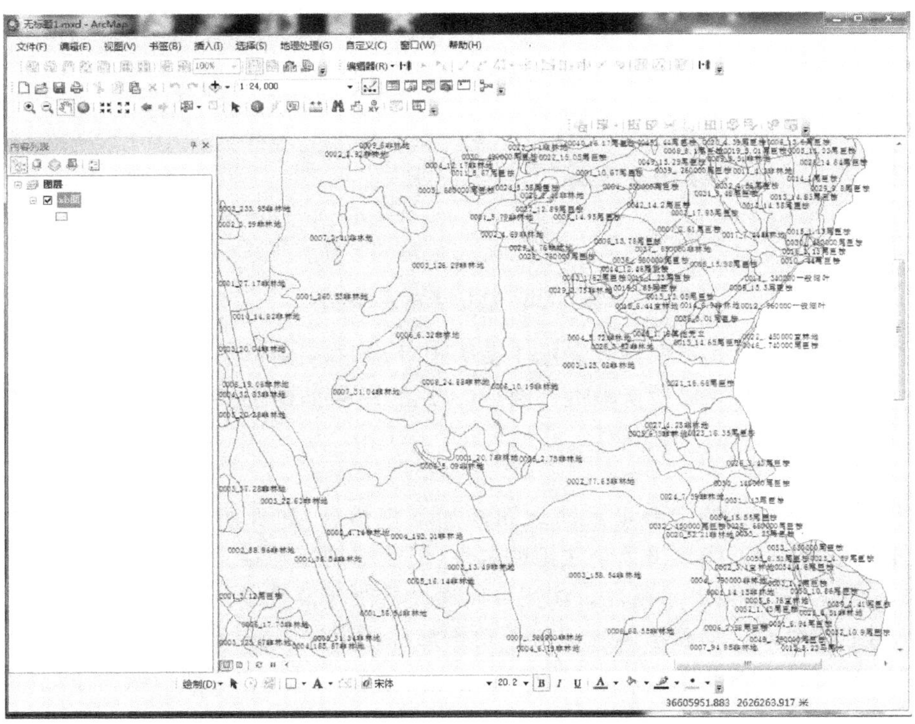

图 11-29　多字段标注要素

(4) 在＜标注＞选项卡的＜方法＞下拉列表中选择＜以相同方法为所有要素加标注＞选项。

(5) 单击＜表达式＞按钮,打开＜标注表达式＞对话框。

(6) 在＜标注表达式＞对话框中勾选＜高级＞复选框,在＜表达式＞文本框中输入VBScript或JacaScript表达式。

(7) 单击＜验证＞按钮,验证表达式是否有语法错误。如果表达式语法错误,会弹出错误提示;如果表达式正确,则会弹出＜表达式验证＞对话框,显示高级标注的预览效果,如图11-30所示。

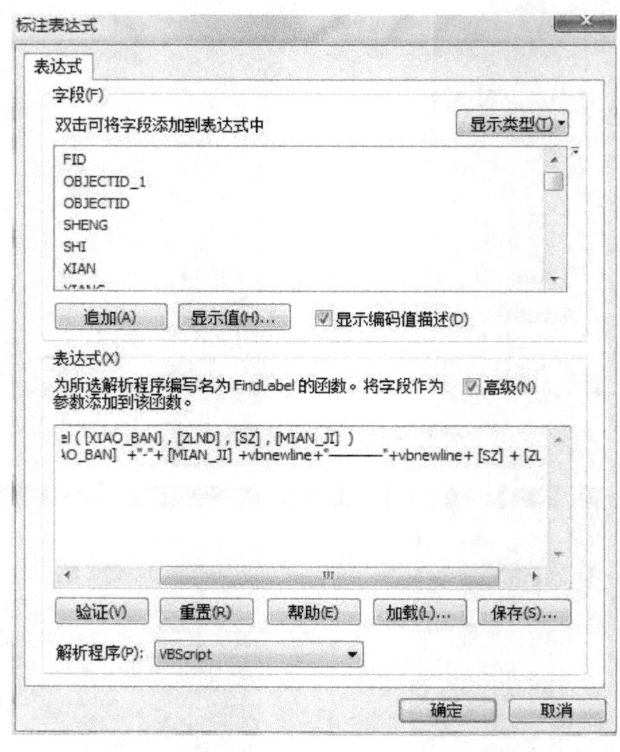

图 11-30 表达式验证对话框

(8) 在＜标注表达式＞中设置完标注表达式后,单击＜确定＞按钮。

(9) 在＜图层属性＞对话框单击＜确定＞按钮,结果如图11-31所示。

11.3.3 地图注记

地图注记用来描述特定要素或向地图添加常规信息,如日期、标题等。与标注不同的是,注记不能被选中,不能编辑单个注记的属性,但注记是相互独立的,每个注记都有自己的存储位置、文本字符以及显示属性。注记可以通过标注转换生成,也可以通过手动添加文字来描述地图上的要素。手动添加注记与手动添加标注方法一样,而通过标注转换因注记存储的位置不同可分为地图文档注记(储存在 *.mxd 空间文件)和地理数据库注记(储存为要素类)。

1) 将标注转换为注记存储在地图文档中

将标注转换注记前,需要先设置图层的动态标注,具体操作步骤如下。

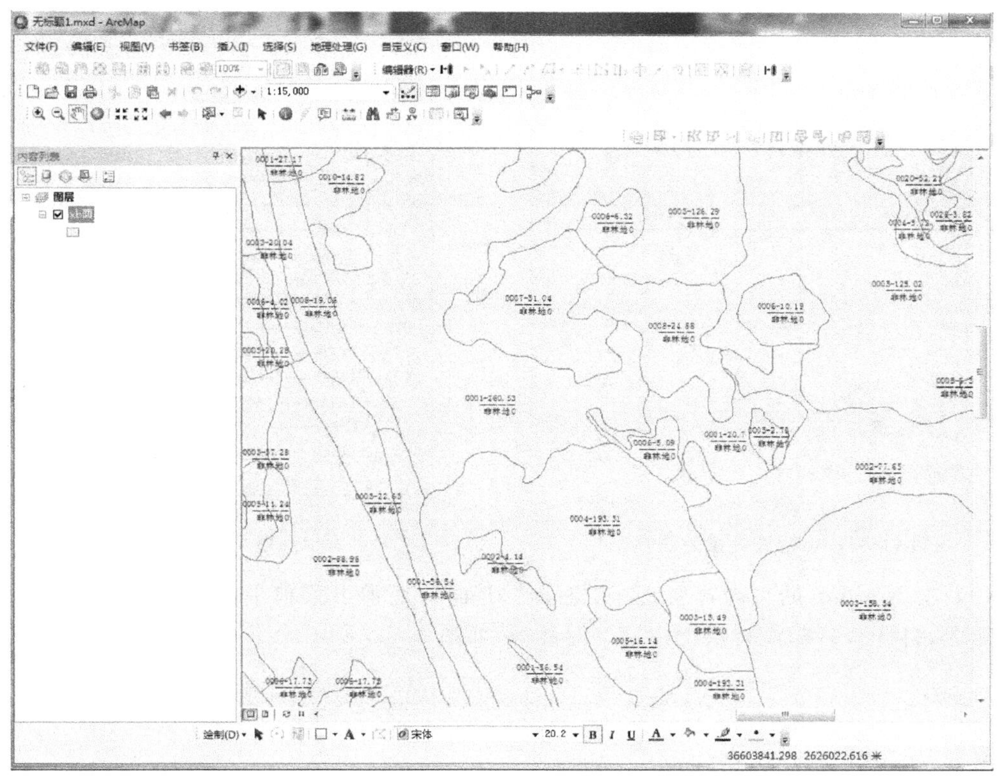

图 11-31　高级标注表达

(1) 加载地理数据(路径为 data\chap11\xb 面. shp)。

(2) 设置图层“xb 面”的动态标注，设置方法参照 11. 3. 2 节。

(3) 在 ArcMap 的＜内容列表＞中右击“xb 面”，在弹出的菜单中选择＜将标注转换为注记＞命令，打开＜将标注转换为注记＞对话框，如图 11-32 所示。

(4) 在＜存储注记＞中单击选择＜在地图中＞单选按钮。

(5) 在＜参考比例＞中显示的是当前地图的比例尺，创建的注记以此比例作为参考，在转换注记前，应先设置好地图比例尺。

(6) 在＜为以下选项创建注记＞中设置创建注记的要素，默认为＜所有要素＞。

(7) 在列表框的＜注记组＞文本框中可设置对应图层注记组的名称。

(8) 勾选＜将未放在的标注转换为未放在的注记＞复选框。

(9) 单击＜转换＞按钮，进行转换，此时部分注记因为位置重叠或显示冲突没有显示在地图中，这部分注记将显示在＜溢出注记＞对话框中，如 11-33 所示。

(10) 在＜溢出注记＞对话框中，根据需要选择未显示的注记，右击并在弹出的菜单中选择＜添加注记＞命令，使其在地图上显示出来。

(11) 根据需要，在地图视图中选择、移动注记到合适的位置，调整完成后，注记设置完成，便可用于打印输出地图。

2) 将标注转换为注记存储在地理数据(Geodatabase)中

(1) 加载地理数据(路径为 data\chap11\xb 面. shp)。

(2) 设置图层“xb 面”的动态标注，设置方法参照 11. 3. 2 节。

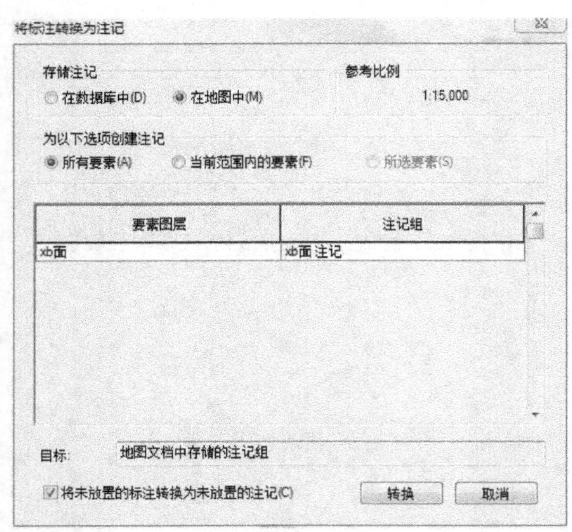

图 11-32 将标注转换为注记

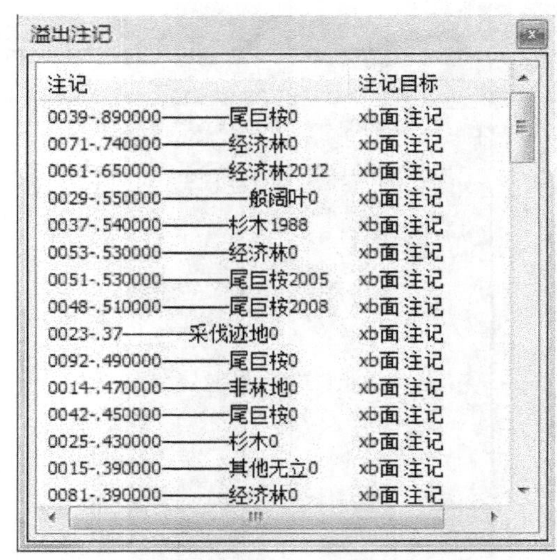

图 11-33 溢出注记对话框

(3) 在 ArcMap 的＜内容列表＞中右击“xb 面”，在弹出菜单中选择＜将标注转换为注记＞命令，打开＜将标注转换为注记＞对话框，如图 11-34 所示。

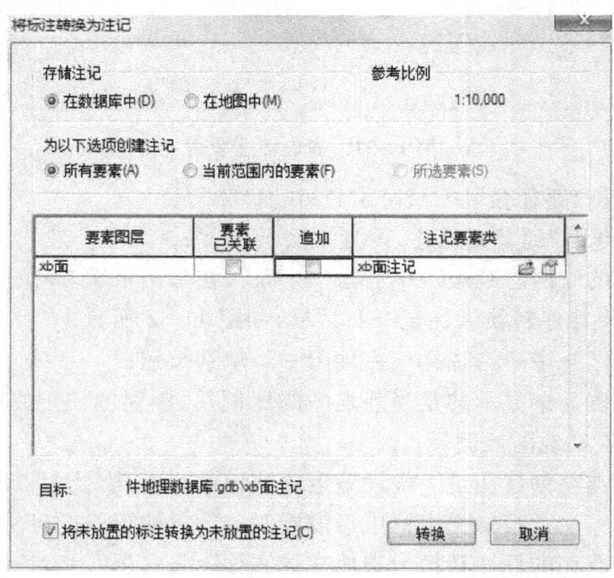

图 11-34 将标注转换为注记对话框

(4) 在＜存储注记＞中单击选择＜在数据库中＞单选按钮。

(5) 在＜参考比例＞中显示的是当前地图的比例尺，创建的注记以此比例作为参考，在转换注记前，应先设置好地图比例尺。

(6) 在＜为以下选项创建注记＞中设置创建注记的要素，默认为＜所有要素＞。

(7) 在列表框的＜注记组＞文本框中可设置对应图层注记组的名称，单击＜文件夹＞图标，选择注记存放的地理数据库，此时在＜目标＞文本框中显示注记存储的路径。

(8) 勾选＜将未放在的标注转换为未放在的注记＞复选框。

(9) 单击＜转换＞按钮进行转换，标注将转换为注记，并以注记要素的形式存储在地理数据库中，同时加载到地图中。

11.4　页面设计

当完成图层添加、编辑、图层符号化、标注图层要素等工作后，就可以用于地图输出了。地图输出时需要考虑地图的打印和成图效果，要制作一副好用又美观的地图，需要考虑打印版面的大小、方向，所含的地图元素，包括标题、指北针、图例等，是否添加图表及其放置的位置，地图的比例尺样式，以及如何组织页面上的地图元素，等等。

11.4.1　版面大小设置

在制作地图前，需要根据地图的比例尺、输出内容和用途等设置地图版面的大小，然后再在这张纸上布置地图。如果没有进行相关设置，系统会默认页面大小与系统打印机的默认页面大小一致。版面尺寸设置的操作步骤如下。

(1) 在 ArcMap 主菜单中单击＜文件＞|＜页面和打印设置＞命令，打开＜页面和打印设置＞对话框，如图 11-35 所示。

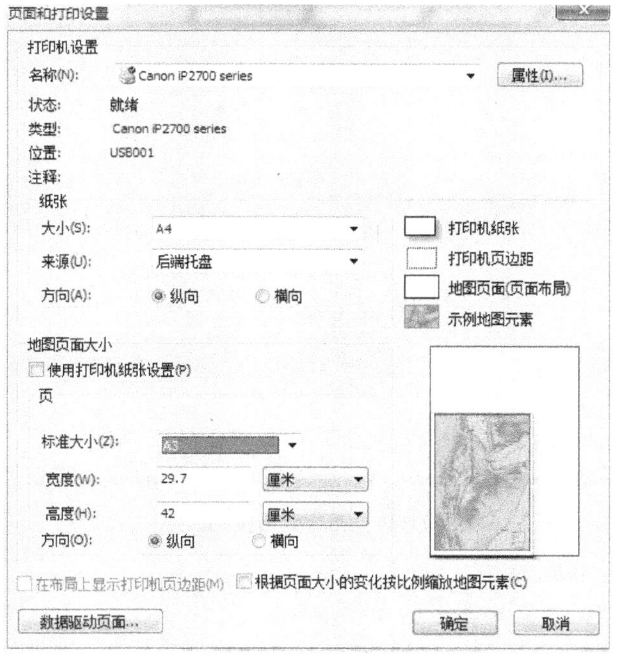

图 11-35　页面和打印设置对话框

(2) 在＜地图页面大小＞区域取消勾选＜使用打印机纸张设置＞复选框，当勾选时地图页面大小与纸张方向将与打印机纸张相同，且不可改变。

(3) 在＜地图页面大小＞设置版面大小和方向。在＜标注大小＞下拉列表框中选择标准的纸张规则，这里选择“A3”。选中后，纸张的＜宽度＞和＜高度＞值将自动变化。也可以根据需求，自定义纸张的＜宽度＞＜高度＞。在＜方向＞选项中选择＜纵向＞单选按钮。

(4) 单击＜确定＞按钮，完成设置。

11.4.2 设置数据框属性

地图中最主要的就是数据框，一幅地图通常包括若干个数据框，而数据框的框架风格、尺寸大小直接影响地图的成图效果。

1）设置数据框的大小、位置

(1) 在 ArcMap 主菜单中单击＜视图＞|＜布局视图＞，切换到布局视图。

(2) 在＜布局视图＞中单击＜数据框＞，此时，数据框呈选中状态，将鼠标放在数据库四周的蓝色方框中，鼠标变成双向箭头，此时移动鼠标，可以调整数据库的尺寸。将鼠标放在数据框内，鼠标变成十字形，此时移动鼠标，可以移动数据框的位置，如图 11-36 所示。

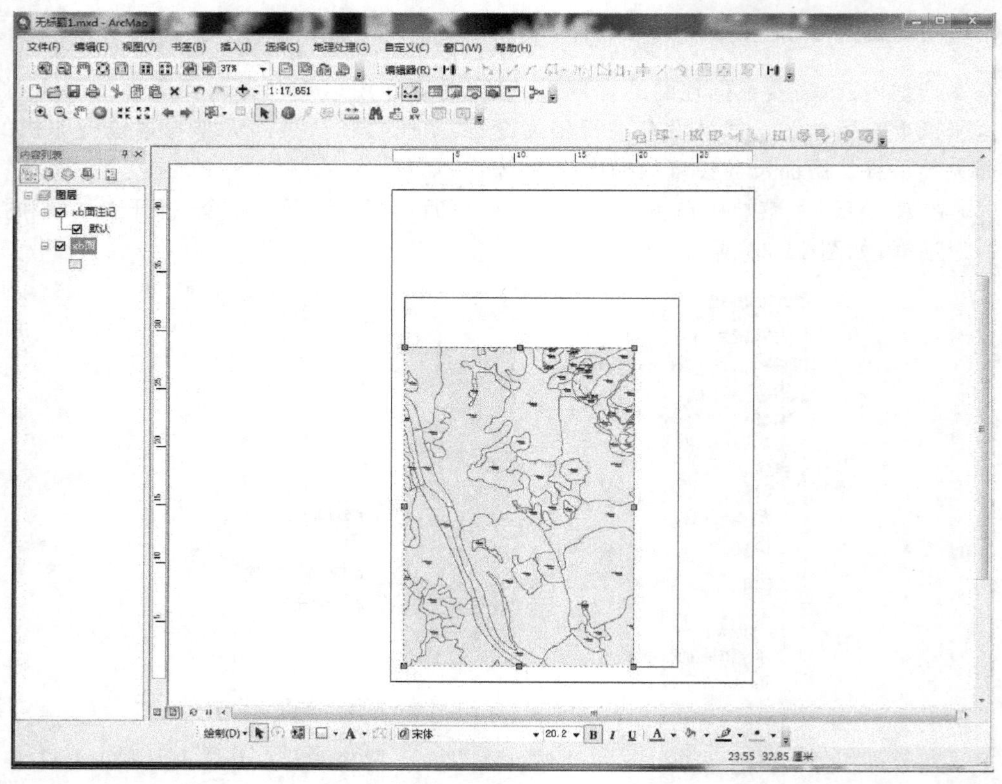

图 11-36 调整数据框的大小

2）设置数据框边框属性

设置数据框的边界、背景和阴影的操作步骤如下。

(1) 在 ArcMap 主菜单中单击＜视图＞|＜数据库属性＞，打开＜数据框属性＞对话框。

(2) 在＜数据库属性＞对话框中单击＜框架＞标签，进入＜框架＞选项卡，如图 11-37 所示。

(3) 在＜边框＞下拉列表框中，选择合适的边框样式，这里选择＜双线＞。

(4) 在＜边框＞区域的＜间距＞的＜X＞和＜Y＞文本框中分别设置 X 方向和 Y 方向上的数据框边界与边缘的间隔值，这里都设置为“10”。

(5) 在＜边框＞区域的＜颜色＞下拉列表框中设置边界的颜色，这里用默认的黑色。

(6) 在<边框>区域的<圆角>文本框中设置边界四个角的圆角比率，这里设置为“5”。

(7) 在<背景>下拉列表框中选择数据框背景颜色，这里选择“灰色”。

(8) 在<背景>区域的<间距>的<X>和<Y>文本框中分别设置 X 方向和 Y 方向上的数据框背景与边缘的间隔值，这里都设置为“10”。

(9) 在<背景>区域的<圆角>文本框中设置边界四个角的圆角比率，这里设置为“5”。

(10) 在<下拉阴影>下拉列表框中选择阴影，这里选择“砂石”。

(11) 在<下拉阴影>区域的<偏移>的<X>和<Y>文本框中分别设置 X 方向和 Y 方向上的数据框阴影与边缘直接的位移值，这里都设置为<X>“15”、<Y>“－15”。

(12) 在<下拉阴影>区域的<圆角>文本框中设置边界四个角的圆角比率，这里设置为“5”。

(13) 单击<确定>按钮，完成设置。

11.4.3　添加坐标网格

数据框的网格包括经纬网格和方里网格，是地图的重要组成部分，反映地图的坐标系和投影信息。

1) 添加经纬网

(1) 在 ArcGIS 的内容列表中右击需要添加经纬网的数据框，在弹出的菜单中选择<属性>命令，打开<数据框属性>对话框，如图 11-37 所示。

(2) 在<数据框属性>对话框中单击<格网>标签，进入<格网>选项卡，如图 11-38 所示。

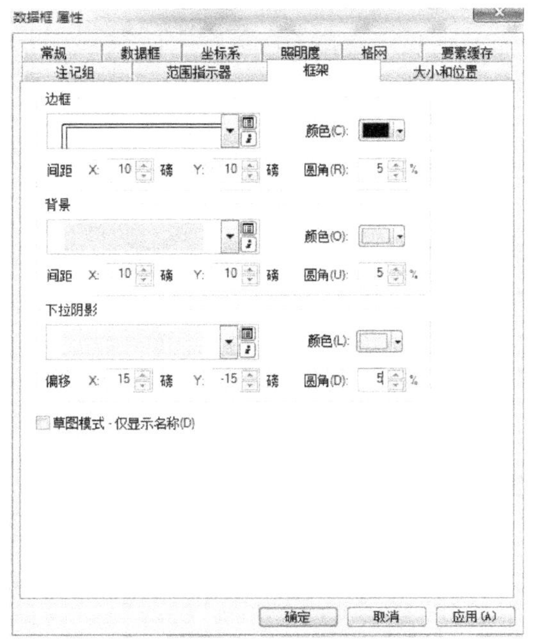

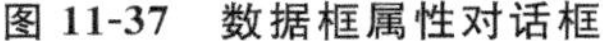
图 11-37　数据框属性对话框

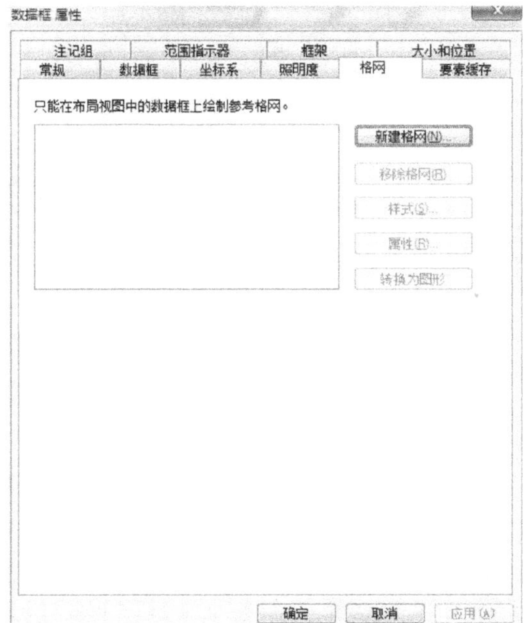

图 11-38　格网选项卡

(3) 单击＜新建格网＞按钮，打开＜格网和经纬网向导＞对话框，单击选择＜经纬网＞单选按钮，在＜格网名称＞文本框输入格网名称，单击＜下一步＞按钮，如图 11-39 所示。

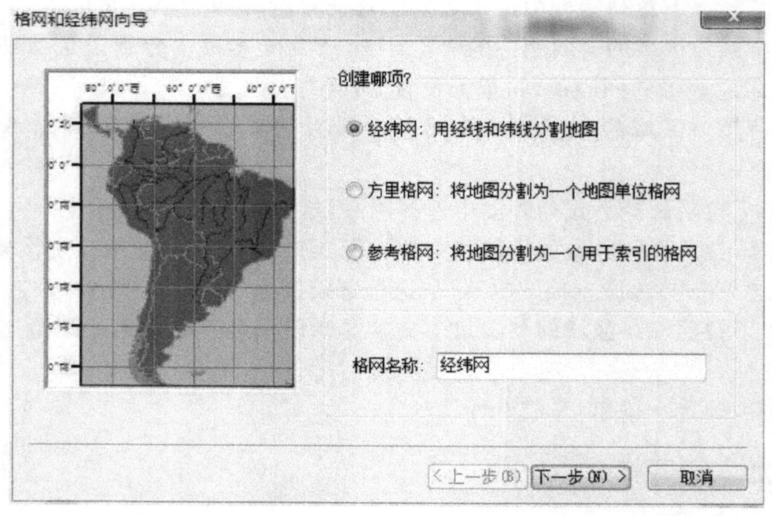

图 11-39　格网和经纬网向导对话框

(4) 进入向导的第二步＜创建经纬网＞对话框，在＜外观＞区域选择＜经纬网和标注＞单选按钮，单击＜样式＞按钮，进入＜符号选择器＞设置格网线的样式、颜色和宽度等属性；在＜间隔＞区域设置经度和纬度的间隔值，单位为度分秒格式，这里设置精度和纬度的间隔值为“5”度，单击＜下一步＞按钮，如图 11-40 所示。

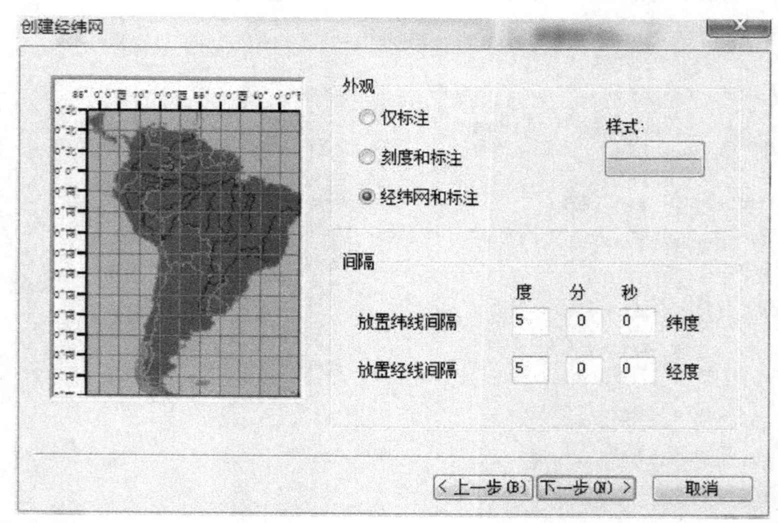

图 11-40　创建经纬网对话框

(5) 进入向导的第三步＜轴和标注＞对话框。在＜轴＞区域勾选＜长轴主刻度＞复选框，单击＜线样式＞按钮，设置长轴主刻度的标注线符号；勾选＜短轴主刻度＞复选框，单击＜线样式＞按钮，设置短轴主刻度的标注线符号。

(6) 在＜每个长轴主刻度的刻度数＞数据框中输入主要格网的细分数；在＜标注＞区域单击＜文本样式＞按钮，设置标注的文本样式。单击＜下一步＞按钮，如图 11-41 所示。

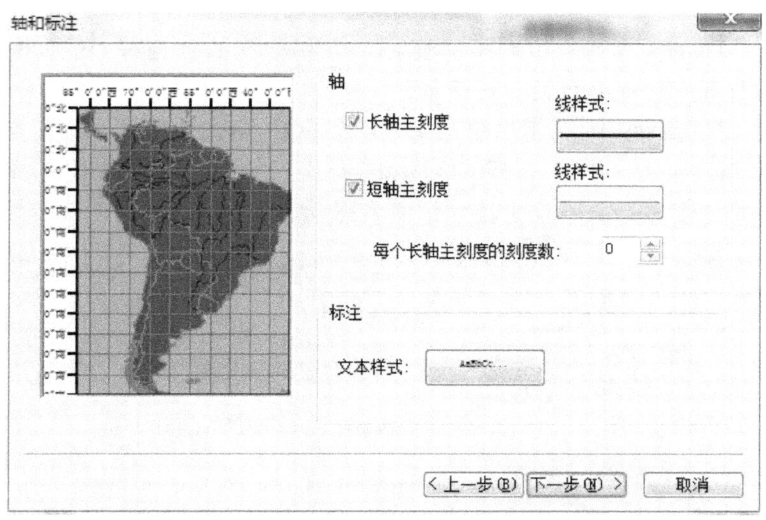

图 11-41　轴和标注对话框

(7) 进入向导的第四步＜创建经纬网＞，在＜经纬网边框＞区域中，单击＜在经纬网边缘放置简单边框＞单选按钮；在＜内图廓线＞区域中，勾选＜在格网外部放置边框＞复选框。

(8) 在＜经纬网属性＞区域单击＜存储为随数据框变化而更新的固定格网＞单选按钮，经纬网随着数据框的变化而更新，如图 11-42 所示。

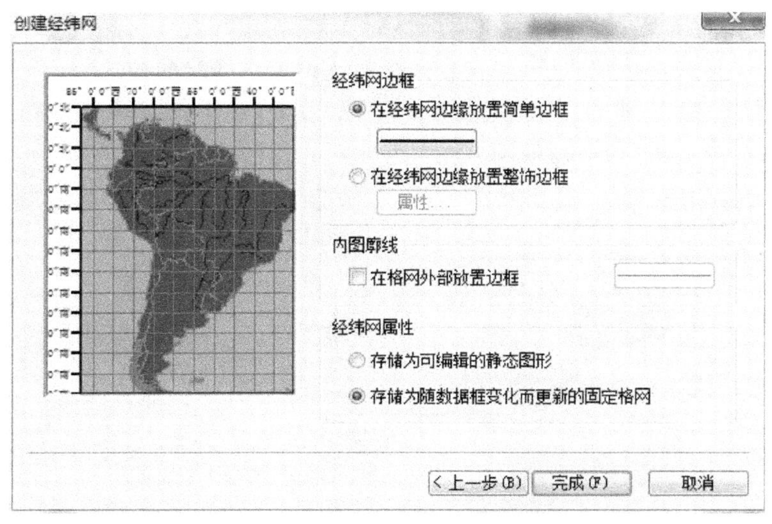

图 11-42　创建经纬网对话框

(9) 单击＜完成＞按钮，返回到＜数据框属性＞对话框中，新创建的格网文件显示在列表框中，单击＜确定＞按钮，经纬网将显示在布局视图中。

当经纬网不满足需求或不满意需要修改时，可在＜数据框属性＞对话框中单击选中需要修改的格网，单击＜属性＞按钮，修改格网的相关属性；单击＜移除格网＞可将选中的格网删除。

2）添加方里格网

（1）在 ArcGIS 的内容列表中右击需要添加方里格网的数据框，在弹出的菜单中选择<属性>命令，打开<数据框属性>对话框。

（2）在<数据框属性>对话框中单击<格网>标签，进入<格网>选项卡。

（3）单击<新建格网>按钮，打开<格网和经纬网向导>对话框，单击选择<方里格网>单选按钮，在<格网名称>文本框中输入格网名称，单击<下一步>按钮，如图 11-43 所示。

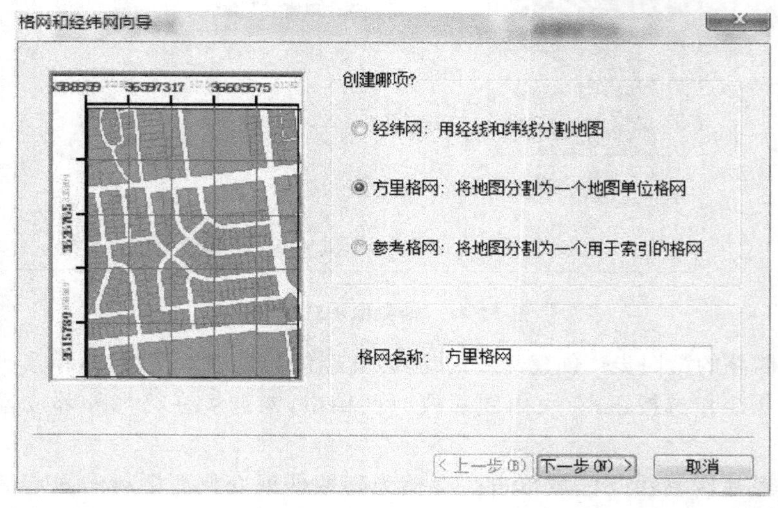

图 11-43 格网和经纬网向导对话框

（4）进入向导的第二步<创建方里格网>对话框，在<外观>区域选择<网格和标注>单选按钮，单击<样式>按钮，进入<符号选择器>设置格网线的样式、颜色和宽度等属性；在<间隔>区域设置 X 轴和 Y 轴的间隔值，单位为米，这里设置精度和纬度的间隔值为“1000”米，单击<下一步>按钮，如图 11-44 所示。

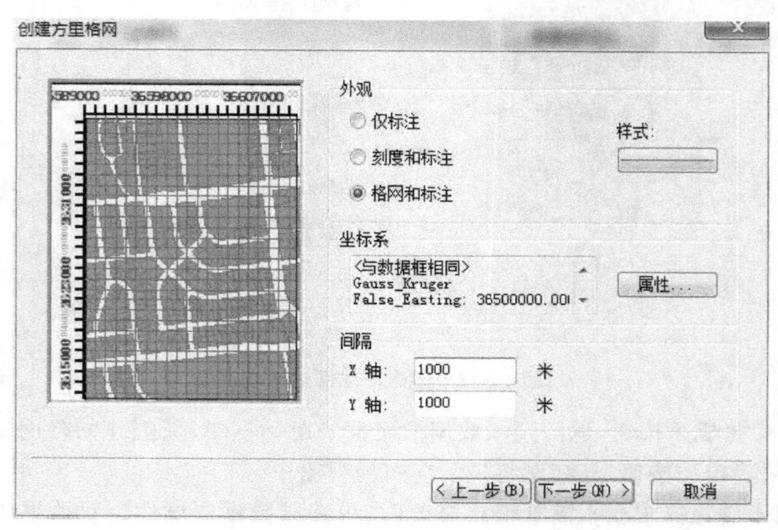

图 11-44 创建方里格网对话框

（5）进入向导的第三步<轴和标注>对话框。在<轴>区域勾选<长轴主刻度>复选框，单击＜线样式＞按钮，设置长轴主刻度的标注线符号；勾选＜短轴主刻度＞复选框，单击＜线样式＞按钮，设置长轴主刻度的标注线符号。

（6）在＜每个长轴主刻度的刻度数＞数据框中输入主要格网的细分数；在＜标注＞区域单击＜文本样式＞按钮，设置标注的文本样式。单击＜下一步＞按钮，如图 11-45 所示。

图 11-45　轴和标注对话框

（7）进入向导的第四步＜创建方里格网＞，在＜方里格网边框＞区域中，勾选＜在格网和标注之间放置边框＞复选框；在＜内图廓线＞区域中，勾选＜在格网外部放置边框＞复选框。

（8）在＜经纬网属性＞区域单击＜存储为随数据框变化而更新的固定网格＞单选按钮，经纬网随着数据框的变化而更新，如图 11-46 所示。

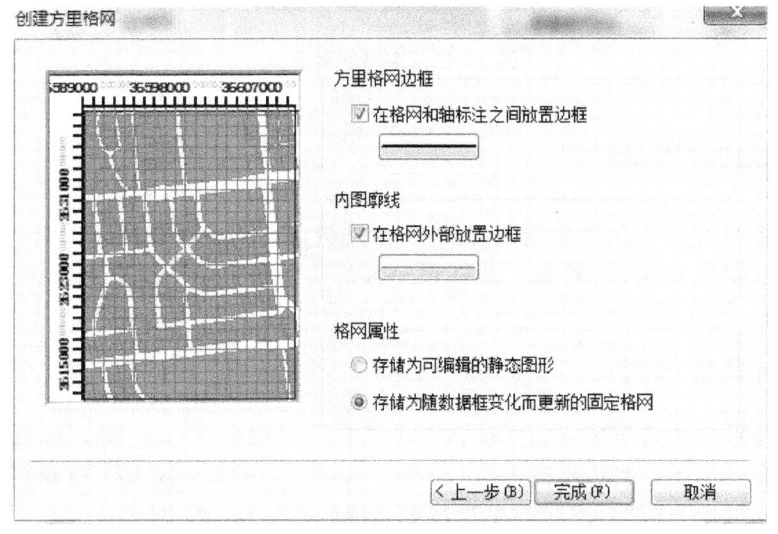

图 11-46　创建方里格网对话框

（9）单击＜完成＞按钮，返回到＜数据框属性＞对话框中，新创建的格网文件显示在列表框中，单击<确定>按钮，方里格网将显示在布局视图中，如图 11-47 所示。

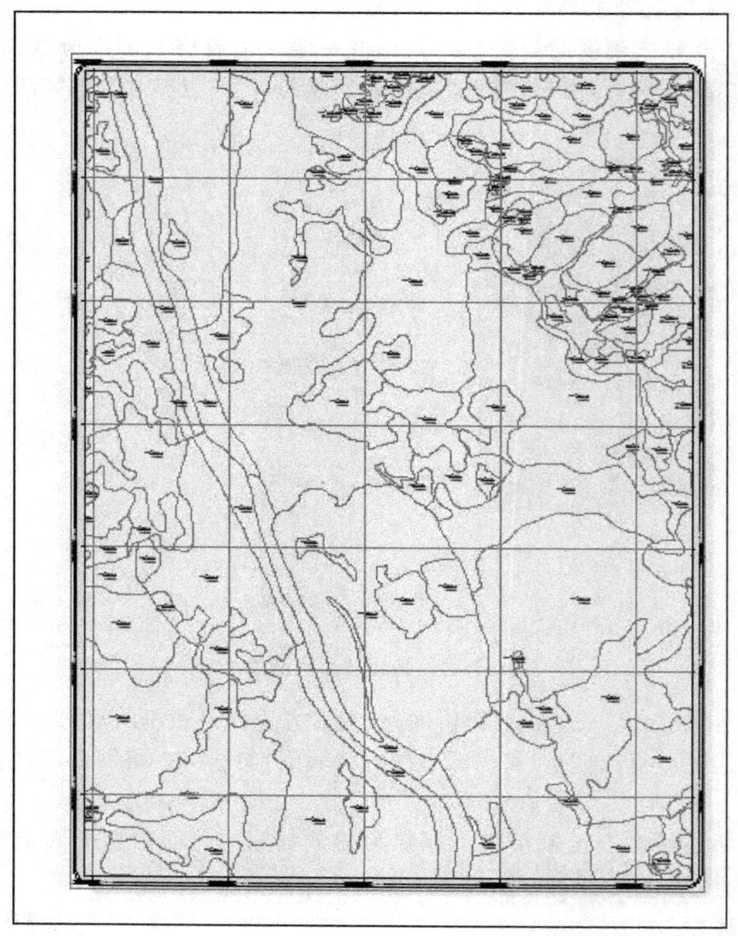

图 11-47　方里格网视图

11.5　制图元素编辑

一幅完整的地图除了包括数据框的数据外，还应包含与地理数据相关的一些制图元素，如地图标题、指北针、比例尺、图例和表格等。在布局视图中可对这些制图元素进行添加和修改。

11.5.1　添加修改标题

(1) 在 ArcMap 主菜单中单击<插入>|<标题>命令，打开<插入标题>对话框。

(2) 在<插入标题>对话框的文本框中输入标题名称“东南镇安宁村森林分布图”。

(3) 单击<确定>按钮，此时一个标题矩形框显示在布局视图中。

(4) 双击新生成的标题，打开<属性>对话框，在<文本>中出现“<dyn type="document" property="title"/>”语句。若不需要修改标题内容，则可不予理会；如果需要修改标题内容，则直接将其覆盖输入新的内容即可。单击<更改符号>按钮进入<符号编

辑器＞设置标题的字体、大小、颜色等属性。

(5) 单击＜属性＞对话框的＜确定＞按钮，完成标题的修改。

11.5.2　添加修改指北针

指北针是地图中最基本的元素之一，它指示了地图的方向。添加和修改指北针的步骤如下。

(1) 在 ArcMap 主菜单中单击＜插入＞|＜指北针＞命令，打开＜指北针选择器＞对话框，如图 11-48 所示。

(2) 在列表框中，单击选择需要添加的指北针类型，单击＜确定＞ 按钮，添加选定的指北针到布局视图中。

(3) 在＜布局视图＞中选中指北针，此时鼠标变成十字形，拖动鼠标，将指北针调整到合适的位置。将鼠标放在指北针周边的蓝色小方框上，当鼠标变成双向箭头时，拖动鼠标，可调整指北针大小。若需要进行更高级的设置，可双击指北针，打开＜North Arrow 属性＞对话框，设置指北针的样式、框架、背景色、位置和大小等属性，如图 11-49 所示。

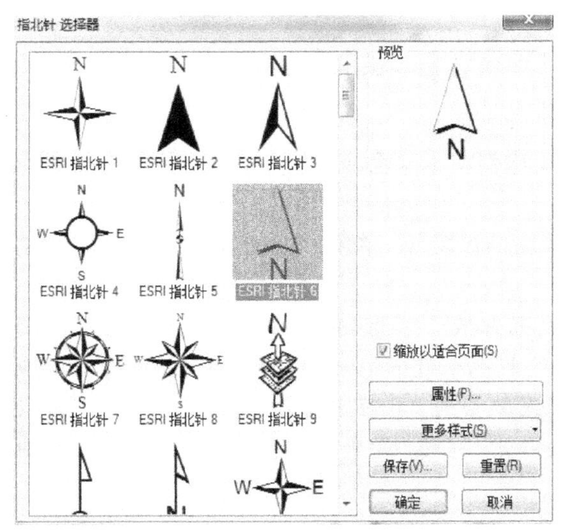

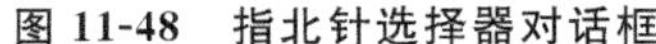

图 11-48　指北针选择器对话框

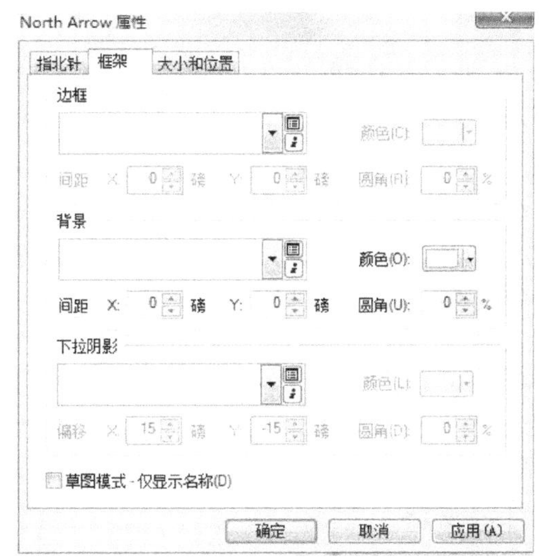

图 11-49　North Arrow 属性对话框

11.5.3　添加修改比例尺

比例尺是地图的另一基本元素之一。在 ArcMap 中比例尺有两种，分别为图形比例尺和文本比例尺。图形比例尺可用于地图测量，文本比例尺可直观地表达地图元素与实际地物的比例关系。

1) 添加图形比例尺

(1) 在 ArcMap 主菜单中单击＜插入＞|＜比例尺＞命令，打开＜比例尺选择器＞对话框，如图 11-50 所示。

(2) 在列表框中，单击选择需要添加的比例尺类型，单击＜确定＞ 按钮，添加选定的比例尺到布局视图中。

(3) 在＜布局视图＞中选中比例尺，此时鼠标变成十字形，拖动鼠标，将比例尺调整到合适的位置。将鼠标放在比例尺周边的蓝色小方框上，当鼠标变成双向箭头时，拖动鼠标，可调整比例尺大小。若需要进行更高级的设置，可双击比例尺，打开＜Alternating Scale Bar 属性＞对话框，设置比例尺的刻度、格式、框架、背景、位置和大小等属性，如图 11-51 所示。

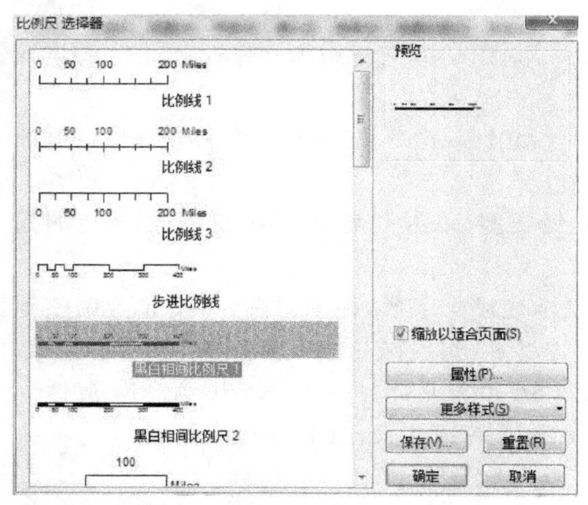

图 11-50 比例尺选择器对话框

图 11-51 Alternating Scale Bar 属性对话框

2）添加文本比例尺

(1) 在 ArcMap 主菜单中单击＜插入＞|＜比例文本＞命令，打开＜比例文本选择器＞对话框，如图 11-52 所示。

(2) 在列表框中，单击选择需要添加的文本比例尺类型，单击＜确定＞按钮，添加选定的文本比例尺到布局视图中。

(3) 在＜布局视图＞中选中比例尺，此时鼠标变成十字形，拖动鼠标，将文本比例尺调整到合适的位置。将鼠标放在文本比例尺周边的蓝色小方框上，当鼠标变成双向箭头时，拖动鼠标，可调整比例尺大小。若需要进行更高级的设置，可双击文本比例尺，打开＜Scale Text 属性＞对话框，设置文本比例尺的样式、格式、框架、背景、位置和大小等属性，如图 11-53所示。

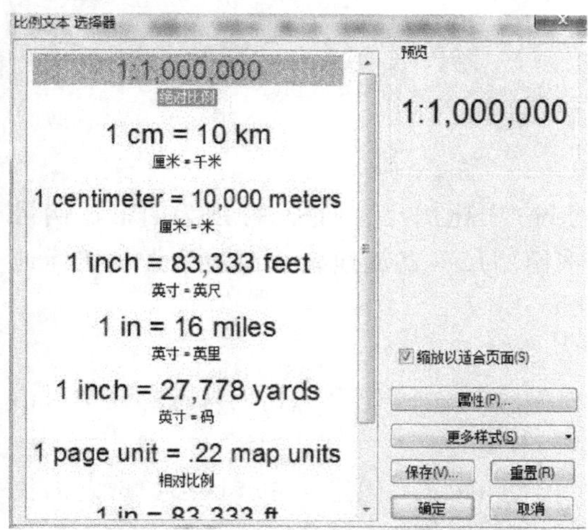

图 11-52 比例文本选择器对话框

图 11-53 Scale Text 属性对话框

11.5.4　添加修改图例

图例用来解释说明地图中各种符号的具体含义，便于对地图的理解。添加图例的操作步骤如下。

（1）在 ArcMap 主菜单中单击＜插入＞|＜图例＞命令，打开＜图例向导＞对话框，如图 11-54 所示。

（2）在＜地图图层＞列表框中单击选中要显示在图例中的图层，单击＜右箭头＞按钮，将图层添加到＜图例项＞列表框中。

（3）在＜图例项＞列表框中选中图层，单击＜向上＞或＜向下＞按钮，可以调整图层符号在图例中的排列顺序。

（4）在＜设置图例中的列数＞文本框中输入图例的列数，单击＜下一步＞按钮。

（5）进入图例向导第二步，在＜图例标题＞中输入标题，并设置标题的字体、大小、对齐方式等属性，单击＜下一步＞按钮，如图 11-55 所示。

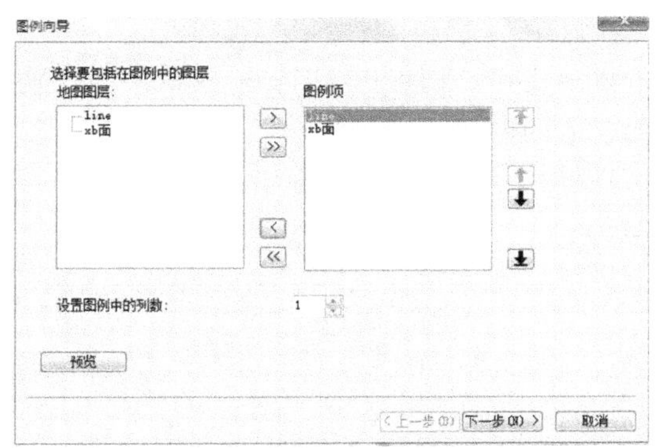

图 11-54　图例向导对话框

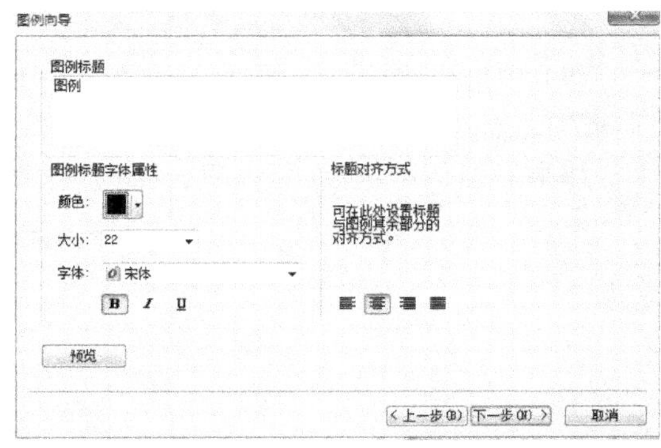

图 11-55　图例标题设置

（6）进入图例向导第三步，单击＜边框＞下拉列表框选择图片的边框样式，单击＜背景＞下拉列表框选择图例的背景颜色，单击＜下拉阴影＞列表框设置图例阴影的颜色。在＜间距＞和＜圆角＞数值框中分别输入“10”和“0”。单击＜下一步＞按钮，如图 11-56 所示。

（7）进入图例向导第四步，单击选中＜图例项＞列表框的图层，设置选择图层的符号样式，所有图层的样式符号设置完成后，单击＜下一步＞按钮，如图 11-57 所示。

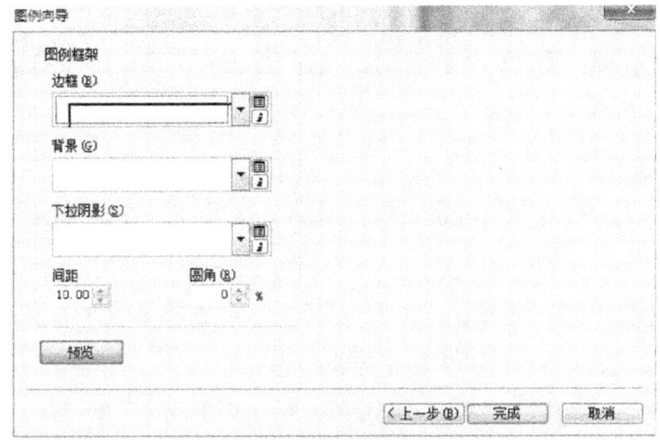

图 11-56　图例向导对话框

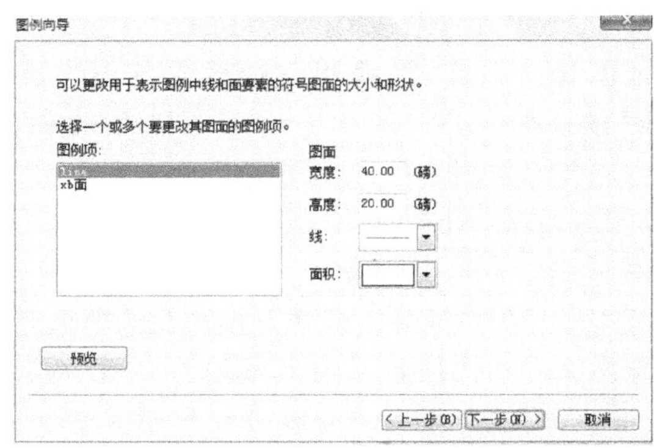

图 11-57　设置图例中各图层的符号

(8) 进入图例向导第五步，设置图例各部分之间的间距，如图 11-58 所示。

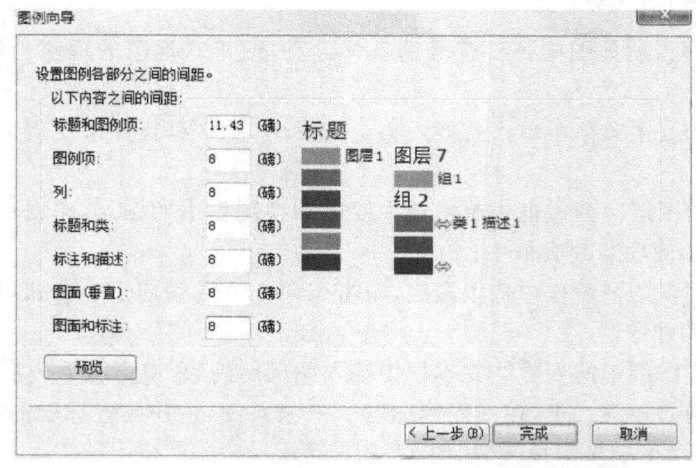

图 11-58 设置图例各部分之间的间隔

(9) 单击＜完成＞按钮，将图例添加到＜布局视图＞中，如图 11-59 所示。单击选中图例，此时鼠标变成十字形，拖动鼠标，将图例移动到合适的位置。

如果对图例不满意，可以双击图例，打开＜图例属性＞对话框修改图例的相关属性。

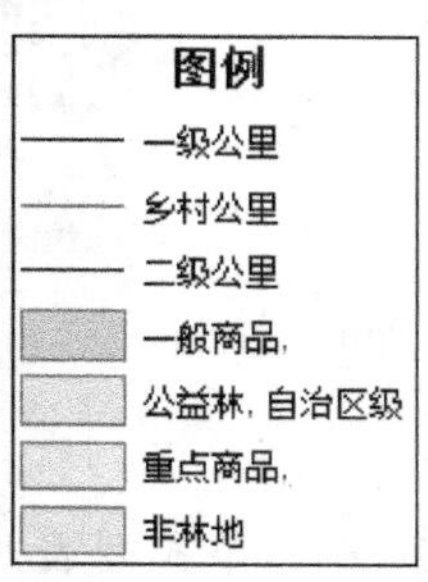

图 11-59 创建图例

11.6 导出地图

ArcMap 地图文档只能在 ArcGIS 环境中进行查看，若需要在其他环境中共享，可使用地图导出功能，将编制好的地图导出为通用的栅格图形，如 EMF、EPS、AI、PDF、SVG、BMP、JPEG、PNG、TIFF、GIF 等格式，存储在磁盘中。

导出地图的操作步骤如下。

(1) 在 ArcMap 主菜单中单击＜文件＞|＜导出地图＞命令，打开＜导出地图＞对话框，如图 11-60 所示。

(2) 在＜保存类型＞下拉列表框中选择导出文件的格式。在＜文件名＞文本框中输入导出文件的文件名，单击＜保存在＞下拉列表框，选择导出文件的存储路径。

(3) 在＜选项＞中单击＜常规＞选项卡，设置导出文件的分辨率、输出图像质量等参数。

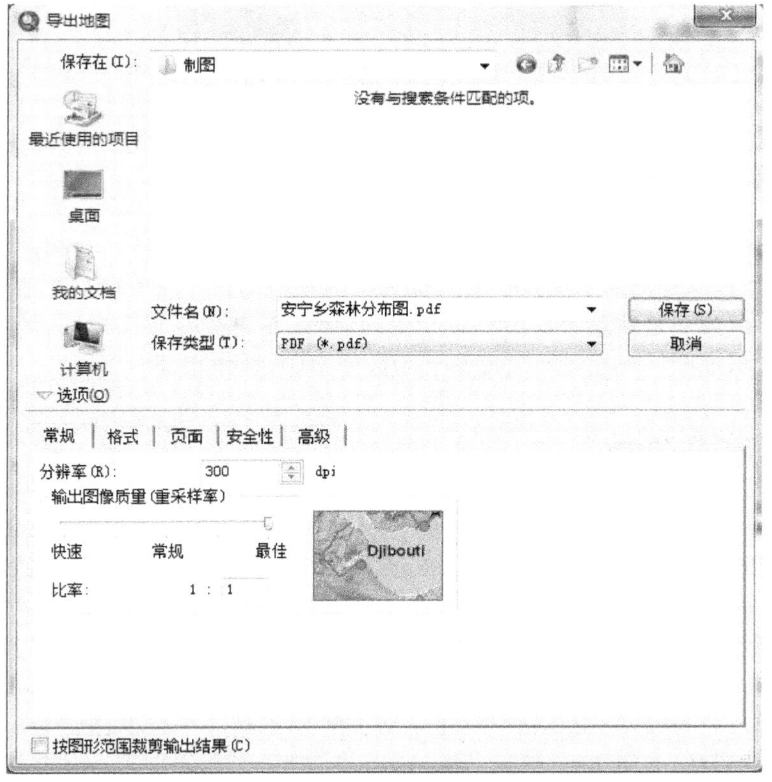

图 11-60　导出地图对话框

（4）单击＜保存＞按钮，将当前编制好的地图输出。

第 12 章　林业专题图制作

林业专题图种类很多，工作中常用的专题图包括林班图、基本图、林相图、分布图、伐区手工图等。用户可以根据需求制作任何其他类型的专题图。林业专题地图制作流程通常可以分为四个步骤，第一是地理数据的编辑与处理，第二是符号化制图规则，第三是地图版面设计，第四是输出地图。现在以小班面图层为数据基础，制作相关专题图。

12.1　数据的准备

林业专题图包含的基本要素除了小班外，还需要林班界线、乡村界线、县界、市界等信息。若已有林班界、乡村界等图层信息，可以直接使用；若没有，则须由基础数据小班面进行生成。由小班面生成林班面等需要用到数据融合工具，操作方法如下。

(1) 加载小班面图层(路径为 data\chap12\xb 面.shp)。

(2) 单击 ArcMap＜标准菜单＞的＜ArcToolbox＞按钮，打开＜ArcToolbox＞工具箱。

(3) 在＜ArcToolbox＞工具箱中双击＜数据管理工具＞|＜制图综合＞|＜融合＞，打开＜融合＞对话框，如图 12-1 所示。

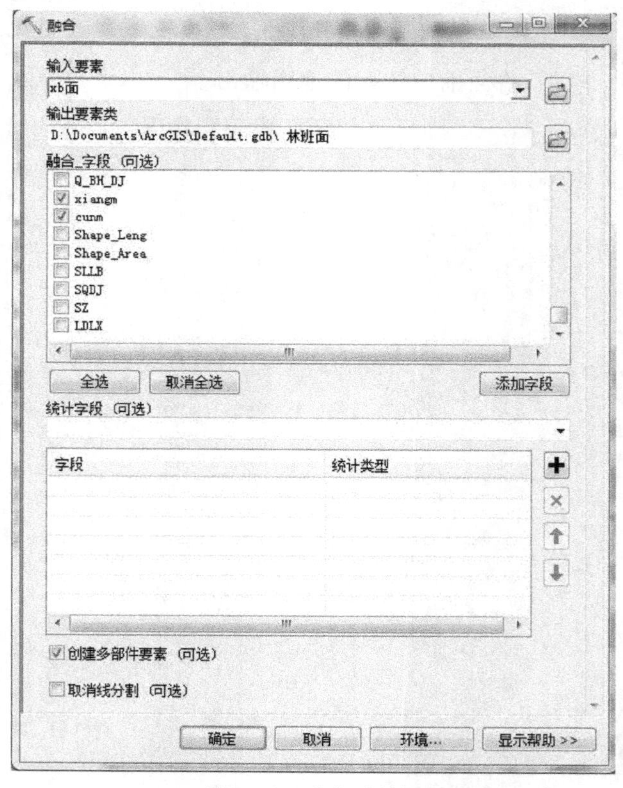

图 12-1　融合对话框

(4) 在＜融合＞对话框中，输入＜输入要素＞数据“xb 面”，在＜输出要素类＞中指定输出要素的文件名和保存路径。

(5) 在＜融合_字段(可选)＞列表框中勾选＜xiangm＞＜cunm＞＜LIN_BAN＞三个字段。

(6) 勾选＜创建多部件要素(可选)＞复选框。

(7) 单击＜确定＞按钮，完成林班面融合。

融合生成村界和乡界的方法与合成林班界相似，设置参数如图 12-2、图 12-3 所示。

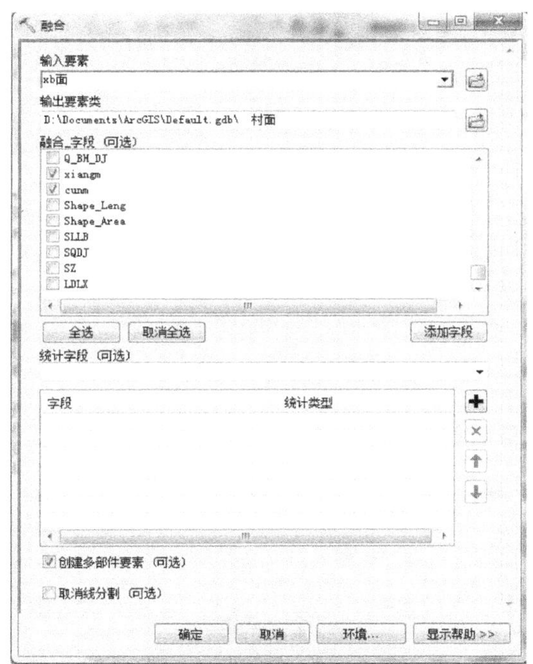

图 12-2　融合生成村界

图 12-3　融合生成乡界

12.2　林业专题图常用符号与标注

设置林业地理数据的符号化设置与标注是林业制图的第二步，各类地理要素的符号化设置需要按中华人民共和国林业行业标准《林业地图图式》(LY/T 1821—2009)进行设置。

12.2.1　地理要素符号化设置

在林业制图中包含的地理要素包括林道、驻地、乡界、村界等行政界线，小班面等，按林业地图图式依次设置各地理要素的符号化。

1) 驻点符号化设置

(1) 添加驻地地理数据(路径为 data\chap12\驻地.shp)。

(2) 在＜内容列表＞中右击“驻地”，在弹出的菜单中单击＜属性＞命令，打开＜图层属性＞对话框。

(3) 在＜图层属性＞对话框中单击＜符号系统＞选项卡，在＜显示＞列表框中单击

＜类别＞|＜唯一值＞命令。

(4) 在＜值字段＞下拉列表中选择用于分类显示的字段＜sx＞，单击＜添加所有值＞按钮，在显示框中显示字段＜sx＞的所有类型符号，如图 12-4 所示。

(5) 双击类别符号列表框的符号，弹出＜符号选择器＞对话框，重新设置符号的点符号、大小、颜色等属性，设置参数如图 12-5、图 12-6 所示。

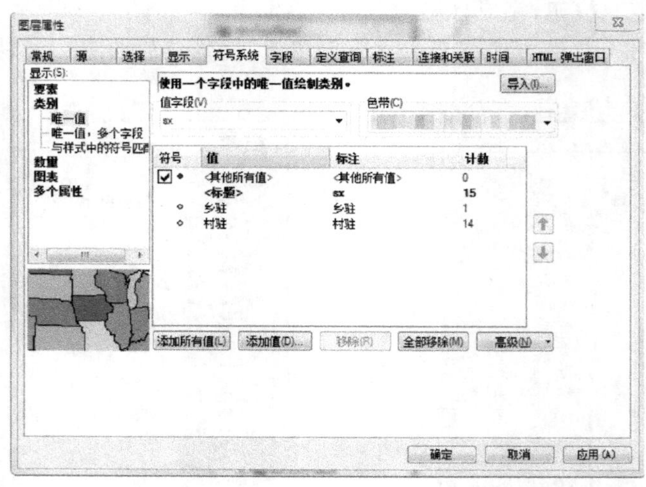

图 12-4 驻点符号化设置

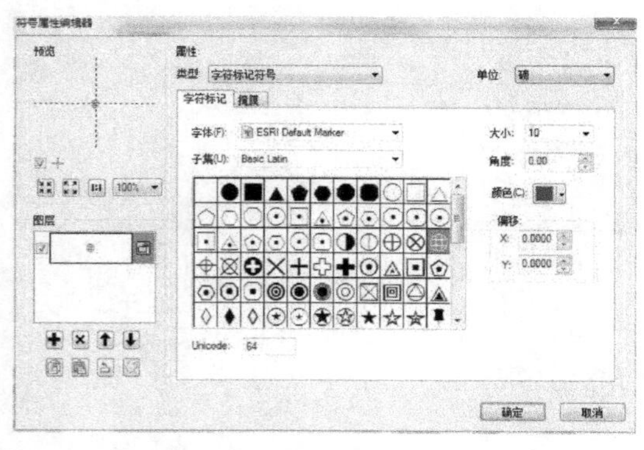

图 12-5 乡驻点符号化

图 12-6 村驻点符号化

2) 道路符号化设置

(1) 添加驻地地理数据(路径为 data\chap12\road.shp)。

(2) 在＜内容列表＞中右击“road”，在弹出的菜单中单击＜属性＞命令，打开＜图层属性＞对话框。

(3) 在＜图层属性＞对话框中单击＜符号系统＞选项卡，在＜显示＞列表框中单击＜类别＞|＜唯一值＞命令。

(4) 在＜值字段＞下拉列表中选择用于分类显示的字段＜lx＞，单击＜添加所有值＞按钮，在显示框中显示字段＜lx＞的所有类型符号，如图 12-7 所示。

(5) 双击类别符号列表框的符号，弹出＜符号选择器＞对话框，重新设置符号的线形、宽度、颜色等属性，设置参数如图 12-8 至图 12-10 所示。

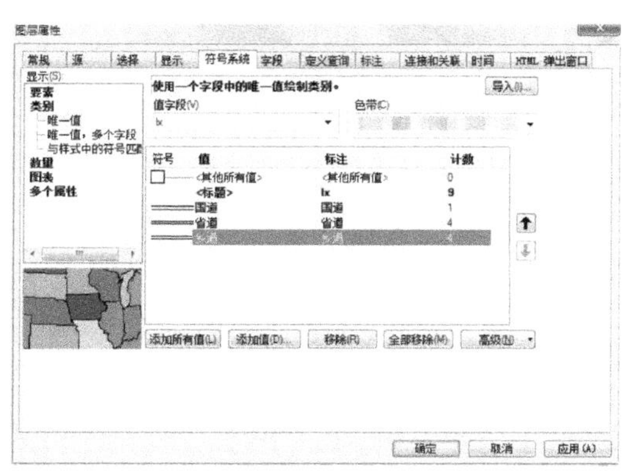

图 12-7　道路符号化设置

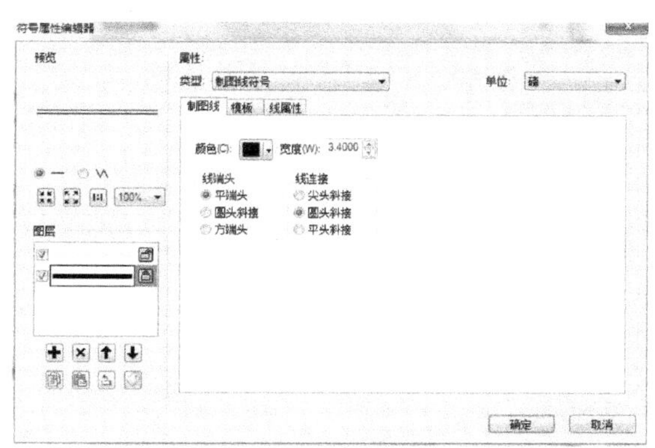

图 12-8　国道符号设置

图 12-9　省道符号设置

图 12-10　乡道符号设置

3）界线符号化设置

将第 12.1 节操作生成的林班面、村面、乡面添加到 ArcMap 中，分别设置各要素的样式。也可以将林班面、村面、乡面转换为线要素后，再进行设置，这里直接用面文件进行设置操作。

(1) 在 ArcMap 的内容列表中，单击图层“乡面”下的符号，打开＜符号选择器＞对话框。

(2) 在＜符号选择器＞对话框中单击＜符号编辑＞按钮，打开＜符号属性编辑器＞对话框。

(3) 在＜符号属性编辑器＞对话框中设置＜颜色＞为“无颜色”，＜轮廓颜色＞为“黑色”，单击＜轮廓＞按钮，打开线形＜符号选择器＞设置轮廓线的符号属性，设置参数如图 12-11 所示。

(4) 单击＜确定＞按钮，返回＜符号属性编辑器＞窗口，设置＜轮廓宽度＞为“1.7”，设置参数如图 12-12 所示。

设置村界、林班界和小班的界符号的方法与设置乡界的方法相似。村界符号设置参数如图 12-13、图 12-14 所示。

林班界符号设置参数如图 12-15、图 12-16 所示。

小班界符号设置参数如图 12-17、图 12-18 所示。

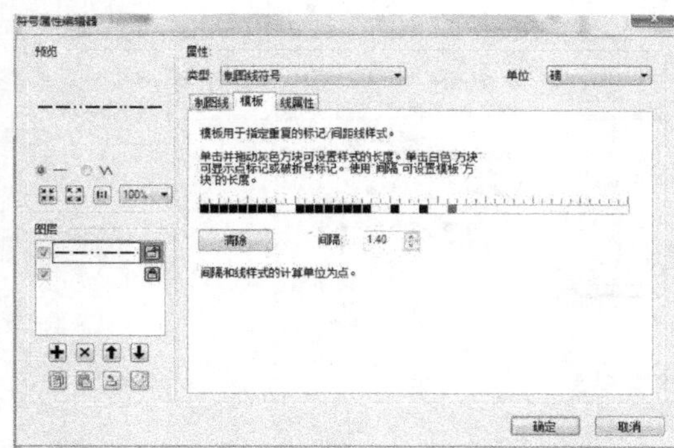

图 12-11　乡界轮廓线设置

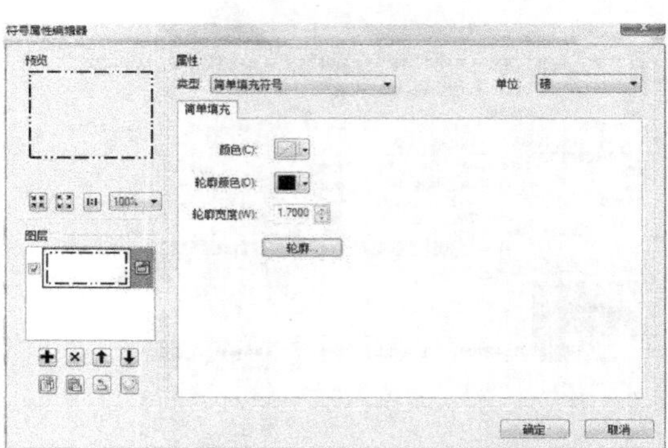

图 12-12　乡界符号设置

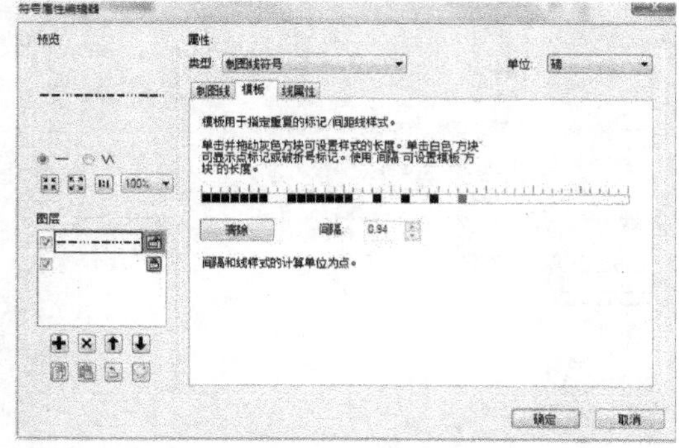

图 12-13　村界轮廓线设置

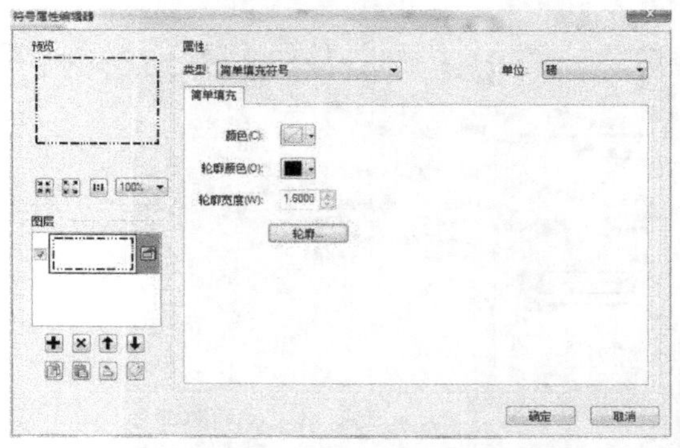

图 12-14　村界符号设置

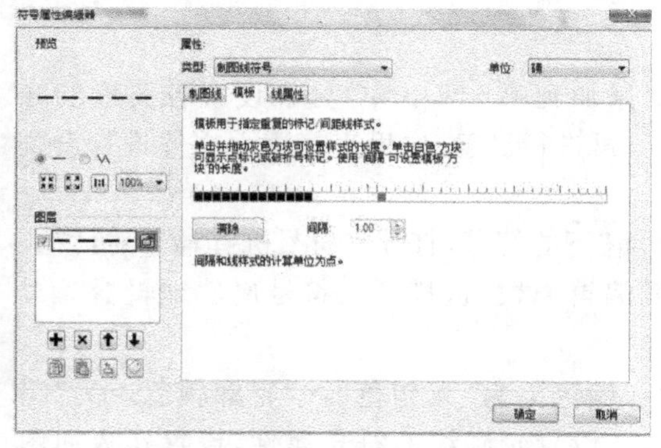

图 12-15　林班界轮廓线设置

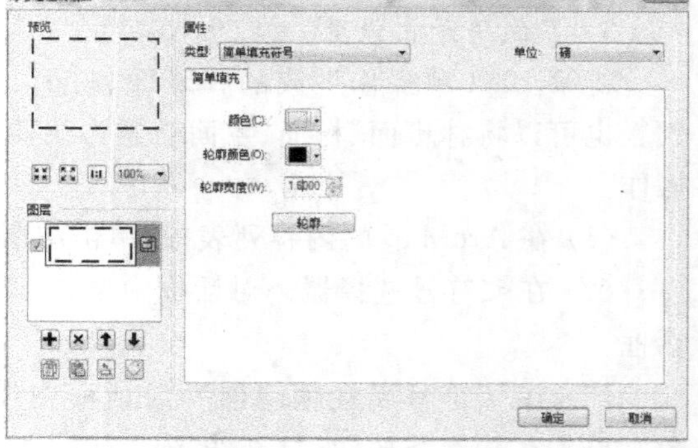

图 12-16　林班界符号设置

12.3.2　标注地理要素

不同的专题图对标注的地理要素要求不一样，这里以设置驻点标注和小班面标注作为示例。

1）设置驻点标注

（1）在＜内容列表＞中右击“驻地”，在弹出的菜单中单击＜属性＞命令，打开＜图层属性＞对话框。

图 12-17　小班界轮廓线设置

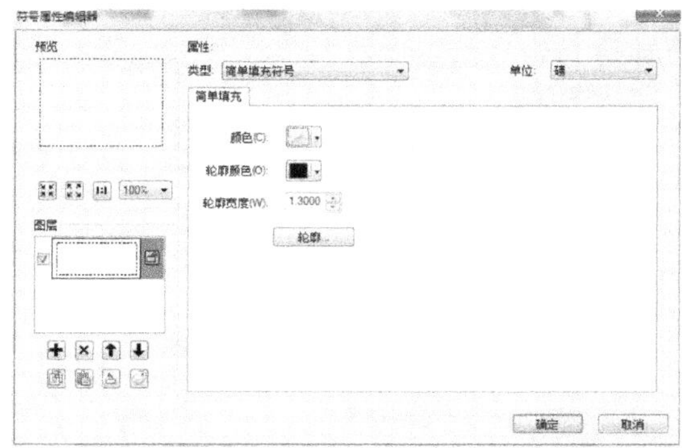

图 12-18　小班界符号设置

（2）在＜图层属性＞对话框中单击＜标注＞选项卡，进入＜标注＞选项卡。

（3）勾选＜标注此图层中的要素＞复选框。

（4）在＜标注＞选项卡的＜方法＞下拉列表中选择＜以相同方法为所有要素加标注＞选项。

（5）在＜文本字符串＞的＜标注字段＞下拉列表中选择需要标注的字段，这里选择＜mc＞字段。

（6）在＜文本符号＞中设置标注的字体属性，设置参数如图 12-19 所示。

2）设置小班标注

小班通常有几个信息需要标注，如小班号、小班面积、树种（或地类）、造林年度等信息。不同的专题图要求不一样，可根据需求进行设置。这里采用分子式标注显示小班号、小班面积、树种（或地类）、造林年度等信息。

（1）在＜内容列表＞中右击图层“xb 面”，在弹出的菜单中单击＜属性＞命令，打开＜图层属性＞对话框。

（2）在＜图层属性＞对话框中单击＜标注 ＞选项卡，进入＜标注＞选项卡。

（3）勾选＜标注此图层中的要素＞复选框。

（4）在＜标注＞选项卡的＜方法＞下拉列表中选择＜以相同方法为所有要素加标注＞选项。

（5）单击＜表达式＞按钮，打开＜标注表达式＞对话框。

（6）在＜标注表达式＞对话框中勾选＜高级＞复选框，在＜表达式＞文本框中输入如下所示的 VBScript 或 JacaScript 表达式。

FunctionFindLabel([XIAO_BAN],[ZLND],[SZ],[MIAN_JI])

FindLabel＝[XIAO_BAN]＋“-”＋[MIAN_JI]＋vbnewline＋“——”＋vbnewline＋[SZ]＋[ZLND]

End Function

（7）单击＜验证＞按钮，验证表达式是否有语法错误。如果表达式语法错误，会弹出错误提示；如果表达式正确，则会弹出＜表达式验证＞对话框，显示高级标注的预览效果，如图 12-20 所示。

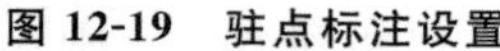

图 12-19　驻点标注设置

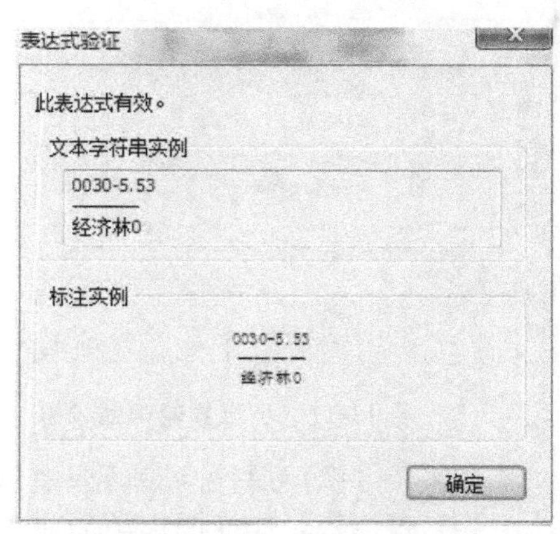

图 12-20　表达式验证对话框

12.3　林业专题图

在前两步已经完成的地理数据的添加、编辑，符号化设计，图层标注等工作后，可以根据具体的专题图要求对地图进行版面设计，制作符合要求的专题图。

12.3.1　林班图制作

林班图是根据小班调查资料，以林班为单位，结合地形图材料显示林班内的森林资源情况及地形地貌概况。林班图的编制限于经营水平比较高的森林经营单位，如国有林场等，比例尺为 1∶10 000，图幅大小为 A3，在以上准备的基础上制作林班图，步骤如下。

1）添加地形图

(1) 添加地形图到 ArcMap(路径为 data\chap12\地形图)文件夹中图像的一个波段。

(2) 设置地形图的符号，更改地形图颜色，设置参数如图 12-21 所示。

2）设置标注按要素集显示

设置小班标注按林班显示。

(1) 右击图层“xb 面”选择＜属性＞命令，点击＜标注＞标签。

(2) 在＜标注＞选项卡的＜方法＞下拉列表中选择＜定义要素类并且每个类加不同的标注＞选项。

(3) 单击＜SQL 查询＞按钮，打开＜SQL 查询＞对话框，在表达文本框中设置查询表达式，如图 12-22 所示。

(4) 在＜SQL 查询＞对话框中单击＜确定＞按钮，返回＜图层属性＞对话框，如图 12-23所示。

3）版面设计

切换到布局视图，设置地图的页面大小、方向，添加地图元素等操作。

(1) 在 ArcMap 主菜单中单击＜文件＞|＜页面和打印设置＞命令，打开＜页面和打印设置＞对话框，设置参数如图 12-24 所示。

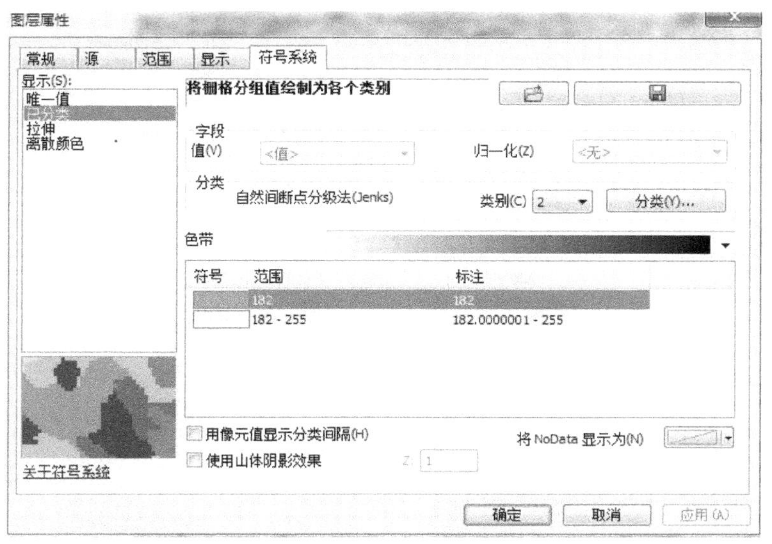

图 12-21　地形图符号设置

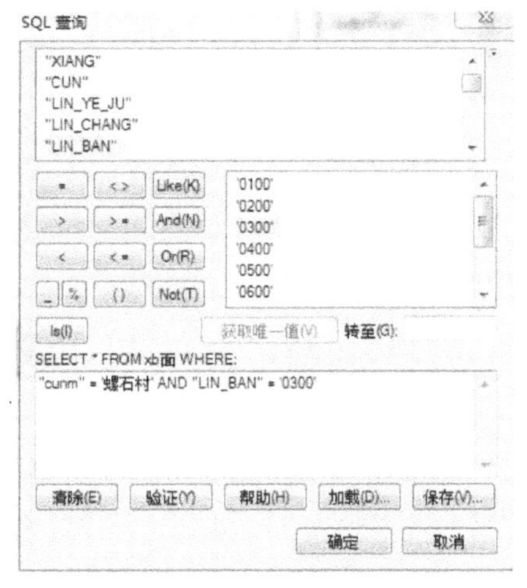

图 12-22　SQL 查询对话框

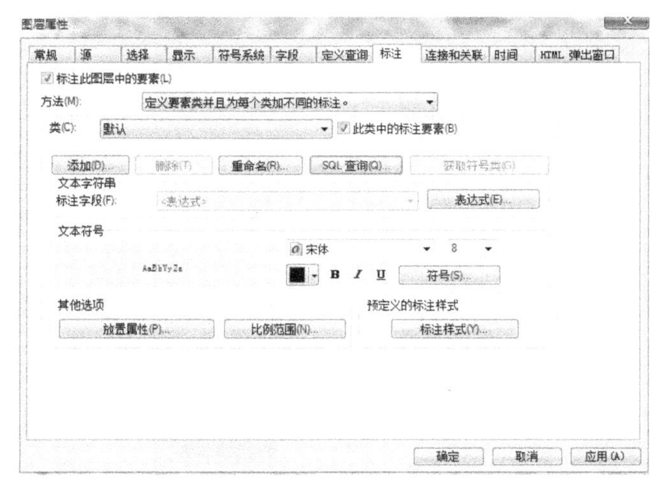

图 12-23　设置标注

(2) 在<布局视图>中单击<数据框>，调整数据库的大小，移动数据框，使其在页面中处于正中位置。

(3) 在<标注工具>工具条的<比例尺>下拉列表框中设置地图比例尺，这里选择“1：10 000”。

(4) 单击<工具>工具条中的<平移>按钮，在数据框中移动地图，使需要显示的石螺 0300 林班内容显示完整，且位于数据框正中位置。

(5) 在 ArcMap 主菜单中单击<插入>|<标题>命令，打开<插入标题>对话框，设置参数如图 12-25 所示，移动标题至页面顶端合适位置。

(6) 在 ArcMap 主菜单中单击<插入>|<指北针>命令，打开<指北针选择器>对话框，设置参数如图 12-26 所示，调整大小并移动到页面的左上角位置。

(7) 在 ArcMap 主菜单中单击<插入>|<文本比例尺>命令，打开<比例文本选择器>

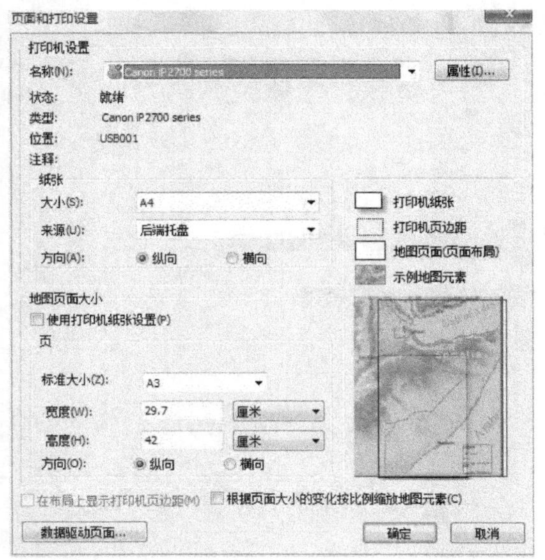

图 12-24　页面和打印设置对话框

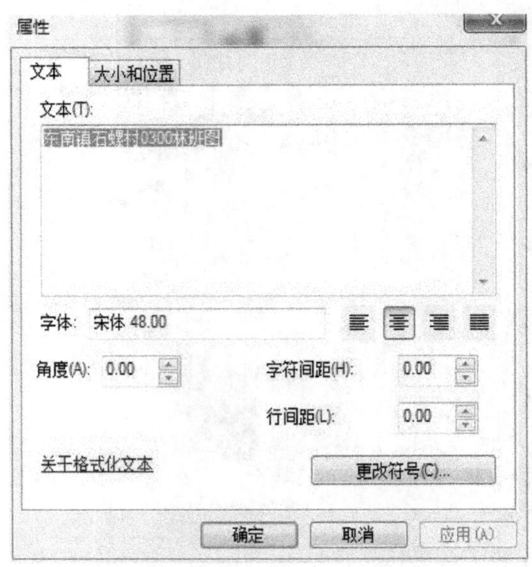

图 12-25　插入标题

图 12-26　插入指北针

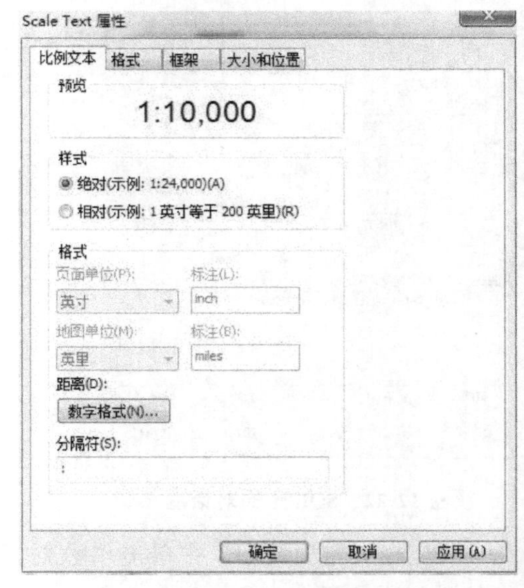

图 12-27　插入文本比例尺

对话框，设置参数如图 12-27 所示，调整大小并移动到指北针正下方。

(8) 在 ArcGIS 的内容列表中右击数据框，在弹出的菜单中选择＜属性＞命令，打开＜数据框属性＞对话框。

(9) 在＜数据框属性＞对话框中单击＜格网＞标签，进入＜格网＞选项卡，按照格网和经纬网向导创建数据框方里网(具体方法参见 11.4.3 章节)。

(10) 在＜数据框属性＞对话框中单击＜框架＞标签，进入＜框架＞选项卡，设置数据框的边框类型、背景、下拉阴影等属性，设置参数如图 12-28 所示。

(11) 在＜绘图＞工具栏中单击选择＜文本＞按钮，在页面底端添加文本，输入制图单

位、制图时间、坐标系等信息，如图 12-29 所示。

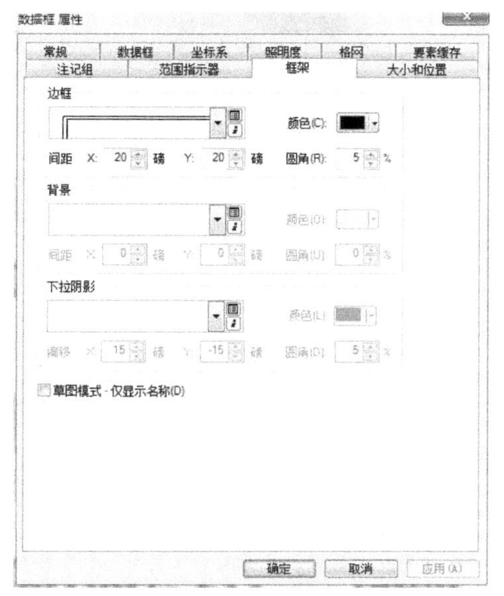

图 12-28　数据库框架设置

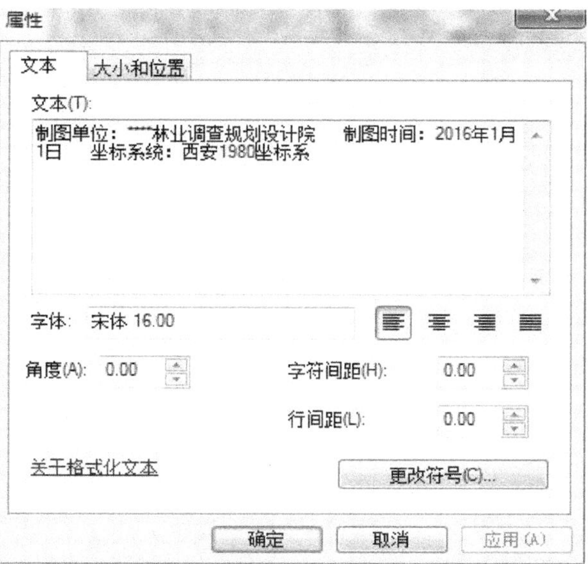

图 12-29　添加文本说明

(12) 在 ArcMap 主菜单中单击＜文件＞|＜导出地图＞命令，打开＜导出地图＞对话框，设置保存文件类型、文件名及保存路径，生成的林班图如图 12-30 所示。

12.3.2　基本图制作

基本图根据小班调查资料，以地形图图幅为单位，结合地形图材料显示森林资源情况。基本图的制作与林班图的制作相似，不同之处在于基本图以地形图图幅为单位，不考虑行政界线。在林班图页面设置的基础上进行操作，步骤如下。

(1) 根据地形图大小设置页面，打开＜页面和打印设置＞对话框，设置参数如图 12-31 所示。

(2) 调整数据框大小，使数据框在 1∶10 000 比例尺下正好显示完一幅地形图，移动数据框，使其在页面的正中显示。

(3) 在 ArcMap 主菜单中单击＜插入＞|＜标题＞命令，打开＜插入标题＞对话框，设置参数如图 12-32 所示，移动标题至页面顶端合适位置。

(4) 插入指北针，调整大小并移动到页面左上角的位置。

(5) 创建方里网格或经纬网。

(6) 设置数据框的边框类型、背景、下拉阴影等属性。

(7) 在＜绘图＞工具栏中单击选择＜文本＞按钮，在页面底端添加文本，输入制图单位、制图时间、坐标系等信息。

(8) 单击＜文件＞|＜导出地图＞，在＜导出地图＞对话框中，设置保存文件类型、文件名及保存路径，生成的林班图如图 12-33 所示。

12.3.3　林相图制作

林相图是依据小班调查资料，以乡(分场)为单位，比例尺为 1∶10 000，图幅大小为 A0

东南镇石螺村0300林班图

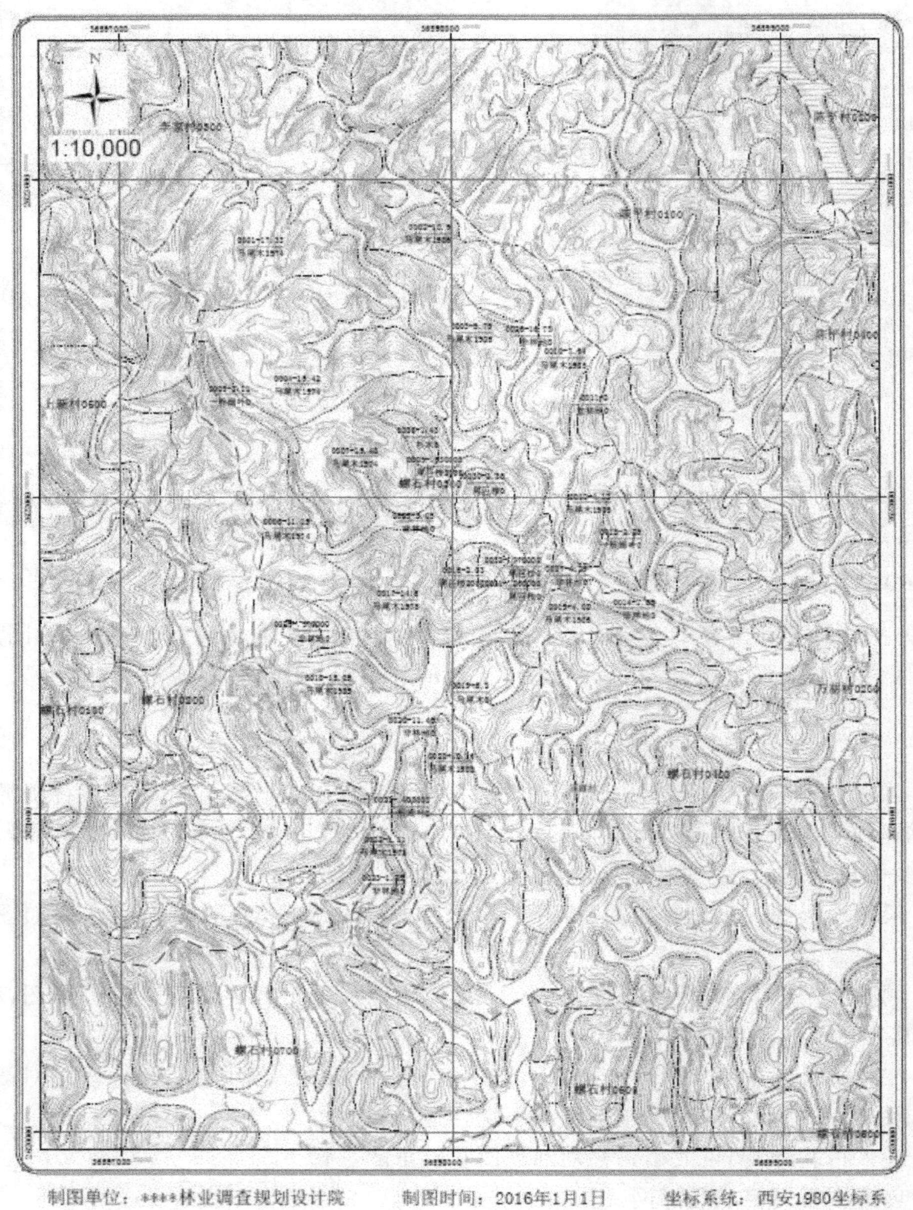

图 12-30 林班图成果

或 A1，按《林业地图图式》(LY/T 1821—2009)的要求设置地图符号化，使其能够按不同的地类、不同的优势树种、不同的龄组分布设置不同的符号化，能直观森林分布的情况。林相图中包含了丰富的地理数据，有乡、村、林班等行政界线、驻点信息、道路信息、1：10 000 地形图、小班按不同树种、龄组显示的颜色，林班标注等内容。在以上数据准备的基础上，制作林相图的操作步骤如下。

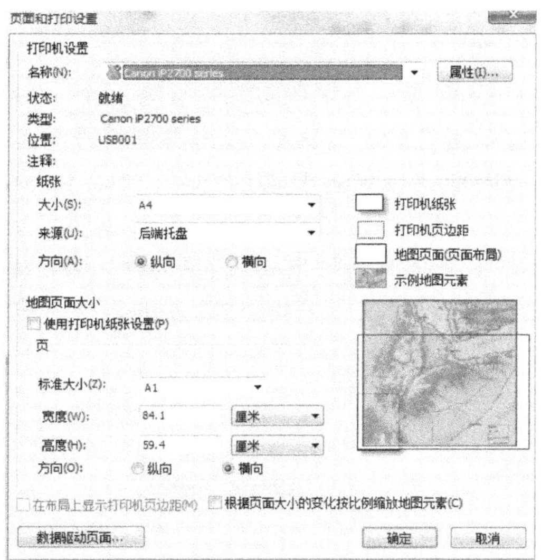

图 12-31　页面和打印设置对话框

图 12-32　插入标题

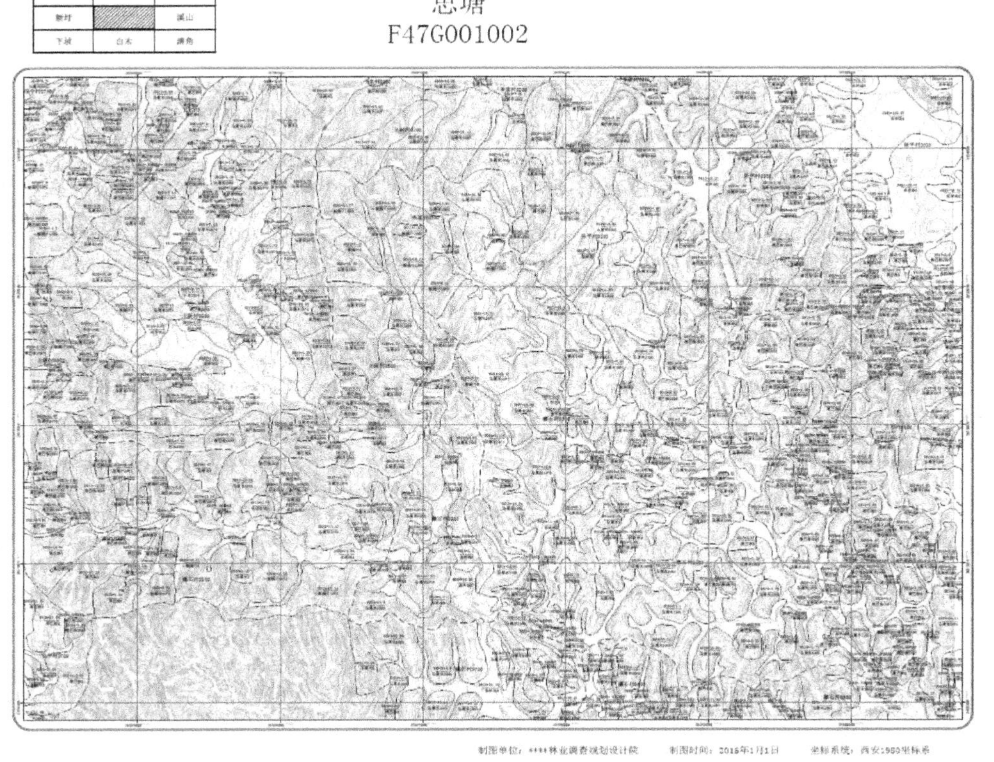

图 12-33　F47G001002 基本图

1) 不同树种按龄级设置符号化

(1) 在＜内容列表＞中右击“xb 面”，在弹出的菜单中单击＜属性＞命令，打开＜图层属性＞对话框。

(2) 在＜图层属性＞对话框中单击＜符号系统＞选项卡，在＜显示＞列表框中单击＜类别＞|＜唯一值，多个字段＞命令。

(3) 在＜值字段＞下拉列表中选择用于分类显示的第一个字段＜SZ＞，第二个字段＜LINJI＞，单击＜添加所有值＞按钮，在显示框中显示所有的类型符号，双击类别符号列表框的符号，弹出＜符号选择器＞对话框，按照林业地图图式设置各要素的符号，如图 12-34 所示。

(4) 符号化生成的符号名以两个字段名显示，为在制作图例时更美观、更易懂，可以修改符号名。在＜内容列表＞中双击需要修改的符号名称，符号名可编辑，输入新的符号名称即可，如图 12-35 所示。

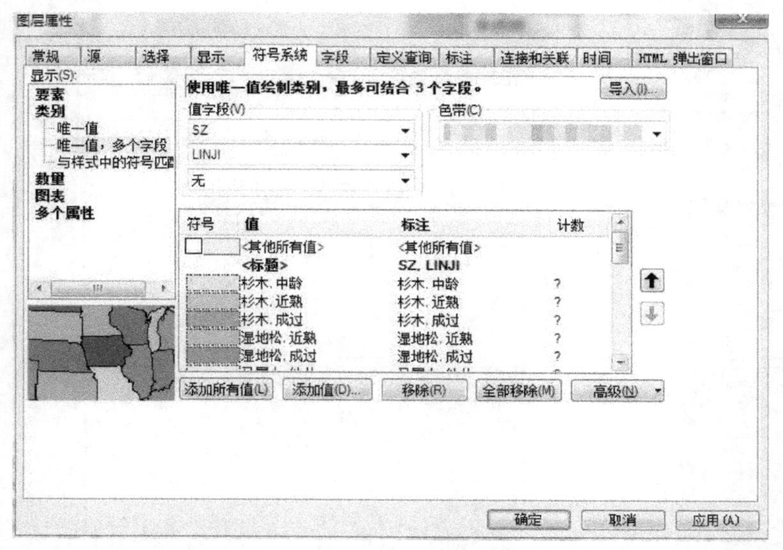

图 12-34　按树种龄组符号化

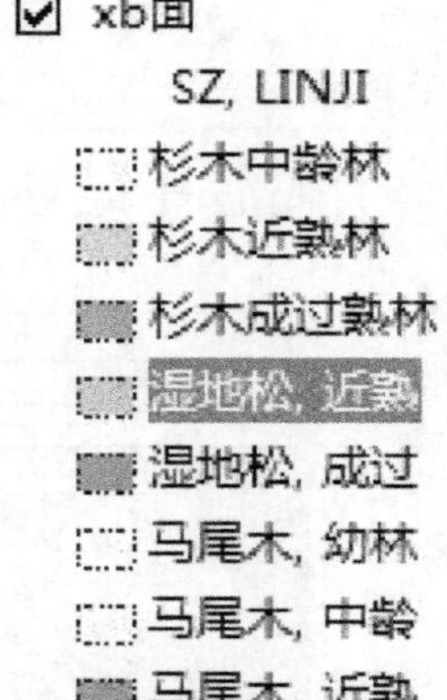

图 12-35　修改符号名称

(5) 在＜图层属性＞对话框中单击＜显示＞选项卡，在＜透明度＞文本框中输入 50。

2) 页面设置

(1) 根据地形图大小设置页面，打开＜页面和打印设置＞对话框，设置参数如图 12-36 所示。

(2) 在＜布局视图＞中单击＜数据框＞，调整数据框大小，移动数据框，使其在页面的正中显示。

(3) 在＜工具＞工具栏中设置数据框的显示比例尺，使地图数据在数据框中居中且饱满显示。

(4) 在 ArcMap 主菜单中单击＜插入＞|＜标题＞命令，打开＜插入标题＞对话框，设置参数如图 12-37 所示，移动标题至页面顶端的合适位置。

(5) 插入指北针，调整大小并移动到页面的左上角位置。

(6) 插入文本比例尺，调整大小并移动到页面底端。

(7) 插入图例，调整大小，并移动到页面的空白处，避免遮盖地图内容。

(8) 设置数据框的边框类型、背景、下拉阴影等属性。

(9) 在＜绘图＞工具栏中单击选择＜文本＞按钮，在页面底端添加文本，输入制图单

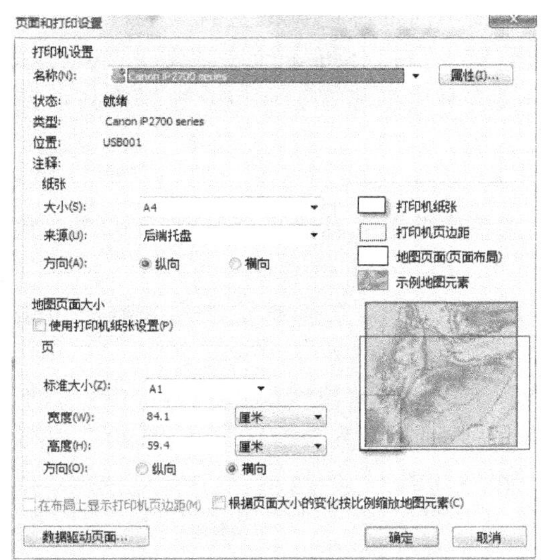

图 12-36　页面和打印设置对话框

图 12-37　插入标题

位、制图时间、坐标系等信息。

(10) 单击<文件>|<导出地图>,在<导出地图>对话框中,设置保存文件类型、文件名及保存路径。生成的林班图如图 12-38 所示。

****县东南镇林相图(三)

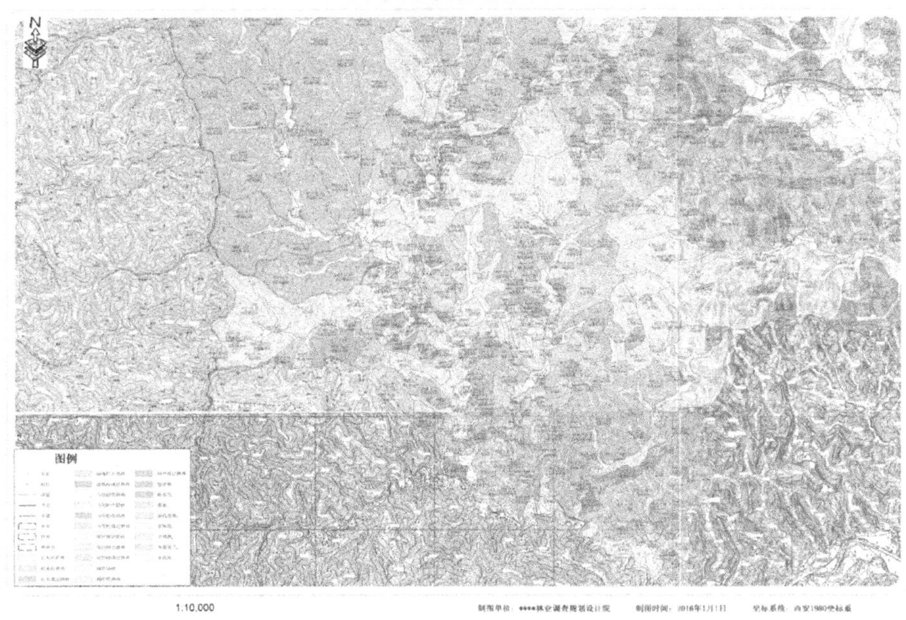

图 12-38　林相图成果

12.3.4　森林资源分布图

森林资源分布图是依据小班调查资料,以县、乡(林场)为单位,按《林业地图图式》

(LY/T 1821—2009)的要求设置地图符号化，其能够按不同的林地类型直观地表现森林分布情况。森林资源分布图中包含了丰富的地理数据，有乡、村、林班等行政界线，驻点信息，道路信息，小班按不同林地类型显示不同颜色符号及森林资源概况。在以上数据准备的基础上，制作森林资源分布图的操作步骤如下。

1）不同林地类型符号化设置

(1) 在＜内容列表＞中右击“xb 面”，在弹出的菜单中单击＜属性＞命令，打开＜图层数据＞对话框。

(2) 在＜图层属性＞对话框中单击＜符号系统＞选项卡，在＜显示＞列表框中单击＜类别＞|＜唯一值＞命令。

(3) 在＜值字段＞下拉列表中选择用于分类显示的第一个字段＜LDLX＞，单击＜添加所有值＞按钮，在显示框中显示所有的类型符号，双击类别符号列表框的符号，弹出＜符号选择器＞对话框，按照林业地图图式设置各要素的符号，如图 12-39 所示。

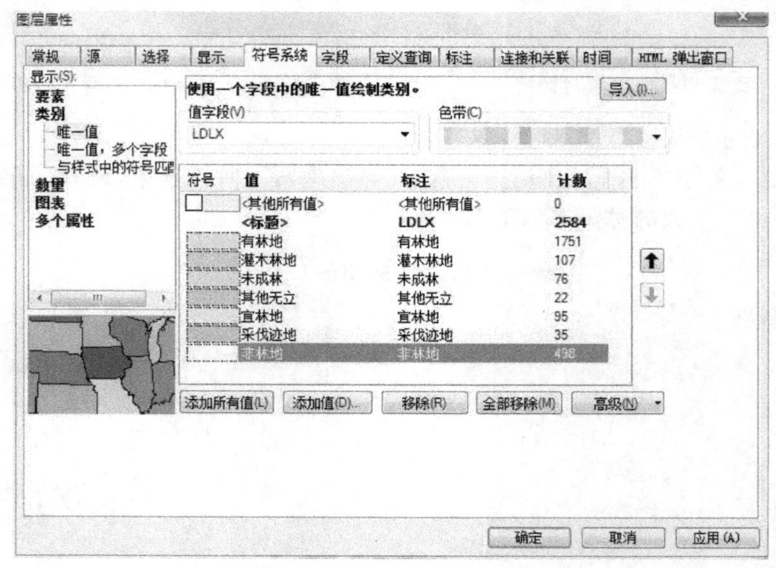

图 12-39　按林地类型符号化

2）页面设置

(1) 根据地形图大小设置页面，打开＜页面和打印设置＞对话框，设置参数如图 12-40 所示。

(2) 在＜布局视图＞中单击＜数据框＞，调整数据框大小，移动数据框，使其在页面的正中显示。

(3) 在＜工具＞工具栏中设置数据框的显示比例尺，使地图数据在数据框中居中且饱满显示。

(4) 在 ArcMap 主菜单中单击＜插入＞|＜标题＞命令，打开＜插入标题＞对话框，设置参数如图 12-41 所示，移动标题至页面顶端的合适位置。

(5) 插入指北针，调整大小并移动到页面的左上角位置。

(6) 插入文本比例尺，调整大小并移动到指北针下方。

(7) 插入图例，调整大小，并移动到页面的空白处，避免遮盖地图内容。

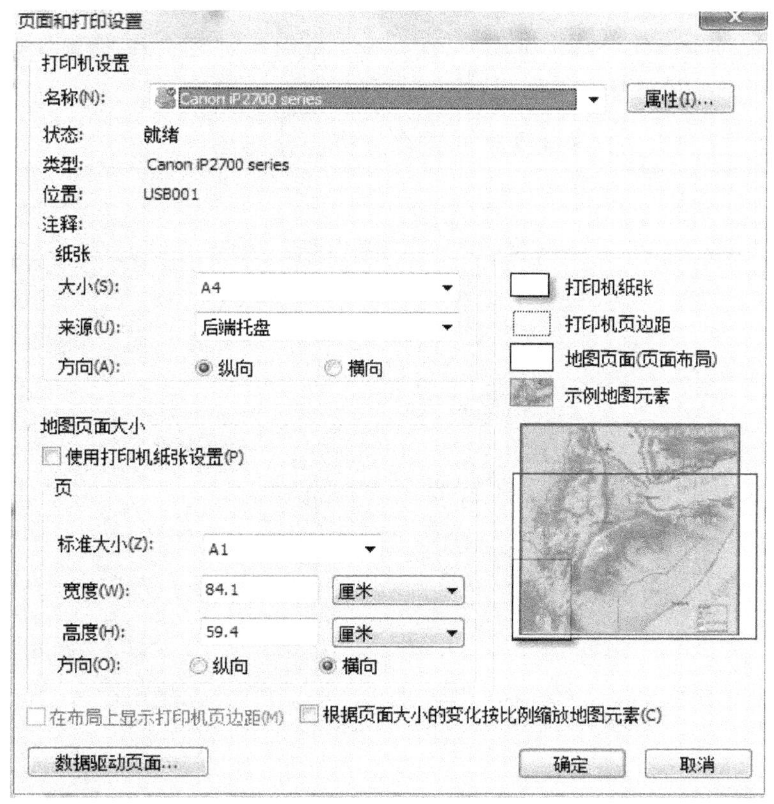

图 12-40　页面和打印设置对话框

图 12-41　插入标题

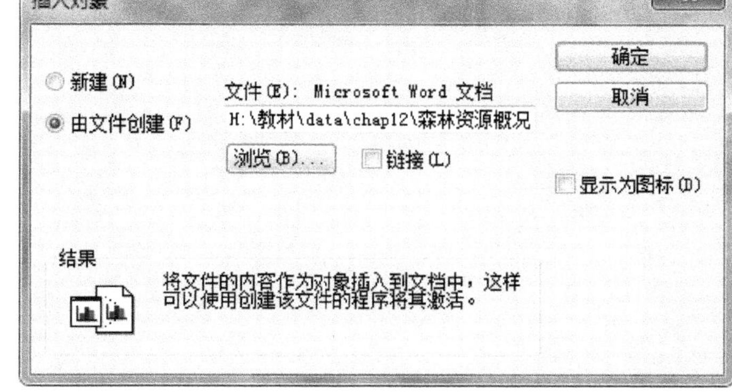

图 12-42　插入对象

(8) 插入“森林资源概况.doc”对象，单击＜插入＞|＜对象＞命令，在＜插入对象＞对话框中，选择＜由文件创建＞，单击＜浏览＞，选择存放“森林资源概况.doc”的位置(路径为data\chap12\森林资源概况.doc)，如图 12-42 所示，单击＜确定＞，插入“森林资源概况.doc”文本，调整大小，并移动到页面右下角的空白处，避免遮盖地图内容。

(9) 设置数据框的边框类型、背景、下拉阴影等属性。

(10) 在＜绘图＞工具栏中单击选择＜文本＞按钮，在页面底端添加文本，输入制图单

位、制图时间、坐标系等信息。

(11) 单击＜文件＞|＜导出地图＞，在＜导出地图＞对话框中，设置保存文件类型、文件名及保存路径。生成的林班图如图 12-43 所示。

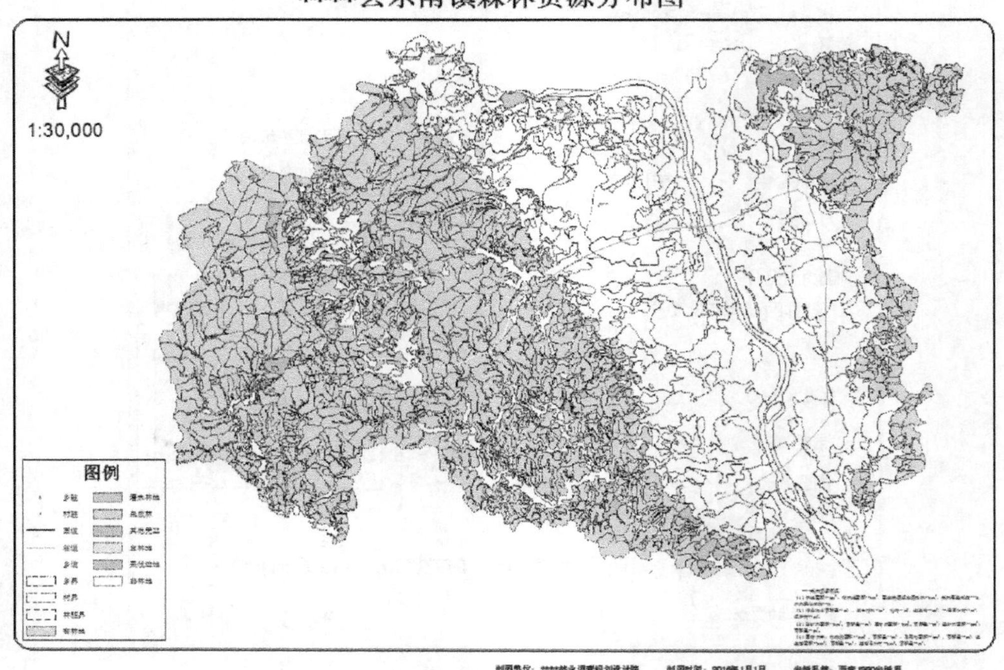

图 12-43 森林资源分布图

第 13 章　投影变换及与数据格式互换

地图图层中的所有元素都有特定的地理位置和范围与地球表面相应的位置对应，空间参考即是用于定义要素位置的框架。空间参考包括了一个 X、Y、Z 值坐标系以及 X、Y、Z 和 M 值的容差值和分辨率值，利用空间参考可以准确描述一个地物在地球上的真实位置。在实际应用中，根据行业和用途的不同，地理数据在坐标系统、投影方式等方面会不一致，若需要使用到这些数据，就需要进行投影转换。

13.1　投影变换预处理

当数据的空间参考系统（坐标系、投影方式等）与用户需求不一致时，需要进行投影变换。在投影变换前，需要进行一些预处理，如利用定义投影工具为数据预先定义投影，或利用创建自定义地理坐标变换工具，创建符号需求的坐标转换方法等。

13.1.1　定义投影

对未知坐标系的数据进行投影时，需要用定义投影工具为其添加正确的坐标信息。当某一数据的坐标系不正确时，也可以用定义投影工具进行校正。定义投影的操作步骤如下。

(1) 单击 ArcMap＜标准工具＞中的＜ArcToolbox＞按钮，打开＜ArcToolbox＞工具箱。

(2) 在＜ArcToolbox＞工具箱中双击＜数据管理工具＞|＜投影和变换＞|＜定义投影＞，打开＜定义投影＞对话框，如图 13-1 所示。

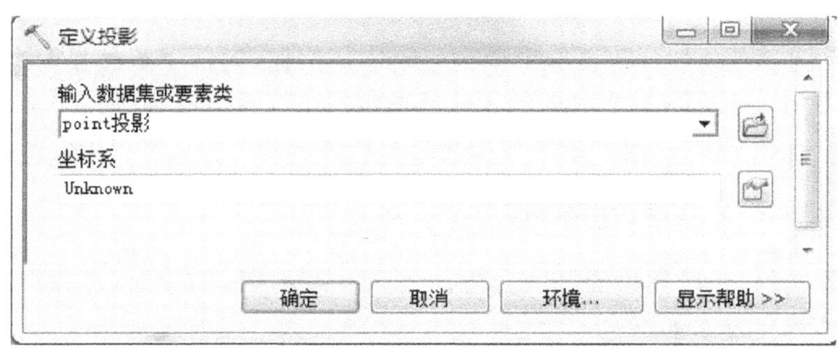

图 13-1　定义投影对话框

(3) 在＜定义投影＞对话框中，在＜输入数据集或要素类＞文本框中添加需要转换的数据（路径为 data\chap13\point 投影.shp）。

(4) 单击＜坐标系＞文本框右边的按钮，打开＜空间参考属性＞对话框，此时在＜当前坐标系＞中显示＜未知＞则说明原始数据没有定义坐标系统。

(5) 在＜空间参考属性＞对话框中有两类坐标系统，分别为“地理坐标系统”和“投影坐

标系统”。地理坐标系统使用地球表面的经度和纬度表示，投影坐标系统利用数学换算将三维地球表面上的经度和纬度坐标转换到二维平面上。在定义坐标投影之前，需要了解数据源，以便选择合适的坐标系统。单击<地理坐标系统>|<World>|<WGS1984>，如图 13-2 所示。

图 13-2　空间参考属性对话框

(6) 在<空间参考属性>对话框中单击<确定>按钮，返回<定义投影>对话框，此时<定义投影>中的<坐标系>文本框中显示已选定的坐标系。

(7) 单击<确定>按钮，完成定义投影坐标系统的操作。

13.1.2　创建自定义地理(坐标)变换

当操作投影转换，系统提供的地理变化方法不能满足实际需求时，可以根据需求自定义地理变换。具体操作方法如下。

(1) 单击 ArcMap<标准工具>的<ArcToolbox>按钮，打开<ArcToolbox>工具箱。

(2) 在<ArcToolbox>工具箱中双击<数据管理工具>|<投影和变换>|<创建自定义地理(坐标)变换>，打开<创建自定义地理(坐标)变换>对话框，如图 13-3 所示。

(3) 在<创建自定义地理(坐标)变换>对话框中，在<地理(坐标)变化名称>文本框中输入地理变换的名称，在<输入地理坐标系>和<输出地理坐标系>中输入对应的坐标系。

(4) 在<方法>下拉列表框中选择进行数据变换的方法，也可以在<参数>区域输入 X

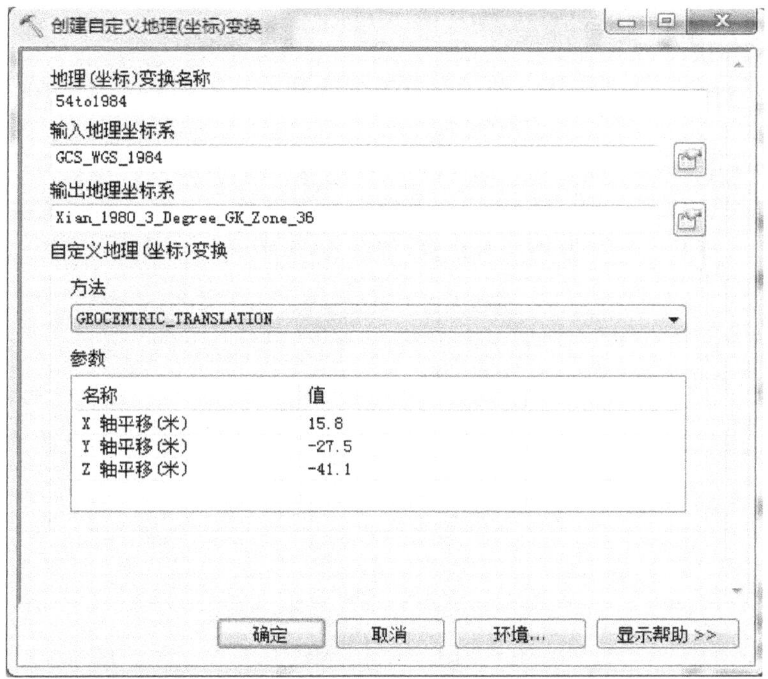

图 13-3　创建自定义地理(坐标)变换

轴、Y 轴、Z 轴平移的数值。

(5) 单击＜确定＞按钮,完成自定义地理(坐标)变换操作。

13.2　投影变换处理

投影变换是指将一种地图投影转换为另一种地图投影,主要包括投影类型、投影参数和椭球体参数等的改变。

13.2.1　矢量数据投影变换

不同投影坐标系统的数据,需要对其进行投影变换,以便该数据与地理数据的集成和使用。矢量数据的投影变换操作如下。

(1) 单击 ArcMap＜标准工具＞的＜ArcToolbox＞按钮,打开＜ArcToolbox＞工具箱。

(2) 在＜ArcToolbox＞工具箱中双击＜数据管理工具＞|＜投影和变换＞|＜要素＞|＜投影＞,打开＜投影＞对话框,如图 13-4 所示。

(3) 在＜输入数据集或要素类＞列表中选择需要投影转换的数据(路径为 data\chap13\road_ty. shp)。

(4) 在＜输出数据集合要素类＞文本框中输入需要输出要素的文件名和保存路径。

(5) 在＜输出坐标系＞文本框中输入需要输出数据的坐标系。

(6) 在＜地理(坐标)变换(可选)＞中,用于输入和输出坐标的基准面相同时,地理(坐标)变换为可选参数,如果输入和输出坐标的基准面不同,则必须制定地理(坐标)变换。

(7) 单击＜确定＞按钮,完成投影变换操作。

13.2.2 栅格数据投影变换

栅格变换是将栅格数据集从一种投影方式变换到另一种投影方式的操作，具体操作方法如下。

(1) 单击 ArcMap＜标准工具＞的＜ArcToolbox＞按钮，打开＜ArcToolbox＞工具箱。

(2) 在＜ArcToolbox＞工具箱中双击＜数据管理工具＞|＜投影和变换＞|＜栅格＞|＜投影栅格＞，打开＜投影栅格＞对话框，如图 13-5 所示。

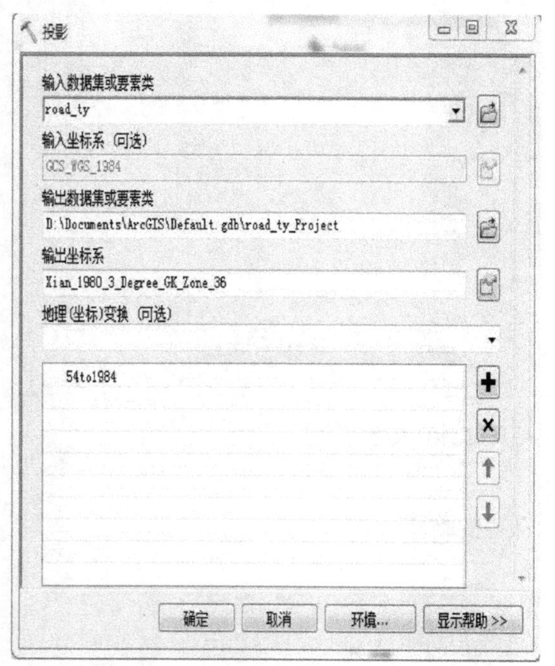

图 13-4 投影对话框

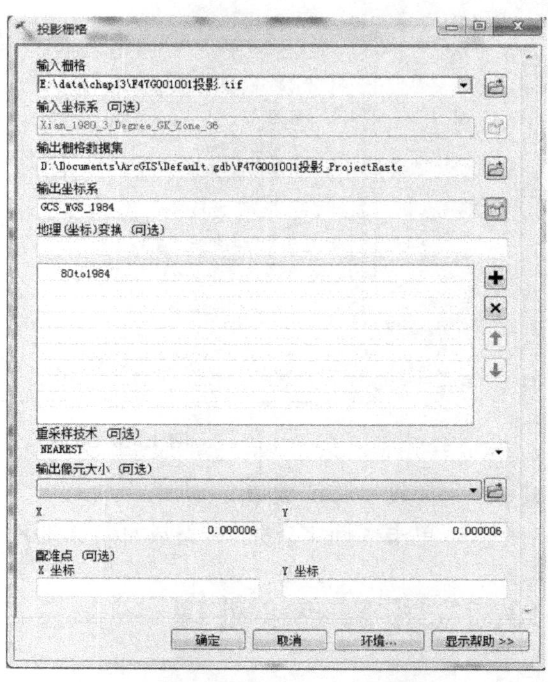

图 13-5 投影栅格对话框

(3) 在＜输入栅格＞列表中选择需要投影转换的数据(路径为 data\chap13\F47G001001 投影.tif)。

(4) 在＜输出栅格数据集＞文本框中输入需要输出栅格的文件名和保存路径。

(5) 在＜输出坐标系＞文本框中输入需要输出数据的坐标系。

(6) 在＜地理(坐标)变换(可选)＞中，当输入和输出坐标的基准面相同时，地理(坐标)变换为可选参数，如果输入和输出坐标的基准面不同，则必须制定地理(坐标)变换。

(7) 单击＜确定＞按钮，完成投影栅格操作。

13.3 林业常用数据格式转换

地理信息软件种类很多，每款软件的数据格式也各有不同。不同行业根据其特点及使用习惯，所选用的地理信息软件也多种多样。不同行业间的数据在共享时，都需要转换数据格式。

13.3.1　shp 转 TAB 转换

地理信息软件 Mapinfo 文件格式有 TAB 和 MIF 两种。ArcGIS10 集成了 fme2010，Data Interoperability Tools 相当于 fme 的 Universal Translator，Spatial ETL Tool 相当于 fme 的 Workbench。而 fme 用来浏览数据的 Universal Viewer 则被 ArcMap 所代替，所以 ArcMap 理论上能直接加载 fme 所支持的所有格式。ArcGIS 也提供了由 shp 转成 TBA，操作方法如下。

(1) 单击 ArcMap＜标准工具＞的＜ArcToolbox＞按钮，打开＜ArcToolbox＞工具箱。

(2) 在＜ArcToolbox＞工具箱中双击＜Data Interoperability 工具＞|＜快速导出＞，打开＜快速导出＞对话框，如图 13-6 所示。

(3) 在＜快速导出＞对话框的＜Input Layer＞中加载需要转换的数据(路径为 data\chap13\line.shp)。

(4) 单击＜Output Dataset＞右侧的按钮，打开＜Specify Data Destination＞对话框，如图 13-7 所示。

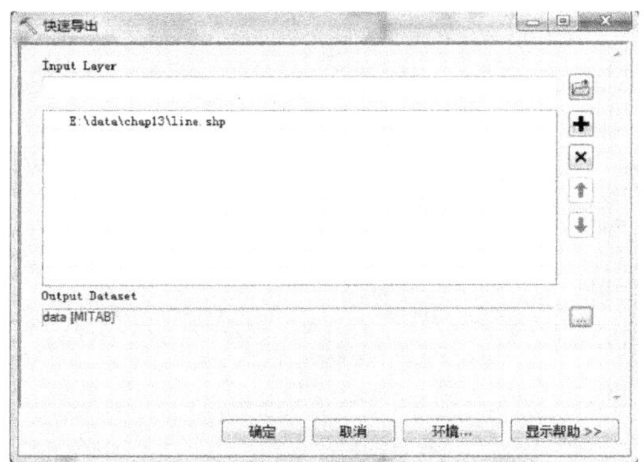

图 13-6　快速导出对话框

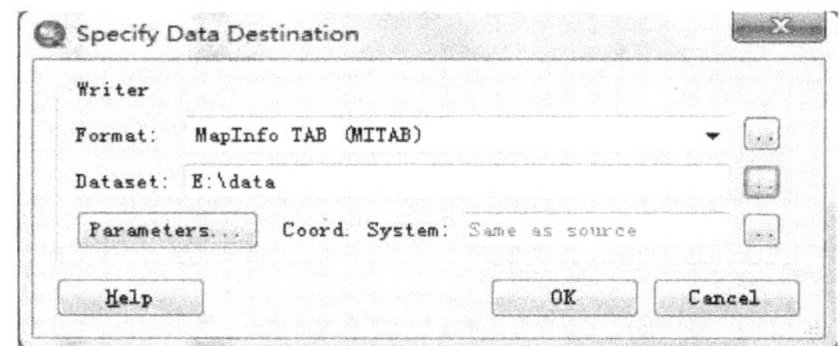

图 13-7　Specify Data Destination 对话框

(5) 单击＜Specify Data Destination＞对话框＜Format＞右侧的按钮，进入＜FME Writer Gallery＞对话框，选择＜MapInfo TAB＞选项，如图 13-8 所示。

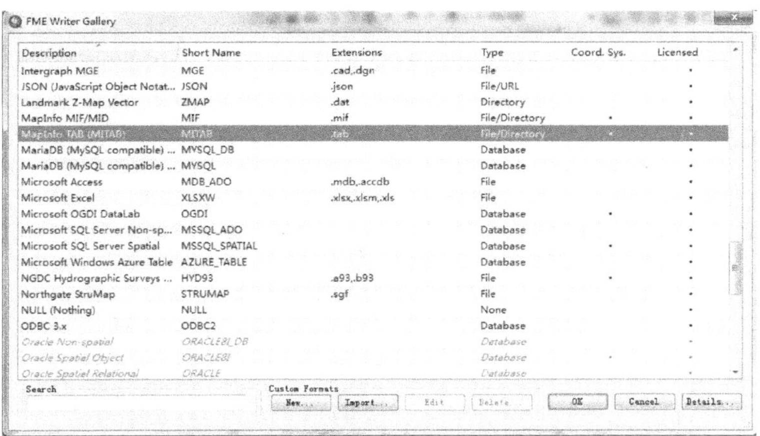

图 13-8　FME Writer Gallery 对话框

(6) 单击<OK>按钮，返回<Specify Data Destination>对话框，在<Dataset>中设置输入数据的文件名和保存路径。

(7) 单击<确定>按钮，完成转换。

提示：

<Data Interoperability 工具>需要在安装软件时另外安装插件 ArcGIS Data Interoperability for Desktop。

13.3.2 CAD 转 shp

在做林地征占用项目或项目的生态评估时，国土部门或其他设计部门提供的数据多为 CAD 数据格式，在使用数据前，需要先进行数据格式转换。在 CAD 中同一个图层文件可以储存点、线、面多种类型的图元要素，而 ArcGIS 里只能一个图层存储一种图元要素，要将 CAD 文件直接更名加载进入 ArcMap，就必须按照 ArcMap 规范来进行存储。

ArcGIS10.2 可以直接打开 CAD 文件，但文件只能显示不能编辑，可将其按需求提取内容并导出形成 shp 文件，再进行编辑。操作步骤如下。

(1) 在 ArcMap 的<标准工具>工具条中单击<添加数据>按钮，加载 CAD 数据(路径为 data\chap13\线路平面图.dwg)，CAD 数据分注记、点、线、面和多面体四种文件类型，如图 13-9 所示。

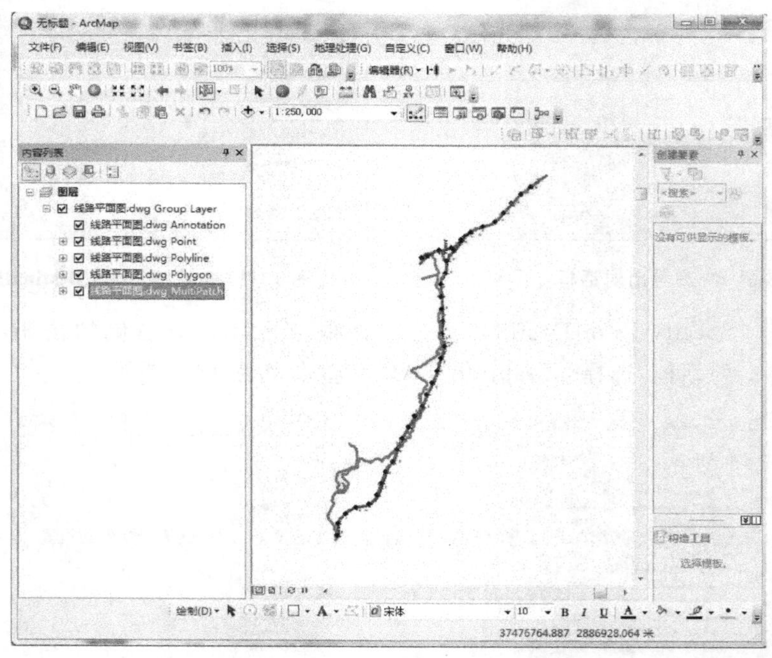

图 13-9 加载 CAD 数据

(2) 根据需求提取 CAD 中的数据。在<内容列表>中右击图层<线路平面图.dwg Polyline>，在弹出的菜单中单击<打开属性表>命令，打开<表>对话框。

(3) 在<表>窗口单击<表选项>|<按属性选择>命令，或直接单击<按属性选择>按钮，打开<按属性选择>对话框。

(4) 在＜字段＞列表中双击字段名＜Color＞，单击逻辑运算符按钮＜=＞，将运算符添加到表达式文本框中，在运算符后直接输入 6，如图 13-10 所示。

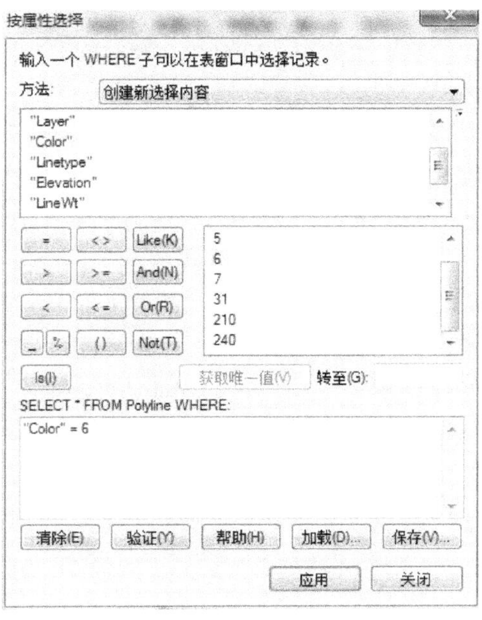

图 13-10　按属性选择

(5) 单击＜应用＞按钮，选择结果如图 13-11 所示。

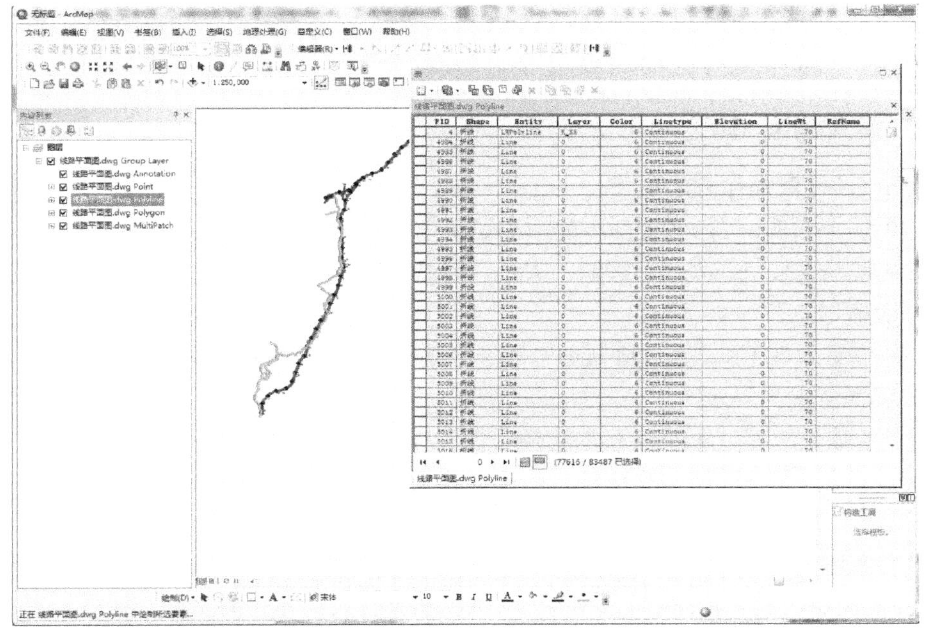

图 13-11　查询结果

(6) 在＜内容列表＞中右击＜线路平面图. dwg Polyline＞图层，在弹出的菜单中单击＜数据＞|＜导出数据＞命令。

(7) 在弹出的＜导出数据＞对话框的＜导出＞下拉列表中选择＜所选要素＞，在＜输出要素类＞中设置数据导出的路径，单击＜确定＞按钮，导出结果如图 13-12 所示。

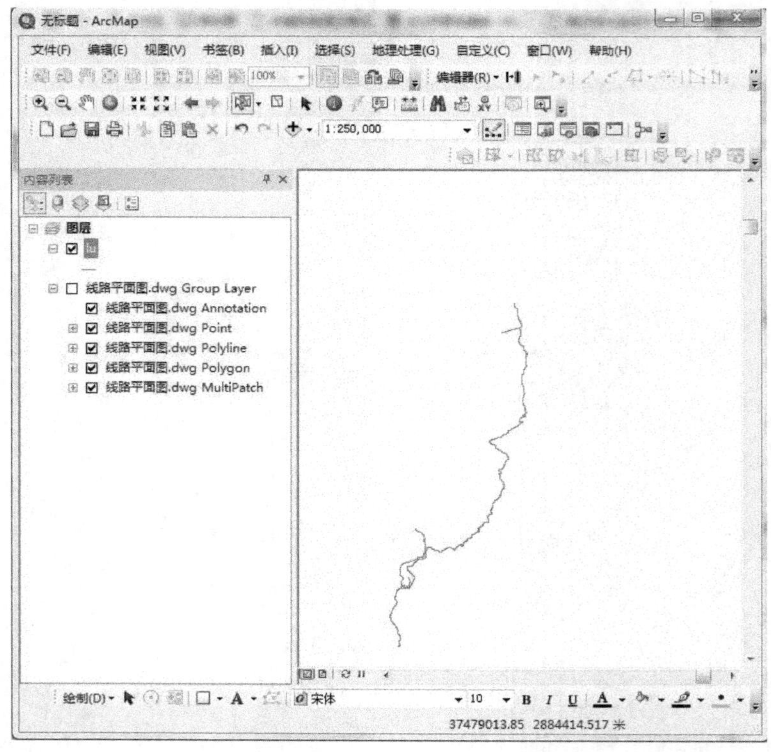

图 13-12 CAD 导出结果

13.3.3 要素转 CAD

要素转 CAD 的操作方法如下。

(1) 单击 ArcMap＜标准工具＞的＜ArcToolbox＞按钮，打开＜ArcToolbox＞工具箱。

(2) 在＜ArcToolbox＞工具箱中双击＜转换工具＞|＜转为 CAD＞打开＜要素转 CAD＞对话框，如图 13-13 所示。

(3) 在＜要素转 CAD＞对话框的＜输入要素＞中选择需要转换的数据(路径为 data\chap13\line. shp)。

(4) 在＜输出类型＞下拉列表中选择输出文件的类型，这里选择＜DWG_R2010＞。

(5) 在＜输出文件＞文本框中输入需要输出要素的文件名和保存路径。

(6) 勾选＜忽略表中的路径(可选)＞复选框。选中指忽略文档实体字段中的路径，并允许将所有实体输出到单个 CAD 文件，这是默认设置。未选中指允许使用文档实体字段中的路径，并使用每个实体的路径，以使每个 CAD 部分写入到各自的文件。

(7) 取消勾选＜追加到现有文件＞复选框。勾选复选框指允许将输出文件内容添加到现有 CAD 输出文件，现有 CAD 文件内容不会丢失。取消选中指输出文件内容将覆盖现有 CAD 文件内容，这是默认设置。

(8) 单击＜确定＞按钮，开始要素转 CAD 操作。

图 13-13 要素转 CAD 对话框

13.3.4 KML 转图层

KML 全称是 Keyhole Markup Language，是一个基于 XML 语法和文件格式的文件，用来描述和保存地理信息(如点、线、图片、折线)并在 Google Earth 客户端中显示。在 ArcGIS 中提供了转换工具可将 KML 文件或 KMZ 文件转为图层文件 LYT 格式。若需要 shp 文件格式，可通过导出文件获得。具体操作步骤如下。

(1) 单击 ArcMap＜标准工具＞的＜ArcToolbox＞按钮，打开＜ArcToolbox＞工具箱。

(2) 在＜ArcToolbox＞工具箱中双击＜转换工具＞|＜由 KML 转出＞|＜KML 转图层＞，打开＜KML 转图层＞对话框，如图 13-14 所示。

(3) 在＜KML 转图层＞对话框的＜输入 KML 文件＞中选择需要转换的数据(路径为 data\chap13\gxcity.kmz)。

(4) 在＜输出位置＞中设置输出文件的保存路径。

(5) 在＜输出数据名称＞文本框中输入需要输出要素的文件名。

(6) 单击＜确定＞按钮，运行转换操作。操作完成后，新生成的.lyr 文件可自动加载到 ArcMap 中，如图 13-15 所示。

(7) 根据需求筛选需要的信息，通过＜按属性选择＞工具或直接点击选择的方法选取需要的要素，这里为全选，如图 13-16 所示。

(8) 选取要素完成后，在＜内容列表＞中右击＜points＞图层，在弹出的菜单中单击＜数据＞|＜导出数据＞命令。

(9) 在弹出的＜导出数据＞对话框的＜导出＞下拉列表中选择＜所选要素＞，在＜输出要素类＞中设置数据导出的路径，单击＜确定＞按钮，导出结果如图 13-17 所示。

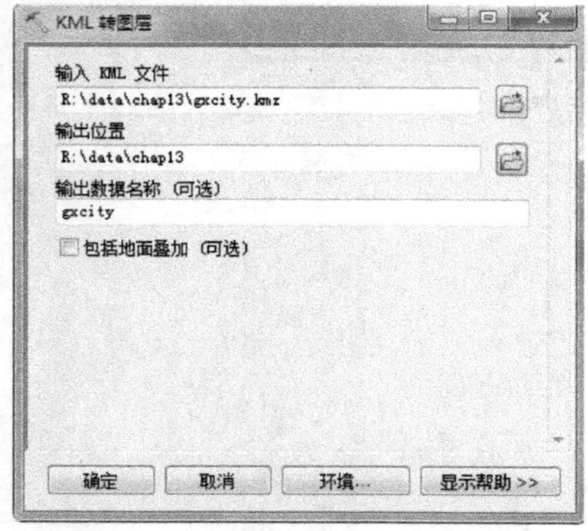

图 13-14 KML 转图层对话框

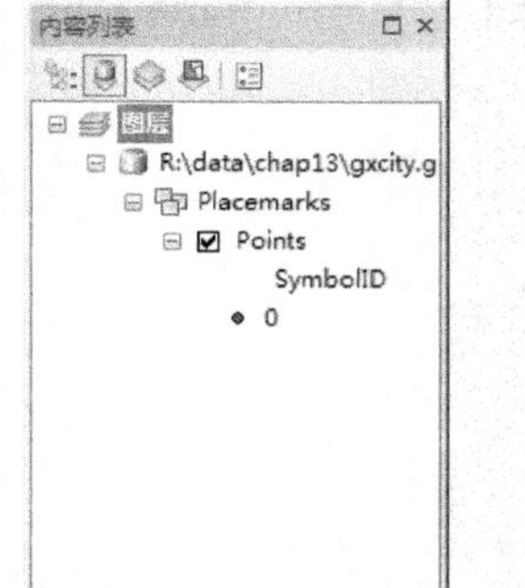

图 13-15 KML 转为图层操作结果

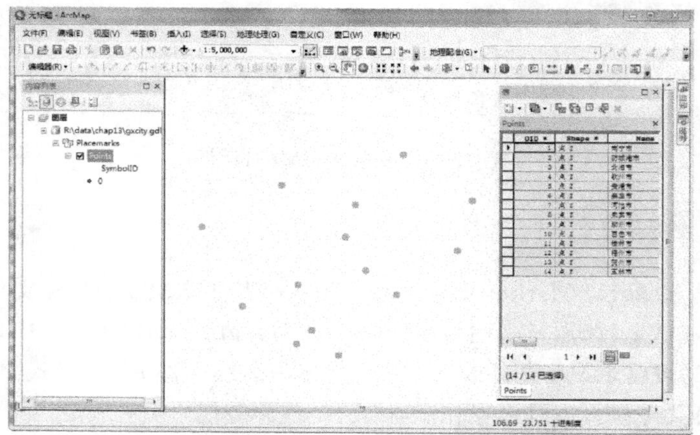

图 13-16 选择要素结果

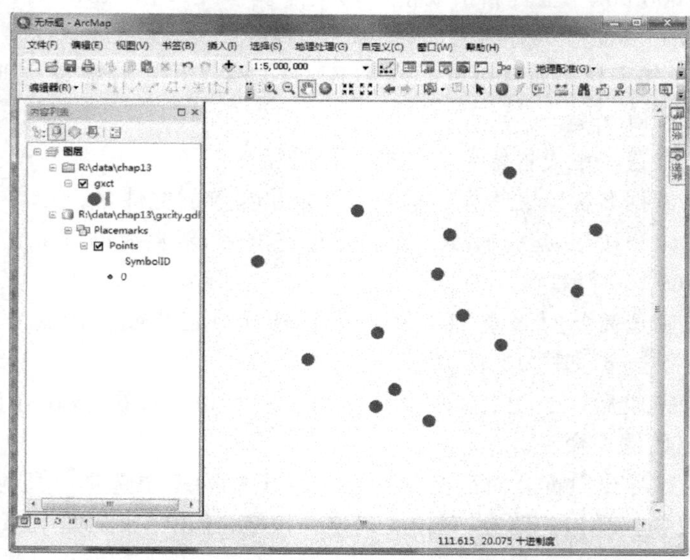

图 13-17 数据导出结果

13.3.5 图层转 KML

图层转 KML 文件操作步骤如下。

(1) 单击 ArcMap＜标准工具＞的＜ArcToolbox＞按钮，打开＜ArcToolbox＞工具箱。

(2) 在＜ArcToolbox＞工具箱中双击＜转换工具＞|＜转为 KML＞|＜图层转 KML＞，打开＜图层转 KML＞对话框，如图 13-18 所示。

(3) 在＜图层转 KML＞对话框的＜图层＞中选择需要转成 KML 格式的图层(路径为 data\chap13\Hroad.shp)。

(4) 在＜输出文件＞文本框中输入需要输出文件的文件名和保存路径。

(5) 在＜图层输入比例(可选)＞框中设置输出比例，可使用任何值，默认值为“0”。

(6) 在＜数据内容属性＞下拉选项中，取消勾选＜返回单一合成图层＞复选框。选中复选框，输出的 KML 文件将是表示源图层中栅格或矢量要素的单一合成图像。栅格以 KML GroundOverlay 形式悬在地形上方。选择该选项可减小输出 KML 文件的大小。选中该框时，KML 中的各要素和图层将不可选择。取消选中指如果图层具有矢量要素，则将以 KML 矢量保留它们。

(7) 在＜范围属性＞下拉选项中，在＜导出范围(可选)＞下拉列表框中选择输出区域的地理范围。可直接选择用于导出的图层文件。

(8) ＜输出图像属性＞下拉选项中，在＜返回图像的大小(像素)(可选)＞和＜输出图像的 DPI(可选)＞输入框中分别输入图像的大小和像素值。

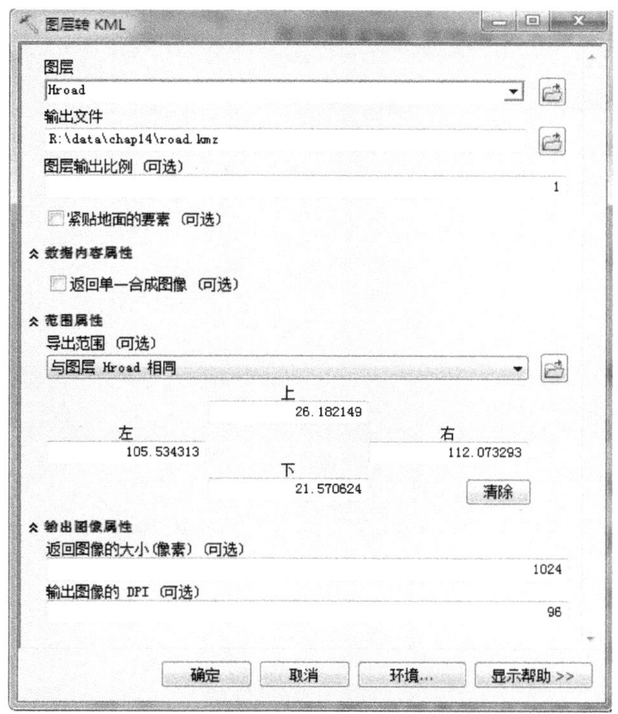

图 13-18 图层转 KML 对话框

(9) 单击＜确定＞按钮，运行转换操作。

13.3.6 MapGIS 与 ArcGIS 相互转换

MapGIS 与 ArcGIS 一样都是我国应用较广泛的地理信息软件。我国很多 GIS 数字化工作都是基于 MapGIS 这一平台加以实现的。两个平台都有很大的用户群体，且有各自的数据格式，所以两个平台的数据格式转换很有必要。MapGIS 的数据格式主要有点(*.wt)、线(*.wl)、面(*.wp)三种类型。两种数据格式转换在 MapGIS 中操作更简单方便，这里简单介绍在 MapGIS 中的转换方法。

1) shp 转(*.wt)、(*.wl)、(*.wp)

启动 MapGIS，单击<图形处理>|<文件转换>，单击选择菜单栏中的<输入>|<装入shp 文件>，打开要装入的 shp 文件，右击文件，弹出<复位窗口>，单击<确定>按钮，窗口中显示要转换的图形文件。在选择菜单中单击<文件>，根据导入的 shp 文件的属性(如点、线、面)对应进行保存，完成转换。

2) (*.wt)、(*.wl)、(*.wp)转 shp

启动 MapGIS，单击<图形处理>|<文件转换>，单击选择菜单栏的<文件>命令，装入需要转换的点、线、面文件，单击<输出>|<输出 shp>命令，完成转换。

第 14 章　三 维 分 析

随着 GIS 技术以及计算机软硬件技术的进一步发展，三维空间分析技术逐步走向成熟，成为 GIS 空间分析的重要内容以及传统二维分析理论与方法的有益补充。相比于二维 GIS，三维 GIS 浏览数据更加直观和真实，它以立体造型技术给用户展现地理空间现象，不仅表达空间对象间的平面关系，而且描述和表达它们之间的垂向关系。

ArcGIS 的三维空间分析功能从整体上来说可以概括为三个部分：数据三维可视化、建立三维数据表面、表面分析。本章主要介绍如何利用 ArcGIS 三维分析模块进行表面创建、表面分析及在 ArcScene 中数据的三维可视化。

14.1　TIN 及 DEM 的生成

TIN 通常是从多种矢量数据源中创建的，可以用点、线与多边形要素作为创建 TIN 的数据源。其中不要求所有要素都具有 Z 值，但有一些要素必须有 Z 值，这些属性值也将在输出的 TIN 要素中保留。

在创建 TIN 之前首先要激活＜3D Analyst＞扩展模块及＜Spatial Analyst＞扩展模块，单击主菜单＜自定义＞|＜扩展模块(E)...＞，打开＜扩展模块＞对话框，选择＜3D Analyst＞和＜Spatial Analyst＞，如图 14-1 所示。

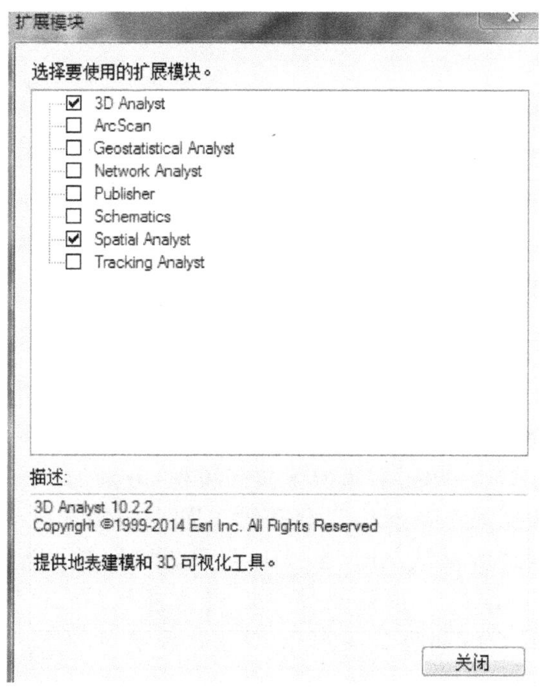

图 14-1　扩展模块

14.1.1 TIN 的生成

生成 TIN 的操作步骤如下。

(1) 启动 ArcMap 应用程序，在<标准工具>工具条中单击 <添加数据>按钮，弹出<添加数据>对话框；在弹出的<添加数据>对话框中，选择要添加的数据(路径为 data/chap14/point. shp，等高线. shp，范围. shp)，单击<添加>。

(2) 单击 ArcMap 中<标准菜单>的 <ArcToolbox>按钮，打开<ArcToolbox>工具箱，在<ArcToolbox>工具箱中双击<3D Analyst 工具>|<数据管理>|<TIN>|<创建 TIN>，如图 14-2 所示，打开<创建 TIN>对话框。

(3) 在<创建 TIN>对话框中设置参数如下。

❑<输出 TIN>：指定输出要素的保存路径和名称。

❑<坐标系(可选)>：单击右侧 图标，打开<空间参考属性>对话框，单击 图标，<导入>，在<浏览数据集或坐标系>中选择"point. shp"或"等高线. shp"或"范围. shp"，点击<添加>，将选中的 shp 文件坐标系统添加到<空间参考属性>对话框的当前坐标系中，如图 14-3 所示，单击<确定>。

图 14-2 创建 TIN 工具箱选项

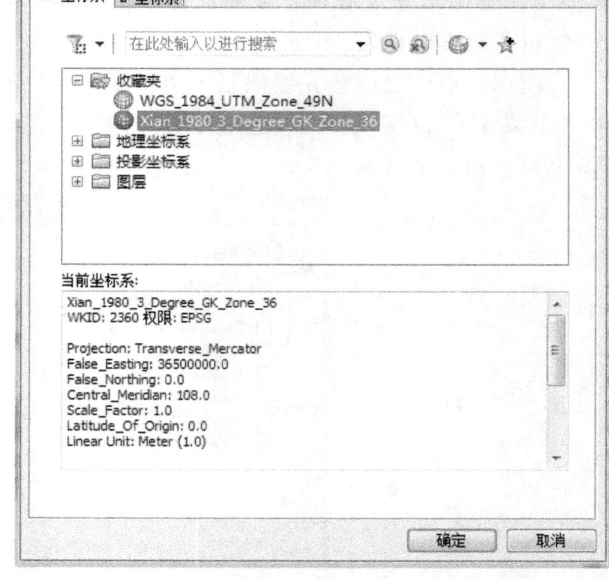

图 14-3 导入坐标系

❑<输入要素类(可选)>：单击右边的下拉列表框，分别加入"point""等高线""范围"，在<高度字段>下拉列表框中对应"point""等高线""范围"分别选择<H><HB><None>，("point. shp"的 H 字段和"等高线. shp"的 HB 字段为高程值，"范围. shp"用于限定创建 TIN 的范围)，在<SF Type>下拉列表框中对应选择<Mass_Point><Hard_Line><Hard_Line>；其他默认设置如图 14-4 所示，单击<确定>，生成 TIN，如图 14-5 所示。

图 14-4　＜创建 TIN＞对话框设置

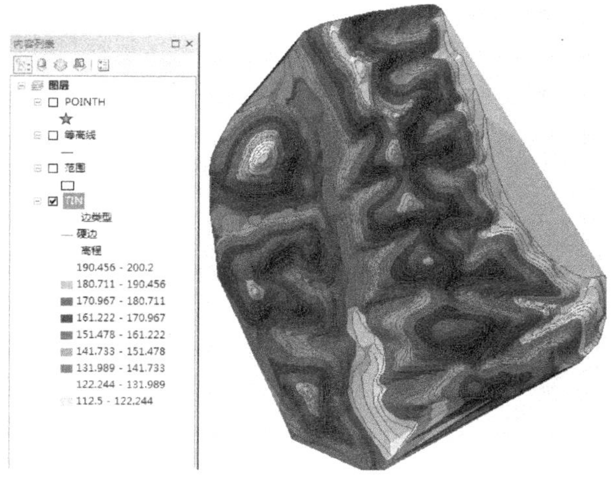

图 14-5　TIN 生成图

14.1.2　由 TIN 生成 DEM

(1) 在 ArcMap 工具栏中的＜标准工具＞工具条上，单击 ＜目录＞按钮，启动 ArcCatalog，右击存放文件地理数据库的文件夹，在弹出的菜单中选择＜新建＞|＜文件地理数据库＞，创建文件地理数据库，并将文件地理数据库改名为“DE. gdb”，如图 14-6 所示。

(2) 单击 ArcMap 中＜标准菜单＞的 ＜ArcToolbox＞按钮，打开＜ArcToolbox＞工具箱，在＜ArcToolbox＞工具箱中双击＜3D Analyst 工具＞|＜转换＞|＜由 TIN 转出＞|＜TIN 转栅格＞，如图 14-7，打开＜TIN 转栅格＞对话框。

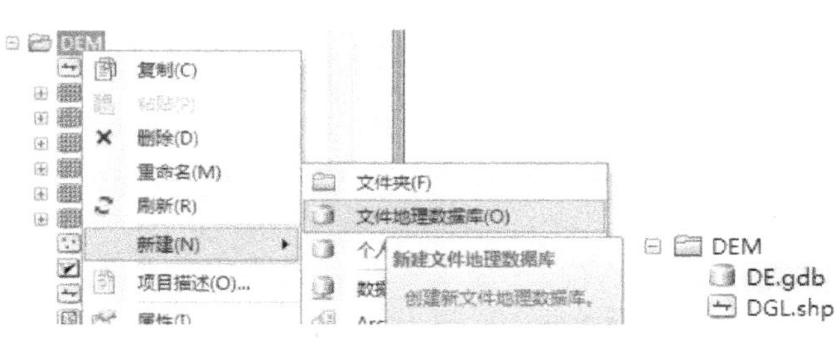

图 14-6　文件地理数据库

图 14-7　TIN 转栅格工具箱选项

(3) 在＜创建 TIN＞对话框中设置参数如下。

❑＜输入 TIN＞：输入创建的 TIN。

❑＜输出栅格＞：指定输出要素的保存路径和名称。

❑＜采样距离(可选)＞：在下拉列表中选择＜CELLSIZE 4.830495＞并将 4.830495 改为 10；其他为默认参数，如图 14-8 所示。

(4) 单击＜确定＞，生成 DEM 并加载在视图中，如图 14-9 所示。

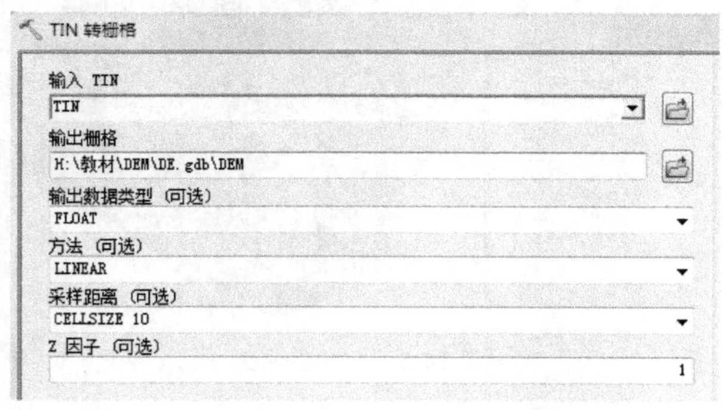

图 14-8 TIN 转栅格对话框设置

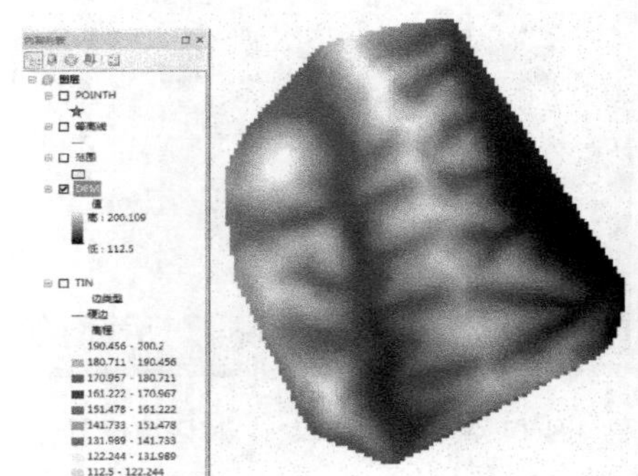

图 14-9 DEM 图像

14.2 由 DEM 生成高程点

(1) 单击 ArcMap 中＜标准菜单＞的 ＜ArcToolbox＞按钮，打开＜ArcToolbox＞工具箱，在＜ArcToolbox＞工具箱中双击＜转换工具＞｜＜由栅格转出＞｜＜栅格转点＞｜，如图 14-10 所示，打开＜栅格转点＞对话框。

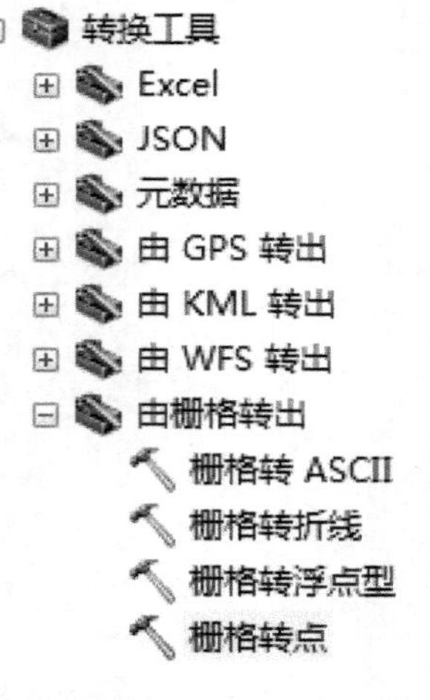

图 14-10 栅格转点工具箱选项

(2) 在＜栅格转点＞对话框中设置参数如下。

❑＜输入栅格＞：输入由 14.1 节生成的 DEM 文件。

❑＜输出点要素＞：指定输出要素的保存路径和名称。

(3) 单击＜确定＞，生成由 DEM 生成高程点的 shp 文件，属性表中的＜GRID_CODR＞字段值为高程值，如图 14-11 所示。

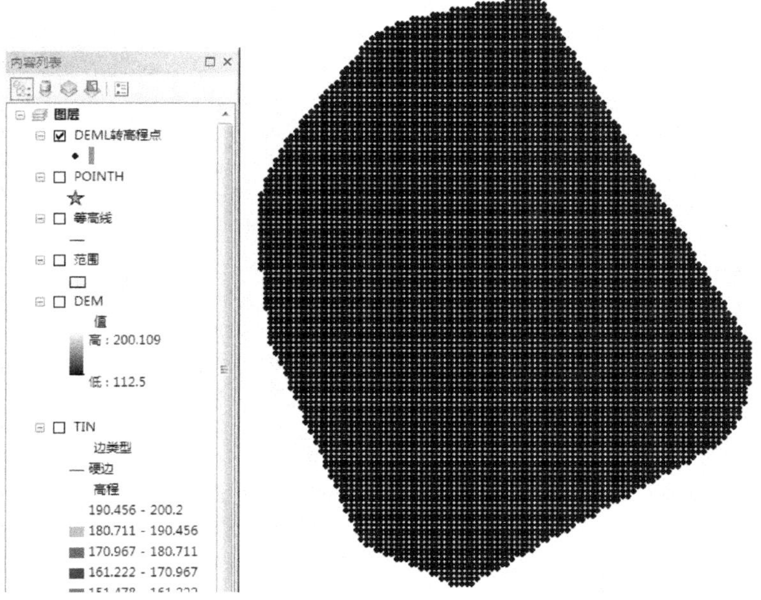

图 14-11　DEM 转高程点

14.3　由 DEM 生成坡度栅格

14.3.1　DEM 生成坡度栅格

(1) 单击 ArcMap 中＜标准菜单＞的 ＜ArcToolbox＞按钮，打开＜ArcToolbox＞工具箱，在＜ArcToolbox＞工具箱中双击＜3D Analyst 工具＞|＜栅格表面＞|＜坡度＞，如图 14-12 所示，打开＜坡度＞对话框。

(2) 在＜坡度＞对话框中设置参数如下。

❑＜输入栅格＞：输入由 14.1 节生成的 DEM 文件。

❑＜输出栅格＞：指定输出要素的保存路径和名称，其他设置默认。

(3) 单击＜确定＞，生成坡度栅格图，如图 14-13 所示。

14.3.2　图像颜色显色

(1) 右击＜内容列表＞中的"PD"图层，在弹出的菜单中选择＜属性＞命令。

(2) 在＜图层属性＞对话框中选择＜符号系统＞选项卡。

(3) 在＜显示＞列表中选择＜已分类＞。

(4) 在＜色带＞下拉列表中选择合适的颜色序列。如果需要修改某个单独符号的颜色，可直接选中要修改的类型，右击＜符号＞下的颜色框，单击＜所选颜色属性(S)...＞，选择合适的颜色，如图 14-14 所示。

(5) 设置好颜色后，单击＜应用(A)＞，设置生效，图 14-15 是修改过后"PD"图像的显示。

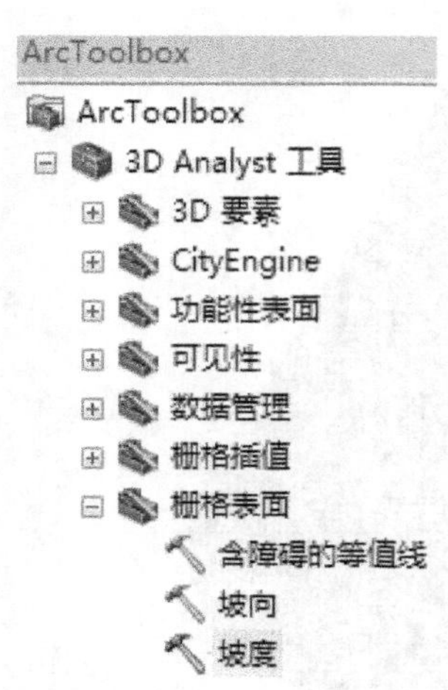

图 14-12 DEM 生成坡度工具箱选项

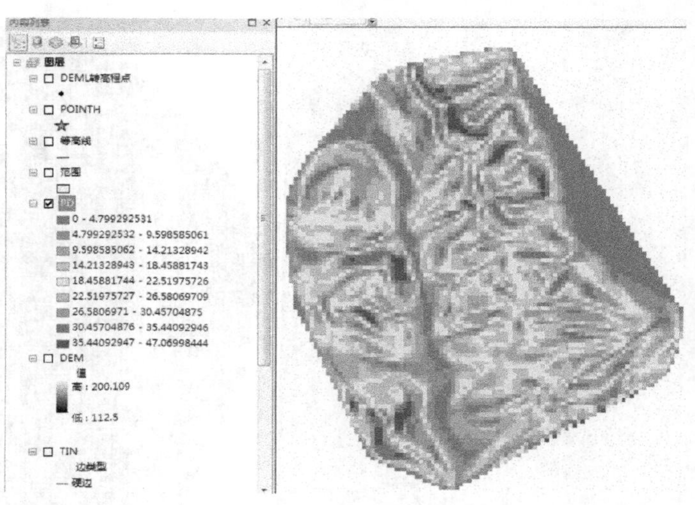

图 14-13 坡度图

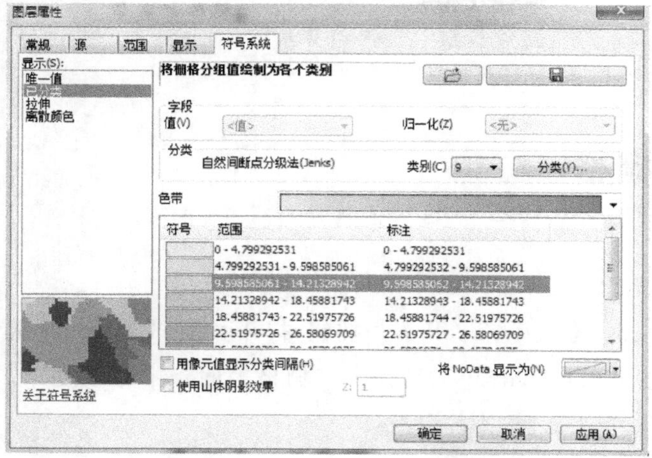

图 14-14 颜色设置

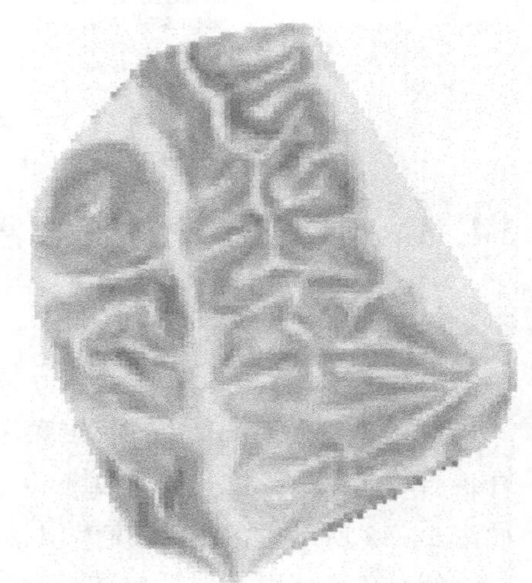

图 14-15 改变颜色后的图像

14.4 由 DEM 生成坡向栅格

(1) 单击 ArcMap 中＜标准菜单＞的 ＜ArcToolbox＞按钮，打开＜ArcToolbox＞工具箱，在＜ArcToolbox＞工具箱中双击＜3D Analyst 工具＞|＜栅格表面＞|＜坡向＞，打开＜坡向＞对话框。

(2) 在＜坡度＞对话框中设置参数如下。

❑＜输入栅格＞：输入由 14.1 节生成的 DEM 文件。

❑＜输出栅格＞：指定输出要素的保存路径和名称。

(3) 单击＜确定＞，生成坡向栅格图，如图 14-16 所示。

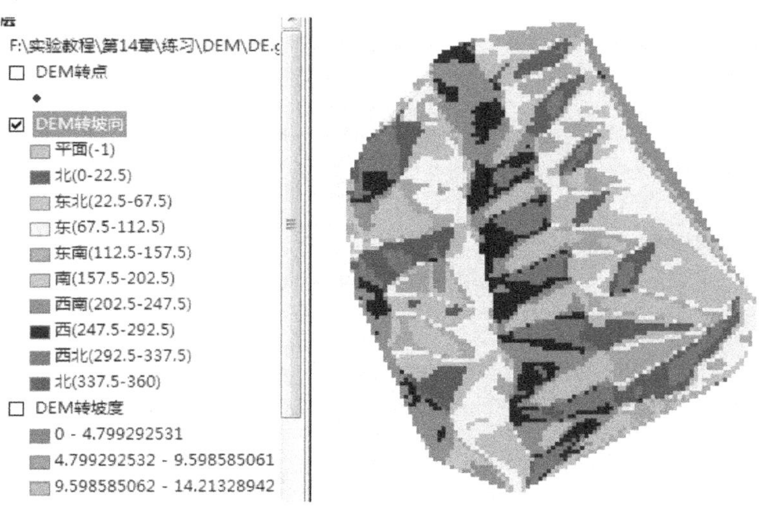

图 14-16　坡向图

14.5　小班平均高程和坡度的提取

14.5.1　由坡度栅格取坡度值到点

(1) 单击 ArcMap 中＜标准菜单＞的 ＜ArcToolbox＞按钮，打开＜ArcToolbox＞工具箱，在＜ArcToolbox＞工具箱中双击＜Spatial Analyst 工具＞|＜提取分析＞|＜值提取至点＞，打开＜值提取至点＞对话框。

(2) 在＜值提取至点＞对话框中设置参数如下。

❑＜输入点要素＞：输入按 14.2 节生成的＜DEM 生成高程点＞的点文件。

❑＜输入栅格＞：输入按 14.3 节生成的坡度图。

❑＜输出点要素＞：指定输出要素的保存路径和名称，其他默认设置，如图 14-17 所示。

(3) 单击＜确定＞，将栅格坡度图的坡度值添加至高程点的文件，属性表中的＜RASTERVALU＞字段为坡度值。

14.5.2　小班平均高程和坡度的提取

(1) 在工具栏中点击 ✚▾，添加“xbsj. shp”图层(路径为 data/chap14/xbsj. shp)。

(2) 在＜内容列表＞中右击“xbsj. shp”，＜连接和关联＞|＜连接＞，如图 14-18 所示，打开＜连接数据＞对话框。

(3) 在＜连接数据＞对话框中设置参数如下。

❑＜要将哪些内容连接到该图层(W)？＞：基于空间位置的另一图层的数据。

❑＜选择要连接到此图层的图层，或者从磁盘加载空间数据(L)：＞：在下拉列表中选择“高程＋坡度”。

❑＜正在连接：＞选择第 1 项，并在下方＜平均值(A)＞前打勾，如图 14-19 所示。

❑＜连接结果将保存到一个新图层中。＞：指定要保存文件的路径名称。

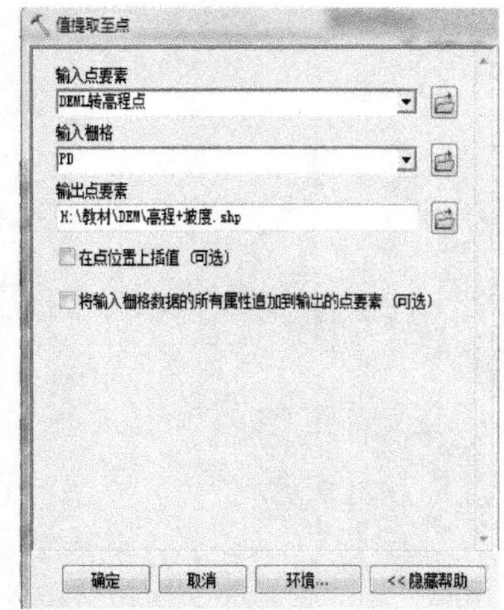

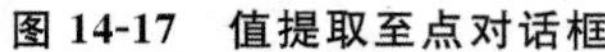
图 14-17 值提取至点对话框

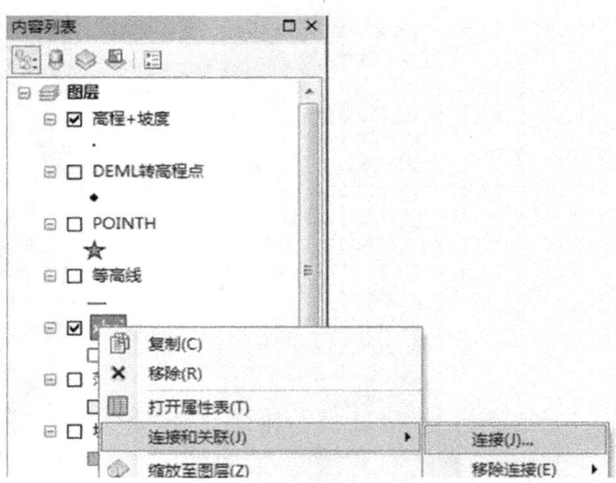

图 14-18 连接数据

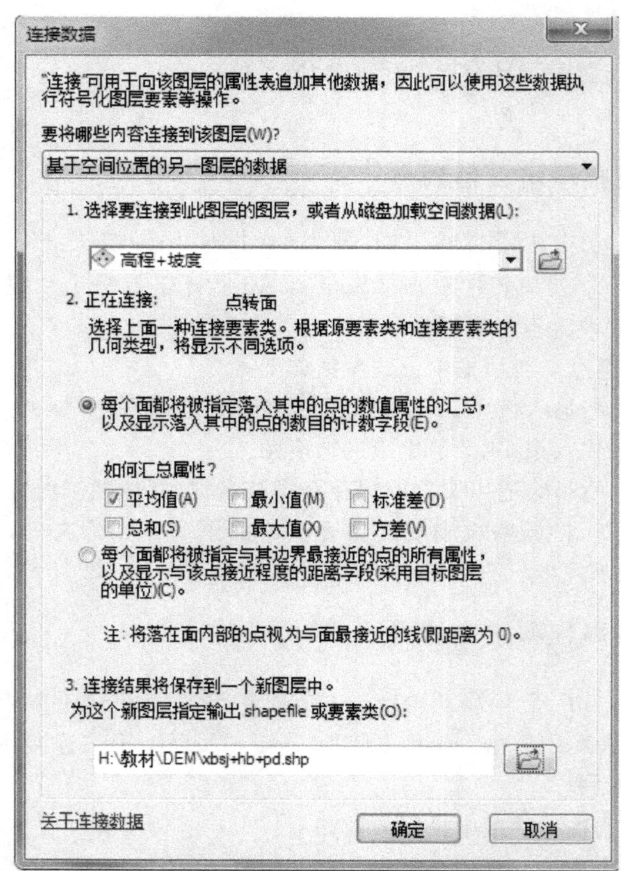

图 14-19 连接数据对话框设置

(4) 单击<确定>，生成 xbsj＋hb＋pd.shp 文件，文件属性表的每一条记录(每个小班)会有该小班按高程和坡度计算的平均高程和平均坡度。

14.6　由 DEM 提取等高线

(1) 单击 ArcMap 中<标准菜单>的 <ArcToolbox>按钮，打开<ArcToolbox>工具箱，在<ArcToolbox>工具箱中双击<3D Analyst 工具>|<栅格表面>|<等值线>，打开<等值线>对话框。

(2) 在<等值线>对话框中设置参数如下。

❑<输入栅格>：输入按 14.1 节生成的 DEM 文件。

❑<输出栅格>：指定输出要素的保存路径和名称。

❑<等值线间距>：指定生成等值线的间距，输入数字 5。

❑<起始等值线(可选)>：设置起始等高线值，一般选择默认数值 0。

❑<Z 因子(可选)>：设置等值线生成时使用的单位转换因子，选择默认值 1，如图 14-20所示。

(3) 单击<确定>，生成等值线，如图 14-21 所示。

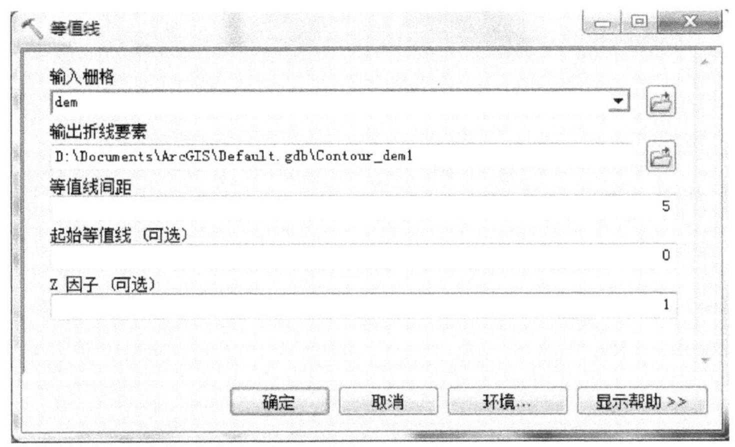

图 14-20　等值线对话框

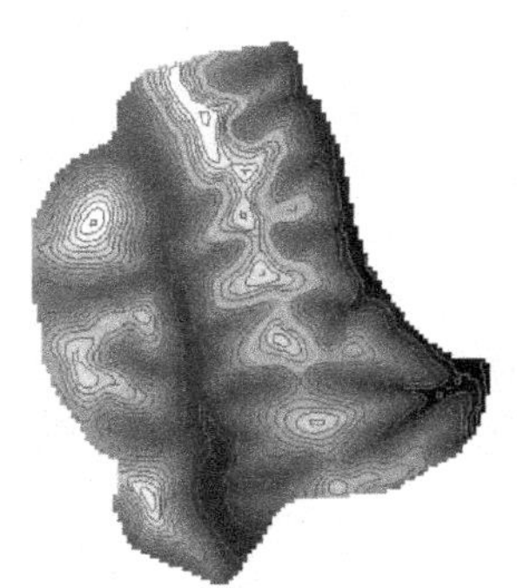

Contour_dem1

OBJECTID *	Shape *	Id	Contour	Shape_Length
37	折线	37	175	215.844254
38	折线	38	165	117.060525
39	折线	39	170	312.575305
40	折线	40	165	2360.93094
41	折线	41	160	7.629108
42	折线	42	180	236.845483
43	折线	43	120	20
44	折线	44	175	415.868377
45	折线	45	115	76.257378
46	折线	46	170	867.551652
47	折线	47	120	40
48	折线	48	160	48.640496
49	折线	49	165	952.39976
50	折线	50	160	873.461883
51	折线	51	115	53.324652
52	折线	52	180	80
53	折线	53	175	218.967815
54	折线	54	120	323.353874
55	折线	55	170	333.97411
56	折线	56	125	1061.351876
57	折线	57	165	434.603446
58	折线	58	130	1523.667091
59	折线	59	160	11.408938

45　(1 / 99 已选择)

Contour_dem1

图 14-21　生成等值线结果

14.7 由 DEM 生成地形表面阴影图

(1) 单击 ArcMap 中<标准菜单>的 <ArcToolbox>按钮，打开<ArcToolbox>工具箱，在<ArcToolbox>工具箱中双击<3D Analyst 工具>|<栅格表面>|<山体阴影>，打开<山体阴影>对话框

(2) 在<山体阴影>对话框中设置参数，如图 14-22 所示。

❑<输入栅格>：输入按 14.1 节生成的 DEM 文件。

❑<输出栅格>：指定输出要素的保存路径和名称。

❑<方位角(可选)>：设置光源的方位角，方位角数值为 0°～360°，选择默认数值 315。

❑<高度角(可选)>：设置地平线的光源高度角，0°代表地平线，90°代表头顶正上方，选择默认数值 45。

❑<Z 因子(可选)>：设置单位转换因子，选择默认值 1。

❑单击<确定>，生成山体阴影图。

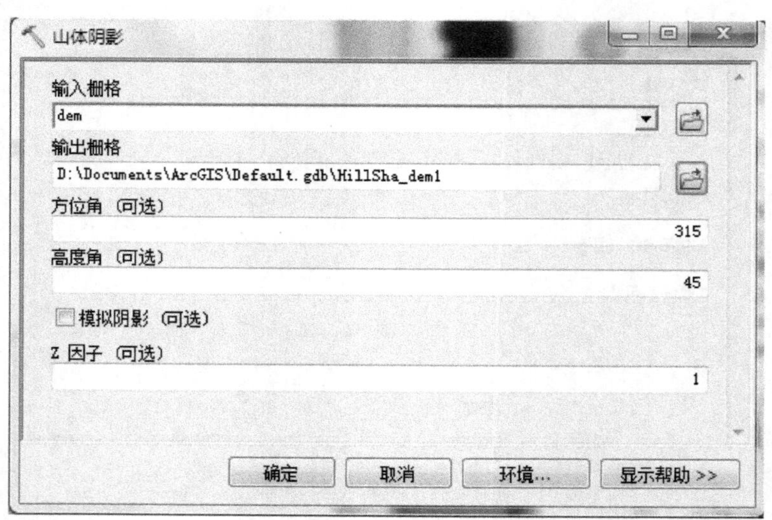

图 14-22　山体阴影对话框设置

(3) DEM 渲染。

①在<内容列表>中关闭除山体阴影和 DEM 数据外的所有图层，且 DEM 数据置于山体阴影数据之下。

②右键点击 DEM 数据，在弹出的菜单中选择<属性>，打开<图层属性>对话框。

③在<图层属性对话框>中单击<符号系统>选项卡，进入符号设置选项卡。

④在<符号设置>选项卡中的左侧单击<拉伸>选项，在<色带>下拉列表中选择色带样式，如图 14-23 所示，单击<确定>按钮。

⑤在工具栏空白处右键单击，弹出<工具菜单栏>，选择<效果>工具栏。

⑥在<效果>工具栏的下拉列表中选择需要设置效果的图层<山体阴影>，单击 <调节透明度>按钮，设置透明度为“45”，效果如图 14-24 所示。

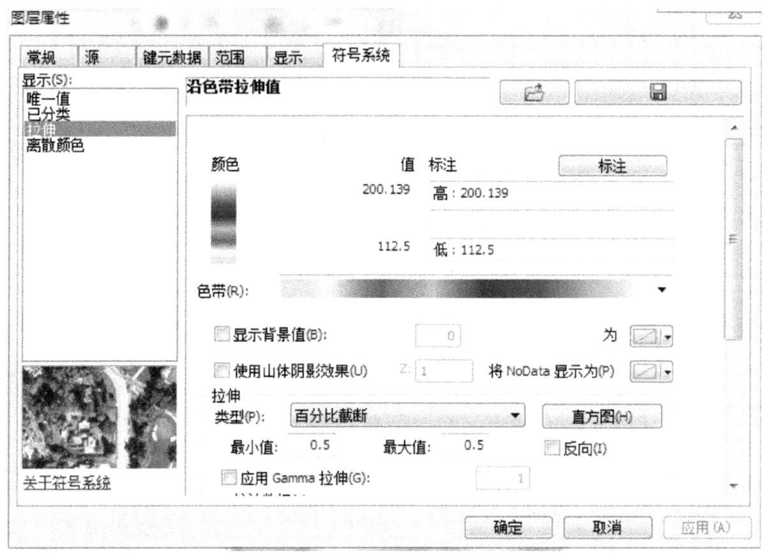

图 14-23　图层属性对话框

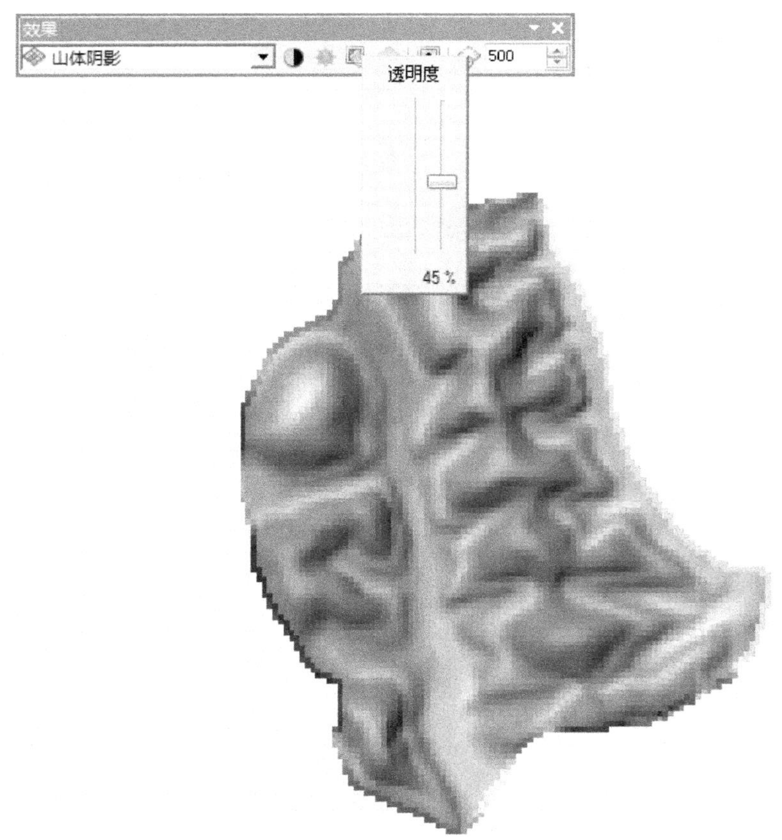

图 14-24　DEM 渲染效果

14.8 DEM 可视性分析

14.8.1 通视性分析

通视性分析需要用到山体阴影数据，在操作前添加山体阴影数据至 ArcMap 中。

(1) 在工具栏空白处右键单击，弹出<工具菜单栏>，选择<3D Analyst>，单击打开<3D Analyst>工具条，如图 14-25 所示。

图 14-25 3D Analyst 工具条

(2) 在<3D Analyst>工具条的下拉菜单中选择用于透视性分析的山体阴影数据，单击 <创建视线>按钮，打开<通视分析>对话框，设置观察点偏移量和目标偏移量，即距地面的距离，设置参数如图 14-26 所示。

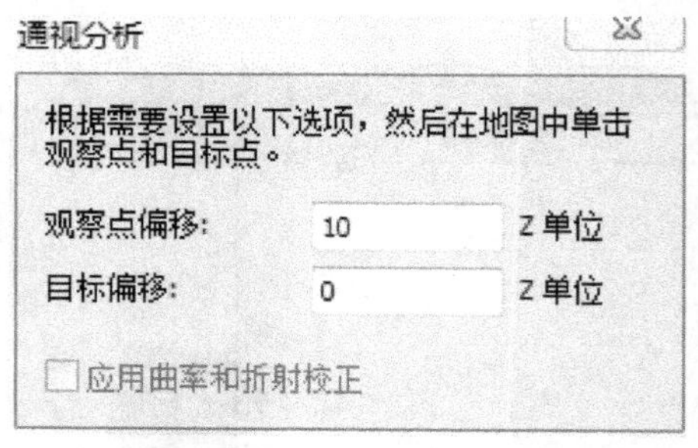

图 14-26 通视分析对话框

(3) 在地图显示区中从 S 点沿不同方向绘制多条直线，可得到观察点 S 在距离地面 10 个单位上到不同目标点的通视性，如图 14-27 所示，其中深色线段表示可视部分，浅色线段表示不可视部分。

14.8.2 可视区分析

(1) 添加用于可视区分析的瞭望台点数据到 ArcMap 中(路径为：data/chap14/瞭望台.shp)。

(2) 打开<ArcToolbox>工具箱，在<ArcToolbox>工具箱中双击<3D Analyst 工具>|<可见性>|<视域>，打开<视域>对话框。

(3) 在<视域>对话框中设置参数如下。

❑<输入栅格>：输入按 14.1 节生成的 DEM 文件。

❑<输入观察点或观察折线要素>：输入观察点或观察折线，选择“瞭望台”图层。

❑<输出栅格>：指定输出要素的保存路径和名称。

❑其他设置选用默认数值。参数设置如图 14-28 所示。

(4) 单击<确定>，生成的视域效果如图 14-29 所示。

3D Analyst
3D Analyst
山体阴影

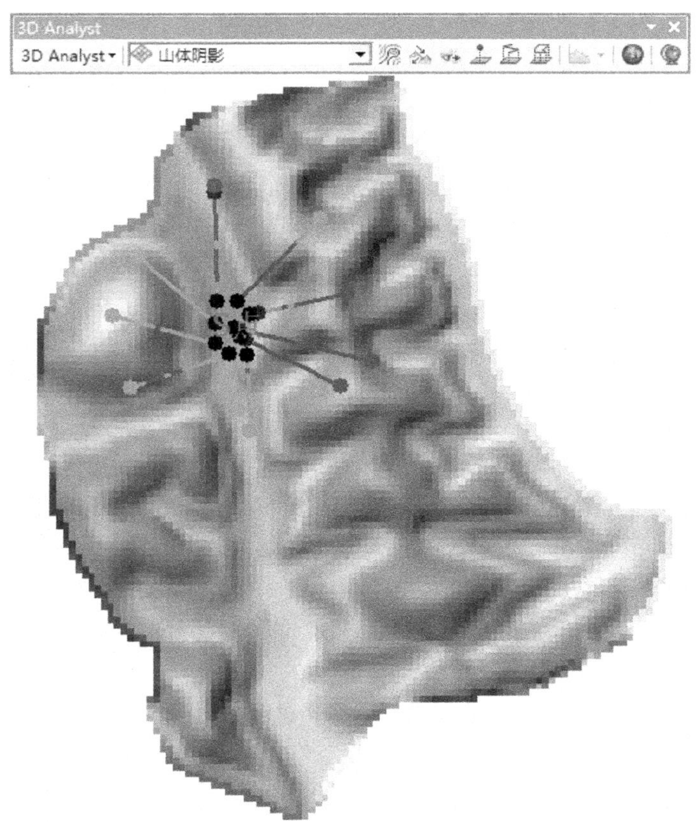

图 14-27　通视分析效果

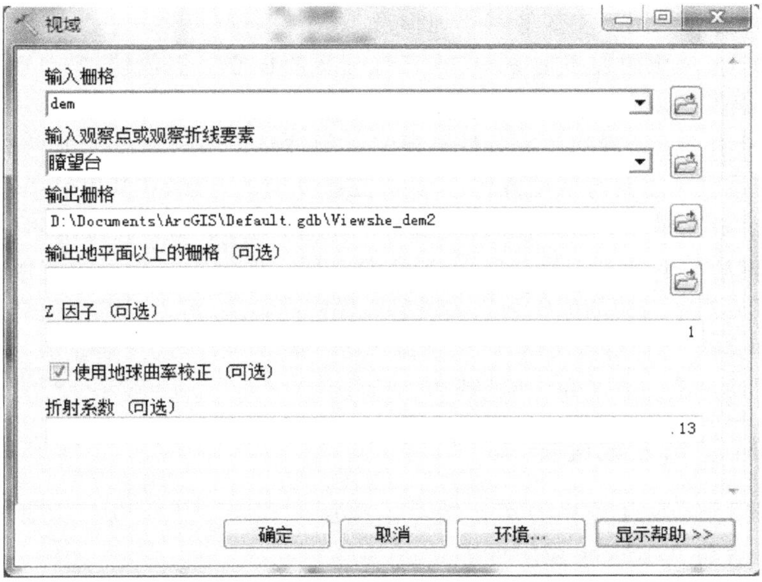

视域
输入栅格
dem
输入观察点或观察折线要素
瞭望台
输出栅格
D:\Documents\ArcGIS\Default.gdb\Viewshe_dem2
输出地平面以上的栅格（可选）
Z 因子（可选）
1
使用地球曲率校正（可选）
折射系数（可选）
.13
确定
取消
环境...
显示帮助 >>

图 14-28　视域对话框

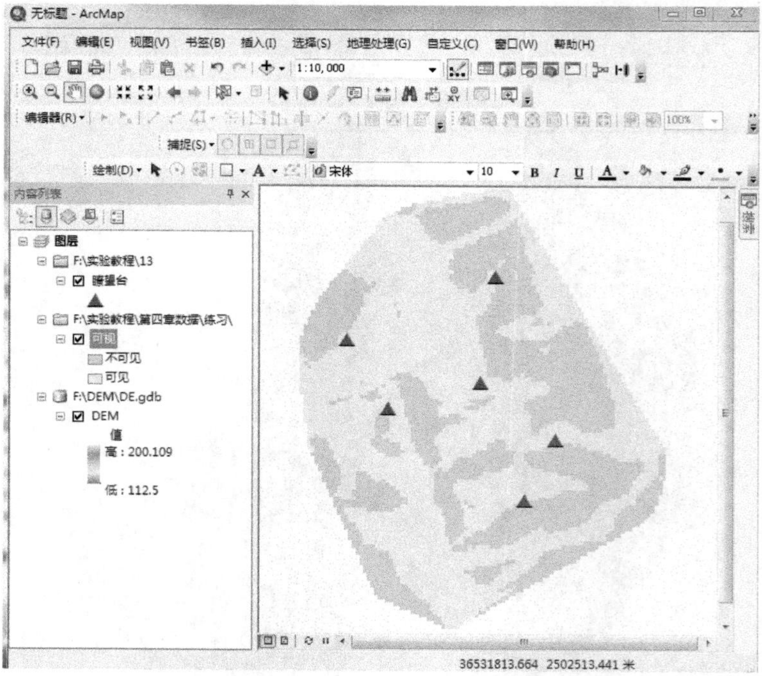

图 14-29 视域分析成果

14.9 ArcScene 三维可视化

相对于二维图形(如等高线图),在三维场景中浏览数据更加直观和真实,可直观地对区域地形起伏的形态及沟、谷、鞍部等基本地形形态进行判读,提供一些平面图上无法直接获得的信息。ArcScene 应用程序是 ArcGIS 三维分析的核心扩展模块,它具有 3DGIS 数据、进行 3D 分析、编辑 3D 要素、创建 3D 图层以及把二维数据生成 3D 要素等功能。

在三维场景中显示要素的先决条件是要素必须被赋予高程值或其本身具有高程信息。因此,要素的三维显示主要有两种方式:①具有三维几何的要素,在其属性中存储有高程值,可以直接使用其要素属性中的高程值,实现三维显示;②对于缺少高程值的要素,可以通过叠加方式在三维场景中显示。所谓叠加,即将要素所在区域表面模型的值作为要素的高程值,如将所在区域栅格表面的值作为一幅遥感影像的高程值,可以对其做立体显示。本练习中的 DEM 文件本身具有高程信息,可以直接使用其高程值,实现三维显示。“pic. jpg”没有高程信息,可以通过叠加方式在三维场景中显示。

14.9.1 DEM 图像三维设置

(1) 单击 Windows 任务栏的＜开始＞|＜所有程序＞|＜ArcGIS＞|＜ArcScene 10.2.2＞,即可启动 ArcScene 应用程序。

(2) 在＜标准工具＞工具条中,单击＜目录＞按钮,在地图视图右侧弹出的＜目录＞列表中选择要添加的 DEM 数据(按 14.1 节生成的 DEM 文件),将其拖进左侧 Scene 图层中,如图 14-30 所示。

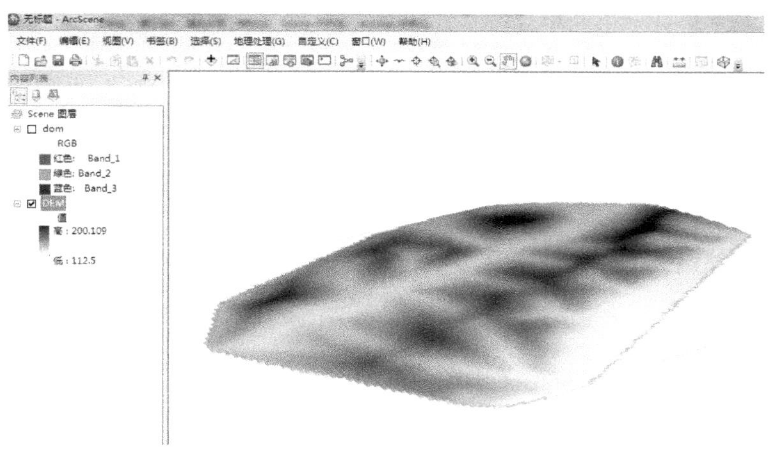

图 14-30　添加图像

(3) 选择工具栏中<导航>图标，单击鼠标左右键并向上、向下、向左或向右进行拖动，可旋转视图、进行放大和缩小等。

(4) 右击“DEM 图层”，单击<属性>，打开<图层属性>对话框，单击<符号系统>，在色带下拉列表中任选一种颜色，其他设置默认，如图 14-31 所示。

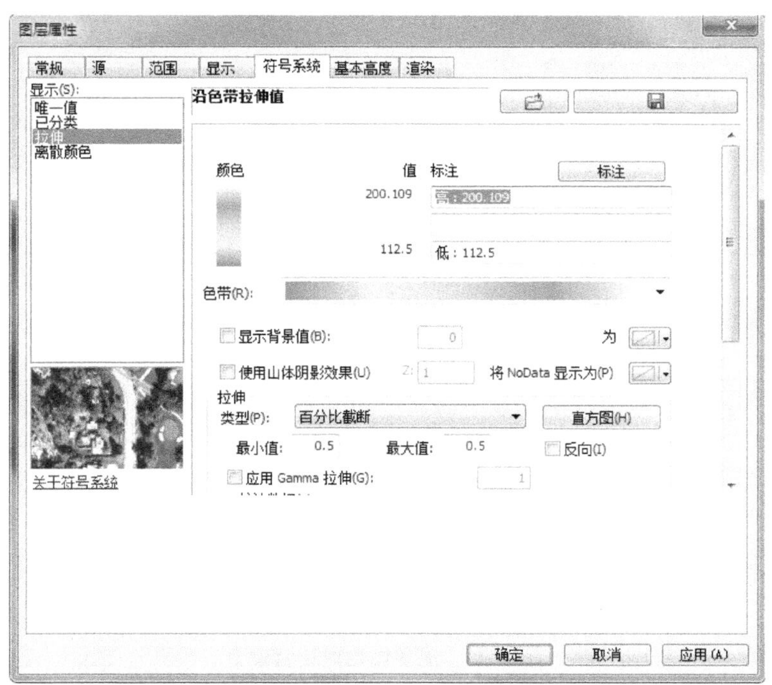

图 14-31　图层属性对话框

(5) 单击<应用>，结果如图 14-32 所示。

(6) 在<图层属性>对话框中单击<基本高度>，其设置如下。

❑<从表面获取的高程>：选择<在自定义表面上浮动>，选择按 14.1 节生成的 DEM 文件。

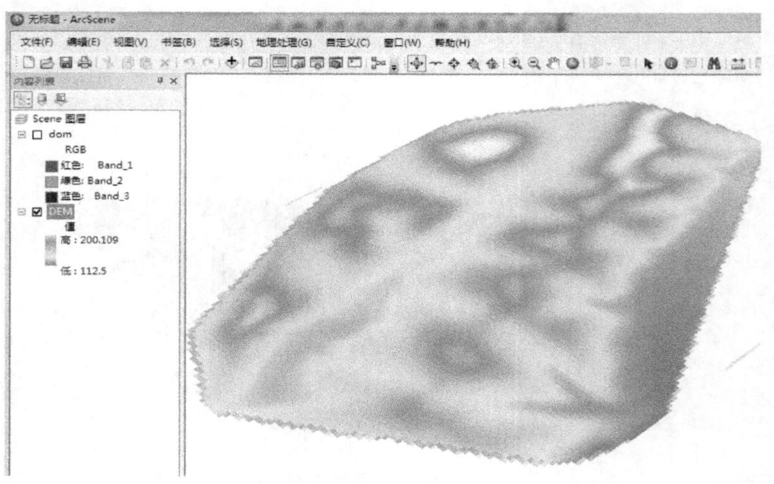

图 14-32 DEM 图像

□＜用于将图层高程值转换为场景单位的系数＞：选择＜自定义＞，在文本框中输入 2。此处系数越大，图像垂直拉伸越大，其他设置默认，如图 14-33 所示。

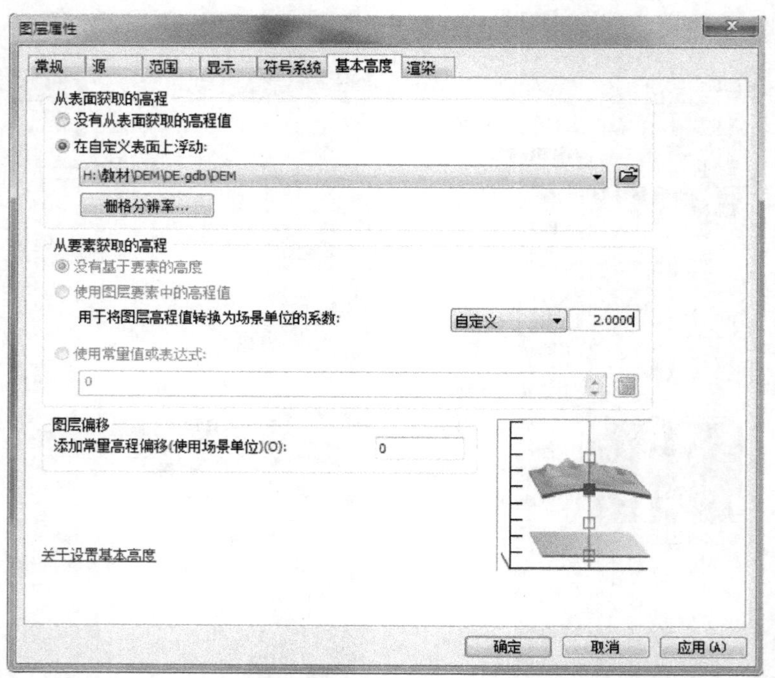

图 14-33 图层属性对话框设置

(7) 单击＜确定＞，结果如图 14-34 所示。

14.9.2 其他图像的三维设置

(1) 在工具栏上单击 ＜添加数据＞按钮，添加“pic.jpg”文件（路径为 data/chap14/pic.jpg），在＜内容列表＞上右击“pic.jpg”文件，单击＜属性＞，打开＜图层属性＞

图 14-34　系数为 2 的 DEM 图像

对话框，单击＜基本高度＞，其设置如下。

❑＜从表面获取的高程＞：选择＜在自定义表面上浮动＞，选择按 14.1 节生成的 DEM 文件。

❑＜用于将图层高程值转换为场景单位的系数＞：选择＜自定义＞、2.1 000，其他设置默认，如图 14-33 所示。

（2）单击＜确定＞，结果如图 14-35 所示。

图 14-35　系数为 2 的 dom 图像

第三篇　综 合 应 用

第 15 章 RS 与 GIS 在森林资源规划设计调查的应用

森林资源规划设计调查(二类调查)是以国有林场、自然保护区、森林公园等森林经营单位或县级行政区域为调查单位,以满足森林经营方案、总体设计、林业区划与规划设计需要而进行的森林资源调查,包括区划、外业调查、成果编制等。

❑区划:区划系统一般为县—乡镇—村—林班—小班或林场—分场—林站—林班—小班,其中县—乡镇—村—林班或林场—分场—林站—林班的界线原则上与林地保护利用规划的林地落界保持一致,而小班界线要根据小班划分依据,在实地采用对坡勾绘的原则,在外业手工图上描绘。

❑外业调查:小班外业调查包括小班界线的确定、一般调查因子的调查和小班测树因子的调查。小班界线的确定是森林资源规划设计调查的基本内容和重要内容,它关系到森林分布空间定位的准确性和面积数据的精确性,目前大多数采用遥感图像进行辅助调查。

❑成果编制:小班边界矢量化、小班数据处理、报表统计和成果图件编制。

遥感与地理信息系统在森林资源规划设计调查的应用主要包括三个方面的内容:①遥感图像处理和外业手工图的编制;②小班边界矢量化;③成果图件编制。这三个内容均在GIS(ArcGIS)平台中进行。

15.1 遥感图像处理和外业手工图的编制

15.1.1 数据准备

❑前期森林资源规划设计调查成果(含小班图层、林相图、森林分布图)及基础地理信息(含境界线、交通线、水系、居民地图层);

❑高分辨率遥感影像图;

❑控制点坐标 GCPS;

❑最新版 1∶10 000 地形图;

❑适当比例的 DEM;

❑其他相关图件。

15.1.2 图像处理

1) 遥感图像精校正

按规定的地图投影系统和参考椭球,根据 GCPS 对图像进行几何精校正。

2) 遥感图像预处理

图像校正后要进行如下处理。

❑分辨率融合:按高分辨率的全色影像和低分辨率的多光谱图像融合。

❑镶嵌(拼接):将调查区域的图像合并成一幅图像。

❑图像增强:光谱拉伸、主成分分析等。

❑按地形图图幅或乡镇或林场进行裁剪分幅。

3) 图像分割

对于裁剪分幅后的图像，根据光谱、纹理、对象大小、上下文与形状等空间特征，采用基于样本的分类方法，将图像初步分为有林地、采伐迹地(含新造林地)、水域、农业用地和建设用地。

将分类结果导出，得到 shpfile 格式的分割文件，对分割文件进行适当编辑，合并分割不合理和零碎的图班，用于编制手工外业图。

提示：

有关图像处理方法在第 2～4 章已经介绍，本章从外业手工图制作开始介绍操作步骤。

15.1.3 外业手工图编制

将境界线、交通线、水系、居民地图层(本练习只有林班线)"lb. shp"、前期小班线"xb. shp"、卫星影像图"S09MP. tif"以及根据影像提取的分割线"s09l. shp"叠加到"img. tif"(1：10 000 地形图)上(路径为 data\chap15\外业手工图\)，按林班输出 pdf 或 jpg 格式图作为外业调查用图。以上数据投影坐标系为 Xian1980_3_Degree_GK_Zone_36，如果坐标系统不统一，必须要按投影变换、配准等方法统一到同一个坐标系统。外业手工图编制具体操作如下。

1) 加载图层

启动 ArcMap 应用程序，分别叠加上述图层，在添加 img. tif 地形图时只添加一个波段，如图 15-1 所示。

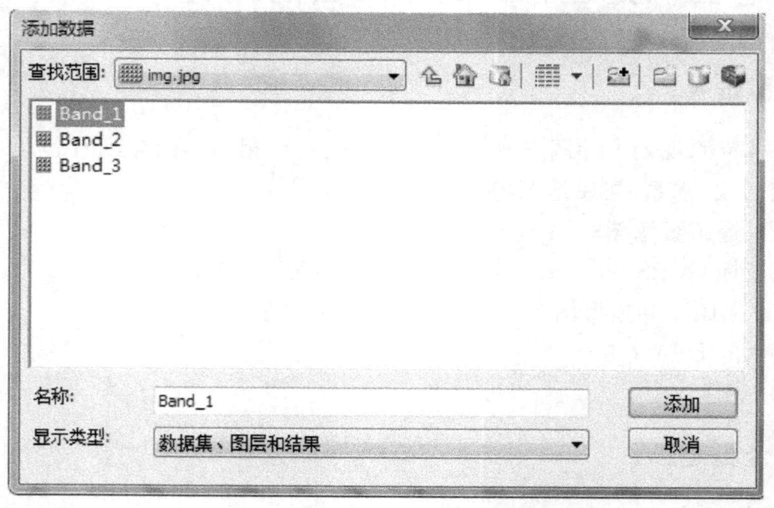

图 15-1 单波段地形图的添加

添加完上述图层后，结果如图 15-2 所示。

2) 调整图层顺序

在<内容列表>中，对图层的叠放顺序进行调整，从上到下的顺序为"lb. shp""s09l.

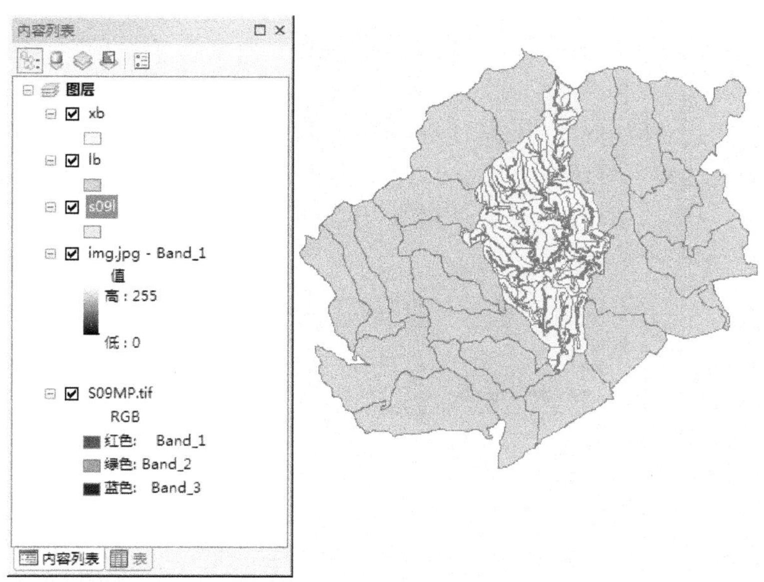

图 15-2　单波段地形图的添加

shp”“xb. shp”“img. tif”“S09MP. tif”。

3）符号化设置和字段标注

(1)“lb. shp”(林班界)设置。

❑线形设置:轮廓线宽度为 1.6、颜色为黑白相间(参考第 12.2.1 节 3)界线符号化设置),如图 15-3 所示。

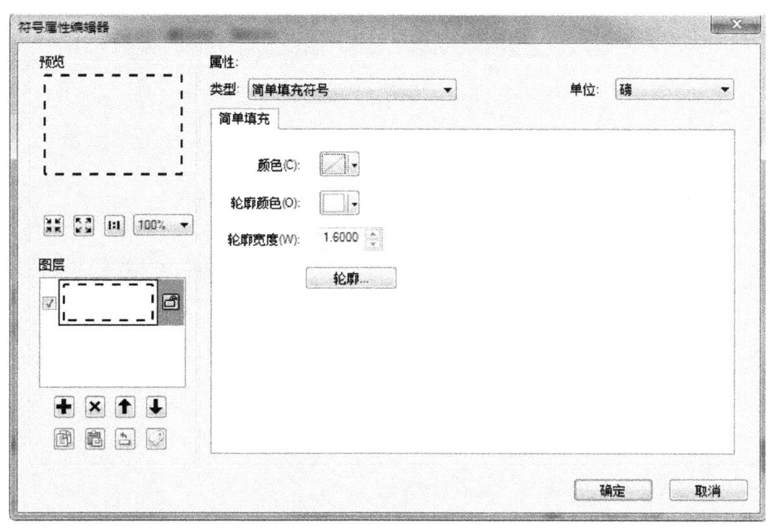

图 15-3　林班线设置

❑标注林班名。

①在＜内容列表＞中右击图层“lb. shp”,在弹出的菜单中单击＜属性＞命令,打开＜图层属性＞对话框。

②在＜图层属性＞对话框中单击＜标注＞选项卡,进入＜标注＞选项卡。

③勾选＜标注此图层中的要素＞复选框。

④在＜标注＞选项卡的＜方法＞下拉列表中选择＜以相同方法为所有要素加标注＞选项。

⑤单击＜表达式＞按钮，打开＜标注表达式＞对话框。

⑥在＜标注表达式＞对话框中双击＜字段＞列表框中需要标注的＜村名＞字段名称，选中＜LIN_BAN＞字段，点击＜追加＞按钮，标注＜村名＋LIN_BAN＞，即林班名，如图 15-4 所示，单击＜确定＞按钮。

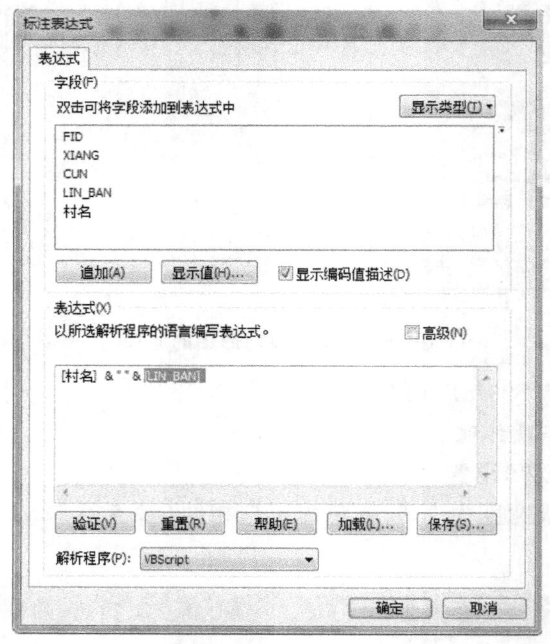

图 15-4 标注林班名设置

⑦在＜文本符号＞中设置标注的字体为“宋体”、大小值为“12”、颜色为“黑色”等属性。单击＜符号＞按钮，进入＜符号选择器＞对话框。

⑧在＜符号选择器＞对话框中，单击＜编辑符号＞，在＜编辑器＞中单击＜掩膜＞选项，选中＜晕圈＞，单击＜确定＞，返回＜符号选择器＞对话框，单击＜确定＞，返回＜图层属性＞对话框。

⑨在＜图层属性＞对话框中单击＜确定＞按钮，结果如图 15-5 所示。

提示：

村界，乡（镇）界的线形设置，村名，乡（镇）的标注方法相同。

(2) “s09l. shp”（图像分割线）的设置：无填充色、轮廓线宽度为 1、颜色为蓝色。

(3) “xb. shp”（前期小班界线）的设置。

❑线形设置：参考第 12. 2. 1 节 3）界线符号化设置来设置小班界线形。

❑标注树种：参考本节标注林班名方法标注树种。

(4) “img. tif”（地形图）的设置。

①在＜内容列表＞中右击图层“img. tif”，在弹出的菜单中单击＜属性＞命令，打开＜图层属性＞对话框。

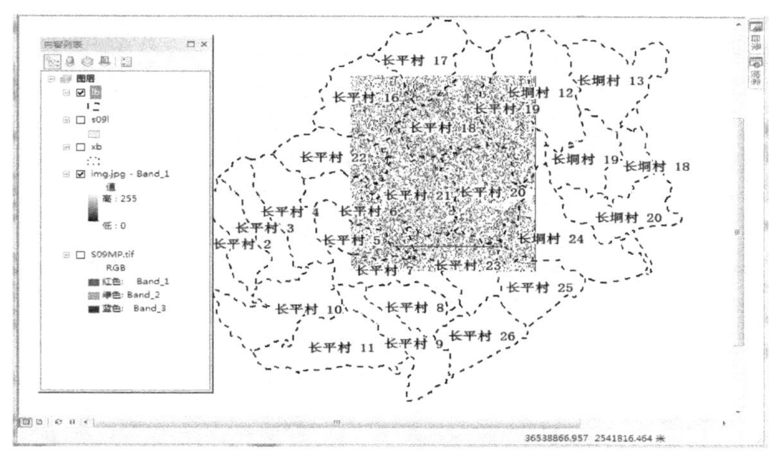

图 15-5　设置掩膜标注结果

②在＜图层属性＞对话框中单击＜符号系统＞选项卡，在＜显示＞列表框中单击＜已分类＞。类别为 5，等高线符号颜色为 R(168)，G(112)，B(0)，底色为无填充，如图 15-6 所示。

(5)"S09MP. tif"(遥感图)的设置：在＜内容列表＞中，单击红色前面的方框，在弹出的选项板中选择 Band-2，用同样方法修改绿色和蓝色的选项为 Band-1 和 Band-3，如图 15-7 所示。

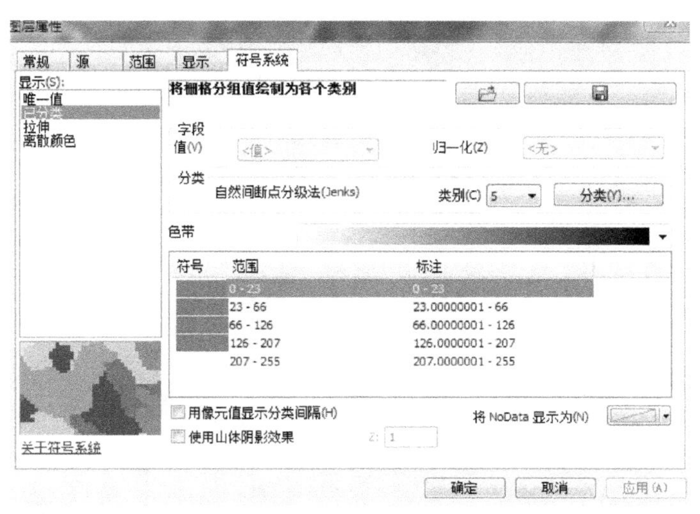

图 15-6　栅格图的设置

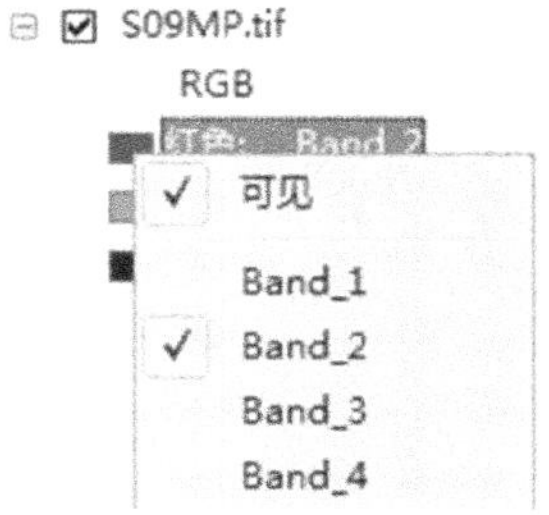

图 15-7　遥感图像的设置

所有图层设置完成后的效果如图 15-8 所示。

4) 页面设计和编辑制图元素

参考"12.3.1 林班图制作"进行页面设计和编辑制图元素，将页面切换为布局视图，设置比例尺为 1∶10 000，纸张大小为 A3，插入标题、图例、比例尺、公里格网等。在＜内容列表＞中更改图层的显示名称。使用＜布局＞工具栏的＜平移＞工具，调整页面的显示位置，使拟导出的林班位置位于页面中间，如图 15-9 所示。

图 15-8　各图层设置完成后的效果

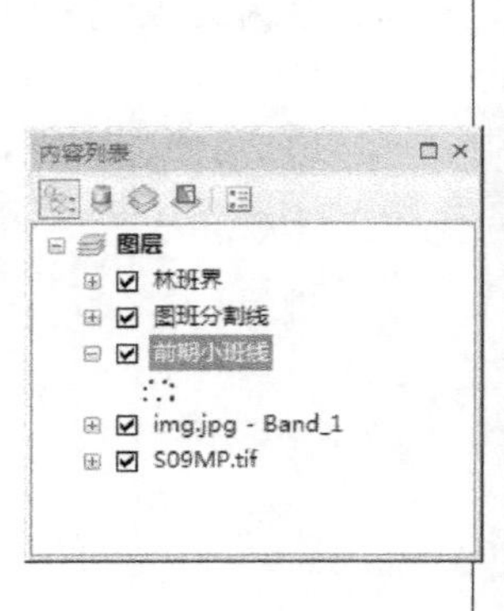

图 15-9　页面设计和编辑制图元素效果

5）导出地图

单击＜文件＞|＜导出地图＞，在＜导出地图＞对话框中，设置保存文件的分辨率、文件类型、文件名及保存路径，导出外业手工图。

导出一个林班外业手工图后，要继续导出其他林班的外业手工图，使用＜布局＞工具栏的＜平移＞工具，平移页面的显示位置，使拟导出的林班位置位于页面中间，同时双击插入的标题，编辑标题名称，即可导出地图。

6）保存地图文档

单击＜文件＞|＜地图文档属性＞命令，打开＜地图文档属性＞对话框，勾选＜存储数据源的相对路径名＞。在＜标准工具＞工具条中，单击＜保存＞按钮，如果是第一次保存，会弹出＜保存＞对话框，设置＜保存路径＞和＜文件名＞，单击＜保存＞，或者通过菜单栏＜文件＞|＜保存＞命令进行保存。

提示：

①外业手工图编制时可以保存地图文档，供小班边界矢量化时使用。

②森林资源规划设计调查的外业调查就是携带外业手工图，按作业计划，进入待调查林班，按小班划分条件，根据对坡勾绘的原则，参考前期小班线和图像分割线，核实和修正小班界线。小班界线的修正或勾绘直接在手工图上进行，并以林班为单位，按“之”字形编小班号。然后进行一般调查因子的调查和小班测树因子调查。

15.2　小班边界矢量化

按森林经营区划原则要求，县—乡镇—村—林班或林场—分场—林站—林班的界线原则上与林地保护利用规划的林地落界保持一致，因此小班矢量化工作通常以林班为单位进行，小班界线的修正或矢量化在 ArcMap 中进行，方法如下。

1）扫描外业手工图

以林班单位按 200～300 dpi 的分辨率扫描外业手工图，如果外业调查时小班界线与前期小班界差别不大，可以不扫描，在原小班线上直接修正。

2）配准外业图

按第 7 章的方法配准扫描好外业手工图。

3）小班矢量化

如果外业调查时小班界线与前期小班界差别较大，按第 8.3.2 节的方法进行小班矢量化，即在配准好外业手工图的基础上添加林班界，或直接在外业手工图编制的地图文档上配准外业手工图，在林班面的基础上，以林班或村为单元，按外业勾绘的小班界分割小班界线。例如，要矢量化“长平村 21 林班”的小班界线，选定“lb. shp”图层的“长平村 21 林班”，在＜内容列表＞上右击“lb”，选择＜数据＞＜导出数据＞，将“长平村 21 林班”另存为一个图层文件。用已经配准的该林班的外业手工图，按外业勾绘的小班界分割小班界线，如图 15-10所示。

如果小班界线与前期小班界差别不大，可以在原小班线上直接修正小班界线，本练习介绍以林班为单位在前期小班线的基础上修正本期小班界。

(1) 启动 ArcMap，添加“lb. shp”“s09l. shp”“xb. shp”“img. tif”“S09M. tif”图层(路径为 data\chap15\外业手工图)，或直接打开外业手工图编制的地图文档。

(2) 按第 9.5 节的方法在前期小班图“xb. shp”中选取拟修正小班界的林班，导出该林班的小班数据作为一个图层文件，按乡—村—林班的代码(如 030421. shp)作为文件名，保留属性表中的 XIANG、CUM、LIN_BAN、XIAO_BAN 字段，其余字段删除，并且删除 XIAO_

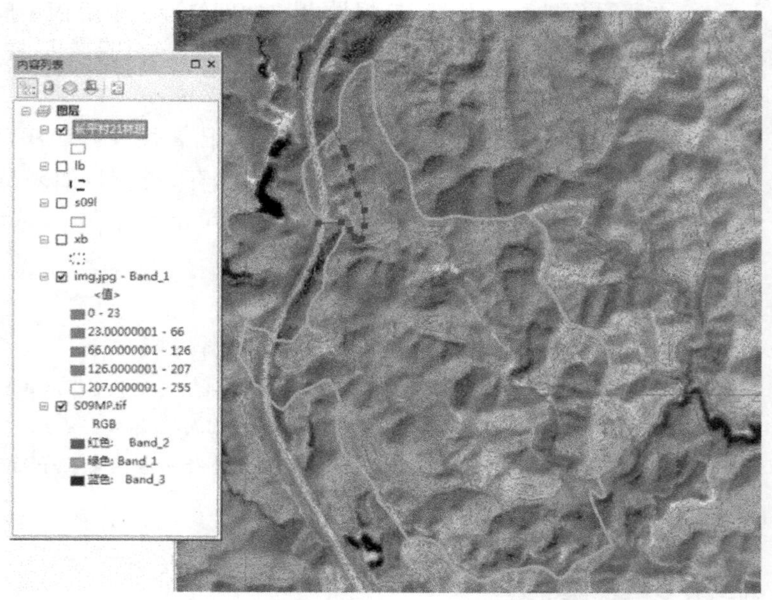

图 15-10 在林班的基础上矢量化小班界线

BAN 字段所有的值，结果如图 15-11 所示。

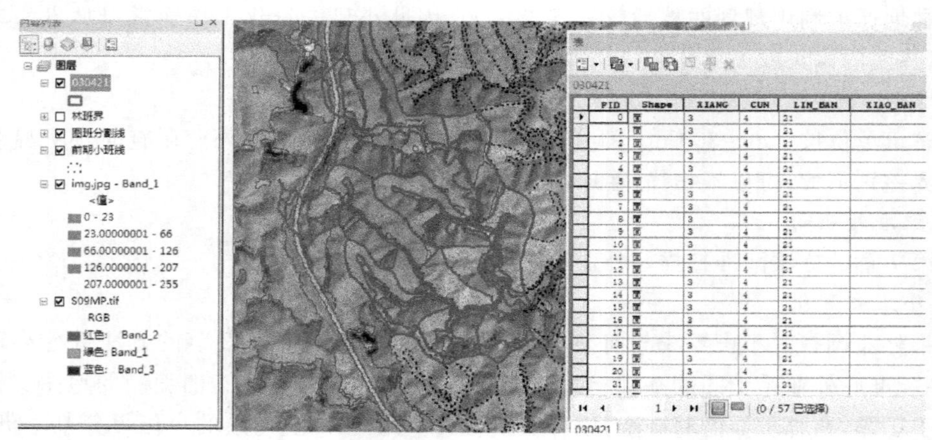

图 15-11 小班界线矢量化准备

(3) 设置各图层的符号，以便能清楚分辨各图层的界线，标注前期小班图层“xb. shp”的 XIAO_BAN 字段。

(4) 将拟修正小班界的林班“030421”设为可编辑状态，并设为唯一可选择图层，设置方法如图 15-12 所示。

(5) 根据外业小班界线的修正图和遥感图、遥感分割线逐一修改本期小班矢量图。

例①：本林班前期 1 小班与 4 小班的分界线明显位移，如图 15-13 所示，修正方法如下。

❑选定 4 小班，用＜编辑器＞中的＜裁剪面＞工具，按遥感图色调的差异将 4 小班分割为 2 个面，如图 15-14 所示。

❑将 4 小班的右边部分与 1 小班合并，如图 15-15 所示。

例②：前期 28 小班桉树已经部分采伐变为 1 年生桉树萌芽林，相邻且同为一个坡面的

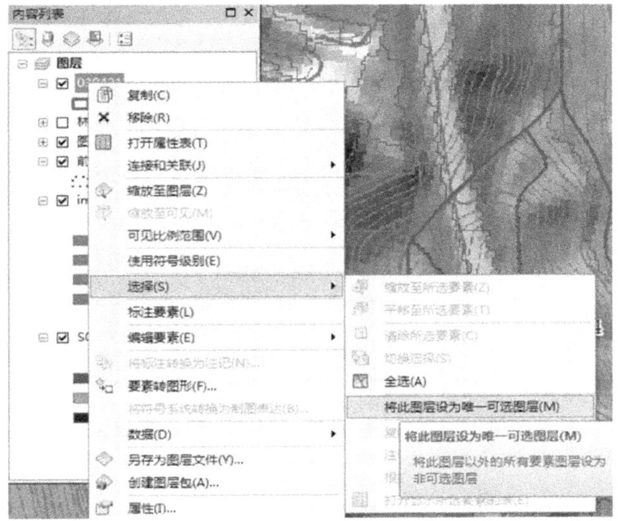

图 15-12　编辑图层的设置

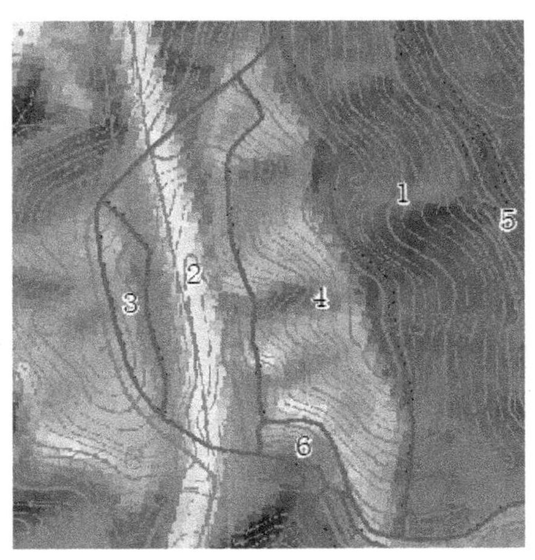

图 15-13　小班界线图

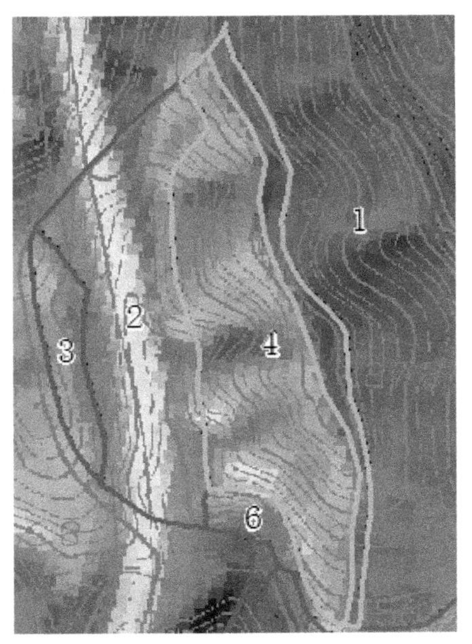

图 15-14　小班面分割

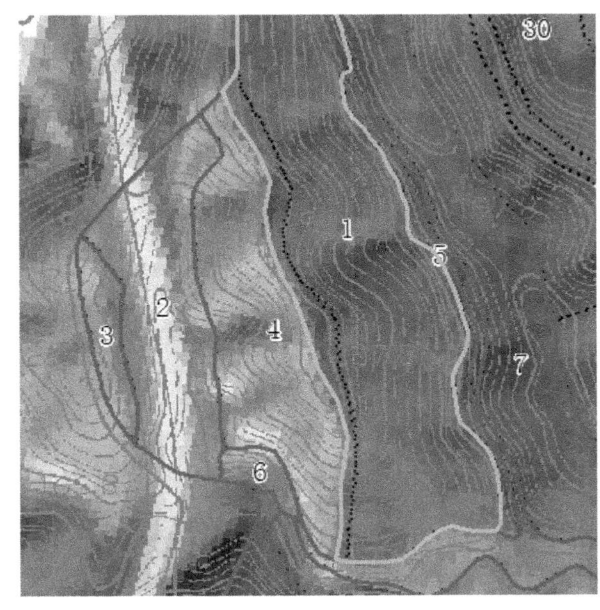

图 15-15　小班面合并

26、27 小班同为 1 年生桉树萌芽林，如图 15-16 所示，修正方法如下。

❑将 28 小班按外业小班勾绘的小班线分为 2 个面，将 26、27、28 小班 1 年生桉树萌芽林合并为 1 个小班，修正后结果如图 15-17 所示。

用同样方法修正其他小班。

(6) 根据外业手工图的小班号，在属性表的 XIAO_BAN 字段中输入相应小班号，如图 15-18 所示。

(7) 按第 8.5 节的方法对林班空间数据进行拓扑检查和多部件检查，如出现小班重叠、缝隙和多部件，要进行修改，修改完后要重新检查，直到没有错误为止。

图 15-16　前期小班线

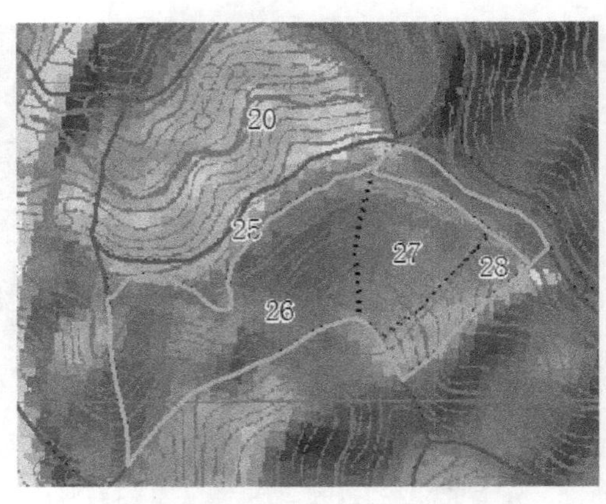

图 15-17　修正后的小班线

030421

FID	Shape *	XIANG	CUN	LIN_BAN	XIAO_BAN
0	面	3	4	21	37
1	面	3	4	21	28
2	面	3	4	21	9
3	面	3	4	21	15
4	面	3	4	21	6
5	面	3	4	21	8
6	面	3	4	21	47
7	面	3	4	21	45
8	面	3	4	21	41
9	面	3	4	21	48
10	面	3	4	21	40
11	面	3	4	21	46
12	面	3	4	21	38
13	面	3	4	21	30
14	面	3	4	21	31
15	面	3	4	21	42
16	面	3	4	21	44
17	面	3	4	21	39
18	面	3	4	21	25
19	面	3	4	21	29
20	面	3	4	21	17
21	面	3	4	21	49
22	面	3	4	21	35
23	面	3	4	21	32
24	面	3	4	21	50
25	面	3	4	21	36
26	面	3	4	21	34
27	面	3	4	21	43
28	面	3	4	21	26
29	面	3	4	21	20

1　(0 / 51 已选择)

图 15-18　输入小班号后的属性表

15.3　小班图层属性数据表与小班数据库连接

小班矢量化通常以林班(或村)为单元进行，当某一林班或某一村的小班边界矢量化完成后，首先检查图层没有拓扑和多部件错误，小班编号正确无误，同时小班图层的属性表记录与由外业调查卡片生成的小班数据库记录必须形成一对一的关系，这时可以将林班(或村)的属性数据表与相对应的林班(或村)的小班数据库进行连接，生成以林班(或村)为单位的小班空间数据库。例如，将“030421.shp”的属性表与“030421 小班数据库.dbf”(路径为

data\chap15\数据连接\)进行连接。连接方法按第 9.4.2 节的方法来进行。

15.4 林班、村、乡镇小班图层的合并

以林班为单位进行属性数据表与小班数据库连接完成后，同一个村的若干个林班可以进行合并，生成村的小班空间数据库。用同样方法可以将同一个乡镇若干村的小班空间数据库进行合并，生成乡镇的小班空间数据库，乡镇的小班空间数据库合并生成县(区)行政单位的小班空间数据库。例如，将“030418.shp”“030420.shp”“030421.shp”“030423.shp”(路径为 data\chap15\合并\)等 4 个林班合并为一个图层文件，合并方法详见第 10.3.1 节。

提示：

小班矢量化通常以林班为单位进行，当某一林班小班边界矢量化完成后，可以将林班的属性数据表与相对应林班的小班数据库进行连接，也可以在林班矢量化后合并为村小班图层、乡镇小班图层后，再与相应的村小班数据库、乡镇小班数据库进行连接，生成村小班空间数据库、乡镇小班空间数据库，再合并生成县(区)行政单位的小班空间数据库。

15.5 小班图层的检查

15.5.1 拓扑检查和多部件检查

在林班小班图层、村小班图层、乡界小班图层合并后，有可能产生新的拓扑错误，在进行小班的编辑和修改过程中有可能产生新的多部件错误，因此，在生成县(区)行政单位的小班图层后，提交数据前要反复、多次进行拓扑检查和多部件检查，并进行错误修改，直到没有拓扑错误和多部件错误为止。

15.5.2 小班图层属性数据的逻辑检查

1) 小班面积的检查

小班的面积由属性表中的“几何计算”来完成，精确到 0.1 公顷，小班的最小面积为 0.1 公顷，小班的面积计算后首先选择面积字段按升序进行排序，排序方法和结果如图 18-19 所示。

用排序方法可以概略检查小班面积小于 0.1 公顷的小班情况。如果面积小于 0.1 公顷的小班数量较多，可以按第 9.5.1 节的方法按属性选择选出面积小于 0.1 公顷的小班，然后逐个进行检查，经检查面积确实达不到 0.1 公顷时，应该合并到同林班的相邻小班，如果是因小班矢量化误差引起的，应该进行修正。用同样的方法也可以检查面积过大的小班。

2) 胸径与每公顷断面积的错误检查

小班的平均直径大于或等于 5 cm 时，小班的每公顷断面积应该大于 0，按第 9.5.1 节的方法在按属性选择对话框中输入“PINGJUN_XJ”＞＝5.0AND“PINGJUN_DM”＝0，如图 15-20 所示，就可检查出小班的平均直径大于或等于 5 cm 时，小班的每公顷断面积等于 0 的小班。

小班的平均直径小于 5 cm 时，小班的每公顷断面积应该等于 0，按第 9.5.1 节的方法在按属性选择对话框中输入“PINGJUN_XJ”＜5.0AND“PINGJUN_DM”＞0，如图 15-21 所

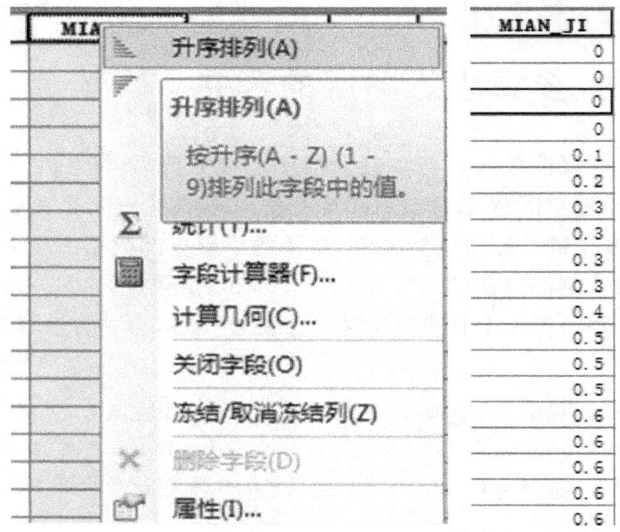

图 15-19　排序方法与结果

示，就可检查出小班的平均直径小于 5 cm 时，小班的每公顷断面积大于 0 的小班。

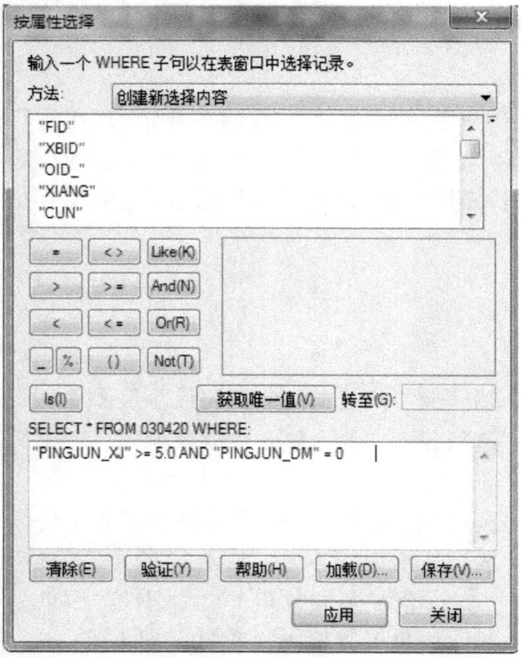

图 15-20　属性错误检查(一)

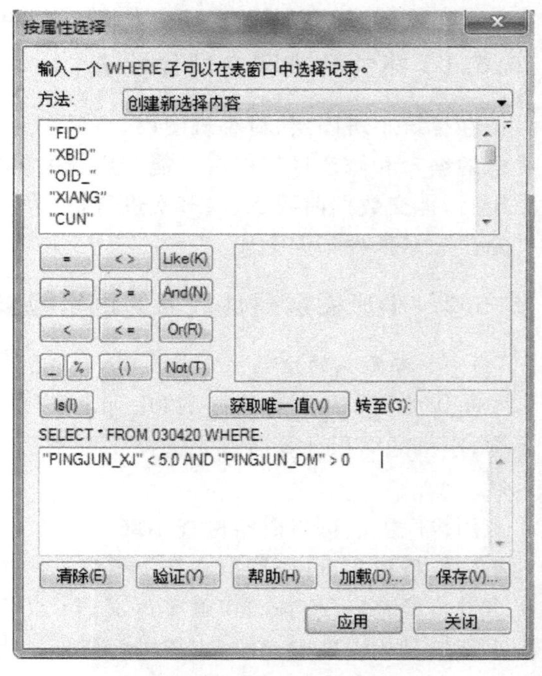

图 15-21　属性错误检查(二)

3）其他属性的错误检查

小班属性各字段的值存在一定的逻辑关系。例如，地类是有林地时，郁闭度就应该大于 0.2，优势树种就不能为空；当优势树种是杉木或松树时，如果平均树龄小于 3，地类就应该是未成林造林地，等等。这些属性的错误检查可以在“按属性”选择中进行，但工作量很大，而且容易漏检，通常会编制一些专用软件来完成，这样不仅效率高，而且漏检少。

提示：

小班图层的属性数据逻辑检查并修改后，使用图层文件中的 dbf 文件，应用专用统计软件统计小班的有效面积、总蓄积、优势木蓄积等，然后重新连接回小班图层。或者使用图层文件中的 dbf 文件，应用专用统计软件进行逻辑检查并修改，同时统计小班的有效面积、总蓄积、优势木蓄积等，然后重新连接回小班图层。

15.6 成果图件编制

森林资源规划设计调查的成果图包括基本图(1∶10 000)、林班图集图(1∶10 000，限国有林场)、乡镇森林分布图(1∶50 000～1∶10 000)、分场林相图(1∶10 000，限国有林场)、县(林场)森林分布图。

在编制成果图件前需要准备好地理基础信息、地形图和小班图层文件，其中地理基础信息包括境界、交通、水系、居民地等 5 个图层，可从前期调查成果中获取，这 5 个图层除交通图层外，其他图层几乎没有变化(行政区改变除外)，交通图层可按最新遥感图进行更新。地形图可到测绘部门购买。小班图层按第 15.2 节的方法获取。

成果图件的编制参考第 12 章。

参考文献

[1] 杨树文,董玉森,罗小波,等.遥感数字图像处理与分析方法[M].北京:电子工业出版社,2015.

[2] 邓书斌,陈秋锦,社会建,徐恩惠.ENVI 遥感图像处理方法[M].2 版.北京:高等教育出版社,2014.

[3] 林辉,孙平,熊育久,刘秀英.林业遥感[M].北京:中国林业出版社,2011.

[4] 牟乃瞎,刘文宝,王海银,等.ArcGIS10 地理信息系统教程——从初学到精通[M].北京:测绘出版社,2012.

[5] 石伟等.ArcGIS 地理信息系统详解[M].北京:科学出版社,2009.

[6] 田庆,陈美阳,田慧云.ArcGIS 地理信息系统详解:10.1 版[M].北京:北京希望电子出版社,2014.

[7] 薛在军,马娟娟,等.ArcGIS 地理信息系统大全[M].北京:清华大学出版社,2013.

[8] 吴静,何必,李海涛,等.ArcGIS 9.3 Desktop 地理信息系统应用教程[M].北京:清华大学出版社,2011.

[9] 宋小冬,钮心奕.地理信息系统实习教程[M].3 版.北京:科学出版社,2013.

[10] 广西壮族自治区林业局.广西森林资源规划设计调查技术方法.2008.